非计算机专业计算机公共课系列教材

大学计算机应用基础

主编 关焕梅 张 华
参编 王晓笋 王 鹃 刘 珺 侯梦雅 莫子军
主审 汪同庆

WUHAN UNIVERSITY PRESS
武汉大学出版社

图书在版编目(CIP)数据

大学计算机应用基础/关焕梅,张华主编;汪同庆主审.—武汉:武汉大学出版社,2009.9(2014.10 重印)
非计算机专业计算机公共课系列教材
ISBN 978-7-307-07263-3

Ⅰ.大… Ⅱ.①关… ②张… ③汪… Ⅲ.电子计算机—高等学校—教材 Ⅳ.TP3

中国版本图书馆 CIP 数据核字(2009)第 141579 号

责任编辑:林 莉　　责任校对:王 建　　版式设计:支 笛

出版发行:**武汉大学出版社** (430072 武昌 珞珈山)
(电子邮件:cbs22@whu.edu.cn 网址:www.wdp.com.cn)
印刷:湖北金海印务有限公司
开本:787×1092 1/16　印张:20.5　字数:518 千字　插页:1
版次:2009 年 9 月第 1 版　2014 年 10 月第 7 次印刷
ISBN 978-7-307-07263-3/TP·340　定价:36.00 元

前　言

大学计算机基础课程是高等学校各专业大学生必修的基本课程，也是学习其他计算机相关课程的基础。根据教育部《关于进一步加强高等学校计算机基础教学的意见》的有关要求，结合全国计算机等级考试一级和二级的备考，我们在近几年教材建设和教学改革的基础上，编写了这本“大学计算机应用基础”教材。

本书从培养应用型人才出发，较系统地介绍了计算机科学与技术领域的基本概念和基本应用；通过配合相应的上机实验，强化学生的应用技能；通过大量的习题，巩固和测试学生对知识的理解。

全书共分 7 章。

第 1 章计算机基础知识。主要包括计算机的发展、特点、用途和分类，计算机中信息的表示，计算机硬件系统和软件系统，多媒体技术基础知识，计算机病毒及其防治。

第 2 章 Windows XP 操作系统。主要包括 Windows XP 的基本知识和基本操作、文件管理、控制面板、磁盘管理，以及附件程序。

第 3 章 Word 2003。主要包括 Word 文档的基本操作、文档排版、表格制作、图文混排、公式编辑，以及使用批注和修订等。

第 4 章 Excel 2003。主要包括 Excel 的基本操作、工作表的格式化、图表编辑，以及数据管理等。

第 5 章 PowerPoint 2003。主要包括制作简单的演示文稿、修饰幻灯片的外观、设置幻灯片的放映效果，以及演示文稿的发布等。

第 6 章计算机网络和 Internet 基础。主要包括计算机网络的基本概念、局域网、Internet 的基本概念、Internet 接入方法，以及 Internet 的常用服务等。

第 7 章软件技术基础。主要包括数据结构与算法、程序设计基础、软件工程基础，以及数据库设计基础。

本书第 1 章由关焕梅编写，第 2 章由侯梦雅编写，第 3 章由刘珺编写，第 4 章由王鹃编写，第 5 章由莫子军编写，第 6 章由张华编写，第 7 章由王晓笋编写；全书由关焕梅、张华统稿并担任主编，汪同庆担任主审。本书的编写得到了武汉大学珞珈学院和武汉大学出版社领导的大力支持，许多老师在编写过程中给予了帮助并提出了宝贵的意见，在此表示衷心的感谢。

由于计算机技术发展迅速，加之编者的水平有限，对书中可能存在的纰漏，恳请同行专家和热心读者批评指正。

作　者

2009 年 6 月

目 录

第 1 章　计算机基础知识

计算机的广泛应用标志着信息化时代的到来，它对社会、商业、政治以及人际交往的方式产生了深远的影响。本章主要介绍计算机的基础知识，内容包括计算机的发展、特点、用途及分类，计算机中信息的表示方法，计算机的硬件系统和软件系统。此外，初步了解多媒体技术，了解计算机病毒，并掌握计算机病毒的防治方法。

1.1　计算机的发展简史

1.1.1　现代计算机的发展概况

自 1946 年第一台电子计算机问世以来，计算机科学与技术以前所未有的速度迅猛发展。人们根据计算机所采用的物理器件将计算机的发展划分为四代。

第一代（1946—1958 年）是电子管计算机。计算机使用的主要电子元件是电子管，也称为电子管时代。主存储器先采用延迟线，后采用磁芯，外存储器使用磁鼓和磁带。软件方面，用机器语言和汇编语言编写程序。计算机的特点是体积庞大、运算速度低（一般每秒几千次到几万次）、成本高、可靠性差、内存容量小。这个时期的计算机主要用于科学计算以及军事和科学研究方面的工作。代表机器有 ENIAC、IBM650（小型机）和 IBM709（大型机）等。

第二代（1959—1964 年）是晶体管计算机。计算机使用的主要电子元件是晶体管，也称为晶体管时代。主存储器采用磁芯，外存储器使用磁带和磁盘。软件方面，开始使用管理程序，后期使用操作系统，并出现了 FORTRAN、COBOL 和 ALGOL 等一系列高级程序设计语言。这个时期计算机的应用已扩展到数据处理和自动控制等方面。计算机的运行速度已提高到几十万次每秒，体积已大大减小，可靠性和内存容量也有较大的提高。其代表机器有 IBM7090、IBM7094 和 CDC7600 等。

第三代（1965—1970 年）是集成电路计算机。这个时期的计算机用中小规模集成电路替代了分立元件，用半导体存储器替代了磁芯存储器，外存储器使用磁盘。软件方面，操作系统进一步完善，高级语言数量增多，出现了并行处理、多处理机、虚拟存储系统以及面向用户的应用软件。计算机的运行速度也提高到几十万次每秒到几百万次每秒，可靠性和存储容量进一步提高，外部设备种类繁多，计算机和通信密切结合起来，广泛地应用到科学计算、数据处理、事务管理和工业控制等领域。其代表机器有 IBM360 系列和富士通 F230 系列等。

第四代（1971 年以后）是大规模和超大规模集成电路计算机。计算机使用的主要电子元件是大规模和超大规模集成电路，一般称大规模集成电路时代。存储器采用半导体存储器，外存储器采用大容量的软、硬磁盘，并开始引入光盘。软件方面，操作系统不断发展和完善，同时发展了数据库管理系统和通信软件等。计算机的发展进入了以计算机网络为特征的时代。计算机的运行速度可达到上千万次每秒到万亿次每秒，计算机的存储容量和可靠性又有了很大提高，功能更加完善。这个时期计算机的类型除小型机、中型机和大型机外，开始向巨型机和微型机两个方面发展。使计算机进入了办公室、学校和家庭。

我国从1956年开始研制计算机。1958年研制成功第一台电子管计算机——103机；1959年夏研制成功运行速度为一万次每秒的104机；1965年研制成功第一台大型晶体管计算机——109乙机；1970年后陆续推出大型、中型和小型集成电路计算机；1983年国防科技大学研制成功“银河-Ⅰ”巨型计算机，运行速度达一亿次每秒；1992年，国防科技大学研制的巨型计算机“银河-Ⅱ”通过鉴定，该机运行速度为10亿次每秒。后来又研制成功了“银河-Ⅲ”巨型计算机，运行速度已达到130亿次每秒，其系统的综合技术已达到当时的国际先进水平，填补了我国通用巨型计算机的空白；2004年，我国第一台运算11万亿次每秒的巨型计算机——曙光4000A研制成功，并得到应用，使我国成为继美国和日本之后第三个能研制十万亿次以上商品化高性能计算机的国家。

1.1.2 计算机的发展趋势和新一代计算机

1. 计算机的发展趋势

目前计算机正朝着巨型化、微型化、网络化和智能化四个方向发展。

（1）巨型化

巨型化是指计算速度更快、存储容量更大、功能更强以及可靠性更高的计算机。其运算能力一般在百亿次每秒以上，内存容量在几百兆字节以上。巨型计算机主要用于尖端科学技术和军事国防系统的研究开发。巨型计算机的发展集中体现了计算机科学技术的发展水平。

（2）微型化

微型化是指发展体积更小、功能更强、可靠性更高、携带更方便、价格更便宜以及适用范围更广的计算机系统。微型计算机自20世纪80年代以来发展异常迅速。

（3）网络化

网络化是指利用通信技术，把分布在不同地点的计算机互联起来，按照网络协议相互通信，以达到所有用户都可共享软件、硬件和数据资源的目的。目前很多国家都在开发三网合一的系统工程，即将计算机网、电信网和有线电视网合为一体。将来通过网络能更好地传送数据、文本资料、声音、图形和图像，用户可随时随地在全世界范围拨打可视电话或收看任意国家的电视和电影。

（4）智能化

智能化是指让计算机具有模拟人的感觉和思维过程的能力。智能计算机具有解决问题和逻辑推理的功能，以及知识处理和知识库管理的功能等。人与计算机的联系是通过智能接口，用文字、声音、图像等与计算机自然对话的。智能化的研究领域很多，其中最有代表性的领域是专家系统和机器人。目前已研制出的机器人有的可以代替人从事危险环境的劳动，有的能与人下棋等，这都从本质上扩充了计算机的能力。

2. 新一代计算机

传统的计算机芯片是用半导体材料制成的，这在当时是最佳的选择。但随着晶体管集成度的不断提高，芯片的耗能和散热成了极为严重的问题，硅芯片计算机不可避免地遭遇到了发展极限。为此，科学家们正在加紧研究开发新一代计算机，从体系结构的变革到器件与技术的革命都要产生一次量的乃至质的飞跃。新一代计算机可分为光子计算机、生物计算机、量子计算机和超导计算机等。

（1）光子计算机

光子计算机是一种由光信号进行数字运算、逻辑操作、信息存贮和处理的新型计算机。它由激光器、光学反射镜、透镜、滤波器等光学元件和设备构成，靠激光束进入反射镜和透镜组成的阵列进行信息处理，以光子代替电子，光运算代替电运算。光的并行和高速，天然地决定了光子计算机的并行处理能力很强，具有超高运算速度。光子计算机还具有与人脑相似的容错性，系统中某一元件损坏或出错时，并不影响最终的计算结果。光子在光介质中传输所造成的信息畸变和失真极小，光传输、转换时能量消耗和散发热量极低，对使用环境条件的要求比电子计算机低得多。

1990 年初，美国贝尔实验室研制成功了一台光学数字处理器，向光子计算机的正式研制迈进了一大步。近十几年来，光子计算机的关键技术，如光存储技术、光互联技术和光集成器件等方面的研究都已取得突破性进展，为光子计算机的研制、开发和应用奠定了基础。

（2）生物计算机

20 世纪 70 年代以来，人们发现脱氧核糖核酸（DNA）处在不同的状态下，可产生有信息和无信息的变化。联想到逻辑电路中的 0 和 1，科学家们产生了研制生物元件的大胆设想。

生物计算机是指用生物电子元件构建的计算机。生物电子元件是利用蛋白质具有的开关特性，用蛋白质分子制成集成电路，形成蛋白质芯片和红血素芯片等。利用 DNA 化学反应，通过和酶的相互作用可以使某些基因代码通过生物化学的反应转变为另一种基因代码，转变前的基因代码可以作为输入数据，反应后的基因代码可以作为运算结果，利用这一过程可以制成新型的生物计算机。

生物计算机的体积小、功效高。在一平方毫米的面积上，可容纳几亿个电路，比目前的集成电路小得多，其形状也与现在的电子计算机大不相同，可以隐藏在桌角、墙壁或地板等地方。生物计算机只需要很少的能量就可以工作，因此不会像电子计算机那样，工作一段时间后，机体就会发热，而它的电路间也没有信号干扰。

目前，生物芯片仍处于研制阶段，但生物元件，特别是在生物传感器的研制方面已取得不少实际成果。生物计算机一旦研制成功，将会在计算机领域引起一场划时代的革命。

（3）量子计算机

量子计算机是一类遵循量子力学规律进行高速数学和逻辑运算、存储及处理量子信息的物理装置。当某个装置处理和计算的是量子信息，运行的是量子算法时，它就是量子计算机。量子计算机的概念源于对可逆计算机的研究，研究可逆计算机的目的是为了解决计算机中的能耗问题。

量子计算机以原子量子态作为记忆单元、开关电路和信息储存形式。与传统计算机相比，量子计算机最重要的优越性体现在量子并行计算上。对于某些问题，量子计算机具有传统计算机无法比拟的计算速度。例如，用传统计算机去给一个 400 位的数字分解因式，将需要十亿年的时间，而利用量子计算机大约一年的时间即可完成。

（4）超导计算机

超导计算机是使用超导体元器件的高速计算机。所谓超导，是指有些物质在接近绝对零度（相当于－269℃）时，电流流动是无阻力的。1962 年，英国物理学家约瑟夫逊提出了超导隧道效应原理，即由超导体—绝缘体—超导体组成器件，当两端加电压时，电子便会像通过隧道一样无阻挡地从绝缘介质中穿过去，形成微小电流，而这一器件的两端是无电压差的。约瑟夫逊因此获得诺贝尔奖。

用约瑟夫逊器件制成的电子计算机，成为约瑟夫逊计算机，也就是超导计算机。超导计算机的耗电仅为传统计算机所耗电的几千分之一，它执行一条指令只需十亿分之一秒，比传统计算机快 10 倍。日本电气技术研究所研制成世界上第一台完善的超导计算机，它采用 4 个约瑟夫逊大规模集成电路，每个集成电路芯片只有 3~5mm^3 大小，每个芯片上有上千个约瑟夫逊元件。

1.2 计算机的特点、用途和分类

1.2.1 计算机的特点

计算机作为一种通用的信息处理工具，具有以下主要特点：

1. 高速、精确的运算能力

计算机能以极快的速度进行运算。目前计算机系统的运算速度已达到万亿次每秒，微型计算机也可达到亿次每秒以上，使大量复杂的科学计算问题得以解决。

一般计算机可以有十几位甚至几十位（二进制）有效数字，计算精度可由千分之几到百万分之几，是任何计算工具所望尘莫及的。

2. 准确的逻辑判断能力

计算机借助于逻辑运算，可以进行逻辑判断，并根据判断结果自动地确定下一步该做什么。

3. 强大的存储能力

随着计算机存储容量的不断增大，可存储记忆的信息越来越多。计算机不仅能把参与运算的数据、程序、中间结果和最终结果保存起来，还可以存储庞大的多媒体信息。

4. 自动控制能力

计算机能在程序的控制下自动连续地高速运算。由于采用存储程序控制的方式，因此一旦输入编制好的程序并启动，就能自动地执行直到完成任务。这是计算机最突出的特点。

1.2.2 计算机的用途

计算机的用途极其广泛，归纳起来可分为以下几个方面：

1. 科学计算

科学计算也称为数值计算，是指用计算机完成科学研究和工程技术中所提出的数学问题。比如著名的人类基因序列分析计划、人造卫星轨迹的测算和天气预测报告等。科学计算是计算机最早的应用领域。

2. 数据处理

数据处理也称为信息处理，是指用计算机对数据进行输入、分类、存储、合并、整理、统计、报表和检索查询等。计算机处理的“数据”不仅包括“数”，还包括文字、图像和声音等。数据处理是目前计算机应用最广泛的领域。

3. 实时控制

实时控制也称为过程控制，是指用计算机及时采集、检测数据，进行快速处理并自动控制被处理的对象。实时控制目前被广泛用于操作复杂的钢铁企业、石油化工业和医药工业等生产中。

4. 计算机辅助

计算机辅助是计算机的一个重要应用领域。几乎所有过去由人进行的具有设计性质的过程都可以让计算机帮助实现部分或全部工作。如计算机辅助设计（Computer Aided Design，CAD）、计算机辅助制造（Computer Aided Manufacturing，CAM）、计算机辅助测试（Computer Aided Test，CAT）、计算机辅助工程（Computer Aided Engineering，CAE）、计算机辅助教育（Computer Based Education，CBE）和计算机仿真模拟（Simulation）等。

5. 人工智能

人工智能是计算机向智能化方向发展的趋势。人工智能的应用主要有机器人、专家系统、模式识别和智能检索等。

6. 网络与通信

由于计算机网络的飞速发展，网络应用已成为 21 世纪最重要的技术领域之一。信息发布、资料检索、网页浏览、电子邮件、电子商务、电子政务、IP 电话、远程教育、远程医疗、网上出版、娱乐休闲、即时通信和虚拟社区等，不胜枚举。网络使我们的世界变小，并成了社会生活中不可缺少的一部分。

7. 多媒体技术应用

多媒体技术的应用以很快的步伐在教育、商业、医疗、银行、保险、行政管理、军事、工业和出版等领域出现，并潜移默化地改变着我们生活的面貌。

8. 嵌入式系统

并不是所有计算机都是通用的。有许多特殊的计算机用于不同的设备中，包括大量的消费电子产品和工业制造系统，都是把处理器芯片嵌入其中，完成特定的处理任务，这些系统称为嵌入式系统。如数码相机、数码摄像机以及高档电动玩具等都使用了不同功能的处理器。

1.2.3 计算机的分类

随着计算机的不断发展，应用领域的不断增多，计算机的种类已是琳琅满目，分类方法也不尽相同。

1. 按使用范围分类

可分为专用计算机和通用计算机。

专用计算机功能单一，针对某类问题能显示出最有效、最快速和最经济的特性，但它的适应性较差，不适于其他方面的应用。如导弹和火箭上使用的计算机大部分就是专用计算机。

通用计算机功能多样，适应性很强，应用面很广，但其运行效率、速度和经济性依据不同的应用对象会受到不同程度的影响。

2. 按性能分类

可分为巨型计算机、大型计算机、小型计算机、工作站、微型计算机和服务器等。它们的基本区别在于体积大小、结构复杂程度、功率消耗、性能指标、数据存储容量、指令系统和设备与软件配置等的不同。

本章 1.4.2 节对微型计算机的组成进行了详细介绍。

1.3 计算机中信息的表示

在计算机中，信息是以数据的形式表示和使用的。计算机能表示和处理的信息包括数值型数据、字符数据、音频数据、图形和图像数据以及视频和动画数据等，这些信息在计算机内部都是以二进制的形式表现的。也就是说，二进制是计算机内部存储和处理数据的基本形式。

采用二进制的主要原因有：

（1）电路简单

计算机是由逻辑电路组成的，逻辑电路通常只有两种状态。如开关的接通与断开、晶体管的导通与截止、电压电平的高与低、磁芯磁化的两个方向、电容器的充电与放电等。这两种状态正好用来表示二进制的两个数码 0 和 1。

另外，两种状态代表的两个数码在数字传输和处理中不容易出错，因而电路更加可靠。

（2）运算简单

算术运算和逻辑运算是计算机的基本运算。与我们熟悉的十进制相比，二进制的运算法则要简单得多。

此外，二进制中数码的“1”和“0”正好与逻辑值“真”和“假”相对应，为计算机进行逻辑运算提供了方便。

1.3.1 进位计数制

数制也称为计数制，是指用一组固定的符号和统一的规则来表示数值的方法。按进位的方法进行计数，称为进位计数制。

一种进位计数制包含一组数码符号和两个基本因素：

- 数码：一组用来表示某种数制的符号。如：0、1、2、3、4、5、6、7、8、9、A、B、C、D、E、F 等；
- 基数：数制所用的数码个数，用 R 表示，称 R 进制，其进位规律是“逢 R 进一”；
- 位权：数码在不同位置上的权值。在某进位制中，处于不同数位的数码，代表不同的数值，某一个数位的数值是由这位数码的值乘上这个位置的固定常数构成，这个固定常数称为“位权”，简称“权”。

一般地，我们用（　　）$_{角标}$表示不同的进制数。如：十进制数用（　　）$_{10}$ 表示，二进制数用（　　）$_2$ 表示。

计算机中常用的数有十进制数、二进制数、八进制数和十六进制数等。在计算机中，一般在数字的后面用特定字母表示该数的进制。如：

B—二进制　　D—十进制（D 可省略）　　O—八进制　　H—十六进制

如：2009 和 2009D 均表示十进制数 2009，1100B 表示二进制的 1100（相当于十进制的 12）。

1. 十进制

十进制数由 0~9 十个数码组成，基数为 10，权为 10^n，十进制数的运算规则是：逢十进一，借一当十。十进制数可以表示成按“权”展开的多项式。如：

$(2343.97)_{10}=2\times10^3+3\times10^2+4\times10^1+3\times10^0+9\times10^{-1}+7\times10^{-2}$

在计算机中，数据的输入和输出一般采用十进制。

2. 二进制

二进制数由 0 和 1 两个数码组成，基数为 2，权为 2^n，二进制数的运算规则是：逢二进一，借一当二。二进制数也可以表示成按“权”展开的多项式。如：

$(11010.11)_2=1\times2^4+1\times2^3+0\times2^2+1\times2^1+0\times2^0+1\times2^{-1}+1\times2^{-2}$

3. 八进制

八进制数由 0~7 八个数码组成，基数为 8，权为 8^n，八进制数的运算规则是：逢八进一，借一当八。八进制数按“权”展开多项式形式如下：

$(6522.24)_8=6\times8^3+5\times8^2+2\times8^1+2\times8^0+2\times8^{-1}+4\times8^{-2}$

4. 十六进制

十六进制数由 0~9 和 A、B、C、D、E、F 等十六个数码组成，基数为 16，权为 16^n，十六进制数的运算规则是：逢十六进一，借一当十六。十六进制数按“权”展开的多项式形式如下：

$(8A2F.18)_{16}=8\times16^3+10\times16^2+2\times16^1+15\times16^0+1\times16^{-1}+8\times16^{-2}$

1.3.2　不同进制之间的转换

1. R 进制转换为十进制

将 R 进制数转换为十进制数的方法为：按权展开求和。如：

$$
\begin{aligned}
(11010.11)_2&=1\times2^4+1\times2^3+0\times2^2+1\times2^1+0\times2^0+1\times2^{-1}+1\times2^{-2}\\
&=16+8+2+0.5+0.25\\
&=(26.75)_{10}
\end{aligned}
$$

$$
\begin{aligned}
(6522.24)_8&=6\times8^3+5\times8^2+2\times8^1+2\times8^0+2\times8^{-1}+4\times8^{-2}\\
&=3072+320+16+2+0.25+0.0625\\
&=(3410.3125)_{10}
\end{aligned}
$$

$$
\begin{aligned}
(8A2F.18)_{16}&=8\times16^3+10\times16^2+2\times16^1+15\times16^0+1\times16^{-1}+8\times16^{-2}\\
&=32768+2560+32+15+0.0625+0.03125\\
&=(35375.09375)_{10}
\end{aligned}
$$

2. 十进制转换为 R 进制

将十进制数转换为 R 进制数的方法为：整数部分“除 R 取余”，小数部分“乘 R 取整”。“除 R 取余”是将十进制数的整数部分连续地除以 R 取余数，直到商为 0，余数从右到左排列，首次取得的余数排在最右边。“乘 R 取整”是将十进制数的小数部分不断地乘以 R 取整数，直到小数部分为 0 或达到要求的精度为止（小数部分可能永远不会为 0），所得的整数在小数点后自左往右排列，首次取得的整数排在最左边。

【例 1.1】 将十进制数 $(26.75)_{10}$ 转换成二进制数。

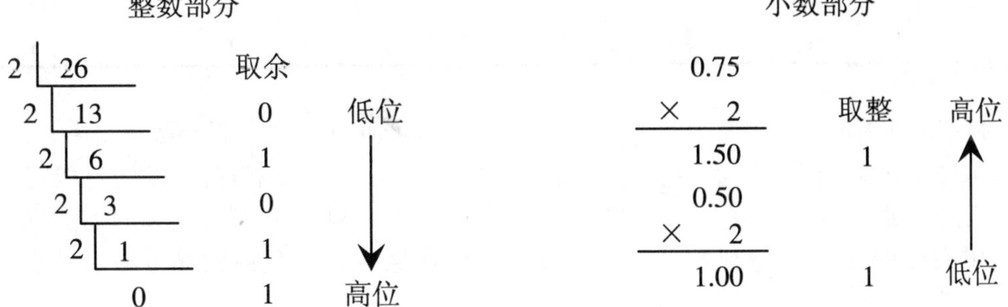

即 $(26.75)_{10}=(11010.11)_2$

【例 1.2】 将十进制数 $(3410.3125)_{10}$ 转换成八进制数。

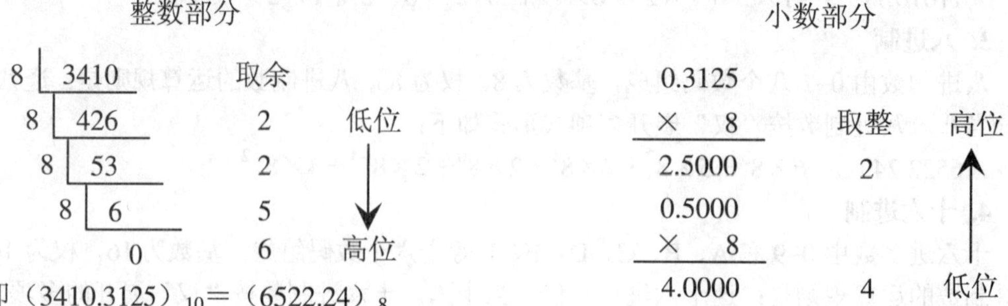

即 $(3410.3125)_{10}=(6522.24)_8$

【例 1.3】 将十进制数 $(35375.09375)_{10}$ 转换成十六进制数。

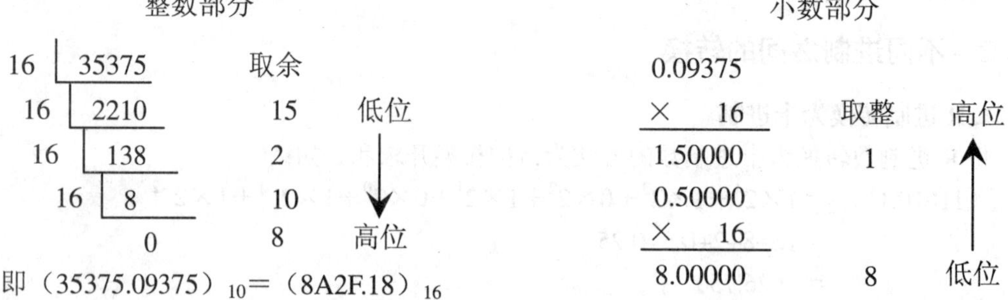

即 $(35375.09375)_{10}=(8A2F.18)_{16}$

3. 二进制、八进制和十六进制之间的转换

由于二进制、八进制和十六进制之间存在特殊关系：$8^1=2^3$、$16^1=2^4$，即 1 位八进制数相当于 3 位二进制数，1 位十六进制数相当于 4 位二进制数，因此转换方法比较简便，如表 1-1 所示。

表 1-1　　八进制数和二进制数、十六进制数和二进制数之间的关系

八进制数	对应的二进制数	十六进制数	对应的二进制数	十六进制数	对应的二进制数
0	000	0	0000	8	1000
1	001	1	0001	9	1001
2	010	2	0010	A	1010
3	011	3	0011	B	1011
4	100	4	0100	C	1100
5	101	5	0101	D	1101
6	110	6	0110	E	1110
7	111	7	0111	F	1111

根据表 1-1 的对应关系，二进制数转换为八进制数的方法是：以小数点为中心，分别向左和向右每 3 位二进制数为一组，两头不足 3 位时补 0，每组用相应的八进制数来表示。

八进制数转换为二进制数的方法是：以小数点为界，分别向左和向右，每位八进制数用相应的 3 位二进制数表示，小数点保留在原位。整数前的高位 0 和小数后的低位 0 取消。

【例 1.4】 将二进制数 $(1101000111.10101)_2$ 转换成八进制数。

（001 101 000 111. 101 010）$_2$＝（1507.52）$_8$

1　5　0　7. 5　2

【例 1.5】 将八进制数（246.14）$_8$ 转换成二进制数。

（ 2　4　6　.　1　4 ）$_8$＝（10100110.0011）$_2$

010　100　110　.　001　100

同样地，二进制数转换成十六进制数的方法是：以小数点为中心，分别向左和向右每 4 位二进制数为一组，两头不足 4 位时补 0，每组用相应的十六进制数来表示。

十六进制数转换为二进制数的方法是：以小数点为界，分别向左和向右，每位十六进制数用相应的 4 位二进制数表示，小数点保留在原位。整数前的高位 0 和小数后的低位 0 取消。

【例 1.6】 将二进制数（10111100101.110001）$_2$ 转换成十六进制数。

（0101 1110 0101 . 1100 0100）$_2$＝（5E5.C4）$_{16}$

5　E　5 . C　4

【例 1.7】 将十六进制数（AD7.B6）$_{16}$ 换成二进制数。

（ A　D　7　.　B　6 ）$_{16}$＝（101011010111.1011011）$_2$

1010　1101　0111　.　1011　0110

1.3.3　计算机中数据的存储单位

数据的存储单位有位、字节和字等。

1. 位

在二进制系统中，每个 0 或 1 就是一个位（bit，简称 b)。位是度量数据的最小单位。

2. 字节

8 个二进制位（8bits）称为一个字节（Byte，简称 B）。字节是计算机存储数据时的基本单位。为了便于衡量存储器的大小，又引入了 KB、MB、GB、TB 和 PB 等存储单位。它们之间的换算关系如下：

千字节：1KB＝1024B＝2^{10}B

兆字节：1MB＝1024KB＝2^{20}B

吉字节：1GB＝1024MB＝2^{30}B

太字节：1TB＝1024GB＝2^{40}B

批字节：1PB－1024TB＝2^{50}B

注意：存储器容量的换算单位是 1024＝2^{10}。而带宽、频率的换算单位是 1000=10^3。

3. 字

计算机一次能并行处理的一组二进制数称为一个"字"，而这组二进制数的位数就是"字长"。字长一般是字节的整数倍，常见的有 8 位、16 位、32 位和 64 位等。

字长标志着计算机处理信息的能力。在其他指标相同时，字长越大的计算机处理信息的速度越快。早期的微型计算机字长一般是 8 位和 16 位，386 以及更高的微型计算机大多是 32 位。而目前市场上的微型计算机字长大部分已达到 64 位。

1.3.4 数值型数据在计算机中的表示

数值型数据分为整数和实数两大类。整数不使用小数点，或者说小数点隐含在个位数的右边，因此也称为定点数。实数也称为浮点数，因为它的小数点位置不固定。本节只介绍整数在计算机中的表示方法。

计算机中的整数分为两类：不带符号的整数（只用来表示非负数）和带符号的整数。带符号的整数必须使用一个二进制位作为其符号位，一般在最高位（最左边的一位），用 0 表示正数，1 表示负数，其余各二进制位用来表示整数数值的大小。

一个数在计算机中被表示成二进制形式称为机器数，而这个数本身称为真值。最常见的机器数形式有原码、反码和补码等。

1. 原码

整数 X 的原码是指：其符号位用 0 或 1 表示 X 的正或负，数值部分就是 X 绝对值的二进制表示，记为$[X]_{原}$。

以一个字节存储整数为例：

$[+39]_{原}$=00100111，$[-17]_{原}$=10010001

在原码表示法中，整数 0 有两种表示形式：$[+0]_{原}$=00000000，$[-0]_{原}$=10000000。也就是说，原码 0 的表示不唯一，因而不适合计算机的运算。

2. 反码

正数的反码与原码相同。负数的反码是把原码除符号位以外，其余各位取反（0 变成 1，1 变成 0），记为$[X]_{反}$。

以一个字节存储整数为例：

$[+39]_{反}$=00100111，$[-17]_{反}$=11101110

在反码表示法中，整数 0 也有两种表示形式：$[+0]_{反}$=00000000，$[-0]_{反}$=11111111。同样，反码 0 的表示也不唯一，用反码表示机器数，现已不多用。

3. 补码

正数的补码与原码相同。负数的补码是把原码除符号位以外，其余各位取反，然后在最低位加 1。记为$[X]_{补}$。

以一个字节存储整数为例：

$[+39]_{补}$=00100111，$[-17]_{补}$=11101111

在补码表示法中，整数 0 的表示形式唯一：$[+0]_{补}$=$[-0]_{补}$=00000000。整数在计算机中是以补码的形式存放的。

1.3.5 字符在计算机中的表示

字符包括西文字符（字母、数字和各种符号）和中文字符。字符编码的方法简单，首先确定需要编码的字符总数，然后将每一个字符按顺序确定编号，编号值的大小无意义，仅作为识别与使用这些字符的依据。

1. 西文字符的编码

计算机中最常用的西文字符编码是 ASCII 码（american standard code for information interchange，美国信息交换标准交换代码）。ASCII 码有 7 位码和 8 位码两种版本。国际通用的是 7 位 ASCII 码，用 7 个二进制位表示一个字符的编码，可以表示 128 个不同字符的编码，见表 1-2。

表 1-2　　　　　　　　　　　　　　　　**7 位 ASCII 码表**

ASCII 码	字符	ASCII 码	字符	ASCII 码	字符	ASCII 码	字符
0	NUL	32	SP	64	@	96	`
1	SOH	33	!	65	A	97	a
2	STX	34	"	66	B	98	b
3	ETX	35	#	67	C	99	c
4	EOT	36	$	68	D	100	d
5	END	37	%	69	E	101	e
6	ACK	38	&	70	F	102	f
7	BEL	39	’	71	G	103	g
8	BS	40	(	72	H	104	h
9	HT	41	)	73	I	105	i
10	LF	42	*	74	J	106	j
11	VT	43	+	75	K	107	k
12	FF	44	,	76	L	108	l
13	CR	45	-	77	M	109	m
14	SO	46	.	78	N	110	n
15	SI	47	/	79	O	111	o
16	DLE	48	0	80	P	112	p
17	DC1	49	1	81	Q	113	q
18	DC2	50	2	82	R	114	r
19	DC3	51	3	83	S	115	s
20	DC4	52	4	84	T	116	t
21	NAK	53	5	85	U	117	u
22	SYN	54	6	86	V	118	v
23	ETB	55	7	87	W	119	w
24	CAN	56	8	88	X	120	x
25	EM	57	9	89	Y	121	y
26	SUB	58	:	90	Z	122	z
27	ESC	59	;	91	[	123	{
28	FS	60	<	92	\	124	|
29	GS	61	=	93	]	125	}
30	RS	62	>	94	^	126	~
31	US	63	?	95	_	127	DEL

ASCII 码表中包含 34 个非图形字符（也称为控制字符），如：

退格：BS（back space）编码是 8（二进制数 0001000）

回车：CR（carriage return）编码是 13（二进制数 0001101）

空格：SP（space）编码是 32（二进制数 0100000）

删除：DEL（delete）编码是 127（二进制数 1111111）

其余 94 个是图形字符（也称为可打印字符）。在这些字符中，0~9、A~Z、a~z 都是顺序排列的，且小写字母比大写字母的 ASCII 码值大 32。如：

"0"：编码是 48（二进制数 0110000）

"A"：编码是 65（二进制数 1000001）

"a"：编码是 97（二进制数 1100001）

计算机内部用一个字节（8 个二进制位）存放一个 7 位 ASCII 码，最高位置为 0。

2. 中文字符

为了使计算机能够输入、处理、显示、打印和交换汉字字符，需要对汉字进行编码。

（1）国标码（GB2312—80）

我国于1980年颁布了《信息交换用汉字编码字符集——基本集》，国家标准代号为GB2312—80，简称国标码或GB码。它由三部分组成：第一部分是682个全角的非汉字字符，第二部分是一级汉字3755个，第三部分是二级汉字3008个。由于一个字节只能表示256种编码，所以一个国标码必须用两个字节来表示。

为了避开 ASCII 码表中的控制字符，只选取了 94 个编码位置。所以国标码字符集由 94 行×94 列构成，行号称为区号，列号称为位号，区号和位号组合在一起构成汉字的"区位码"。如：

"中"的区号是 54，位号是 48，它的区位码为 5448

"华"的区号是 27，位号是 10，它的区位码为 2710

为了与 ASCII 码兼容，国标码是在区位码的区号和位号分别加上 32 得到的。如：

"中"的国标码高位字节为：86（54+32），低位字节为：80（48+32）

"华"的国标码高位字节为：59（27+32），低位字节为：42（10+32）

（2）汉字扩展编码（GBK）

由于 GB2312 支持的汉字太少，1995 年我国又制定了《汉字内码扩展规范》（GBK1.0）。共收录了 21886 个符号，其中汉字 21003 个，其他符号 883 个。由于 GBK 与 GB2312—80 兼容，因此同一个汉字的 GB2312 编码与 GBK 编码相同。

2001 年我国发布了 GB18030 编码标准，它是 GBK 的升级。

（3）汉字机内码

在计算机内部对汉字进行存储和处理的编码称为汉字机内码。机内码是沟通输入、输出以及系统平台之间的交换码。汉字机内码有多种形式。对应于国标码（GB2312—80），一个汉字的机内码用两个字节来存储，为了与单字节的 ASCII 码相区别，每个字节的最高位均置为"1"（相当于每个字节各加上 128）。如：

"中"的机内码高位字节为：214（86+128），低位字节为：208（80+128）。

其二进制形式为：11010110 11010000，十六进制形式为：D6 D0。

"华"的机内码高位字节为：187（59+128），低位字节为：170（42+128）。

其二进制形式为：10111011 10101010，十六进制形式为：BB AA。

（4）汉字输入码

为了把汉字输入到计算机而编制的代码称为汉字输入码。汉字输入码的种类繁多，如数字编码、音码、形码、语音、手写输入或扫描输入等。实际上，区位码就是一种数字编码，其优点是一字一码，无重码；缺点是难以记忆，不便于学习。

在计算机系统中，汉字输入法软件负责完成汉字输入码到机内码的转换。

（5）汉字字形码

经过计算机处理的汉字信息，如果要显示或者打印输出，就必须将汉字机内码转换成人们可读的方块字。汉字的字形信息是预先存放在计算机内的，称为汉字库。汉字机内码与汉字字形一一对应。当要输出某个汉字时，首先根据其机内码在汉字库中查找到相应的字形信息，然后再显示或打印输出。汉字字形信息通常有两种表示方法：点阵方法和矢量方法。

用点阵方法表示汉字字形时，汉字字形码就是这个汉字字形点阵的代码。常用的点阵有 16×16、24×24、32×32 或更高。图 1-1 显示了“光”字的 16×16 字形点阵和代码。

图 1-1 中，每一个小格用一个二进制位存储，黑格子用“1”表示，白格子用“0”表示。如第一行的点阵代码是 0100H，描述整个汉字的字形需要 32 个字节的存储空间。汉字的字形点阵代码只用于构造汉字字库，不同的字体（如宋体、楷体、黑体）有不同的字库。

点阵规模越大，字形就越清晰美观，所占存储空间也越大。

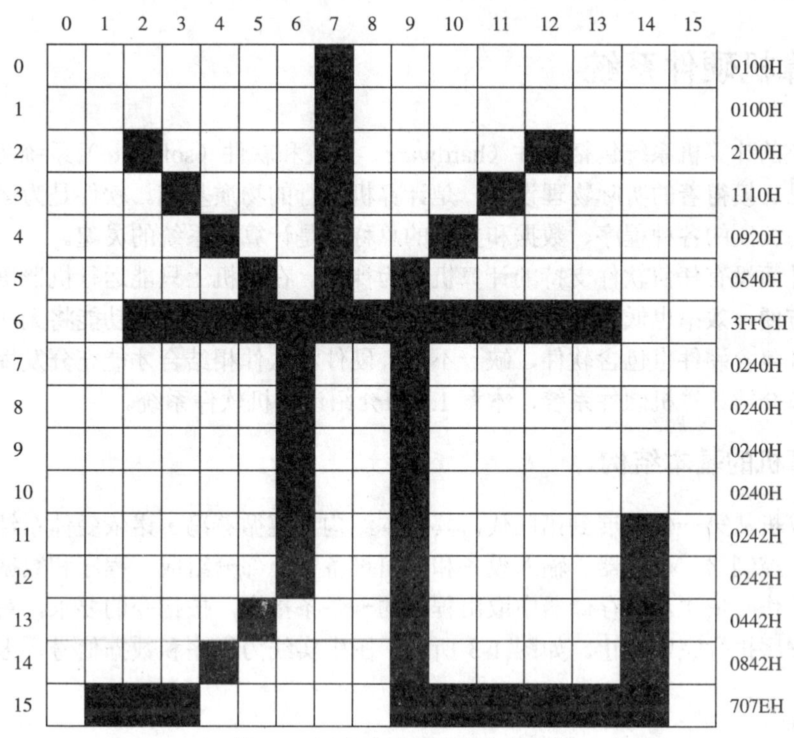

图 1-1　汉字字形点阵和代码示例

矢量方法存储的是汉字字形的轮廓特征描述，当要输出汉字时，先通过计算机的计算，由汉字字形描述生成所需大小和形状的汉字点阵。矢量化字形描述与最终文字显示的大小、分辨率无关，因此可产生高质量的汉字输出。Windows 中使用的 TrueType 技术就使用了矢量方法，解决了用点阵方法表示汉字字形时出现的放大产生锯齿现象的问题。

（6）汉字地址码

汉字地址码是指汉字库中存储汉字字形信息的逻辑地址码。向输出设备输出汉字时，必须通过地址码。汉字地址码和汉字机内码有简单的对应关系，以简化汉字机内码到汉字地址码的转换。

（7）几种汉字编码之间的关系

从汉字编码的角度看，计算机对汉字信息的处理过程实际上是各种汉字编码之间的转换过程，如图 1-2 所示。

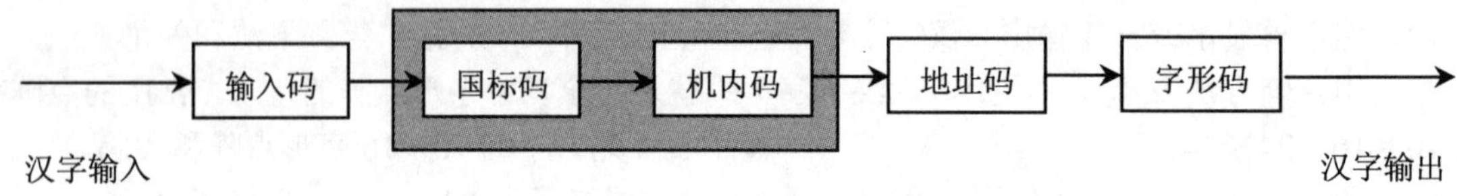

图 1-2　汉字信息处理过程

3. 其他编码标准

Unicode 码是一种国际编码标准，采用双字节编码统一地表示世界上的主要文字。目前在网络、Windows 系统和很多软件中得到应用。

1.4　计算机硬件系统

一个完整的计算机系统包括硬件（hardware）系统和软件（software）系统两大部分。硬件泛指看得见、摸得着的实际物理设备，是计算机运行的物质基础。软件是为运行、管理和维护计算机而编制的各种程序、数据和文档的总称，是计算机系统的灵魂。

只有硬件而没有任何软件支持的计算机称为裸机。在裸机上只能运行机器语言程序，使用起来很不方便，效率也低。而没有硬件对软件的物质支持，软件的功能将无法发挥。所以计算机系统既包含硬件也包含软件，缺一不可，硬件和软件相结合才能充分发挥计算机系统的功能。本节介绍计算机硬件系统，本章 1.5 节介绍计算机软件系统。

1.4.1　计算机的基本结构

现代计算机从第一代发展到第四代，其基本结构都遵循着冯·诺依曼体系结构。即计算机由运算器、控制器、存储器、输入设备和输出设备五个部分组成，程序和数据均存放在内存储器中，工作时依次从内存储器中取出程序的一条条指令，按指令的要求，对数据进行运算，直到该程序执行完毕为止。如图 1-3 所示。图中实线为程序和数据信号，虚线为控制信号。

1. 运算器

运算器是对数据进行加工处理的部件，它在控制器的作用下与内存储器交换数据，负责算术运算、逻辑运算和其他操作。运算器由算术逻辑单元（arithmetic logic unit，ALU）、累加器、状态寄存器和通用寄存器等组成。其中 ALU 是用于完成加、减、乘、除等算术运算，与、或、非等逻辑运算以及移位、求补等操作的部件。

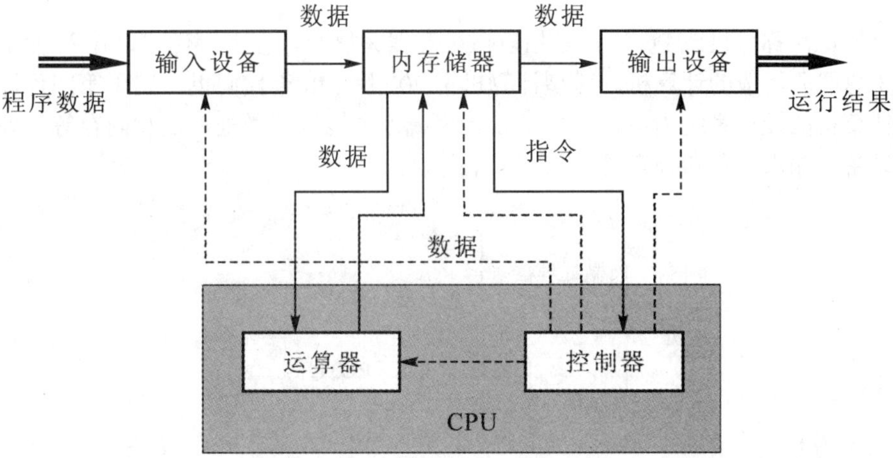

图 1-3　计算机基本结构

2. 控制器

控制器是整个计算机系统的指挥中心，负责从内存储器中取指令和执行指令，有序地、有目的地向各个部件发出控制信号并接收各部件反馈回来的信息，使计算机的各个部件协调一致地工作。控制器主要由程序计数器、指令寄存器、指令译码器、时序产生器和操作控制器等组成。

控制器和运算器是计算机的核心部件，这两部分合称为中央处理器（central processing unit，CPU）。

3. 存储器

存储器是计算机系统用来存放程序和数据的部件。信息既能"写入"到存储器，也能从存储器中"读出"。存储器可分为内存储器和外存储器两种。

内存储器也称为主存储器（简称内存或主存），其存储速度快、容量小，直接与 CPU 相连接。用来存储当前运行所需要的程序和数据。内存由许多存储单元组成，每个存储单元可存放一个字节的信息。每个字节都有自己的编号，称为地址（address），一般用十六进制表示。要访问内存中的信息，就必须知道它的地址，然后再按地址写入或读出信息。

外存储器也称为辅助存储器（简称外存或辅存），它是内存的扩充。外存的存储速度较慢、容量大。一般用来存放大量暂时不用的程序、数据和中间结果，需要时，可成批地和内存进行信息交换，但不能被 CPU 直接访问。

4. 输入/输出设备

输入/输出设备简称 I/O（input/output）设备，是计算机系统不可缺少的组成部分，是计算机与外部世界进行信息交换的中介，是人与计算机联系的桥梁。

输入设备是用来向计算机输入命令、程序、数据、文本、图形、图像、音频和视频等信息的。其主要作用是把人们可读的信息转换为计算机能识别的二进制代码输入计算机，供计算机处理。

输出设备的主要功能是将计算机处理后的各种内部格式的信息转换为人们能识别的形式（如文字、图形、图像和声音等）表达出来。

1.4.2 微型计算机的硬件系统

微型计算机简称微机或PC机，是指以微处理器为核心，配上存储器、输入/输出接口电路以及系统总线所组成的计算机。微型计算机于20世纪70年代问世，属于第四代计算机。

微型计算机的硬件系统由主机和外部设备组成，主机包括微处理器和内存等，外部设备包括输入设备、输出设备和外存等。如图1-4所示。

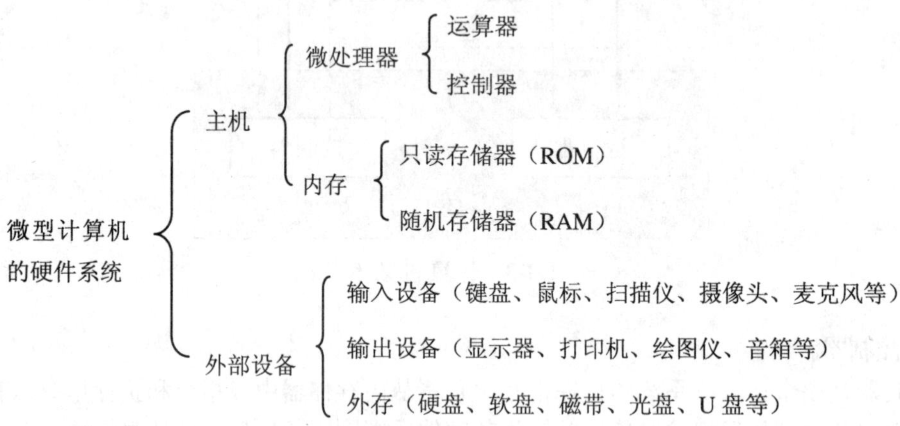

图1-4　微型计算机硬件系统的组成

微型计算机各部件之间通过总线（bus）相连接。总线是一种内部结构，它是CPU、存储器与各种输入/输出设备传递信息的通道。如图1-5所示。

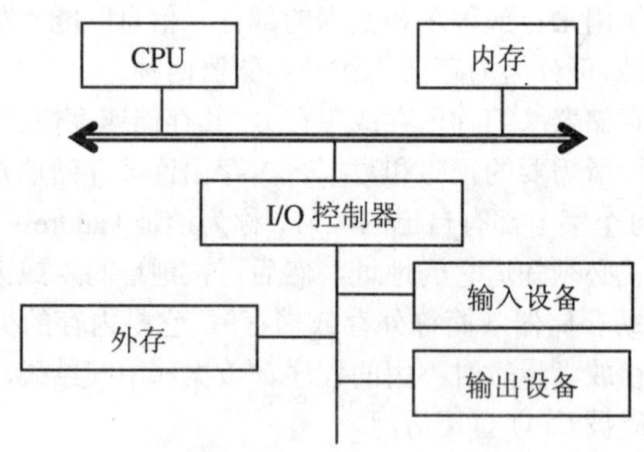

图1-5　微型计算机的总线结构

有三种不同功能的系统总线：数据总线（data bus，DB）、地址总线（address bus，AB）和控制总线（control bus，CB）。

数据总线用于传送数据信息（包括指令），数据总线的位数通常与机器字长一致。地址总线专门用来传送地址，地址总线的位数决定了机器可直接寻址的内存空间大小。控制总线用来传送控制信号和时序信号，控制总线的位数根据系统的实际控制需要决定。

具体地说，一台普通的微型计算机是由微处理器、内存、主板、硬盘、光驱、显卡、声卡、网卡、机箱电源、显示器、麦克风、音箱、键盘和鼠标等部件构成的。如图 1-6 所示。

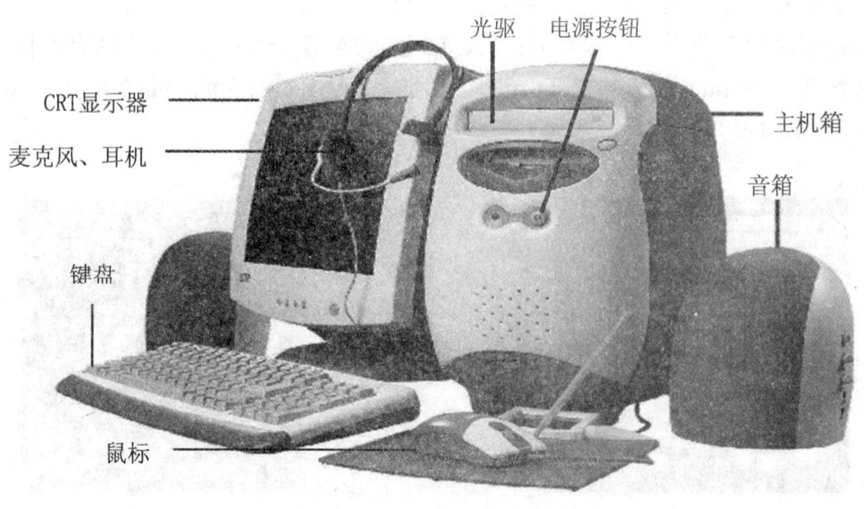

图 1-6　普通的微型计算机

主机箱的背面如图 1-7 所示。

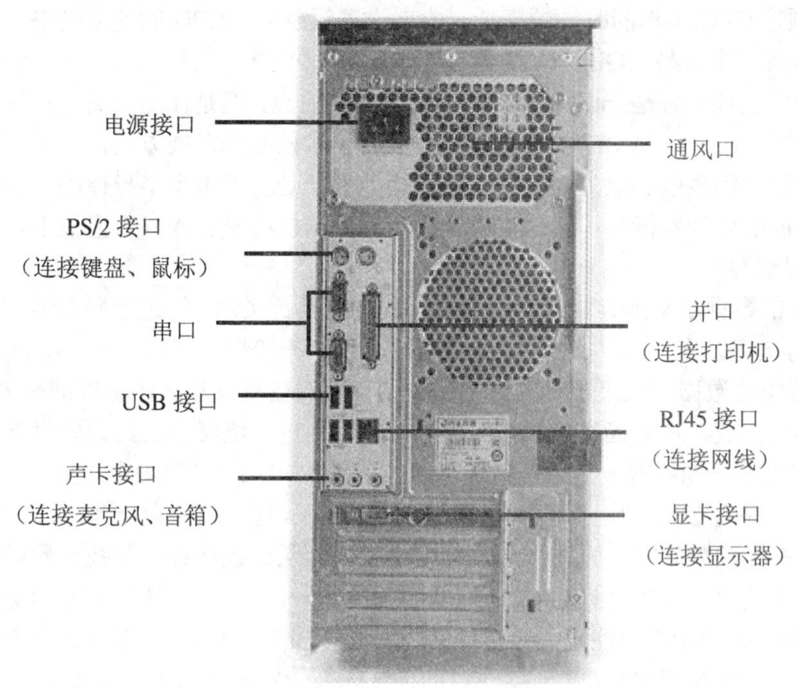

图 1-7　主机箱背面

下面介绍微型计算机的主要部件。

1. 微处理器

微处理器是微机的中央处理器（CPU），由运算器和控制器组成，是微机的核心。微机的所有操作都受 CPU 控制，所以它的品质直接影响着整个微机系统的性能。

目前微处理器的主要生产厂家有 Intel、AMD 和 VIA 等。Intel 的主流产品有赛扬(Celeron)系列、奔腾系列（Pentium）和酷睿（Core）系列等。AMD 的主流产品有速龙（Athlon）系列。如图 1-8 和图 1-9 所示。

图 1-8　Intel Pentium 系列

图 1-9　AMD Athlon 系列

衡量微处理器性能的主要指标有：

（1）CPU 主频

CPU 主频是 CPU 工作的时钟频率。一般来说主频越高，CPU 的速度越快。目前微机的 CPU 主频已达到几个吉赫（GHz）。

过去，CPU 主频一直是 Intel 和 AMD 争相追逐的焦点，但是伴随着高主频带来的微处理器严重发热问题，Intel 和 AMD 都不约而同地投向了多核心的发展方向，将现有的产品发展成为性能更为强大的多核心微处理器系统。双核处理器是基于单个半导体的一个处理器上拥有两个一样功能的处理器核心，就是将两个物理处理器核心整合入一个内核中。

（2）二级缓存

CPU 处理的数据是从内存中来的，而内存的速度要比 CPU 的速度慢得多。因此为了提高 CPU 的运行效率，在 CPU 中内置了高速存储器，即一级缓存（L1 cache），用于暂时保存 CPU 运行过程中的数据。一级缓存的容量越大，存储的信息就越多，可以减少 CPU 与内存之间数据交换的次数，从而提高 CPU 的运行效率。不过一级缓存的结构较复杂，在有限的 CPU 芯片面积上不可能做得太大。一级缓存的容量基本在 4KB 到 64KB 之间。

为了进一步提高 CPU 的运行效率，又在 CPU 外部放置一高速存储器，即二级缓存（L2 cache）。CPU 在读取数据时，先在一级缓存中寻找，再从二级缓存中寻找，然后是内存，最后是外存。二级缓存的容量是提高 CPU 性能的关键之一，在 CPU 核心不变的情况下，增加二级缓存的容量能使 CPU 的性能大幅度提高，而同一核心的 CPU 高低端之分也往往是二级缓存上有差异。二级缓存的容量一般为 512KB、1MB、2MB、4MB、6MB 或更高。

（3）前端总线频率

前端总线（front side bus，FSB）是将 CPU 连接到主板北桥芯片的总线，是 CPU 与外界交换数据的最主要通道。前端总线的频率越高，CPU 与北桥芯片之间的数据传输能力就越大，因而越能发挥出 CPU 的性能。

在选购微处理器时，应主要考虑以上三项技术指标。例如，微处理器 Intel Pentium 2.2G/800/1M/双核，即 CPU 的主频为 2.2GHz、二级缓存为 1M、前端总线频率为 800MHz，奔腾双核。微处理器 Intel Core 2 Duo 3.0G/6M/1333/双核，即 CPU 的主频为 3.0GHz、二级缓存为 6M、前端总线频率为 1333MHz，酷睿双核。

2. 内存

内存按功能可分为两种：只读存储器（read only memory，ROM）和随机存储器（random access memory，RAM）。

只读存储器的特点是存储的信息只能读出，不能写入，断电后信息不会丢失，一般用来存放专用的或固定的程序和数据。

随机存储器的特点是存储的信息可以读出，也可以写入，断电后存储的信息立即丢失。我们一般所说的内存是指动态随机存储器（Dynamic RAM），常用的 DRAM 内存有以下几种：

- SDRAM：同步动态随机存储器（synchronous dynamic random access memory）；
- DDR：双倍速率同步动态随机存储器（double data rate SDRAM）；
- DDR2：DDR 二代，如图 1-10 所示；
- DDR3：DDR 三代。

图 1-10　DDR2 内存

衡量内存性能的主要指标有：

（1）容量

目前微机的内存容量一般为 256MB、512MB、1GB、2GB 或更高。

（2）内存主频

内存主频代表了内存所能达到的最大工作频率。一般来说内存主频越高，内存所能达到的速度就越快。

目前微机的内存主频一般为 400MB、800MB、1333MB 或更高。

3. 主板

主板（mainboard）是微机系统中最大的一块电路板，它将 CPU 等各种器件和外部设备有机地结合起来形成一套完整的系统，因此微机的整体运行速度和稳定性在相当程度上取决于主板的性能。如图 1-11 所示。

主板上布满了各种电子元件、插槽和接口，主要有主板芯片组、CPU 插座、内存条插槽、BIOS 芯片、总线扩展槽（如 PCI）、IDE 及 SATA 接口插座、电源插座和外部接口等。主板几乎与主机内所有部件有衔接关系，并能连接外部输入/输出设备。

其中，主板芯片组是主板的核心部分，决定了主板的绝大部分功能。

BIOS 芯片是一种 ROM 芯片，其内部固化了一组基本输入输出系统（basic input output system，BIOS）程序，如基本输入/输出程序、系统信息设置程序、开机上电自检程序、系统启动自举程序和内部诊断程序等。BIOS 程序负责开机时对系统各项硬件进行初始化设置和测试，以保证系统能够正常工作。BIOS 程序对系统的各种设置参数保存在 CMOS 芯片（一种 RAM 芯片）中。

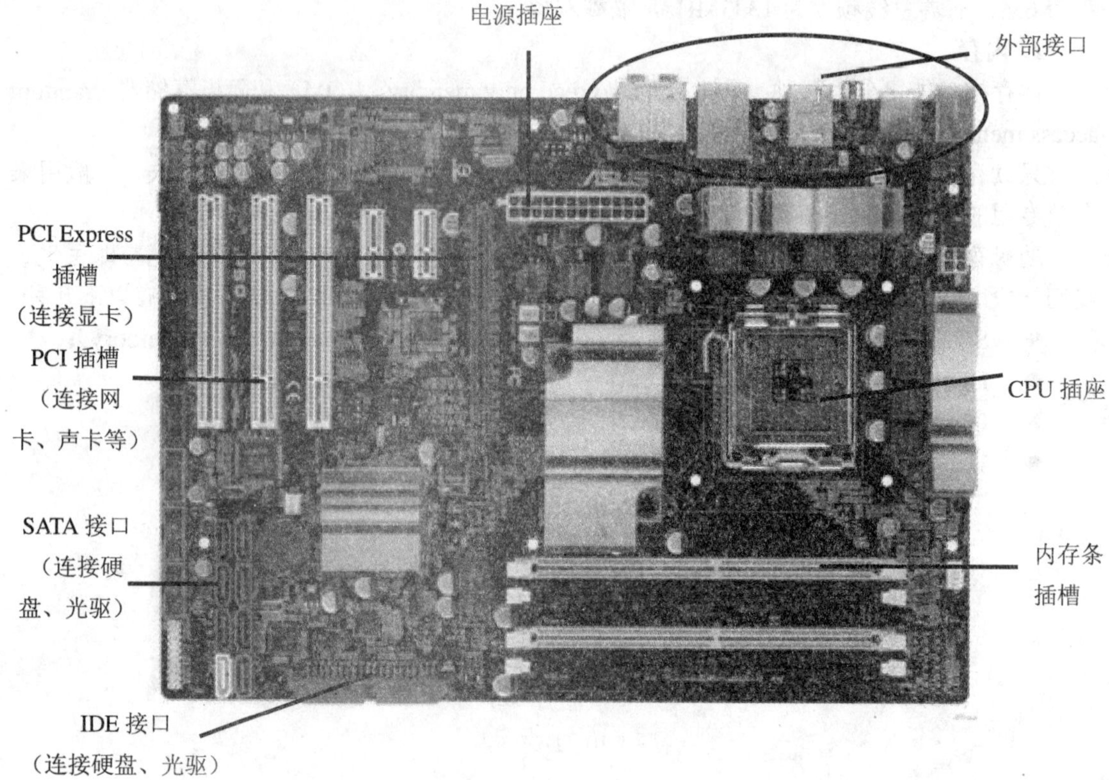

图 1-11　主板

衡量主板性能的主要指标有主板芯片组、主板兼容性、主板的用料与做工等。

4. 硬盘

硬盘（hard disk）是微机的主要外存，由涂有磁性材料的合金盘片组成。硬盘不仅存储了操作系统和应用软件，还存储了用户的大部分数据。如图 1-12 所示。

衡量硬盘性能的主要指标有：

（1）容量

硬盘的容量一般在 3GB 到 3TB 之间。

（2）转速

硬盘转速是硬盘电机主轴的旋转速度，也就是硬盘盘片在一分钟内所能完成的最大转数。硬盘的转速越快，寻找文件的速度也就越快，内部传输率就越高，硬盘的整体性能也就越好。因此，转速的快慢是区分硬盘档次的重要标志之一。

硬盘转速的中文单位是：转/分（revolutions perminute，RPM），国际单位为 r/m。目前硬盘的转速一般为 5400~10000（r/m）。

随着移动存储技术的发展，U盘和移动硬盘已经替代了软盘成为主要的移动存储介质。与软盘相比，移动硬盘有容量大、传输速度高、可靠性高以及使用方便等特点。如图 1-13所示。

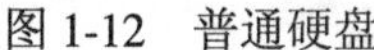

图 1-12 普通硬盘

图 1-13 移动硬盘

5. 光盘和光驱

（1）光盘

光盘是一种利用激光技术存储信息的盘片。光盘主要分为：

- CD-ROM 盘：只读 CD 盘（compact disc-read only memory），容量最大为 700MB；
- CD-R 盘：一次写入 CD 盘（compact disc-recordable）；
- CD-RW 盘：可擦写 CD 盘（CD-reWritable）；
- DVD-ROM 盘：只读 DVD 盘（digital versatile disc-read only memory），容量最小为 4.7GB；
- DVD-R 盘：一次写入 DVD 盘（DVD-recordable）；
- DVD-RW 盘：可擦写 DVD 盘（DVD- reWritable）。

（2）光驱

光盘驱动器（简称光驱）是读取光盘信息的设备。光驱的外观如图 1-14 所示。

光驱主要分为以下几种：

- CD-ROM 驱动器：只能读取 CD 盘。已经被 DVD 驱动器取代；
- CD-RW 驱动器：也称为 CD 刻录机，可读取 CD 盘，也可刻录 CD 盘；
- DVD-ROM 驱动器：可读取 CD 盘和 DVD 盘。价格便宜；
- DVD-RW 驱动器：也称为 DVD 刻录机，可读取 CD 盘和 DVD 盘，也可刻录 CD 盘和 DVD 盘。价格贵；
- COMBO 驱动器：俗称“康宝”。可读取 CD 盘和 DVD 盘，也可刻录 CD 盘。性价比高。

图 1-14 光驱外观

光驱的速度通常以数据传输率来衡量，数据传输率以 150KB/s 为一倍速。擦写速度要慢于读取速度。

6. 显卡

显卡也称为显示适配器（video adapter），位于主板和显示器之间。显卡的作用是将计算机内部处理的数字信号转换为模拟信号，然后通过显示器显示出来。

显卡主要由显示芯片、显存、数模转换器、显卡 BIOS 和接口等部分组成。如图 1-15 所示。

图 1-15　独立显卡

衡量显卡性能的主要指标有：

（1）显示芯片

显示芯片也称为图形处理器（graphic processing unit，GPU），相当于显卡的 CPU。显示芯片的性能直接决定了显卡的性能。目前设计、制造显示芯片的厂家只有 NVIDIA、ATI、SIS 和 VIA 等几家公司。

（2）显存带宽

显存带宽是指显示芯片与显存之间的数据传输速率，它以字节/秒（B/s）为单位。要得到精细（高分辨率）、色彩逼真（32 位颜色）、流畅（高刷新速度）的 3D 画面，就必须要求显卡具有大的显存带宽。显存带宽的大小取决于显存位宽和显存频率。

显存位宽是指显存在一个时钟周期内能传送数据的位数，可以理解成数据进出通道的大小。位数越大，则瞬间所能传输的数据量越大。目前，显卡的显存位宽为 64 位、128 位、256 位、512 位或更高。

显存时钟周期是指显存每处理一次数据所要经过的时间。时钟周期一般以纳秒（ns）为单位。显存频率与显存时钟周期是相关的，二者成倒数关系，即：显存频率＝1/显存时钟周期。

显存带宽的计算公式为：显存带宽＝工作频率×显存位宽/8。目前高端显卡能提供超过 20GB/s 的显存带宽。

（3）显存容量

显存担负着系统与显卡之间的数据交换以及显示芯片运算 3D 图形时的数据缓存，因此显存容量决定了显示芯片能处理的数据量。理论上讲，显存越大，显卡性能就越好。目前主流显卡的显存容量为 256MB、512MB、1024MB 或更高。

7. 显示器

显示器（monitor）是计算机最主要的输出设备。目前最常使用的显示器有阴极射线管显示器（cathode ray tube，CRT）和液晶显示器（liquid crystal display，LCD）两种。CRT 显示器的显示效果好、颜色逼真，但体积大。LCD 显示器环保、体积小，但响应速度慢。

衡量显示器性能的主要指标有：

（1）分辨率

分辨率是指显示器所能显示的像素的多少。由于屏幕上的点、线和面都是由像素组成的，因此显示器可显示的像素越多，画面就越精细，同样的屏幕区域内能显示的信息也就越多。分辨率以乘法的形式表现，比如 1024×768，其中“1024”表示屏幕上水平方向显示的像素点数，“768”表示垂直方向显示的像素点数。

（2）屏幕尺寸

屏幕尺寸是指显示器屏幕对角线的尺寸，用英寸来表示。目前显示器屏幕尺寸的可选范围是：14 ~30 英寸，甚至更高。

8. 键盘

键盘（Keyboard）是计算机最主要的输入设备。目前常用的台式机键盘一般有 104 个键，如图 1-16 所示。除 Ctrl 键、Alt 键和 Shift 键外，其余各键都是触发键，应一触即放，不要紧按不放。

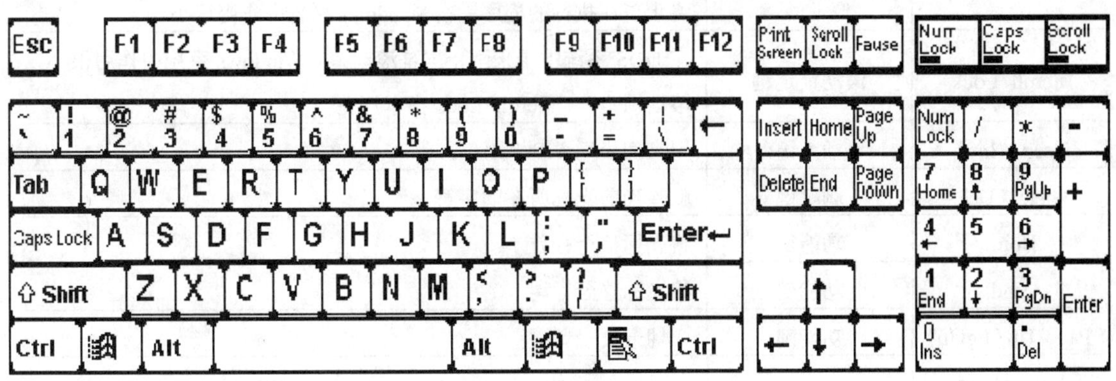

图 1-16　键盘的组成

键盘由三个部分组成：主键盘、小键盘和功能键。

（1）主键盘

主键盘与通用英文打字机的键盘相似。表 1-3 列出了主键盘上各键的键符、键名及功能说明。

使用键盘时，应按照正确的指法操作。所谓指法，就是将计算机键盘的各个键固定地分配给十个手指的规定。有了指法，我们在使用键盘时就能做到分工明确、有条不紊。

表 1-3　　**主键盘上各键的键符、键名及功能说明**

键符	键名	功能说明
A~Z	字母键	字母键有大写和小写字母之分
Caps Lock	大小写字母锁定转换键	若原来输入的字母为小写（大写），则按一下此键后，再输入的字母将为大写（小写）。大写字母锁定时，Caps Lock 指示灯亮
0~9	数字键	数字键的下档为数字，上档为符号
Shift（↑）	换档键	用来选择双字符键的上档字符。操作方法是：先按住此键不放，再按双字符键，则输入该键的上档字符
Enter（↙）	回车键	换行或确认选择的命令
Backspace（←）	退格键	删除当前光标左边的一个字符，光标左移一位
Space	空格键	在光标当前位置输入空格
Ctrl	控制键	与其他键组合使用
Alt	交换键	与其他键组合使用
Tab	制表定位键	制表定位或切换对象
Esc	退出键	用于退出正在运行的系统或取消当前操作
PrtSc（Print Screen）	屏幕复制键	在 DOS 系统中，用于打印当前屏幕（整屏）。在 Windows 系统中用于将当前屏幕复制到剪贴板（整屏）
Pause/Break	暂停键/中断键	在 DOS 系统中，可暂停某些正在执行的程序，与 Ctrl 键组合可终止正在执行的程序。在 Windows 系统中作用很小
Scroll Lock	滚动锁定键	在 DOS 系统中用来阻止屏幕滚动。在 Windows 系统中作用很小。滚动锁定时，Scroll Lock 指示灯亮
Insert（Ins）	插入键	用来切换插入/改写方式
Delete（Del）	删除键	删除当前光标所在的字符
Home	功能键	将光标移至行首
End	功能键	将光标移至行尾
Page Up（PgUp）	功能键	上翻一页
Page Down（PgDn）	功能键	下翻一页
↑	方向键	将光标上移一行
↓	方向键	将光标下移一行
←	方向键	将光标左移一列
→	方向键	将光标右移一列
Start	开始键（徽标键）	在 Windows 系统中，按一下打开“开始”菜单
Application	应用键	在 Windows 系统中，按一下打开快捷菜单，相当于右击鼠标

标准指法指定中排键是手指的标准位置，即指法的基准键位。其中，F 键和 J 键上分别有一个小突起，可以通过触摸这两个键来确定基准键位。十个手指的分工如图 1-17 所示。

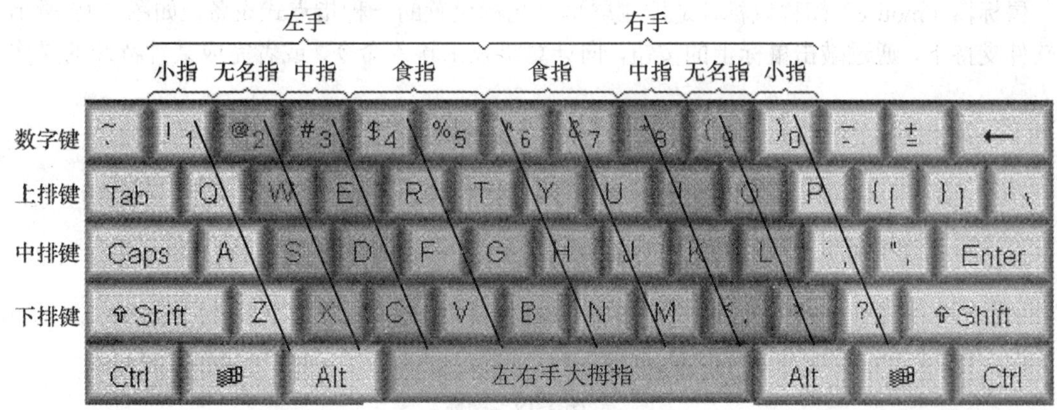

图 1-17　主键盘指法图

（2）小键盘

小键盘也叫数字键，位于键盘右侧。其中小数点键和 0~9 数字键（除 5 键外）是双字符键。Num Lock 键是小键盘锁定转换键，当 Num Lock 指示灯亮时，上档字符起作用；当 Num Lock 指示灯灭时，下档字符起作用。

小键盘上的数字键相对集中，通常在大量输入数字时使用。小键盘的基准键位是 0、4、5、6 和+键，分别由右手的拇指、食指、中指、无名指和小指负责，如图 1-18 所示。

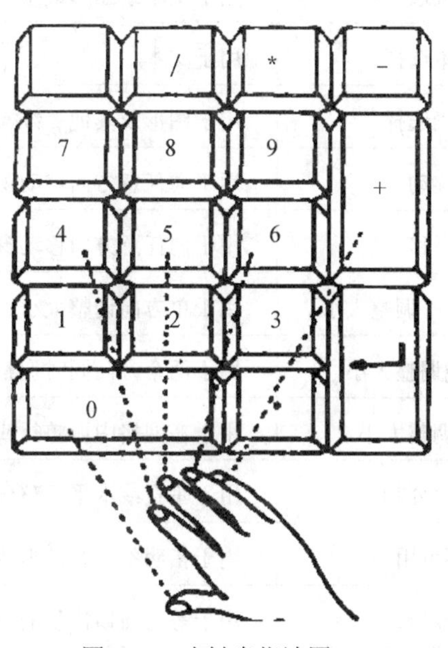

图 1-18　小键盘指法图

（3）功能键

功能键是指键盘上部的 F1~F12 键。功能键在运行不同的软件时，被定义不同的功能。

9. 鼠标

鼠标器（mouse）简称鼠标，是控制屏幕上光标位置的一种指点式设备。如图 1-19 所示。在软件支持下，通过敲击鼠标上的按钮，向计算机发出输入命令，或者完成某种特殊的操作。

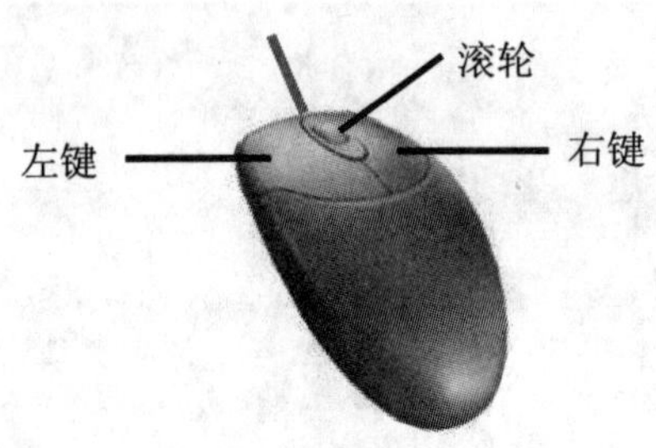

图 1-19　鼠标

（1）鼠标指针的形状

当用户握住鼠标并移动时，屏幕上的鼠标指针就会随之移动。在不同的场合下，鼠标指针会有不同的形状。表 1-4 列出了 Windows XP 缺省方式下最常见的鼠标指针形状。

表 1-4　鼠标指针的形状

形状	名称	说明
	普通选择	用于大多数对象
	链接选择	用于文本或图形链接
I	文本选择	用于文本
+	精确选择	用于图形及其他二维操作
	移动	用于向任意方向移动窗口
	平移	用于向任意方向移动窗口内的对象
	垂直和水平调整大小	用于单方向调整大小
	对角线调整大小	用于两个方向同时调整大小
	行列调整大小	用于在网格中调整行或列的大小
	窗口分割	用于垂直或水平调整分割面板的大小
	不可用	用于指明不是有效拖放目标的位置
	忙碌指针	用于等待窗口恢复响应
	后台操作指针	用于当有任务在后台执行时进行指向、单击或选择操作

（2）鼠标的基本操作

鼠标的基本操作有：

- 指向：将鼠标指针移至某对象上，不按下任何鼠标键；
- 悬停：将鼠标指针移至某对象上，不按下任何鼠标键，并保持不动至少一秒。鼠标指针旁边将显示相关提示信息；
- 单击：按下并释放鼠标左键。一般用来选择某个对象；
- 右击：按下并释放鼠标右键。可以打开快捷菜单；
- 双击：连续快速地两次单击。一般用来可以打开对象；
- 拖动：按住鼠标左键并移动鼠标指针到目的地，然后松开鼠标左键；
- 滚动：移动鼠标滚轮。按滚轮移动的方向纵向滚动窗口。

1.4.3　微型计算机的组装

组装微机的步骤如下：

① 安装主机箱和电源；

② 安装 CPU 和 CPU 风扇；

③ 安装主板；

④ 安装光驱和硬盘；

⑤ 安装内存条；

⑥ 连接各类连线。包括硬盘和光驱的数据线、硬盘和光驱的电源线、主板电源线和主机箱的连接线；

⑦ 安装显卡、声卡、网卡等接口卡；

⑧ 连接外部接口。包括显示器、键盘和鼠标等。

微机组装完毕后，还要进行 BIOS 设置、硬盘初始化并安装各种软件，才能正常使用。

1.5　计算机软件系统

1.5.1　软件和程序的概念

软件是为运行、管理和维护计算机而编制的各种程序、数据和文档的总称。程序是告诉计算机做什么以及如何做的一组指令（语句）序列。程序是软件重要的组成部分。

为了使软件能够正常运行，软件包中通常含有大量的文件。其中至少包含一个让用户打开或运行的可执行程序（即应用程序），在 Windows 系统中，可执行程序通常被存储在扩展名为.exe 的文件中；软件包中还包含一些不由用户直接运行的支持程序，支持程序的扩展名通常是.dll 或.ocx；除了程序文件外，软件包中还有数据文件和文档文件等，它们的扩展名通常为.txt、.bmp、.jpg 或.hlp 等。

尽管软件和程序的区别是本质的，但在不会发生混淆的场合，“软件”和“程序”两个名称经常互换使用，并不严格加以区分。

1.5.2　计算机软件的分类

软件可以分为系统软件和应用软件两大类。系统软件针对计算机本身而开发，帮助计算机完成基本操作任务，如操作系统、语言处理程序和数据库管理系统等。应用软件针对某一特定应用而开发，完成具体操作任务，如文字处理软件、表格处理软件、绘图软件、财务软件和过程控制软件等。应用软件运行于系统软件之上。

计算机软件的体系结构如图 1-20 所示。

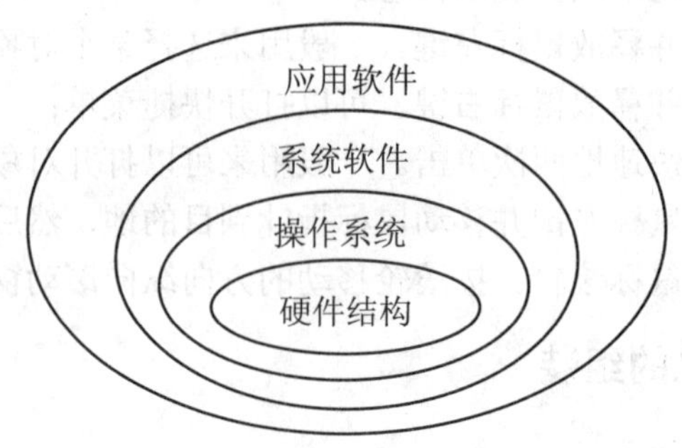

图 1-20　计算机软件体系结构

1. 操作系统

操作系统是最基本、最重要的系统软件。它负责管理计算机系统的全部硬件资源和软件资源，合理地组织计算机各部分协调工作，为用户提供操作和编程界面。

从资源管理的角度来看，操作系统有处理器管理、存储管理、设备管理和文件管理等四大功能。

常见的操作系统有：DOS、Microsoft Windows、UNIX、Linux 和 Novell NetWare 等。

（1）DOS（disk operating system，磁盘操作系统）

DOS 是一种单用户、单任务操作系统，它主要包括 Shell（command.com）和 IO 接口（io.sys）两个部分。Shell 是 DOS 的外壳，负责将用户输入的命令翻译成操作系统能够理解的指令；IO 接口实现了一组基于 INT 21H 的中断（系统调用）。

DOS 的特点是简单、实用和高效。缺点是不支持并发、无多用户功能、无安全子系统、不支持多媒体、只提供字符用户界面和容易感染病毒等。

尽管 DOS 因难以适应新的硬件技术而被挤出了主流操作系统的舞台，但目前所有的主流操作系统都提供了对 DOS 应用程序的支持。

（2）Microsoft Windows（微软视窗操作系统）

Microsoft 公司从 1983 年开始研制 Windows 操作系统，最初的研制目标是在 DOS 的基础上提供一个多任务的图形用户界面。

1985 年 11 月 Windows 1.0 发布，1987 年 11 月 Windows 2.0 发布，这两个版本由于它们本身有许多技术缺陷而没有广泛流行。1992 年 4 月 Windows 3.1 发布，该版本支持虚拟内存、对象链接和嵌入、TrueType 字体以及多媒体功能等。同年，Microsoft 公司还发布了 Windows for Workgroups 3.1，并以此进军服务器市场。1993 年，稳定性更强的服务器操作系统 Windows NT 3.1 发布。1995 年 Windows 95 发布，获得了巨大成功，该版本是一个混合的 16 位/32 位系统，并附带了 Internet Explorer 浏览器。1996 年 Windows NT 4.0 发布。此后，Microsoft 公司又陆续推出了 Windows 98、Windows me、Windows 2000、Windows XP、Windows 2003 和

Windows Vista 等操作系统。

其中，Windows XP 是 Microsoft 公司 2001 年推出的操作系统，XP 是英文 experience（体验）的缩写，Microsoft 公司希望这款操作系统能够在全新技术和功能的引导下，给用户带来全新的体验。根据用户对象的不同，Windows XP 有几种不同的版本：家庭版（Windows XP home edition）、专业版（Windows XP professional）、媒体中心版（media center edition）和平板电脑版（tablet PC editon）等。

Windows XP 专业版的主要特点有：

① 可靠性。Windows XP 专业版建立在成熟的 Windows 2000 基础之上，不仅能够确保计算机长时间稳定运行，还可以帮助用户进行系统恢复。

② 高性能。Windows XP 专业版在性能方面远胜于 Windows 98 第二版，并且在商业基准测试中达到了 Windows 2000 的同等水平。Windows XP 不仅能够快速启动应用程序，在多数情况下，整体系统启动速度也得到了显著加快。

③ 安全性。Windows XP 专业版中所提供的安全特性能够有效地保护位于计算机上或正在通过网络进行传输的敏感数据。凭借针对最新安全标准和增强病毒保护功能的支持能力，Windows XP 专业版还可使用户免受网络攻击的干扰。

④ 易用性。从新颖独特的外观到更加直观的基于任务设计方式，Windows XP 专业版使用户获得前所未有的轻松计算体验。用户能够多快好省地完成各项工作，快速查找所需内容，按照用户所希望的方式对文件和文件夹进行整理。

⑤ 唾手可得的数字时代工具。Windows XP 专业版能提供全面的数字媒体支持，实现最终通信和协作工具，实现移动化，针对文件和应用程序实施远程访问，在最需要的时候获得帮助与支持。

Windows XP 专业版的运行环境要求如下：

推荐使用主频为 300MHz 或更高的处理器（至少需要 233MHz），推荐使用 Intel 奔腾/赛扬系列、AMD 速龙系列或兼容的处理器；推荐使用容量为 128MB 或更高的 RAM（最低支持 64MB）；1.5GB 可用硬盘空间；Super VGA（800×600）或分辨率更高的显卡和显示器；CD-ROM 驱动器或 DVD-ROM 驱动器；键盘和鼠标。

本书第 2 章将详细介绍 Windows XP 操作系统的使用。

（3）UNIX

UNIX 是一种强大的多用户、多任务操作系统，支持多处理器架构。最早由 Ken Thompson 等人于 1969 年在 AT&T 公司的贝尔实验室开发，经过长期的发展和完善，目前已成为一种主流的操作系统技术和基于这种技术的产品大家族。

由于 UNIX 具有技术成熟、可靠性高、网络和数据库功能强、伸缩性突出和开放性好等特点，因而可以满足各行各业的实际需要，特别能够满足企业重要业务的需要，是目前主要的工作站和服务器平台。

（4）Linux

Linux 是一种免费使用和自由传播的类 UNIX 操作系统。Linux 是由分布在世界各地的成千上万的程序员设计和实现，其目的是建立不受任何商品化软件版权制约的、全世界都能自由使用的 UNIX 兼容产品。

Linux 特点的是内核较小、性能优越、稳定可靠、对硬件要求不高和免费获取等，Linux 有望成为 21 世纪使用最广泛的操作系统之一。

（5）Novell NetWare

Netware 是 Novell 公司推出的网络操作系统，目前的主流版本是 NetWare 5。

NetWare 具有强大的文件及打印服务能力、良好的兼容性及系统容错能力和比较完备的安全措施。

2. 语言处理程序

人和计算机交流信息使用的语言称为计算机语言或程序设计语言。计算机语言通常分为机器语言、汇编语言和高级语言三类。

（1）机器语言

机器语言是用二进制代码表示的机器指令的集合。机器语言是计算机硬件系统能够直接识别和执行的唯一语言，因此，它的效率最高、执行速度最快。但不同型号的计算机其机器语言是不相通的，因此程序不容易移植。

用机器语言编写程序，编程人员首先要熟记所用计算机的全部指令代码和代码的含义，编写程序时，程序员要自己处理每条指令和每一数据的存储分配和输入输出，还要记住编程过程中每步所使用的工作单元处在何种状态。这是一件十分繁琐的工作，编写程序花费的时间往往是实际运行时间的几十倍或几百倍。而且，编出的程序全是 0 和 1 的指令代码，直观性差，很容易出错。现在，除了计算机生产厂家的专业人员外，绝大多数程序员已经不再去学习机器语言了。

（2）汇编语言

为了克服机器语言难记、难编、难读和易出错的缺点，人们想到了用一些符号（如英文字母和数字等）来代替机器语言的指令，于是出现了汇编语言。

汇编语言是一种把机器语言“符号化”的语言，汇编语言的指令和机器语言的指令基本上一一对应，机器语言直接用二进制代码，而汇编语言使用了助记符，如用 ADD 表示加法指令，MOV 表示减法指令等，但仍然面向机器。

对于用户来说，汇编语言比机器语言容易理解和记忆。但对于计算机来说，汇编语言程序无法直接执行，必须通过预先存放在计算机内的“汇编程序”翻译成机器语言程序才能运行。

（3）高级语言

机器语言和汇编语言都是面向硬件的，用户在编写程序时，必须对硬件结构及其工作原理十分熟悉，这对非计算机专业人员来说是难以做到的，也不利于计算机的推广应用。计算机事业的发展，促使人们去寻求一些与自然语言相接近且能为计算机所接受的语义确定、规则明确、自然直观和通用易学的计算机语言，即高级语言。

高级语言的种类很多，如 C、C++、Java、Visual Basic、Delphi 和 JavaScript 等。

同汇编语言一样，用高级语言编写的源程序也不能直接在计算机中执行，必须要翻译成机器语言程序才能运行，翻译的方式有两种：一是编译方式，二是解释方式。

① 编译方式。编译方式首先利用“编译程序”将源程序翻译成目标程序，然后通过“链接程序”将目标程序链接成可执行程序。如图 1-21 所示。可执行程序可以脱离源程序和编译程序单独运行，所以编译方式效率高，执行速度快。编译型高级语言有 C、C++

和 Delphi 等。

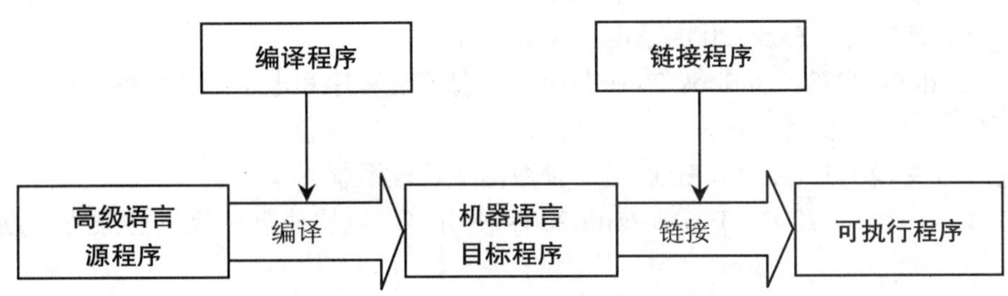

图 1-21　高级语言源程序的编译方式

② 解释方式。解释方式是利用“解释程序”对源程序逐句翻译，逐句执行。解释过程不产生目标程序，基本上是翻译一行执行一行，边翻译边执行。如果在解释过程中发现错误就会给出错误信息，并停止解释和执行。如果没有错误就解释执行到最后的语句。与编译方式相比，解释方式效率低、执行速度慢。但解释方式具有良好的动态特性，调试程序方便，跨平台特性好。很多脚本语言如 JavaScript、VBScript 和 PHP 等都是解释型高级语言。

也有一些高级语言将编译方式和解释方式结合起来，如 Java。Java 语言源程序先由 JIT（Just-in-Time）编译器翻译为字节码，再用解释方式执行字节码。

高级语言是面向用户的，无论何种型号的计算机，只要配备相应的高级语言翻译工具，高级语言程序就可以通用。

3. 数据库管理系统

数据库管理系统（DataBase Management System，DBMS）的作用是管理数据库。目前流行的 DBMS 有：Oracle、PowerBuilder、DB2、SQL Server 和 Visual FoxPro 等。

数据库管理系统主要用于档案管理、财务管理、图书资料管理、仓库管理和人事管理等数据处理领域。

4. 应用软件

计算机软件中，应用软件使用的最多。从一般的文字处理到大型的科学计算和各种控制系统的实现，有成千上万种类型。本书主要介绍日常办公使用的一些软件。

目前流行办公软件有 Microsoft 公司的 Office 和金山公司的 WPS Office 等。

（1）Microsoft Office

Office 最早出现于 20 世纪 90 年代，最初是一个推广名称，指一些以前曾单独发售的软件的合集。最初的 Office 版本只包含 Word、Excel 和 PowerPoint 等组件。随着时间的流逝，Office 组件逐渐整合，共享一些特性，如拼写和语法检查、OLE 数据整合及 Microsoft VBA（visual basic for applications）脚本语言等。

如今的 Microsoft Office 不仅是一种办公软件，更是一种应用方案平台，也是一套全方位为企业和个人创造价值的系统。

每一代的 Microsoft Office 有一个以上的版本，每个版本都根据使用者的实际需要，选择了不同的组件。Microsoft Office 2003 系列中最常用的组件如下：

① Word 2003。Word 2003 是文字处理软件，它被认为是 Office 的主要组件，它在文字处理软件市场上拥有统治份额。它私有的.doc 格式被视为一种行业的标准。

② Excel 2003。Excel 2003 是电子表格软件。

③ Outlook 2003。Outlook 2003 是个人信息管理程序和电子邮件通信软件。它包括一个电子邮件客户端、日历、任务管理者和地址本。

④ Access 2003。Access 2003 是一种数据库管理系统。

⑤ PowerPoint 2003。PowerPoint 2003 使用户可以快速创建极具感染力的动态演示文稿。

（2）WPS Office

WPS Office 是金山公司的一套办公软件。最早出现于 1989 年，在 DOS 系统盛行的年代，WPS 曾是中国最流行的文字处理软件。而后在与 Microsoft Office 的竞争中不断地创新、改进。2005 年，我国信息产业部发布的省级政府采购统计数据显示：WPS Office 2005 政府采购市场份额已经超越了 Microsoft Office。

1.6 多媒体技术简介

1.6.1 多媒体基本概念

媒体是信息的载体，如文字、声音、图形、图像、动画和视频等。多媒体是指多种媒体的综合。多媒体技术是指利用计算机交互式综合技术和数字通信技术将各种媒体信息综合一体化，使它们建立起逻辑联系，集成为一个交互系统并进行加工处理的技术。所谓“加工处理”是指对媒体信息进行录入、压缩、解压缩、存储、显示和传输等。

多媒体技术产生于 20 世纪 80 年代。进入 90 年代，微型计算机的迅猛发展使得其编辑、处理多媒体信息成为可能。1990 年 Microsoft 等公司筹建了多媒体 PC 市场协会，并于 1991 年发表了第一代多媒体计算机（multimedia personal computer，MPC）的技术标准。此后，MPC 的技术标准不断地提高。

多媒体技术有两个显著特性：

（1）集成性

集成性是指多媒体信息被有机地组织在一起，综合表达某个完整的信息。

（2）交互性

传统的媒体只能单向地、被动地传播信息。交互性是指提供人们多种交互控制能力，可以主动地编辑和处理各种信息。

总之，多媒体技术是一门基于计算机技术，包括数字信号处理技术、音频和视频技术、多媒体计算机系统（硬件和软件）技术、多媒体通信技术、多媒体信息压缩技术、人工智能和模式识别等的综合技术，是一门处于发展过程中的、备受关注的高新技术。

1.6.2 多媒体信息压缩

多媒体信息压缩技术是多媒体技术研究领域的一个重要方向。通常，数字化后的多媒体信息数据量非常庞大，必须经过压缩才能满足实际的需要。

数据压缩分为无损压缩和有损压缩两种。无损压缩是指压缩后的数据能够完全还原成压缩前的数据。有损压缩是指压缩后的数据不能完全还原成压缩前的数据，其损失的信息多是对视觉和听觉感知不重要的信息。有损压缩的压缩比要高于无损压缩。

常用的压缩标准有：

（1）JPEG 标准

JPEG（joint photographic experts group，联合图像专家组）是一种静态图像压缩标准。

（2）MPEG 标准

MPEG（moving picture experts group，运动图像专家组），实际上是数字电视标准，是针对全动态影像的。该标准包括 MPEG 视频、MPEG 音频和 MPEG 系统三大部分。

1.6.3　媒体信息的数字化

1. 声音

（1）声音的数字化

声音是由空气振动产生的一种波。振动的声波是随时间变化的模拟量，包括振幅、周期和频率。振幅表示波的振动幅度，振幅的大小决定了声音的音量，幅度越大，声音越响；周期指两个相邻声波之间的时间距离，即重复出现的时间间隔，以秒（s）为单位；频率表示声波每秒振动的次数，是周期的倒数，以赫兹（Hz）为单位。

计算机系统通过输入设备（如麦克风）输入声音信号，并对其进行采样、量化和编码，转换成数字信号，然后通过输出设备（如音箱）输出。

① 采样。采样就是每隔相同的时间对连续的模拟信号进行测量，得到振幅值。每秒钟采样的次数称为采样频率。采样频率越高，采集到的声音样本就越多，声音信号的还原性能就越好。

一般语音的采样频率为 11.025kHz；高品质语音或一般质量音乐的采样频率为 22.05kHz；高品质音乐的采样频率为 44.1kHz。

② 量化。量化就是把每个声音样本的模拟值转换成数字量来表示，量化过程也称为模数转换（A/D 转换）。量化后的声音样本是用二进制表示的，一般为 8 位、12 位或 16 位等。位数越多，量化精度越高，声音的保真度越好，但需要的存储空间也越多。

③ 编码。经过采样和量化处理后的声音已经是数字形式了，但为了便于计算机处理，还必须进行数据压缩，再按某种规定的格式将数据组织成为文件，以便存储和输出。

声音文件大小的计算公式为（未压缩）：

文件每秒钟存储量（字节）= 采样频率×量化位数×声道数/8

单声道只有一个波形，声道数为 1；立体声有两个波形，声道数为 2。

例如，一张标准的 CD 数字唱盘，其采样频率为 44.1kHz、量化位数为 16 位、立体声。那么一首 5 分钟的 CD 音频歌曲，其文件大小为：44100×16×2×5×60/8 = 50.468MB。因而一张 650MB 的 CD 唱盘通常只存 10~14 首歌曲。CD 唱盘有非常好的音效，是音乐发烧友的最爱。

（2）声音文件

存储声音信息的文件格式有很多种，常用的有 WAV 文件、MP3 文件、WMA 文件、MIDI 文件、AU 文件和 AIF 文件等。

① WAV 文件。WAV 文件也称为波形文件，以.wav 作为文件的扩展名，是 Microsoft Windows 中使用的标准数字音频格式。WAV 文件的采样频率是 44.1kHz，量化位数为 16 位。

由于 WAV 文件没有使用压缩算法，声音层次丰富，还原性好，音质和 CD 相差无几，是目前微机上广为使用的声音文件之一，几乎所有的音频编辑软件都“认识”WAV 文件。

② MP3 文件。所谓 MP3 是指 MPEG 标准中的音频部分。MP3 文件的音频编码具有 10∶1~12∶1 的高压缩率，相同长度的音频文件，用.MP3 文件来储存，一般只有.wav 文件的 1/10。由于采用了有损压缩，其音质要次于 CD 或 WAV 文件。但因其文件尺寸小，音质好，使得 MP3 文件非常流行。

③ WMA 文件。WMA 文件是 Microsoft Windows Media 音频格式。WMA 文件可以保证在只有 MP3 文件一半大小的前提下，保持相同的音质。现在多数的 MP3 播放器都支持 WMA 文件。

④ MIDI 文件。MIDI（Music Instrument Digital Interface，电子乐器数字化接口）文件规定了乐器、计算机、音乐合成器以及其他电子设备之间交换音乐信息的一组标准规定。MIDI 文件中记录的是关于乐曲演奏的内容，而不是实际的声音。因此 MIDI 文件要比 WAV 文件小很多，而且易于编辑和处理。MIDI 文件的缺点是播放声音的效果依赖于播放 MIDI 的硬件质量，一般整体效果都不如 WAV 文件。MIDI 文件的扩展名是.mid、.rmi 等。

⑤ AU 文件。AU 文件主要用在 UNIX 工作站上，以.au 作为文件的扩展名。

⑥ AIF 文件。AIF 文件是 Apple 公司开发的一种声音文件格式，以.aif 作为文件的扩展名。

2. 图像

（1）静态图像的数字化

静态图像可以分为位图和矢量图两种。

① 位图。位图又称光栅图，是利用像素阵列来表示的图像。位图的数字化可以通过采样和量化得到。采样就是采集组成一幅图像的像素点，量化就是将采集到的信息转换成相应的数值。

存储像素颜色的二进制数的位数，称为颜色深度。颜色深度为 1 位，能够表示两种颜色，即黑色和白色，这种图像称为单色图像；颜色深度为 n 位，可以表示 2^n 种色彩的彩色图像；当颜色深度为 24 位时，基本上可以保证色彩的真实度，即常说的真彩色。

位图图像的质量主要取决于分辨率，分辨率越高，像素点越多，图像就越清晰，越接近原始图像。位图适于表现含有大量细节的画面，并可直接、快速地显示或打印输出。

由于位图本身的大小和精度是确定的，因此对位图进行放大会降低图像质量，使图像变得模糊不清。

② 矢量图。矢量图是用一系列计算指令来表示的一幅图，如画一条 200 像素长的蓝色直线，画一个半径为 60 像素的圆等。由于矢量图显示时需要计算，因此速度没有位图快。

矢量图不受分辨率的影响，可以任意放大或缩小而不失真。

（2）动态图像的数字化

人类视觉有一种“暂留”特性，即人眼看到一幅图像或一个物体后，在 1/24 秒内不会消失。利用这一原理，当一幅图像的影像在人脑中还没有消失前播放出下一幅图像，就会给人造成一种流畅的动态变化效果。因此，电影一般采用 24 帧/秒的速度拍摄、播放，电视一般采用 25 帧/秒（PAL 制）或 30 帧/秒（NSTC 制）的速度拍摄、播放。一般情况下拍摄、播放

的帧速是一致的，如果播放时的帧速小于制作时的帧速，则产生慢镜头感；如果播放时的帧速大于制作时的帧速，则产生快镜头感。

由于动态图像是由若干连续的静止图像组成的，因此动态图像的数字化实际上就转化成了每帧的数字化，数字化后的每帧按照时间顺序保存即可。

（3）图像文件

常用的图像文件有 BMP 文件、GIF 文件、JPG 文件、TIF 文件、IFF 文件和 PSD 文件等。

① BMP 文件。BMP（bit map picture）文件是微机上最常用的图像格式之一。在 Microsoft Windows 环境下运行的所有图像处理软件都支持这种格式。BMP 文件没有压缩，占用的磁盘空间较大，在对文件大小没有限制的场合中运用极为广泛。

② GIF 文件。GIF（graphics interchange format）文件主要用于在不同平台上进行图像交换。GIF 文件最大 64MB，颜色数最多 256 色。

③ JPG 文件。JPG（joint photographic expert group）文件是一种压缩比较高的图像格式。颜色深度最高可达到 24 位，目前网络上看到的绝大部分精美的图片，都是以 JPG 格式存储的。

④ TIF 文件。TIF（tagged image file format）文件广泛用于桌面出版系统、图形系统和广告制作系统等，也可以用于一种平台到另一种平台间图像的转换。

⑤ IFF 文件。IFF（image file format）文件用于大型超级图形处理平台，比如 Amiga 机，好莱坞的特技大片多采用该格式进行处理，可逼真再现原景。但该格式耗用的内存、外存等资源十分巨大。

⑥ PSD 文件。PSD 文件是 Adobe Photoshop 的文件格式，可以将不同的画面以图层分离存储，便于修改和制作各种特殊效果。

（4）视频文件

常用的视频文件有 AVI 文件、MOV 文件和 MPEG 文件。

① AVI 文件。AVI（audio video interface）文件是 Microsoft Windows 中采用的标准视频格式。

② MOV 文件。MOV 文件是 QuickTime for Windows 视频处理软件所采用的视频文件格式，由 Apple 公司开发，其图像画面的质量要比 AVI 文件好。

③ MPEG 文件。MPEG（moving picture experts group）文件采用动态图像压缩标准，MPEG 标准又分为 MPEG1、MPEG2、MPEG3 和 MPEG4 等几种。

1.7 计算机病毒及其防治

1.7.1 计算机病毒概述

1. 计算机病毒的定义

计算机病毒是信息安全面临的严重威胁之一。在《中华人民共和国计算机信息系统安全保护条例》中明确指出，“计算机病毒是指编制或者在计算机程序中插入的破坏计算机功能或者毁坏数据，影响计算机使用、并能自我复制的一组计算机指令或者程序代码”。

2. 计算机病毒的特点

计算机病毒的主要特点如下：

（1）寄生性

计算机病毒与其他合法程序一样，是一段可执行程序，但它不是一个完整的程序，而是寄生在其他可执行程序上，因此它享有一切程序所能得到的权力。

（2）传染性

计算机病毒能够主动地将自身的拷贝或变种传染到其他未感染病毒的程序或磁盘上。传染性是计算机病毒最重要的特性，是判断一段程序代码是否为病毒的依据。

（3）破坏性

破坏是广义的，不仅仅指破坏系统、删除或修改数据，甚至格式化整个磁盘，而且包括占用系统资源，降低计算机运行效率等。

（4）可触发性

计算机病毒一般都有一个或多个触发条件。满足传染机制的触发条件时，使之进行传染；满足破坏机制的触发条件时，使之进行破坏。触发条件可以是敲入特定字符，使用特定文件，某个特定日期或特定时刻，或者是病毒内置的计数器达到一定次数等。

（5）潜伏性

计算机病毒通常短小精悍，因而寄生在其他的程序上不易被发现。只要不满足破坏机制的触发条件，病毒可以在计算机内长期潜伏、传播。

（6）隐蔽性

计算机病毒获得系统的控制权后，伺机传染其他程序，传染速度极快，一般不具有外部表现。只要破坏时机不到，整个计算机系统看上去一切如常。隐蔽性往往使用户对病毒失去应有的警惕。

3. 计算机病毒的分类

计算机病毒的分类方法很多，按其感染方式可分为以下几类：

（1）引导型病毒

引导型病毒会去改写磁盘引导扇区或硬盘分区表的内容。引导型病毒总是先于系统文件装入内存，获得系统控制权并伺机进行传染和破坏。

（2）文件型病毒

文件型病毒主要感染扩展名为.com、.exe、.drv、.bin、.ovl 和.sys 等可执行程序文件。通常寄生在文件的首部或尾部，并修改程序的第一条指令。当染毒程序执行时就先跳转去执行病毒程序，进行传染和破坏。这类病毒只有当染毒程序执行时，才能进入内存。

著名的“CIH”病毒就是一种文件型病毒。

（3）混合型病毒

这类病毒既可以感染磁盘的引导区，也可以感染可执行程序文件，兼有上述两类病毒的特点。

（4）宏病毒

宏病毒与上述其他病毒不同，它不感染可执行程序文件，只感染 Microsoft Office 文件和模板文件。一旦打开染毒的文件，宏病毒就会被激活，进而进行传染和破坏。

（5）网络病毒

网络病毒主要通过邮件系统和网络进行传播。一旦在网络上蔓延，很难控制。

蠕虫病毒就是一种常见的网络病毒。蠕虫病毒不利用文件寄生，是独立的程序。通常以执行垃圾代码和发动拒绝服务攻击，令计算机的执行效率极大程度地降低，从而破坏计算机的正常使用。“I LOVE YOU”、“红色代码”和“熊猫烧香”等都是蠕虫病毒。

除了上述几种计算机病毒外，木马程序也极具危害。与一般的计算机病毒不同，木马程序不会自我繁殖，也不“刻意”地去感染其他文件。它将自身伪装以吸引用户下载执行，向施种木马者提供打开被种者计算机的后门，使施种者可以任意毁坏、窃取被种者的文件，甚至远程操控被种者的计算机。木马的种类很多，如网络游戏木马、网银木马、即时通信软件木马、网页点击类木马、下载类木马和代理类木马等。

1.7.2　计算机病毒的防治

1. 计算机感染病毒的常见症状

尽管计算机病毒具有很强的隐蔽性，但只要细心留意计算机的运行状况，还是可以发现计算机感染病毒的一些异常情况，如：

① 系统运行速度明显减慢。

② 系统经常无故死机。

③ 文件长度发生变化。

④ 内存空间明显减少。

⑤ 系统启动速度减慢。

⑥ 丢失文件或文件损坏。

⑦ 计算机屏幕上出现异常显示。

⑧ 系统的蜂鸣器出现异常声响。

⑨ 磁盘卷标发生变化。

⑩ 系统不识别硬盘。

⑪ 对存储器异常访问。

⑫ 键盘输入异常。

⑬ 文件的日期、时间、属性等发生变化。

⑭ 文件无法正确读取、复制或打开。

⑮ 命令执行出现错误。

⑯ 虚假报警。

⑰ 换当前盘。有些病毒会将当前盘切换到 C 盘。

⑱ 时钟倒转。有些病毒会命名系统时间倒转，逆向计时。

⑲ Windows 操作系统无故频繁出现错误。

⑳ 系统异常重新启动。

㉑ 一些外部设备工作异常。

㉒ 异常要求用户输入密码。

㉓ Office 文件提示执行“宏”。

㉔ 不应驻留内存的程序驻留内存。

2. 计算机病毒的清除

如果发现计算机感染了病毒，应立即关闭系统。然后在安全模式下重新启动，并用反病毒软件进行病毒查杀。杀毒时可以选择清除病毒或删除病毒，清除病毒是指把病毒从原有的文件中清除掉，恢复原有文件的内容；删除病毒是指把整个文件全部删除掉。

通常，反病毒软件只能检测出已知的病毒并消除它们，并不能检测出新的病毒或者病毒的变种。所以，反病毒软件的开发并不是一劳永逸的，而是要随着新病毒的出现而不断升级。

目前较流行的反病毒软件有：瑞星、江民、卡巴斯基、金山毒霸、北信源、诺顿（Norton AntiVirus）、安全胄甲（KILL）、趋势科技（PC-Cillin）、蓝点“软卫甲”防毒墙、FortiGate病毒防火墙以及木马克星等。

3. 计算机病毒的预防

每一种反病毒软件都能不同程度地解决一些问题，但没有一种反病毒软件能够解决所有的问题。因此，防治计算机病毒应采取“预防为主”的方针。

预防计算机病毒应从切断其传播途径入手。目前计算机病毒主要通过移动存储介质（U盘或移动硬盘）和网络两大途径进行传播。

具体来说，用户应该养成良好的用机习惯。如：

① 专机专用。

制定科学的管理制度，对重要部门应采用专机专用，禁止无关人员接触专机，防止潜在的病毒犯罪。

② 利用写保护。

对那些保存有重要数据文件且不需要经常写入的移动介质应使其处于写保护状态，以防止病毒的入侵。

③ 慎用网上下载的软件。

④ 不要随便阅读来历不明的电子邮件。

⑤ 分类、备份管理数据。

⑥ 使用病毒预警软件或放病毒卡。

这些实时检测系统驻留在内存中，随时检测是否有病毒入侵。

⑦ 使用反病毒软件。

反病毒软件要及时升级，定时查杀。

⑧ 准备系统启动盘。

为了防止计算机系统被病毒攻击而无法正常启动，应准备系统启动盘。

计算机病毒的防治宏观上讲是一个系统工程，除了技术手段之外还涉及诸多因素，如法律、教育和管理制度等。

上机实验

【实验 1】用 3L 打字训练软件练习键盘指法。

实验要求：按照正确的姿势和正确的指法进行打字练习。

3L 打字训练软件（V1.01）的使用方法如下：

① 双击安装目录下的 3LTyping.exe 文件，打开“进入系统”对话框，如图 1-22 所示。

输入名字（也可以使用默认名字），单击“进入”按钮即可进入系统，单击“退出”按钮将退出系统。

图 1-22　“进入系统”对话框

② 3L 打字训练软件的“主界面”窗口如图 1-23 所示。“主界面”窗口左侧是“练习”、“联网测试”、“选择范文”、“设置”、“退出”和“操作说明”等按钮，中下侧是“最前一页”、“前一页”、“后一页”和“最后一页”等按钮，最下方是状态信息。

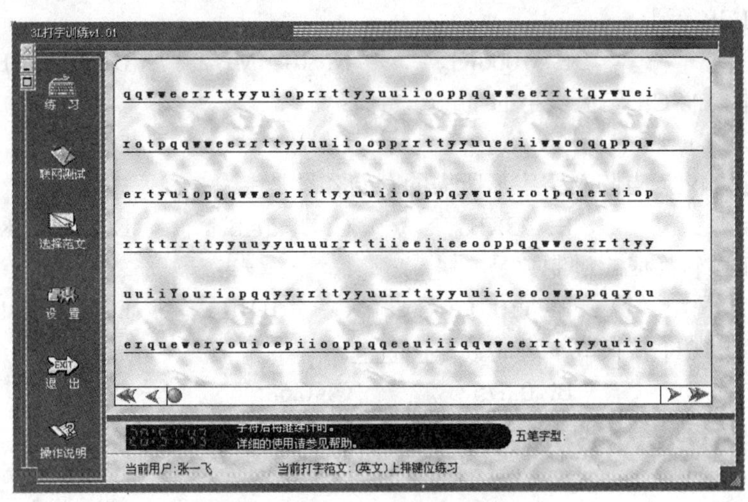

图 1-23　3L 打字训练软件主界面

- 单击“选择范文”按钮，即可选择不同难度的范文，初学者应从简单的范文练起，熟练后再逐步增加难度。
- 单击“练习”按钮，即可开始练习，同时该按钮变成“返回”。练习时间到或单击“返回”按钮均可结束练习，并看到练习成绩。
- 单击“联网测试”按钮，即可开始测试，同时该按钮变成“暂停”（“练习”按钮变成“返回”），测试时间到或单击“返回”按钮均可结束测试，并看到测试成绩。

- 单击“设置”按钮，打开“设置”对话框，可以设置颜色及字体、背景、布局、范文、评分、联网测试和编码提示等。
- 单击“退出”按钮，退出系统。
- 单击“操作说明”按钮，可查看以网页方式显示的简要操作说明。

习　　题

一、单项选择题

1. 第四代计算机采用的主要器件是______。
   A. 晶体管　　B. 小规模集成电路
   C. 电子管　　D. 大规模和超大规模集成电路
2. “计算机辅助设计”的英文缩写是______。
   A. CAD　　B. CAM　　C. CAE　　D. CAT
3. 办公自动化是计算机的一项应用，按计算机的用途分类，它属于______。
   A. 科学计算　　B. 实时控制　　C. 数据处理　　D. 人工智能
4. 我国自行研制的曙光计算机，属于______。
   A. 大型计算机　　B. 小型计算机
   C. 巨型计算机　　D. 微型计算机
5. 计算机内部采用的数制是______。
   A. 八进制　　B. 十进制　　C. 二进制　　D. 十六进制
6. 存储容量 1GB 等于______。
   A. 1024B　　B. 1000KB　　C. 1024MB　　D. 1000MB
7. 下列字符中，ASCII 码值最小的是______。
   A. ‘a’　　B. ‘A’　　C. ‘x’　　D. ‘Y’
8. 存储 400 个 24×24 点阵汉字字形所需的存储容量是______。
   A. 255KB　　B. 75KB　　C. 37.5KB　　D. 28.125KB
9. 十进制数 101 转换成二进制数是______。
   A. 1100101　　B. 1100110　　C. 1101101　　D. 1101101
10. 二进制数 0. 1011 转换成十进制数是______。
    A. 0.6875　　B. 0.675　　C. 0.685　　D. 0.6855
11. 与十进制数 1234 等值的十六进制数是______。
    A. 2D4　　B. 2C4　　C. 4C2　　D. 4D2
12. 与十进制数 321 等值的八进制数是______。
    A. 105　　B. 601　　C. 501　　D. 106
13. 与十六进制数 BF 等值的八进制数是______。
    A. 573　　B. 277　　C. 772　　D. 375
14. 计算机一次能并行处理的一组二进制数称为一个_____。
    A. 位　　B. 字节　　C. 字　　D. 码
15. 计算机中，控制器的基本功能是______。

A. 进行算术运算和逻辑运算　　B. 存储各种控制信息
C. 保持各种控制状态　　D. 控制机器各个部件协调一致地工作

16. 微型计算机的主机包括______。
A. 运算器和显示器　　B. CPU 和内存储器
C. 主板和 CPU　　D. 主板和内存储器

17. 微型计算机各部件之间是通过______相连接的。
A. 总线　　B. 指令　　C. 接口　　D. 数据

18. 微处理器 Intel Pentium Ⅲ/500 的 CPU 主频是______。
A. 500kHz　　B. 500MHz　　C. 250kHz　　D. 250MHz

19. 以下设备中，存取速度最快的是_____。
A. 光盘　　B. 内存　　C. U 盘　　D. 硬盘

20. 在微型计算机内存储器中，不能用指令修改其存储内容的部分是______。
A. RAM　　B. DDR　　C. ROM　　D. S　DRAM

21. 以下说法正确的是______。
A. 假若 CPU 向外输出 20 位地址，则它能直接访问的存储空间可达 1MB
B. 如果微机在使用过程中忽然断电，SDRAM 中存储的信息不会丢失
C. 如果微机在使用过程中忽然断电，DDR 中存储的信息不会丢失
D. 外存中的信息可以直接被 CPU 处理

22. 配置高速缓冲存储器（Cache）是为了解决______。
A. 内存与外存之间速度不匹配的问题
B. CPU 与外存之间速度不匹配的问题
C. CPU 与内存之间速度不匹配的问题
D. 主机与外部设备之间速度不匹配的问题

23. 下列设备中，既能向主机输入数据，又能接收主机输出数据的设备是______。
A. U 盘　　B. 显示器　　C. 光盘　　D. CD-ROM

24. 微型计算机硬件系统中最核心的部件是______。
A. 主板　　B. CPU　　C. 内存　　D. I/O 设备

25. 键盘上的“Shift”键称为______。
A. 控制键　　B. 换档键　　C. 退格键　　D. 交换键

26. 键盘上的“Tab”键称为______。
A. 退格键　　B. 交换键　　C. 退出键　　D. 制表定位键

27. 裸机是指______。
A. 无产品质量保证书　　B. 只有软件没有硬件
C. 没有包装　　D. 只有硬件没有软件

28. 操作系统的作用是______。
A. 解释执行源程序　　B. 编译源程序
C. 进行编码转换　　D. 控制和管理系统资源

29. 计算机能够直接识别和处理的语言是______。
A. 汇编语言　　B. 高级语言
C. 机器语言　　D. 自然语言

30. 计算机软件系统中最核心的软件是______。

A. 操作系统　　B. 数据库管理系统

C. 高级语言处理程序　　D. 办公软件

31. 以下关于解释程序和编译程序的论述，正确的是______。

A. 编译程序和解释程序均能产生目标程序

B. 编译程序和解释程序均不能产生目标程序

C. 编译程序能产生目标程序，而解释程序不能

D. 编译程序不能产生目标程序，而解释程序能

32. 以下关于系统软件的叙述中，正确的是______。

A. 系统软件与具体应用领域无关

B. 系统软件与具体硬件逻辑功能无关

C. 系统软件是在应用软件基础上开发的

D. 系统软件并不具体提供人机界面

33. 下列四种软件中，属于系统软件的是______。

A. WPS　　B. Microsoft Word

C. DOS　　D. Microsoft Excel

34. 以下文件格式，不是声音文件的是______。

A. WAV　　B. TIF　　C. MID　　D. MP3

35. 高品质音乐的采样频率是______。

A. 11.025kHz　　B. 22.05kHz　　C. 44.1kHz　　D. 88.2kHz

36. 以下文件格式中，不是静态图像文件格式的是______。

A. JPG　　B. BMP　　C. GIF　　D. AVI

37. ______压缩标准适合于静态图像数据的压缩。

A. JPEG　　B. MPEG　　C. H.26　　D. ASCII

38. 计算机病毒是指______。

A. 编制有错误的计算机程序

B. 设计不完善的计算机程序

C. 计算机的程序已被破坏

D. 以危害系统为目的的特殊计算机程序

39. 计算机病毒主要造成______。

A. 磁盘的损坏　　B. 显示器的损坏

C. CPU 的损坏　　D. 程序和数据的破坏

40. 目前使用的反病毒软件的作用是_____。

A. 清除已感染的任何病毒

B. 查出已知病毒，清除部分病毒

C. 查出任何已感染的病毒

D. 查出并清除任何病毒

二、填空题

1. 现代计算机的发展大致可分为四代，即电子管计算机、__________、__________和

__________。

2. 计算机的主要特点有__________、__________、__________和__________等。

3. 与八进制数 3007 等值的十进制数为__________。

4. 将二进制数 1111111 转换为十进制数是__________。

5. 将二进制数 1011100.010 转换为八进制数是__________。

6. 一个二进制数从右向左数第 10 位上的 1 相当于 2 的________次方。

7. 若用一个字节存储整数 43，则其原码为__________，反码为__________，补码为__________。

8. 若用一个字节存储整数-43，则其原码为__________，反码为__________，补码为__________。

9. 以国标码为基础的汉字机内码是两个字节的编码，每个字节的最高位为__________。

10. 在 16×16 点阵的汉字字库中，存储每个汉字的点阵信息所需的字节数是__________。

11. 微型计算机系统总线是由数据总线、__________和控制总线组成的。

12. 可以将各种数据转换成为计算机能处理的形式并输送到计算机中去的设备统称为__________。

13. 英文缩写 DOS 的意思是__________。

14. 将汇编语言程序翻译成与之等价的机器语言程序的程序是__________。

15. 将模拟声音信号转换成数字音频信号的过程是____________、____________和__________。

16. __________文件中记录的是关于乐曲演奏的内容，而不是实际的声音。

17. MPC 是__________的英文缩写。

18. 动画和视频都是利用人类视觉的“暂留”特性，只要以每秒超过__________帧的速度播放，就会给人造成一种流畅的动态变化效果。

19. 目前常用的压缩标准有 JPEG 和__________两种。

20. 计算机病毒的__________是指病毒具有把自身复制到其他程序中的特性。

三、判断题

1. 与十进制数 125 对应的二进制数为 1111101。 (　　)
2. 与十六进制数 A2E.1 对应的十进制数为 2606.125。 (　　)
3. 与八进制数 76.5 对应的二进制数为 111110.11。 (　　)
4. 计算机中每个 Byte 叫做一个二进制位。 (　　)
5. 正数的原码、反码和补码是相同的。 (　　)
6. 空格不是字符。 (　　)
7. ‘a’的 ASCII 码值比‘A’的 ASCII 码值大 32。 (　　)
8. 微机使用过程中出现的故障，不仅有硬件方面的，也可能有软件方面的。 (　　)
9. 内存和 CPU 均包含于中央处理器中。 (　　)
10. 一个完整的计算机系统应该包括硬件系统和软件系统。 (　　)
11. 键盘上“Num Lock”灯熄灭时，小键盘当数字键使用。 (　　)
12. 光驱的一倍速是 150KB/s。 (　　)
13. 操作系统 DOS 是一个多用户的操作系统。 (　　)

14. 高级语言程序必须经过编译或解释才能执行。 ( )

15. 计算机软件通常分为操作系统和应用软件。 ( )

16. 静态图像分为位图和矢量图。 ( )

17. 对于位图来说，颜色深度为 1 时每个像素可以有黑白两种颜色，而深度为 2 时，每个像素可以有三种颜色。 ( )

18. AVI 文件是 Microsoft Windows 中采用的标准视频格式。 ( )

19. 计算机病毒会传给使用计算机的人。 ( )

20. 计算机病毒一般都有触发条件。 ( )

第2章 Windows XP操作系统

操作系统是配置在计算机硬件上的第一层软件，它负责管理计算机系统的全部硬件资源和软件资源，合理地组织计算机各部分协调工作，为用户提供操作和编程界面。本章主要介绍 Microsoft Windows XP 操作系统，内容包括 Windows XP 的基本知识和基本操作、文件管理、控制界面、磁盘管理以及附件程序。

2.1 Windows XP 的基本知识和基本操作

2.1.1 Windows XP 的启动和退出

1. Windows XP 的启动

按下主机箱上的电源按钮，稍后 Windows XP 就会启动。如果操作系统只设置了一个账户，则会自动打开 Windows XP 界面；如果操作系统设置了多个账户，则需要选择登录账户，如图 2-1 所示。如果设置了登录密码，则需要输入密码，如图 2-2 所示。

图 2-1 Windows XP 启动界面

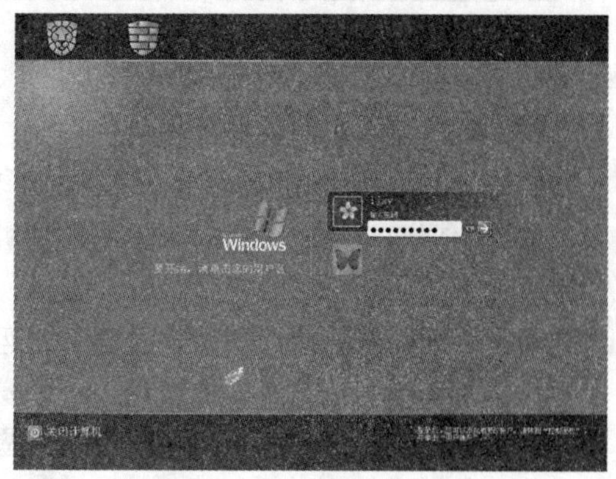

图 2-2 登录密码

2. Windows XP 的退出

当用户要结束对计算机的操作时，一定要先退出 Windows XP 系统，然后再关闭显示器，否则会丢失文件或破坏程序。如果用户在没有退出 Windows 系统的情况下就关机，系统将认为是非法关机，当下次再开机时，系统会自动执行自检程序。

（1）Windows XP 的注销

Windows XP 是一个支持多用户的操作系统，允许多个用户登录。每个用户都可以设置个性化系统，并且不同用户之间互不影响。为了方便不同的用户快速登录，Windows XP 提供了注销功能，使用该功能可以在不重新启动系统的情况下实现多用户快速登录。这种登录方式不但方便快捷，而且减少了对硬件的损耗，可以延长计算机的使用寿命。

当用户需要注销时，可单击“开始”按钮，打开“开始”菜单，单击“注销”按钮，这时系统会弹出“注销 Windows”对话框，如图 2-3 所示。

- 注销：保存设置关闭当前登录用户。
- 切换用户：在不关闭当前登录用户的情况下切换到另一个用户，用户可以不关闭正在运行的程序，而当再次返回时系统会保留原来的状态。

（2）关闭计算机

当用户不再使用计算机时，可单击“开始”按钮，打开“开始”菜单，单击“关闭计算机”按钮，这时系统会弹出“关闭计算机”对话框，用户可在此做出选择，如图 2-4 所示。

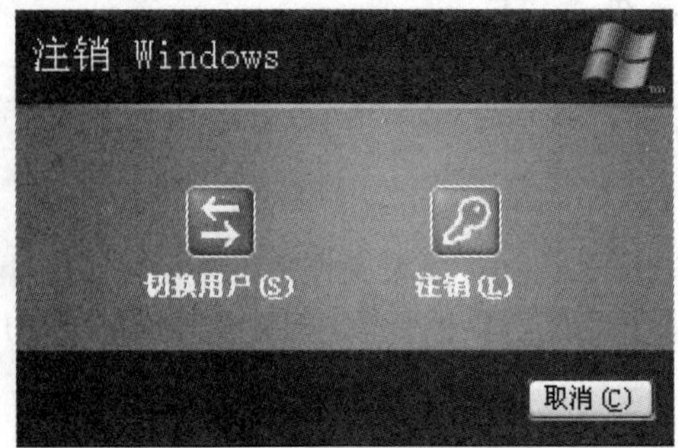

图 2-3 “注销 Windows”对话框

图 2-4 “关闭计算机”对话框

- 待机：当用户选择“待机”选项后，系统将保持当前的运行，计算机将转入低功耗状态，当用户再次使用计算机时，移动鼠标或按键盘任意键即可以恢复原来的状态。此项通常在用户暂时不使用计算机，而又不希望其他人在自己的计算机上任意操作时使用。
- 关闭：选择此项后，系统将停止运行，保存设置退出，并且会自动关闭电源。用户不再使用计算机时选择该项可以安全关机。
- 重新启动：此选项将关闭所有的应用程序并重新启动计算机。

用户也可以在关机前关闭所有的程序，然后按 Alt + F4 键弹出“关闭计算机”对话框进行关机操作。

2.1.2 桌面简介

桌面是 Windows XP 的屏幕工作区。在 Windows XP 启动后，出现在用户面前的整个屏幕画面便是桌面。由于它可用来放置各种“物品”，如图标、窗口和对话框等，就好像在一张办公桌上摆放各种办公用品一样，所以被形象地称为桌面，如图 2-5 所示。

Windows XP 的屏幕桌面可以分为两部分：桌面和任务栏。其中桌面上通常放置常用的工具或应用程序的快捷方式图标。

图 2-5 Windows XP 的桌面

1. 桌面上的图标说明

图标是指在桌面上排列的小图像，它包含图形、说明文字两部分，如果用户把鼠标指针悬停在图标上，桌面上会出现对图标所表示内容的说明或者是文件存放的路径，双击图标就可以打开相应的内容。表 2-1 列出了 Windows XP 系统默认的图标及其相应的功能。当然，用户在使用过程中还可以不断地在桌面中添加或删除快捷方式图标。关于快捷方式图标的添加方法将在本章 2.2.4 节详细介绍。

表 2-1 Windows XP 桌面默认图标说明

图标	名称	功　能
	我的文档	用于存放和管理用户个人文件和文件夹
	我的电脑	用于管理用户的电脑资源
	网上邻居	用于连接网络上用户并进行相互之间的交流
	回收站	用于放置被用户删除的文件或文件夹，以免错误的操作造成不必要的损失
	Internet Explorer	用于浏览互联网上的信息

2. 任务栏的组成

任务栏是位于桌面最下方的一个小长条，它显示了系统正在运行的程序和打开的窗口以及当前时间等内容，如图 2-6 所示。用户通过任务栏可以完成许多操作，而且用户也可以根据自己的需要设置任务栏。

图 2-6　任务栏的组成

任务栏上各部件的名称和功能如表 2-2 所示。

表 2-2　“任务栏”各项说明

部件	功　能
“开始”按钮	用于打开“开始”菜单，执行 Windows 的各项命令
快速启动栏	用于一些常用工具的快速启动
任务栏	用于多个任务之间的切换
语言栏	选择中文输入法或中、英文输入状态切换
系统区	开机状态下常驻内存的一些项目，如系统时钟、音量等

2.1.3　启动和退出应用程序

1. 启动应用程序

在 Windows XP 中启动应用程序非常灵活，下面是几种常用的操作方法。

（1）单击“开始”按钮，打开“开始”菜单，如要启动的应用程序在菜单上，单击即可，否则可单击菜单上的“所有程序”按钮，在打开的菜单中选择要运行的程序。

（2）通过“我的电脑”或“资源管理器”浏览计算机文件，找到要启动的程序，双击其图标。

（3）双击桌面上程序的快捷图标或右击图标，在打开的快捷菜单中选择“打开”命令。

（4）单击快速启动工具栏上的程序图标。

（5）打开与应用程序相关的文档或数据文件。由于已经建立了关联，当打开这类文档或数据文件时，系统自动运行与之关联的应用程序。

2. 退出应用程序

运行多个程序，会占用大量的系统资源，使系统性能下降。当不需要运行某个应用程序时，应该退出这个应用程序，具体方式主要有以下几种：

（1）单击应用程序窗口标题栏上的“关闭”按钮。

（2）单击应用程序“文件”菜单，选择“退出”命令。

（3）双击应用程序控制菜单图标。

（4）单击应用程序控制菜单图标，选择控制菜单中的“关闭”命令。

（5）按 Alt + F4 键。

（6）如果应用程序没有响应，可以在“任务管理器”窗口的“应用程序”选项卡中，选定要退出的应用程序，单击“结束任务”按钮可关闭该应用程序。

注意：退出应用程序时，如果有文件编辑后未保存，将打开一个对话框，询问是否保存对当前文件的更改。单击“是”，则保存当前文件后退出；单击“否”，则放弃当前所编辑的内容，并退出；单击“取消”，则取消本次退出操作。

3. 应用程序间的切换

当用户同时打开多个程序以后，可以随时调用自己所需要的程序，但在同一个时间内只有一个程序窗口是活动的。当一个程序窗口为活动窗口时，我们称该程序处于前台，而所有其他的程序都处于后台。前台窗口的标题栏是蓝色的，后台窗口的标题栏是灰色的。

一般来说，切换应用程序通常有以下三种方式：

（1）利用任务栏。在任务栏处单击代表应用程序的图标按钮即可切换到相应的任务。

（2）使用 Alt + Tab 键。按住 Alt 键不放，多次按动 Tab 键可在多窗口间切换。

（3）使用任务管理器。在“任务管理器”窗口的“应用程序”选项卡中，选定要切换的程序，单击“切换至”按钮即可。

2.1.4 窗口和对话框

窗口是 Windows XP 最基本的用户界面。Windows XP 中所有的应用程序都以“窗口”的形式运行，Windows 操作系统因而得名。当启动一个应用程序时就会打开一个相应的窗口，关闭窗口也就结束了程序的运行。

1. 窗口组成

Windows XP 中窗口有统一的组成，这就简化了用户对窗口的操作。Windows XP 窗口主要组成部分如图 2-7 所示。

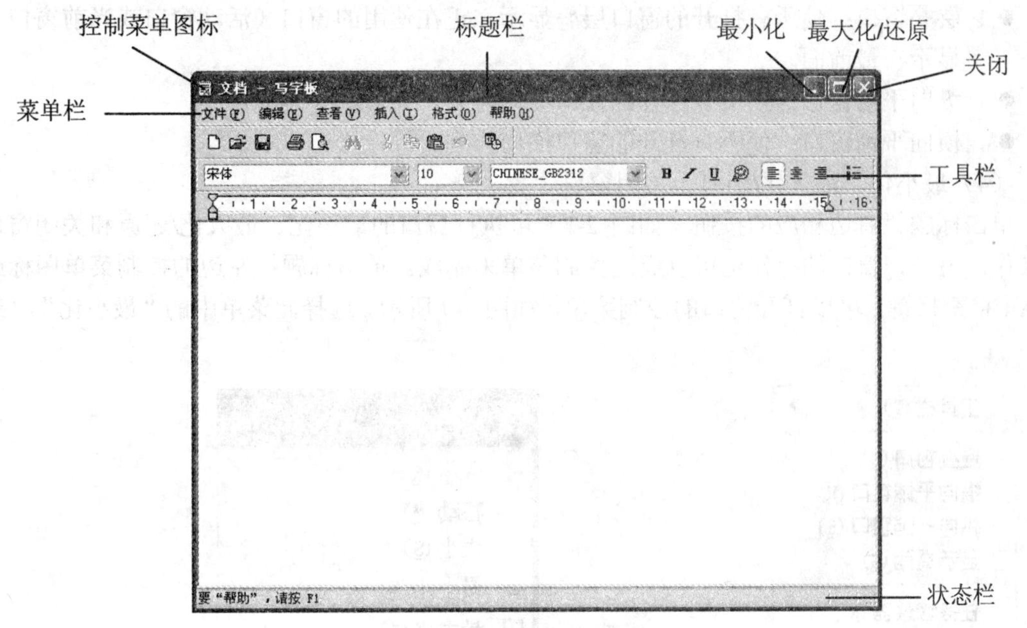

图 2-7 窗口的组成

（1）标题栏

标题栏位于窗口的顶部。标题栏上的文字是窗口的名称，左边是控制菜单图标，右边的是三个控制按钮，从左至右分别是“最小化”、“最大化/还原”和“关闭”。

（2）菜单栏

菜单栏位于标题栏的下面，它用来列出所有可选命令项。菜单栏中的每一项称为菜单项。单击菜单项，系统将弹出一个包含有若干个命令项的下拉菜单。

（3）工具栏

工具栏一般位于菜单栏的下方，它是为了加快操作而设置的。工具栏上包含了一系列的命令按钮，每一个按钮代表一个命令（大多是菜单栏中已提供的某些常用命令），单击按钮将执行相应命令。

（4）状态栏

状态栏位于窗口的底部，用于显示当前窗口的一些状态信息。

2. 窗口的基本操作

当窗口不是最大化时，可以按照以下方法来移动窗口的位置和改变其大小。

（1）移动窗口

把鼠标指针移动到一个打开的窗口的标题栏上，按下鼠标左键不放，拖曳鼠标，将窗口移动到要放置的位置，松开鼠标按钮。

（2）改变窗口大小

把鼠标指针移动到窗口的边框或窗口角上，鼠标指针会变为双箭头形状。按下鼠标左键不放，拖曳鼠标使该边框到新位置，当窗口大小满足要求时，释放鼠标按钮。

（3）排列窗口

右击“任务栏”上的空白处，此时将打开如图 2-8 所示的快捷菜单，菜单中有关排列窗口的命令作用如下：

- 层叠窗口：使所有打开的窗口层叠显示，正在使用的窗口（活动窗口或当前窗口）显示在最前面。
- 纵向平铺窗口：使所有打开的窗口纵向排列。
- 横向平铺窗口：使所有打开的窗口横向排列。

（4）最小化、最大化/还原、关闭窗口

单击标题栏右边相应的按钮（如图 2-7）可执行窗口的最小化、最大化/还原和关闭窗口的操作。另外，窗口的操作也可以通过控制菜单来完成。单击标题栏左边的控制菜单图标或按 Alt + 空格键，可以打开窗口的控制菜单，如图 2-9 所示。选择此菜单中的“最小化”、“最

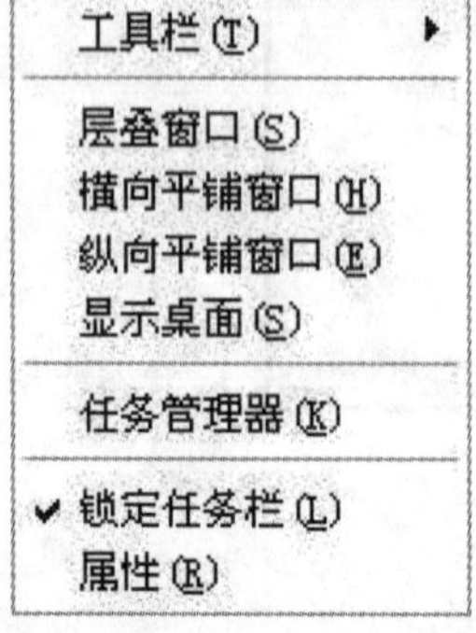

图 2-8　任务栏快捷菜单

图 2-9　窗口控制菜单

大化”、“还原”或“关闭”命令可执行相应的操作。

3. 对话框

对话框是一种特殊的窗口，其大小一般是固定的，通常用于人机对话的场合。用户可以通过对话框向应用程序输入信息。例如，图2-10所示的是“回收站属性”对话框。

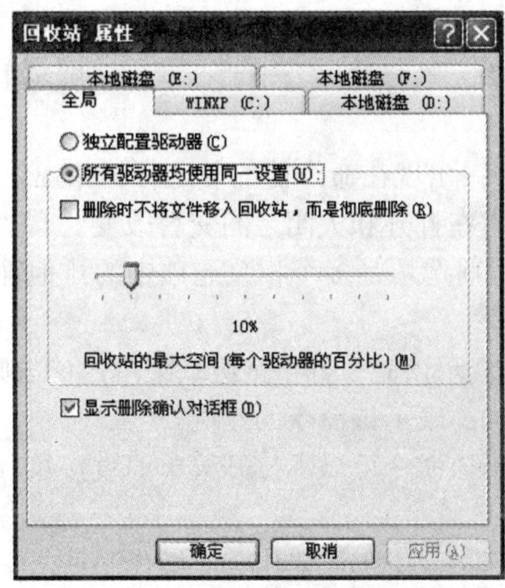

图2-10 “回收站属性”对话框

由于完成的功能不同，对话框的形式多种多样。对话框通常包含标题栏、选项卡、复选框、单选按钮、文本框和列表框等，标题栏与窗口中的标题栏相似，给出了对话框的名称、帮助和关闭按钮，拖动标题栏可以在屏幕上移动对话框的位置。对话框中的选项呈黑色时表示为可用选项，呈灰色时表示为不可用选项。

对话框中各主要元素的功能如下：

（1）选项卡。当对话框中包含多种类型的选项时，系统将会把这些内容分类放在不同的选项卡中。单击选项卡的名称，即可打开该选项卡中显示的选项。

（2）文本框。用于接收从键盘输入的文本。

（3）命令按钮。用来执行某个命令。

（4）单选按钮。一般成组出现，一次只能选中一个。选中一个单选按钮后，同组的其他单选按钮将自动被取消选择。被选中的单选按钮中出现一个圆点。

（5）复选框。一般成组出现，一次可以选中多个。选中的复选框中将出现“√”符号，再次单击则取消选择。

（6）列表框。用于将所有的选项显示在列表中以供用户选择。

（7）下拉列表框。单击箭头按钮可以查看选项列表，再单击要选择的选项。

（8）滑块。用鼠标拖动滑块设置可连续变化的量。

4. 菜单

菜单是提供一组相关命令的清单。Windows XP的大部分工作都是通过菜单中的命令来完成的。

（1）打开和关闭菜单

- 打开：将鼠标指针移到菜单栏的某个菜单项上，单击可打开该菜单。也可以先按

Alt 键，再按方向键。

- 关闭：在菜单外面的任何地方单击鼠标，可以取消菜单显示。也可以按 Alt 键或 Esc 键。

（2）菜单中的命令项

菜单中常常有一些特殊标记，约定如下：

- 暗淡的：表示该选项当前不可使用。
- 后带省略号（...）：表示选择这样一个命令时，在屏幕上会显示出一个对话框，要求输入必需的信息。
- 前有复选标记（√）：出现在命令前的复选标记指出这是个开关式的切换命令，在每次选取了它时，它在打开和关闭之间交替改变。有"√"表示"打开状态"。
- 前带点（•）：表示当前选项是多个相关选项中的排他性选项，该点表示了当前的选中设置。
- 后带三角形（▸）：表示该命令有一个级联菜单，单击则会出现子菜单。
- 带下画线的字母（_）：表示该命令的热键。
- 后带有快捷键：表示该命令可以不打开菜单而直接执行。

（3）快捷菜单

快捷菜单用于执行与鼠标指针所指位置相关的操作。右击桌面的不同对象，将打开不同的快捷菜单，快捷菜单是 Windows XP 中无处不在的一种上下文相关特性。要显示一个快捷菜单，可将鼠标指针指向某对象，然后右击该对象。

2.1.5 剪贴板

剪贴板是 Windows 系统为了传递信息在内存中开辟的临时存储区，通过它可以实现 Windows 环境下运行的应用程序之间的数据共享。

1. 通过剪贴板在应用程序之间或应用程序内部传递信息

首先要将选中的信息复制或剪切到剪贴板，然后再将剪贴板中的信息粘贴到目标处。默认情况下，复制命令的快捷键为 Ctrl + C，剪切为 Ctrl + X，粘贴为 Ctrl + V。

"复制"命令将选定的信息拷贝剪贴板，原位置信息不受影响。"剪切"命令将选定的信息移动到剪贴板，原位置信息消失。

2. 将整个屏幕复制到剪贴板

Windows 可以将屏幕画面复制到剪贴板，用图形处理程序粘贴加工。要复制整个屏幕，按 Print Screen 键。要复制活动窗口，按 Alt + Print Screen 键。

2.1.6 任务管理器

借助 Windows 任务管理器，不仅可以管理当前运行的应用程序，还可以监测系统状态、各项进程、网络使用状态和用户状态等。

同时按 Ctrl + Alt + Del 键或 Ctrl + Shift + Esc 键，也可以右击"任务栏"的空白处，在快捷菜单中选择"任务管理器"命令，打开"任务管理器"窗口。任务管理器主要包括 3 个部分：菜单栏、选项卡和状态栏。下面分别介绍 5 个选项卡。

1."应用程序"选项卡

显示了所有当前正在运行的应用程序，如图 2-11 所示。不过它只会显示当前已打开窗口的应用程序，而 QQ、MSN Messenger 等最小化至系统托盘区的应用程序则并不会显示出来。用户可以选中某个应用程序，然后单击“结束任务”按钮将其关闭；如果需要同时结束多个任务，可以按住 Ctrl 键复选。单击“新任务”按钮，可以直接打开相应的程序、文件夹、文档或 Internet 资源，类似于开始菜单中的运行命令。

2. “进程”选项卡

进程是具有一定独立功能的程序在某个数据集合上的一次运行活动，它可以申请和拥有系统资源，是一个动态的概念。从操作系统角度来看，可将进程分为系统进程和用户进程两类。

进程和程序是两个既有联系又有区别的概念。进程是一个动态概念，而程序则是一个静态概念。程序是指令的有序集合，没有任何执行的含义。而进程则强调执行过程，它动态地被创建，并被调度执行后消亡。如果把程序比作菜谱，那么进程则是按照菜谱炒菜的过程。

图 2-12 显示了所有当前正在运行的进程：包括应用程序、后台服务等，那些隐藏在系统底层深处运行的病毒程序或木马程序都可以在这里找到，当然前提是知道它的名称。选中想要结束的进程，单击“结束进程”按钮或执行右键快捷菜单中的“结束进程”命令，将其强行终止。这种方式会丢失未保存的数据，如果结束的是系统服务，则系统的某些功能可能无法正常使用。

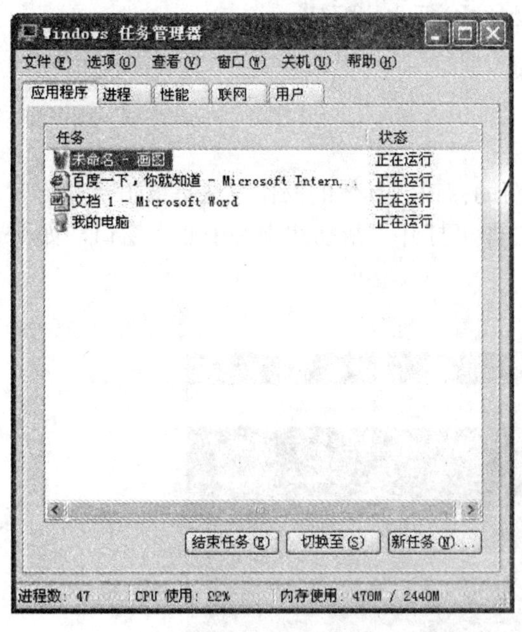

图 2-11 “应用程序”选项卡

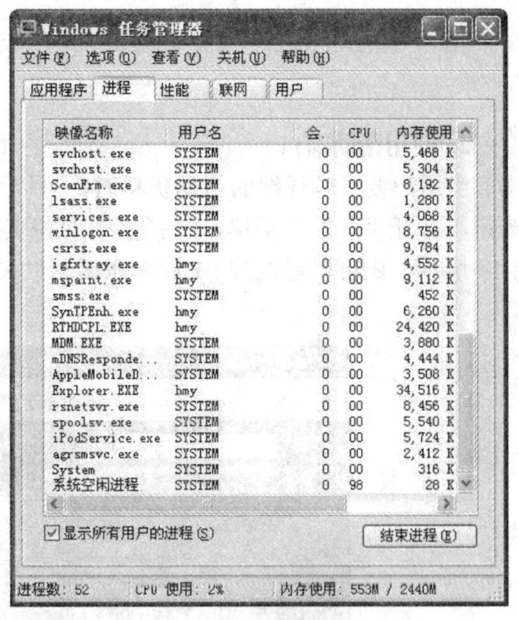

图 2-12 “进程”选项卡

3. “性能”选项卡

显示了计算机性能的动态概念，如 CPU 和内存的使用情况。

4. “联网”选项卡

显示了本地计算机所连接的网络通信量情况，使用多个网络连接时，可以在这里比较每个连接的通信量，当然只有安装网卡后才会显示该选项。

5. “用户”选项卡

显示了当前已登录和连接到本机的用户数、标志（标志该计算机上的会话的数字 ID）、活动状态（正在运行、已断开）、客户端名，可以单击“注销”按钮重新登录，或者单击“断开”按钮断开与本机的连接，如果是局域网用户，还可以向其他用户发送消息。

2.1.7 帮助系统

在使用计算机的过程中，有时会遇到很多不懂的地方，比如有的术语不明白，有的功能没有掌握等。特别是对于一些较新的软件更是如此。通过使用帮助就可以很快获得需要的信息。

1. 使用说明信息

在使用计算机的过程中，用户需要一些简洁快速的显示或对某个术语的解释。在 Windows XP 中就为用户提供了这种功能。用户只需要将鼠标指针悬停在相应的项目上，在鼠标指针的旁边就会自动显示与该项目有关的快捷帮助信息，如图 2-13 所示。

图 2-13　快捷帮助

2. 使用帮助窗口

当用户要了解详细的帮助资料时，可以使用帮助窗口。具体的操作方法是单击“开始”按钮，打开“开始”菜单，选择“帮助和支持”，即可打开“帮助和支持中心”窗口，如图 2-14 所示。还可以通过按 F1 键来激活帮助窗口。

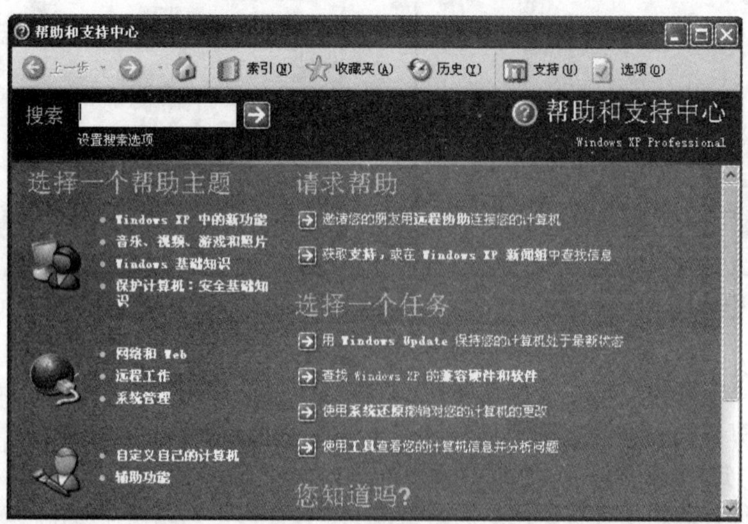

图 2-14　Windows 帮助和支持中心

2.2　文件管理

在计算机系统中，信息以文件形式保存，用户所做的工作均围绕文件展开。这些文件包括操作系统文件、应用程序文件以及文本文件等，它们根据分类存储在磁盘上的不同文件夹（也称为“目录”）中。因此在使用计算机时，如何管理这些类型繁多且数目巨大的文件和文件夹是非常重要的。在 Windows XP 中，可以利用“我的电脑”或“资源管理器”进行文件管理。

2.2.1　文件系统

文件系统是指在计算机上命名、存储和安排文件的方法。Windows XP 支持 FAT、FAT32 和 NTFS 三种文件系统。FAT（文件分配表）是早期采用的文件系统，只能管理较小的硬盘；FAT32 是对 FAT 的改善，可以管理较大的硬盘；NTFS 具有前两种文件系统的所有基本功能，并具有更好的磁盘压缩性能和安全性，能管理最大达 2TB 的大硬盘，支持双重启动等。NTFS 是 Windows XP 推荐使用的文件系统。软盘只能使用 FAT 文件系统。

在磁盘中，扇区是磁盘空间分配的最基本单位。但是 Windows 文件系统并不是以扇区为单位分配磁盘空间，而是以“簇”（Cluster）为单位，每个簇由若干个扇区组成。文件的信息是存储在磁盘上若干个簇中的。

在计算机中，需长时间保存的信息都应存储到外存储器上。按一定格式建立在外存储器上的信息集合称为文件。

1. 文件的命名

每个文件都必须有一个名字，文件名一般分为两部分，主文件名和文件扩展名，一般用分隔符“.”分隔。主文件名由用户命名，最好能做到“见名知意”。扩展名一般由系统自动给出，在 Windows 操作系统中对不同的扩展名用不同的图标来表示，可以“见名知类”或“见图知类”。

注意：不要随意修改系统给定的扩展名，否则系统将无法正确地识别。

Windows 操作系统支持长文件名，文件名最多可以有 255 个字符，不再局限于 DOS 的 8.3 命名规定（即主文件名和扩展名分别不能多于 8 个和 3 个字符）。Windows 操作系统对文件的命名和使用规则是：

- 文件名可以使用不区分大小写的英文字母、阿拉伯数字和汉字。
- 文件名中可以有空格符，但不允许使用 \ / : * ? < > " 等九个字符。
- 文件名中可以有多个分隔符“.”，最后一个分隔符“.”右边的字符串作为该文件名的扩展名。
- 在同一文件夹（目录）下的文件不能同名。

2. 文件类型和相应的图标

文件的扩展名用于说明文件的类型，Windows XP 系统中常用的文件类型及其图标如表 2-3 所示。

表 2-3　Windows XP 中常用的扩展名及其代表的文件类型和图标

扩展名	图标	文件类型	扩展名	图标	文件类型
bat		批处理命令文件	mid		音频文件
com		命令文件	avi		视频文件
exe		可执行文件	mp3		mp3 音乐文件
dll		应用程序扩展	swf		flash 文件
txt		文本文件	mpg		电影剪辑
hlp		帮助文件	bmp		图片文件
fon		字库文件	doc		Word 文档
htm		网页文件	rar		WinRAR 压缩文件

3. 文件夹

文件夹是存放文件的区域。文件夹中还可以含有文件或下一级文件夹，从而构成了文件管理的树状层次结构，如图 2-15 所示。

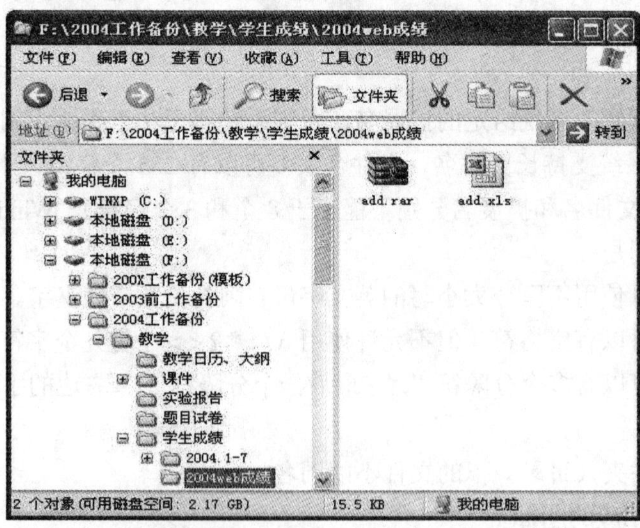

图 2-15　多级文件夹构成的树状结构

文件的存储位置称为文件路径。在 Windows 系统中，描述路径时用“\”作为文件夹的分隔符号。路径有两种：相对路径和绝对路径。绝对路径就是从根文件夹开始到文件所在目录的路径上的各级文件夹名与分隔符“\”所组成的字符串。例如，在图 2-15 中，add.xls 的绝对路径就是“F:\2004 工作备份\教学\学生成绩\2004web 成绩”。相对路径从当前位置（也可是某个特定位置）开始标定，add.xls 如果从“F:\2004 工作备份\”开始标定，则其相对路径为“教学\学生成绩\2004web 成绩”。

2.2.2 管理工具

在 Windows XP 中用于文件与文件夹管理的工具主要有“我的电脑”、“资源管理器”和“回收站”等。

1. 我的电脑

“我的电脑”是文件和文件夹以及其他计算机资源管理的中心，还可直接对映射的网络驱动器、文件和文件夹进行管理。

双击桌面上的“我的电脑”图标，打开“我的电脑”管理工具，如图 2-16 所示。“我的电脑”窗口分为两个窗格，启动的开始在左侧有三个域，即“系统任务”、“其他位置”和“详细信息”。

单击“系统任务”和“其他位置”中的超链接即可进入相应的功能窗口。

“详细信息”区域显示被选中对象的概要信息。右侧则是文件和文件夹及驱动器。

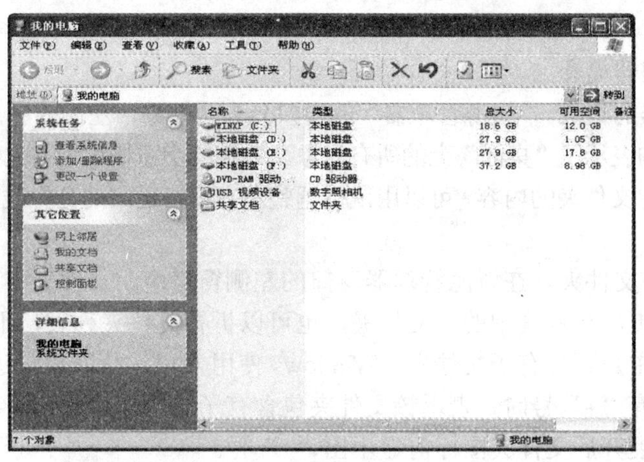

图 2-16 “我的电脑”窗口

在“我的电脑”中浏览文件时，从“我的电脑”开始，按照层次关系，逐层打开各个文件夹，在文件夹内容窗口中查看文件和子文件夹。

2. 资源管理器

使用“我的电脑”进行单个文件或文件夹的操作比较方便，但当文件或文件夹较多且层次较深时，将需要打开多层文件夹，操作和显示就会有些杂乱。这时，用户可以选择使用资源管理器。

（1）资源管理器的启动

启动资源管理器的方法很多，常用的有以下几种：

① 单击“开始”按钮，打开“开始”菜单，单击“所有程序”按钮，从打开的菜单中选择“附件”，再单击“Windows 资源管理器”。

② 右击“开始”按钮或“我的电脑”图标，从快捷菜单中选择“资源管理器”命令。

③ 右击任意驱动器或文件夹图标，从快捷菜单中选择“资源管理器”命令。

启动后就可以进入资源管理器窗口了，如图 2-17 所示。

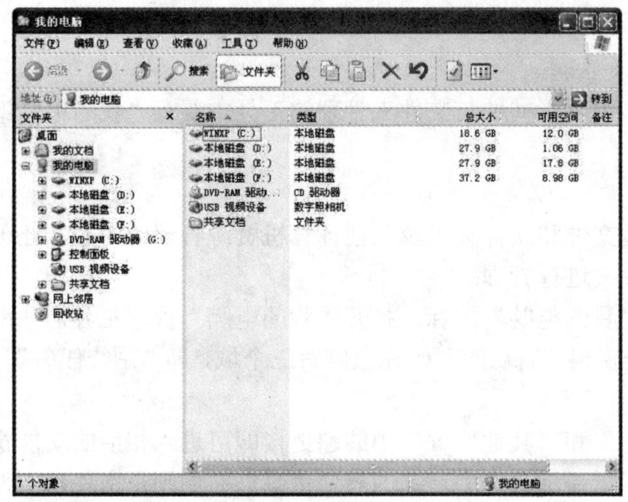

图 2-17　显示“文件夹”列表的资源管理器窗口

（2）资源管理器简介

① 资源管理器的组成。“资源管理器”的窗口分为两部分，左侧的小窗格称为“文件夹”窗格，它以树型结构表示了“桌面”上的所有对象。右侧的小窗格称为“文件列表”窗格，它显示左侧小窗格被选中文件夹的内容。可以用鼠标调整左右窗格之间的分界线的位置，从而调整左右窗格的大小。

② 展开和折叠文件夹。在资源管理器窗口的左侧窗格中，文件夹中可能包含子文件夹，用户可以展开文件夹，显示其中的子文件夹，也可以折叠文件夹列表，不显示子文件夹。为了表明某个文件夹中是否含有子文件夹，Windows 使用“+”、“-”符号进行标记。

文件夹图标前有“+”号时，表示该文件夹包含有子文件夹。单击“+”号可以展开它所包含的子文件夹，展开后文件夹图标前显示出“-”号。

文件夹图标前有“-”号时，表示该文件夹已显示子文件夹。单击“-”号可以将已经展开的内容折叠起来，返回“+”的状态。

文件夹图标前没有“+”号或“-”号，则表示该文件夹没有子文件夹，其下一层均为文件。

③ 资源管理器的显示方式。右侧窗格有 5 种方式显示文件列表，即缩略图、大图标、小图标、列表、详细信息。图 2-17 以详细信息方式表示。用户可以在资源管理器的“查看”菜单中设置显示方式。

④ 改变文件列表的排序方式。文件列表有不同的排序方式，包括按名称、类型、大小、修改时间或创建时间等。要使右侧窗格中的内容按一定的次序进行排序，可通过单击“查看”菜单，选择“排列图标”命令来实现。

如果文件列表是以“详细资料”方式显示，可直接单击“名称”、“大小”、“类型”或“修改时间”按钮来改变图标的排序方式。

⑤ 任务列表。单击工具栏中的“文件夹”按钮，可以显示或隐藏“文件夹”窗格。隐藏“文件夹”窗格时，左侧窗格会显示任务列表，里面列出了当前选中对象可执行的操作，如图 2-18 所示。

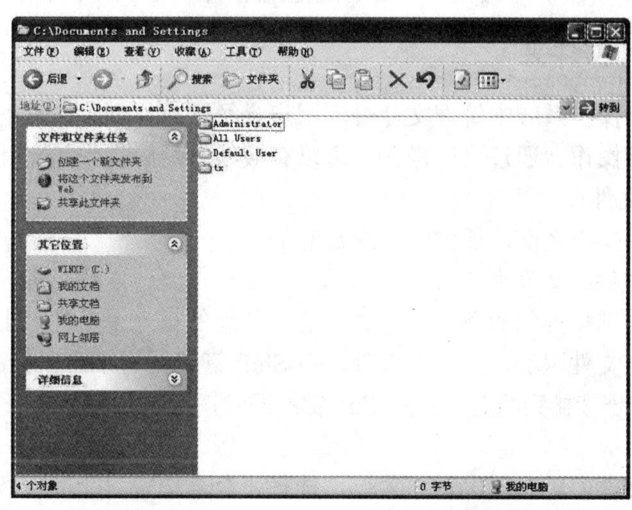

图 2-18　显示“任务”列表的资源管理器窗口

3. 回收站

从 Windows XP 中删除文件或文件夹时，所有被删除的文件或文件夹并没真正删除，而是临时存放在“回收站”中。利用“回收站”，可以对偶然误删除的文件或文件夹进行恢复。双击桌面上的“回收站”图标，可打开“回收站”窗口，如图 2-19 所示。

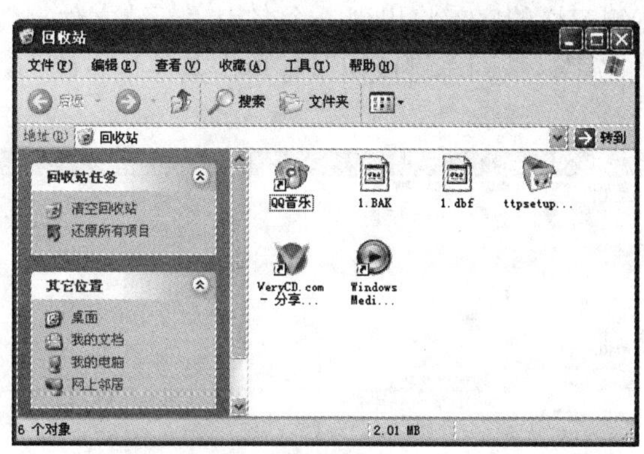

图 2-19　“回收站”窗口

（1）恢复文件或文件夹

要恢复文件或文件夹，方法为：

① 从“回收站”窗口中找到要恢复的文件或文件夹，选中它们。

② 单击“文件”菜单，选择“还原”命令，文件或文件夹就恢复到原来的位置。

（2）清空“回收站”

如果要永久性删除“回收站”中的文件或文件夹，可单击“文件”菜单，选择“清空回收站”命令。还可以选择某个或某些文件，然后单击“文件”菜单，选择“删除”命令来加以删除。文件被永久性删除后，就不可能再恢复。

（3）改变“回收站”大小

要改变“回收站”的大小，可右击桌面上的“回收站”图标，从快捷菜单中选择“属性”命令，出现如图 2-19 所示的对话框。可以通过拖动滑块改变“回收站”空间的大小。

2.2.3 操作文件和文件夹

在 Windows XP 操作系统中管理文件时，用户会经常执行创建、移动、复制、重命名或删除文件与文件夹等操作。通过这些操作，可以有效地管理磁盘中的文件或文件夹。

1. 选定文件和文件夹

对文件或文件夹操作之前，通常要先选定它们。

- 选定单个文件或文件夹的方法很简单，只需单击要选定的目标。
- 选定一组连续排列的对象，在要选择的文件组的第一个文件名上单击，然后将鼠标指针指向该文件组的最后一个文件，按 Shift 键并同时单击鼠标。
- 选定一组非连续排列的对象，按 Ctrl 键的同时，用鼠标单击每一个要选择的文件或文件夹。
- 选定全部文件，单击“编辑”菜单，选择“全部选定”命令或按 Ctrl + A 键。
- 如果要取消选中的文件或文件夹，则单击屏幕空白区域的任意位置。

2. 新建文件夹

新建文件夹的步骤如下：

① 在“资源管理器”左侧的“文件夹”窗格中单击要在其中创建新文件夹的驱动器或文件夹。

② 右击右侧窗格的空白处，单击快捷菜单中的“新建”菜单，选择“文件夹”命令。如图 2-20 所示。这时右侧窗格的底部将出现一个名为“新建文件夹”的文件夹图标。

③ 键入新文件夹的名字，按回车键或用鼠标单击其他地方确认。

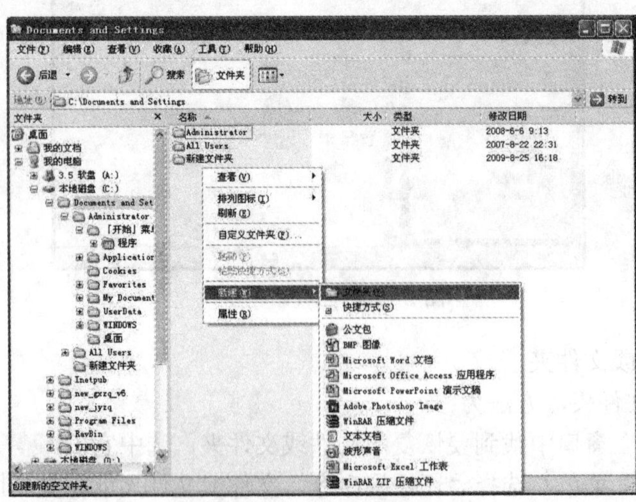

图 2-20 “新建”菜单

3. 移动/复制文件或文件夹

移动与复制的不同在于：移动时文件或文件夹从原位置被删除并被放到新位置，而复制时文件或文件夹在原位置仍然保留，仅仅是将副本放到新位置。移动/复制文件或文件夹的方法是：

（1）用鼠标右键移动和复制文件或文件夹

① 将鼠标指针指向要移动或复制的文件或文件夹。

② 然后用鼠标右键将它们拖放到目标文件夹上，这时打开如图2-21所示的快捷菜单。

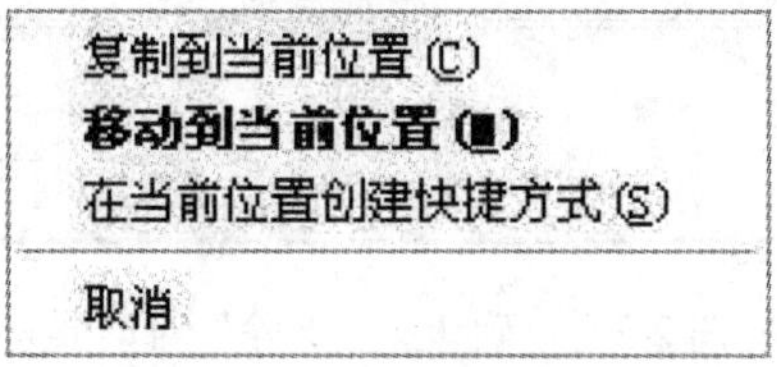

复制到当前位置(C)
移动到当前位置(M)
在当前位置创建快捷方式(S)
取消

图2-21 快捷菜单

③ 移动操作选择“移动到当前位置”命令。复制操作选择“复制到当前位置”命令。

（2）用鼠标左键移动和复制文件或文件夹

① 将鼠标指针指向要移动或复制的文件或文件夹。

② 然后用鼠标左键将它们拖放到目标文件夹上。系统判断是执行移动操作还是复制操作的规则如下：

- 先检查用户拖动鼠标的同时是否按了Ctrl键或Shift键，如果按了Ctrl键，则执行复制操作；如果按了Shift键，则执行移动操作。
- 如果用户没有按键，再判断目标文件夹和被拖动对象是否在同一驱动器上，若不在就执行复制操作。若是复制操作，在拖动对象时图标的左下角有一个“+”号图形。
- 若用户没有按键，并且目标文件夹和被拖动对象在同一驱动器上，再判断对象是否全部为类型是COM或EXE的文件。若是，系统将在目标文件夹上为所有的被拖动对象创建其快捷方式；否则系统将移动被拖动对象。

（3）用剪贴板移动和复制文件或文件夹

① 将鼠标指针指向要操作的文件或文件夹。右击鼠标，若要复制文件或文件夹，则在7中选择“复制”命令，若要移动文件或文件夹，则在快捷菜单选择“剪切”命令。

② 在目标文件夹上右击鼠标，在快捷菜单中选择“粘贴”命令。

（4）复制文件和文件夹到U盘

① 将鼠标指针指向要复制的文件或文件夹。

② 右击鼠标，单击快捷菜单中的“发送到”菜单，选择“U盘卷标”命令。这里“U盘卷标”是指用户U盘卷标的具体标志。

4. 删除文件或文件夹

当不再需要一个文件或文件夹时，应将其删除，以腾出磁盘空间存放其他文件。删除文件夹时，其中所包含的内容也一并被删除。

选定所需要删除的文件或文件夹后，有下面几种删除的方法：

① 右击鼠标，在快捷菜单中选择“删除”命令。

② 按Del键。

③ 单击“文件”菜单，选择“删除”命令。

④ 直接将其拖到回收站中。

执行上述某种删除操作时，会打开一个提示对话框要求确认，如图 2-22 所示。如果确定要删除，选择“是”，否则选择“否”。需要说明的是，这里的删除并没有把该文件真正删除掉，它只是将文件移到了“回收站”中，这种删除是可恢复的。

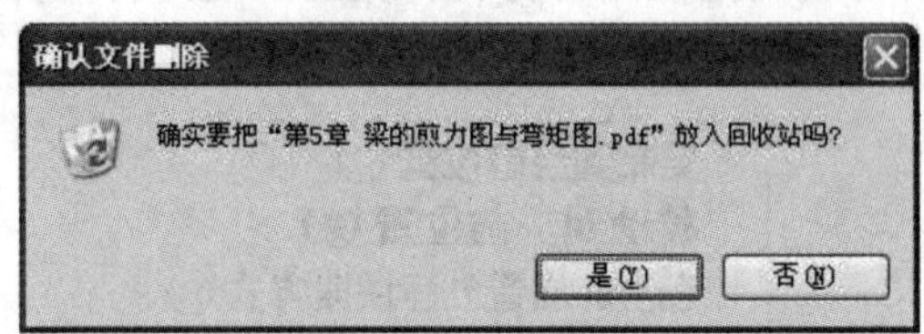

图 2-22 “确认文件删除”对话框

5. 重命名文件或文件夹

选定要重命名的文件或文件夹，单击其文件名或者执行右键快捷菜单中的“重命名”命令，这时文件名呈可修改状态，输入新的文件名，按回车键或用鼠标单击其他地方确认。

6. 设置文件或文件夹的属性

文件与文件夹的属性分为：只读、隐藏和存档。

- 只读：只能查看其内容，不能修改。如果要保护文件或文件夹以防被改动，就可以将其标记为“只读”。
- 存档：表示是否已存档该文件或文件夹。某些程序用此选项来确定哪些文件需作备份。
- 隐藏：表示该文件或文件夹是否被隐藏，隐藏后如果不知道其名称就无法查看或使用此文件或文件夹。通常为了保护某些文件或文件夹不轻易被修改或复制才将其设为“隐藏”属性。

要设置文件或文件夹的属性，具体操作如下：

① 右击要显示和修改的对象。

② 从快捷菜单中选择“属性”命令，这时出现文件属性对话框，如图 2-23 所示。

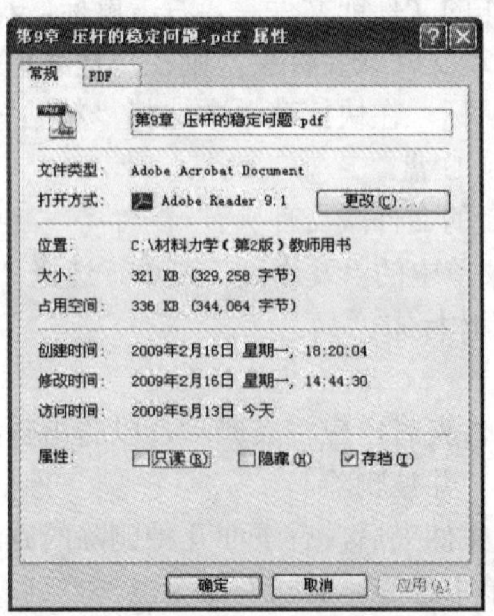

图 2-23 设置文件或文件夹的属性

（3）若要修改属性，单击相应的属性复选框。当复选框带有选中标记时，表示对应的属性被选中。

（4）单击“确定”按钮。

如果文件或文件夹具有“隐藏”属性，那么浏览时要看到这类文件或文件夹需要进行以下设置：

① 打开“文件夹选项”对话框。

方法一：打开“资源管理器”，单击“工具”菜单，选择“文件夹选项”命令。

方法二：单击“开始”按钮，打开“开始”菜单，单击“控制面板”，选择“文件夹选项”命令。

② 单击“查看”选项卡，如图2-24所示。

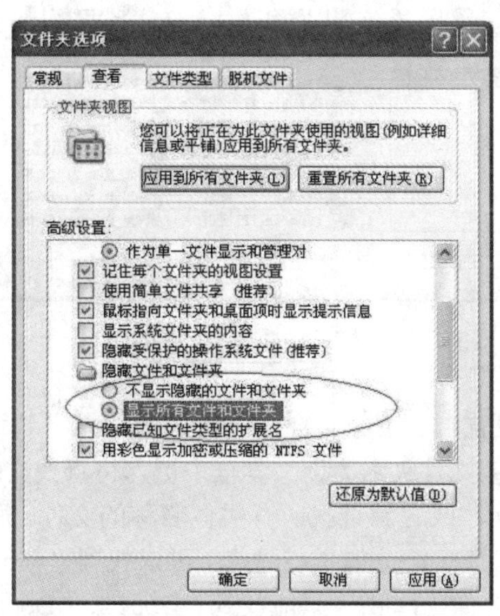

图2-24 “查看”选项卡

③ 如果要看到被隐藏的文件，请选中“显示所有文件”单选按钮。

④ 单击“确定”按钮。

7. 搜索文件或文件夹

在实际操作中往往会遇到这种情况，用户想使用某个文件或文件夹，但不知道该文件或文件夹的存放位置，此时可以利用“搜索”命令来查找。Windows XP 内置有功能强大的查找工具，可以帮助用户查找文件、文件夹、计算机甚至Web站点。

（1）启动“搜索”命令

在Windows XP中，可以按以下几种方法来执行“搜索”命令：

- 单击“开始”按钮，打开“开始”菜单，选择“搜索”。
- 在“我的电脑”或“资源管理器”窗口的工具栏上单击“搜索”按钮。
- 如果想在文件夹中查找某个文件，从“我的电脑”或“资源管理器”中右击文件夹，然后从打开的快捷菜单中选择“搜索”命令。

“搜索”窗口如图2-25所示。

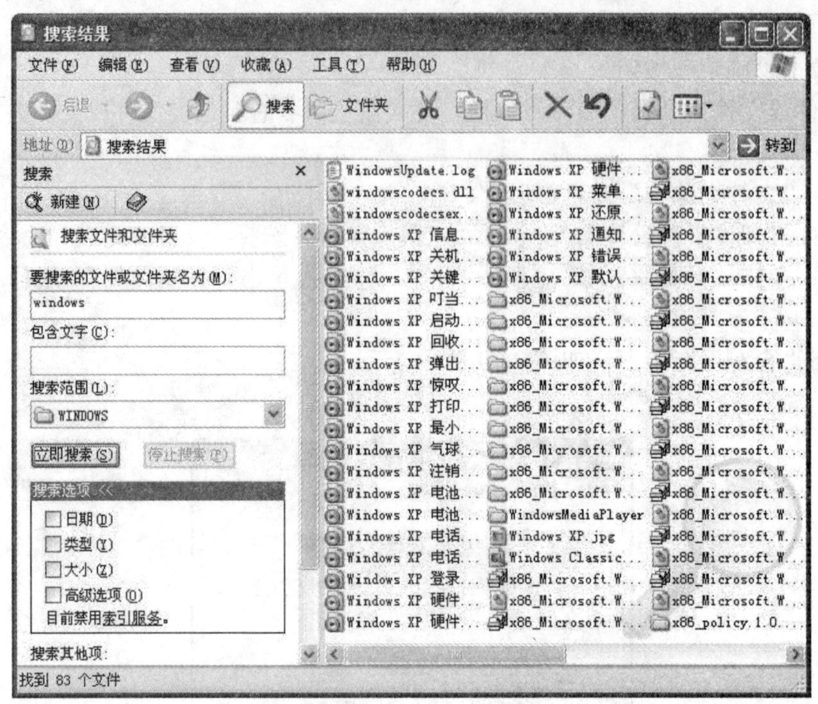

图 2-25 “搜索”窗口

（2）“搜索”窗口的设置

① 在“要搜索的文件或文件夹名为”文本框中键入待查找文件的名称。

如果不知道文件的全称，或者想查找所有类似名称的文件，那么可以使用通配符“*”和“?”。其中，“*”通配多个字符，如“win*s”，可以找到“winabcs”和“windows”等文件；而“?”通配一个字符，如“Doc?”只能找到“Doc1”、“Doca”和“Doc5”等文件。

② “搜索范围”文本框用来确定查找的范围。单击右边的向下箭头可以从下拉列表框中选择在哪个磁盘或文件夹中查找。如果要指定一个特殊的文件夹，单击“浏览”按钮，然后从打开的对话框中指定一个文件夹。

③ 在“搜索选项”中可以根据文件其他更复杂的条件来查找文件。

- 日期：查找在一个指定日期范围内，或者在前几天到前几个月中创建或修改的文件。
- 类型：根据文件的类型进行查找。
- 大小：根据文件大小范围来查找文件。
- 高级选项：共有 5 个选项。若不想在磁盘或文件夹下的所有子文件夹中查找，将“搜索子文件夹”复选框取消选中。

设置查找条件后，单击“立即搜索”按钮即开始查找。搜索结束后，将在窗口中显示所有与条件符合的文件或文件夹。

2.2.4 快捷方式

快捷方式使得用户可以快速启动程序和打开文档。在 Windows XP 中，许多地方都可以创建快捷方式，比如桌面上或文件夹中。快捷方式图标和应用程序图标几乎是一样的，只是

左下角有一个小箭头。快捷方式可以指向任何对象，如程序、文件、文件夹、打印机或磁盘等。灵活掌握快捷方式是熟练掌握 Windows XP 的诀窍之一。

创建快捷方式的方法有以下几种：

① 右击对象，从快捷菜单中选择“创建快捷方式”命令，此时会在对象的当前位置创建一个快捷方式，如图 2-26 所示。如果单击右键快捷菜单中的“发送到”菜单，选择“桌面快捷方式”命令，则将快捷方式创建在桌面上。

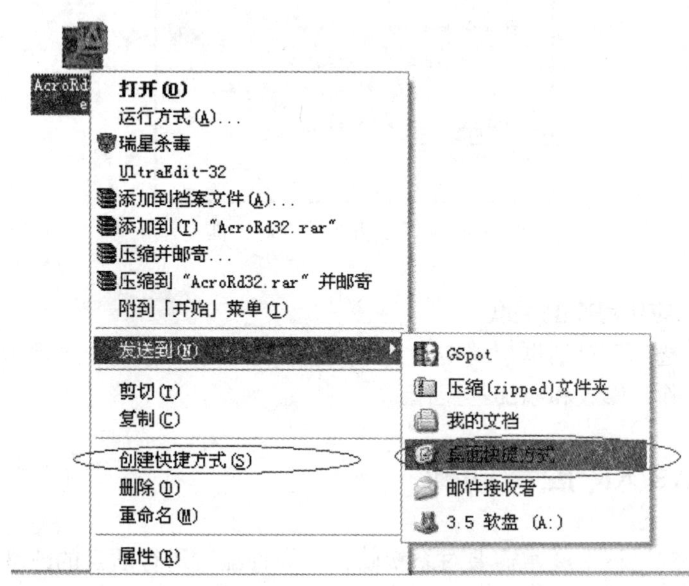

图 2-26 快捷菜单中的创建快捷方式命令

② 使用拖放的方法。例如，要在桌面上创建指向“控制面板”的快捷方式，先打开“资源管理器”窗口，用鼠标右键点中“控制面板”图标不放，拖动鼠标到桌面上，释放鼠标右键，然后在快捷菜单中选择“在当前位置创建快捷方式”命令。

③ 用“创建快捷方式”向导。这种方法只能创建程序或文件的快捷方式，对于文件夹等其他对象不合适。例如，要在桌面上创建一个快捷方式，在桌面的空白处右击鼠标，在快捷菜单中单击“新建”，选择“快捷方式”命令，再根据向导的提示完成创建工作。快捷方式可以被删除和更名，方法与一般文件相同。

2.2.5 文件和应用程序相关联

Windows XP 打开文件时，使用扩展名来识别文件类型，并建立与之关联的程序。

1. 新建文件与应用程序的关联

如果某个文件没有与之关联的应用程序，双击打开它时则会出现“打开方式”对话框，如图 2-27 所示。“程序”列表框中列出了所有已经在系统中注册的应用程序，可以在列表框中选择用来打开该文件的应用程序。如果想每次都使用该程序打开这类文件，可以选择“始终使用选择的程序打开这种文件”复选框。这样，这类文件和该程序就建立了关联。

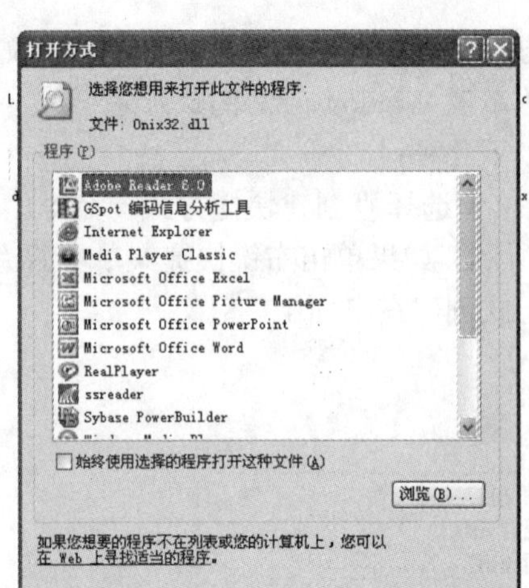

图 2-27 “打开方式”对话框

2. 修改文件与应用程序的关联

打开“文件夹选项”对话框，单击“文件类型”选项卡，在这个选项卡中，用户可以对文件的关联进行删除、修改和添加等操作。

2.3 Windows XP 控制面板

计算机在使用的过程中经常需要对系统软件、硬件配置进行适当的改动。这些配置主要由控制面板来完成。“控制面板”中包含了一系列的工具程序，如“系统”、“显示”、“网络连接”和“添加或删除程序”等，用户利用它们可以直观、方便地调整各种软件和硬件的设置，还可以用它们安装或删除软件和硬件。

单击“开始”按钮，打开“开始”菜单，右击“控制面板”，选择“打开”命令，便进入了“控制面板”窗口。也可以通过单击“我的电脑”中的“控制面板”图标进入，如图 2-28

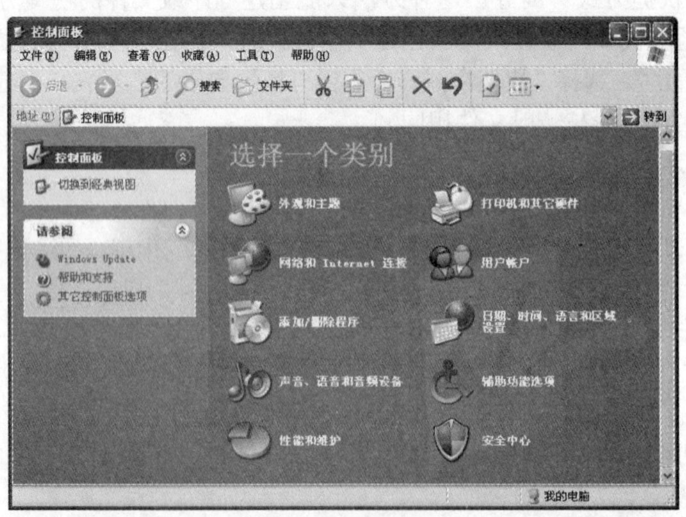

图 2-28 控制面板

所示。在控制面板中双击所选程序图标，即可启动（执行）该程序。

2.3.1 显示属性设置

显示属性设置包括设置屏幕墙纸、屏幕外观和屏幕保护等。打开“显示属性”对话框的方法有两种：

- 双击“控制面板”窗口中的“显示”图标。
- 右击桌面上的空白区域，从快捷菜单中选择“属性”命令。

1. 背景

“桌面”选项卡可以设置Windows桌面的墙纸，如图2-29所示。在Windows中，墙纸是用来装饰桌面用的。墙纸文件可以是图像文件或HTML文件。当从“背景”列表框中选择一种墙纸时，该墙纸的预览效果立即显示在列表框上面的监视器图形中。

单击“浏览”按钮，从计算机中查找图像文件或HTML文件作为墙纸。还可以设定墙纸的位置，“平铺”选项将图像重复排列，“居中”选项将图像放在桌面的中央。

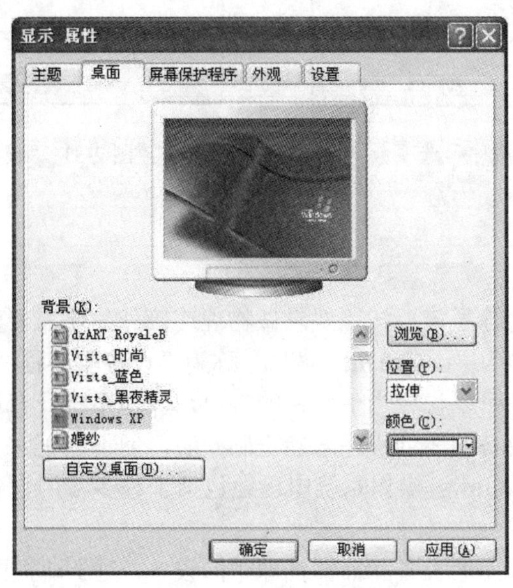

图2-29 “桌面”选项卡

2. 屏幕保护程序

屏幕保护程序有两个作用，一是防止屏幕长期显示同一个画面，造成显像管老化。二是屏幕保护程序显示一些运动的图像，隐藏计算机屏幕上显示的信息。当用户在一定时间没有按键盘或移动鼠标后，屏幕保护程序会自动运行。“屏幕保护程序”选项卡如图2-30所示。

“屏幕保护程序”下拉列表框中提供了各种风格的屏幕保护程序。

单击“等待”数值选择框右端的上下箭头，改变其中的等待时间。如果在等待时间内没有鼠标或键盘操作，Windows XP就自动启动屏幕保护程序。用户可以为屏幕保护程序设置密码。先选中“密码保护”复选框，然后单击其右边的“更改”按钮，在打开的“更改密码”对话框中输入密码。

3. 显示器设置

“设置”选项卡可以对显示器显示的颜色数、分辨率等进行设置，如图 2-31 所示。选择增强 16 位的颜色数表示每一个像素点可有 216 种颜色。

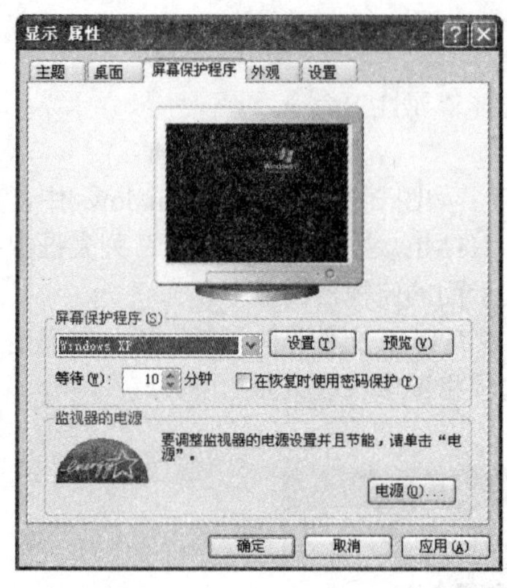

图 2-30 “屏幕保护程序”选项卡

图 2-31 “设置”选项卡

2.3.2 添加新硬件

添加新的硬件设备，除了需要按照要求做物理连接外，还需要安装由外设厂家提供的驱动程序。驱动程序英文名为“device driver”，全称为“设备驱动程序”，是一种可以使计算机和设备通信的特殊程序，可以说相当于硬件的接口，操作系统只有通过这个接口，才能控制硬件设备的工作，如果设备的驱动程序未能正确安装，便不能正常工作。因此，驱动程序被誉为“硬件的灵魂”。Windows 操作系统中已经包括了许多常用设备的驱动程序，可直接使用。

硬件设备分为即插即用的设备和非即插即用的设备。对于即插即用的设备，Windows XP 能自动识别，安装时只需关闭计算机，并根据厂商的说明将设备连到计算机上，然后启动计算机，Windows XP 就会自动检测新的设备并安装需要的驱动程序。对于非即插即用的设备，可以通过控制面板中的“添加新硬件”来安装新的设备。

1. 添加常用设备

一般情况下，Windows XP 操作系统能检测到连接的新硬件。下面以安装新型激光打印机的过程为例，说明如下：

（1）在断电的情况下，通过专用的线缆把打印机与主机箱上的并行接口（也可能是 USB 口）相连。

（2）先开启打印机电源，然后开启计算机电源。

（3）启动后，操作系统可以检测到有新设备连到并行接口（或 USB 口），当操作系统判断出目前没有合适的驱动程序管理该打印机时，会提示用户插入生产厂家提供的安装盘到驱动器中。

（4）插入生产厂家提供的软盘或光盘，浏览盘上的程序，选择相应型号的打印机驱动程序，在操作向导的指示下完成安装工作。

注意：有些外设生产厂商提供可执行的安装程序，只要直接执行该程序即可自动完成安装工作。

2. 用控制面板中的“添加硬件”安装驱动程序

有些外设，特别是较早期生产的外设，虽然已经正确地把设备与计算机接口连接上了，但操作系统不能自动判断它已连接，需要手工操作安装驱动程序。一般操作方法如下：

① 双击“控制面板”窗口中的“添加硬件”图标，打开“添加硬件向导”对话框，如图2-32所示。

② 单击“下一步”按钮，操作系统将检查是否有未安装驱动程序的外设，并打开如图2-33所示的对话框。

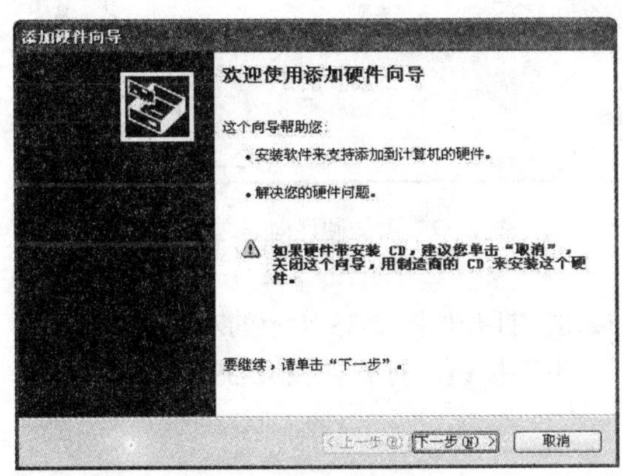

图2-32 添加硬件向导之一

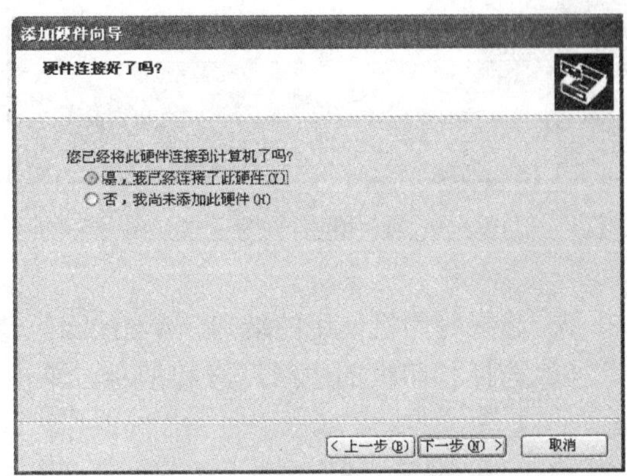

图2-33 添加硬件向导之二

③ 选择“是”选项，单击“下一步”按钮，打开如图2-34所示的对话框。

④ 在“已安装的硬件”列表框中单击“添加新的硬件设备”，使其呈反白显示。单击“下一步”按钮，打开如图2-35所示的对话框。

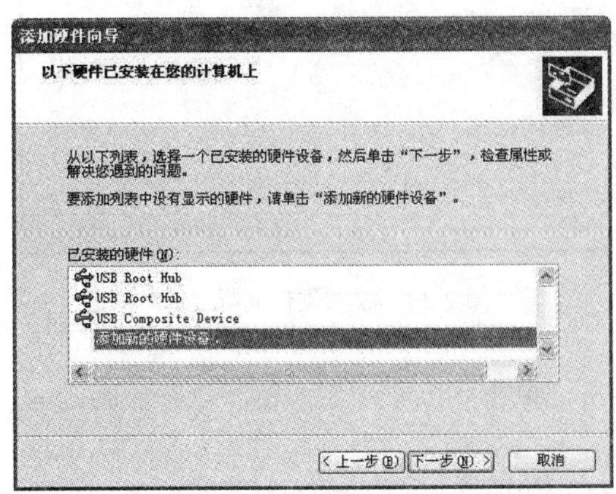

图2-34 添加硬件向导之三

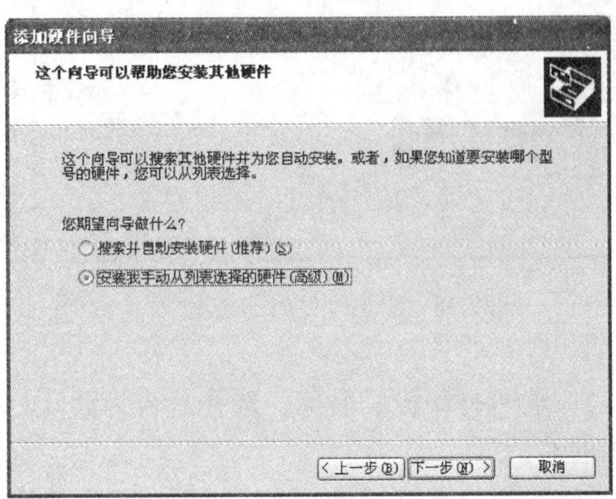

图2-35 添加硬件向导之四

⑤ 选择“安装我手动从列表所选择的硬件”选项，单击“下一步”按钮，打开如图 2-36 所示的对话框。

⑥ 在“常见设备类型”列表框中单击要安装的设备，如“打印机”，使其呈反白显示。单击“下一步”按钮，打开如图 2-37 所示的对话框。

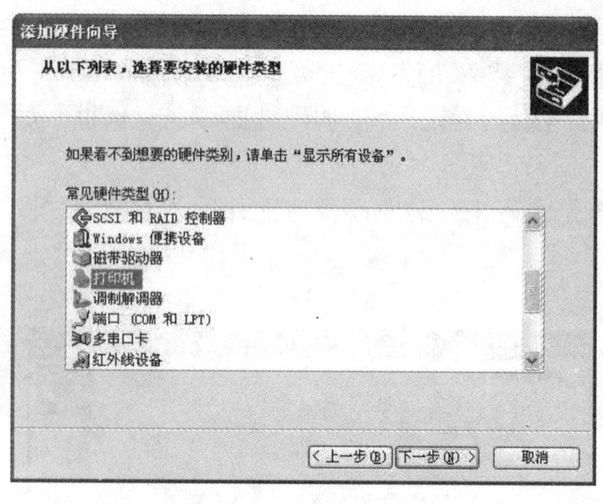

图 2-36　添加硬件向导之五

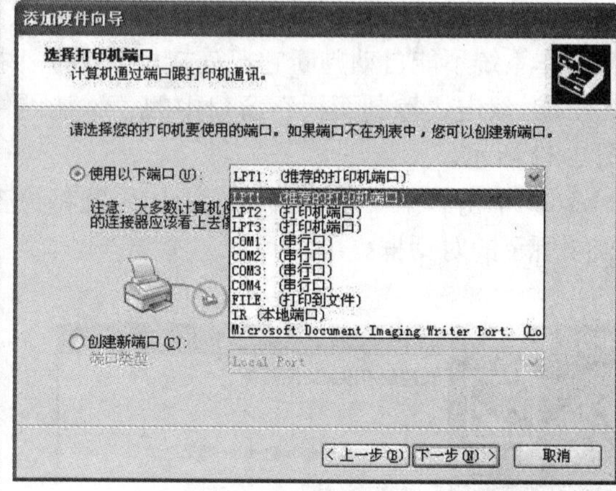

图 2-37　添加硬件向导之六

⑦ 选择打印机使用的端口，单击“下一步”按钮，打开如图 2-38 所示的对话框。

⑧ 选择打印机的生产厂家和型号，单击“下一步”按钮，打开如图 2-39 所示的对话框。

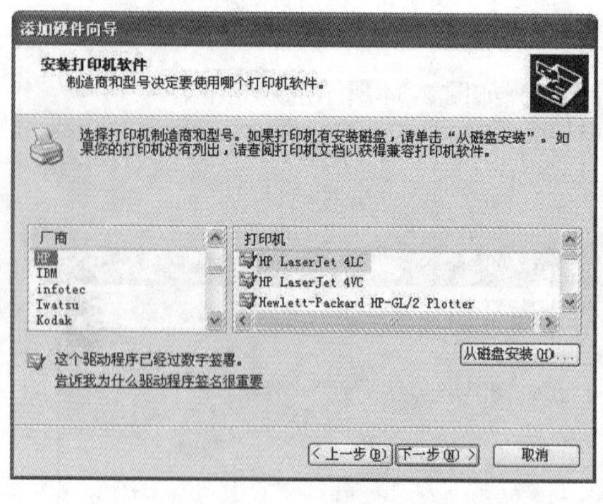

图 2-38　添加硬件向导之七

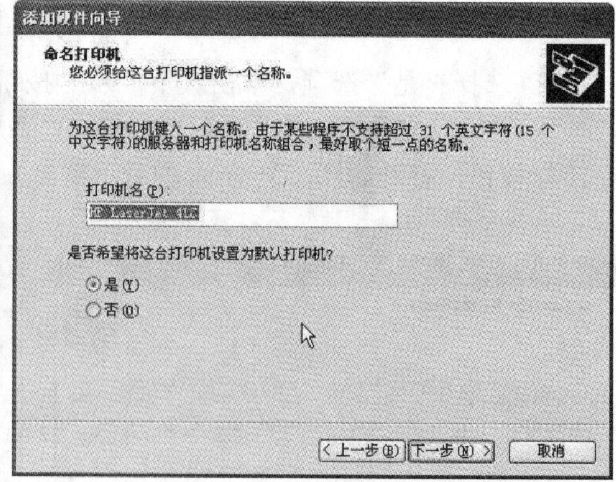

图 2-39　添加硬件向导之八

⑨ 输入打印机的名称，选择是否为默认打印机，单击“下一步”按钮，打开如图 2-40 所示的对话框。

⑩ 选择打印测试页，单击“下一步”按钮，打开如图 2-41 所示的对话框。

⑪ 查看设置的内容，如果测试页正常，单击“完成”按钮，完成安装。

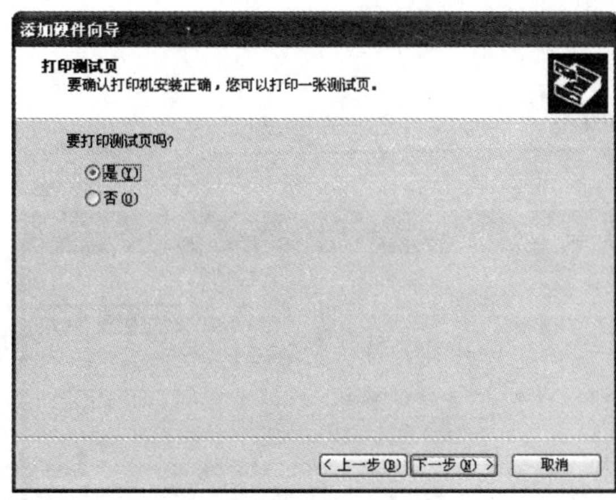

图 2-40 添加硬件向导之九

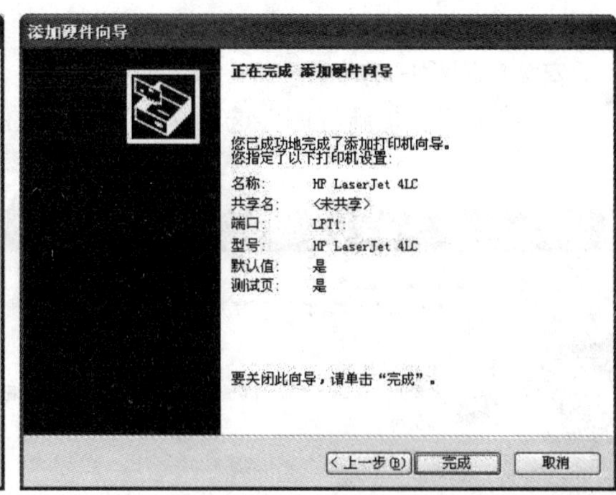

图 2-41 添加硬件向导之十

如果在第⑧步找不到硬件型号，可通过单击“从磁盘安装”按钮，按照提示，使用生产厂家提供的安装盘安装。

2.3.3 添加和删除应用程序

Windows XP 提供了添加和删除应用程序的工具。该工具能自动对驱动器中的安装程序进行定位，简化用户安装。对于安装后在系统中注册的程序，该工具能彻底快捷地删除这个程序。

双击“控制面板”窗口中的“添加或删除程序”图标。就会打开如图 2-42 所示的对话框，缺省选项卡是“更改或删除程序”。

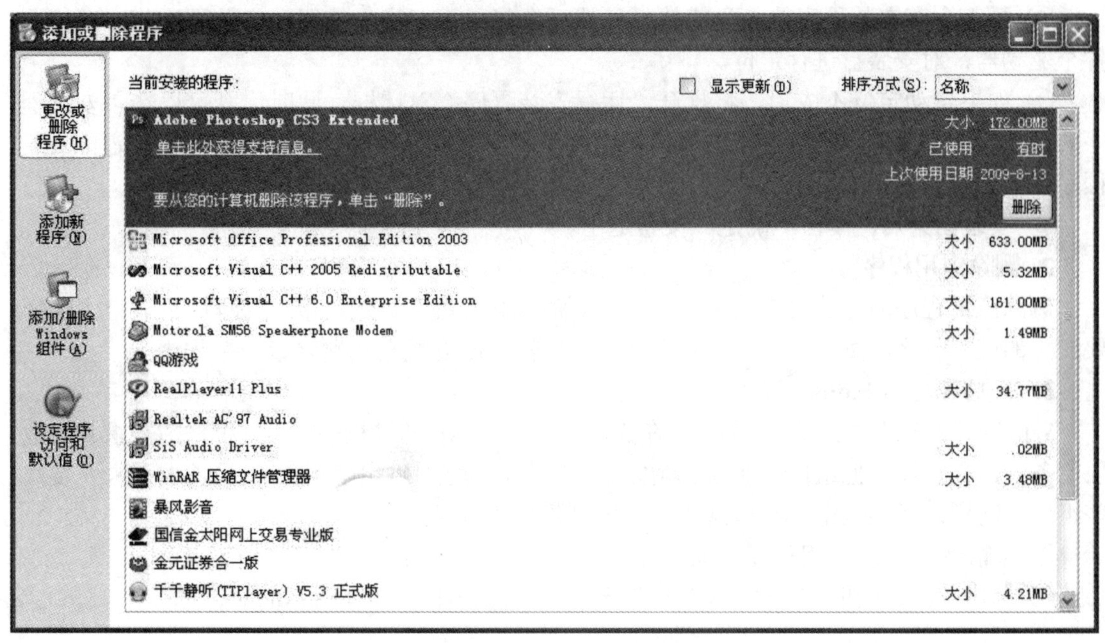

图 2-42 添加和删除程序

1. 安装应用程序

安装应用程序的步骤如下：

① 单击“添加新程序”选项卡，如图 2-43 所示。

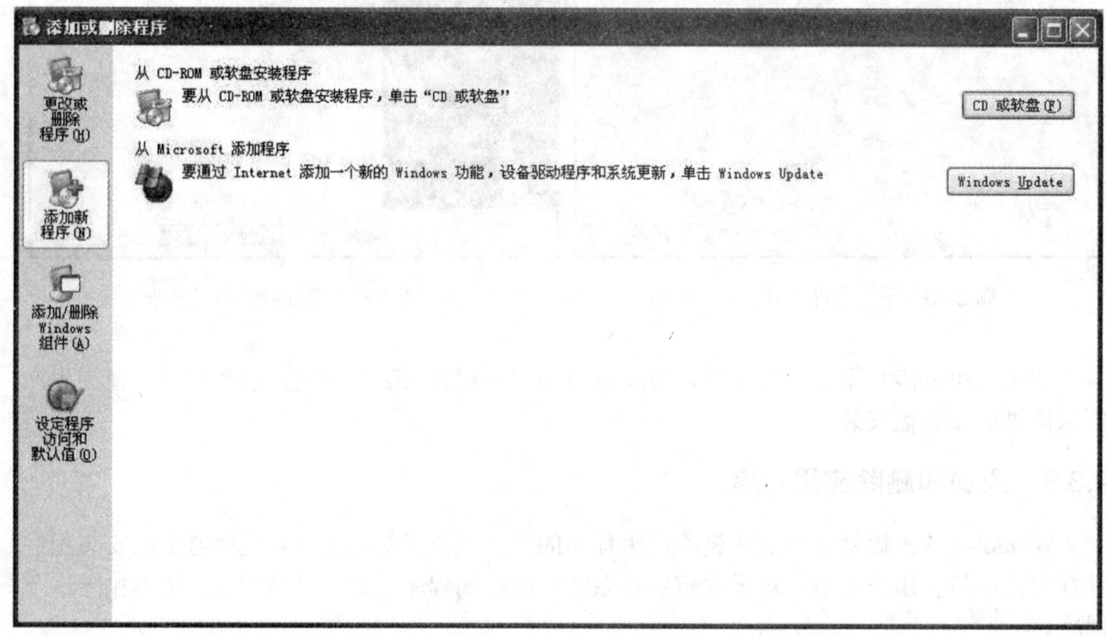

图 2-43 “添加新程序”选项卡

② 单击“CD 或软盘”按钮。

③ 插入含有安装程序的光盘或软盘，然后选择“下一步”按钮，安装程序将自动检测各个驱动器，对安装盘进行定位。

④ 如果自动定位不成功，将打开“运行安装程序”对话框。此时，既可以在“安装程序的命令行”文本输入框中输入安装程序的路径和名称，也可以单击“浏览”按钮定位安装程序。选定安装程序后，单击“完成”按钮，就开始应用程序的安装。

⑤ 安装结束后，单击“确定”按钮退出。

2. 删除应用程序

删除应用程序的方法比较简单，单击“更改或删除程序”选项卡。在程序列表框中选择要删除的应用程序，然后单击“删除”按钮，Windows 开始自动删除该应用程序。

3. 添加/删除 Windows 组件

Windows XP 提供了丰富的组件。在安装 Windows XP 的过程中，因为用户的需求和其他限制条件，往往没有把组件一次性安装完全。在使用过程中，用户可以根据需求再来安装某些组件。同样，当某些组件不再需要时，可以删除这些组件。

添加/删除 Windows 组件步骤如下：

① 单击“添加/删除 Windows 组件”选项卡，打开如图 2-44 所示的对话框。

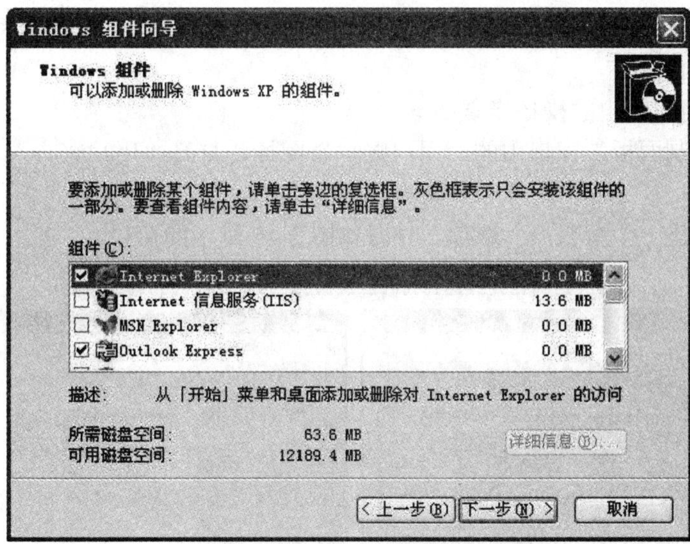

图 2-44 “Windows 组件向导”对话框

② 在“组件”列表框中，选定要安装的组件复选框，或者清除要删除的组件复选框。如果要添加或删除一个组件的一部分程序，则先选定该组件，然后单击“详细资料”按钮，选择添加部分的组件复选框或清除要删除部分的组件复选框即可。

③ 单击“确定”按钮，开始安装或删除组件。

2.3.4 设置多用户环境

Windows XP 具有多用户管理功能，允许多个用户共用一台计算机。每个用户都可以建立自己专用的运行环境，主要包括桌面、“开始”菜单及“收藏夹”等。不同的运行环境间各自独立，互不干扰，而且保存文件时的默认路径也不相同。

1. 账户类型

在 Windows XP 中，为了保证计算机安全，Windows XP 的账户类型分为计算机管理员、受限账户和来宾账户 3 种类型。

（1）计算机管理员

此类账户可以存取所有文件、安装程序、改变系统设置并添加与删除账户，对计算机具有最大的操作权限。管理员的默认账户名是 Administrator。具有与 Administrator 相同权限的用户（不同的用户名）都在“计算机管理员”组中。建议计算机管理员不要随意把某用户名放在计算机管理员组中。

（2）受限账户

此类账户操作权限受到限制，只可以完成执行程序等一般的计算机操作。

（3）来宾账户

此类账户的名称为“Guest”，其权限比受限账户更小，可提供给临时使用计算机的用户。默认情况下，此账户未被选中。要想让临时用户使用计算机，计算机管理员必须首先选中 Guest 账户。

2. 添加账户

在安装系统时，必须创建一个管理员账户才能使用计算机。如果一台计算机有多个用户使用，计算机管理员可以创建新的账户。创建后，再次启动计算机时，新的用户账户会出现在系统的欢迎界面上。

创建一个新用户账户的操作步骤如下：

① 双击“控制面板”窗口中的“用户账户”图标，打开“用户账户”窗口，如图 2-45 所示。

② 单击“创建一个新账户”选项，打开如图 2-46 所示的窗口。

图 2-45 “用户账户”窗口

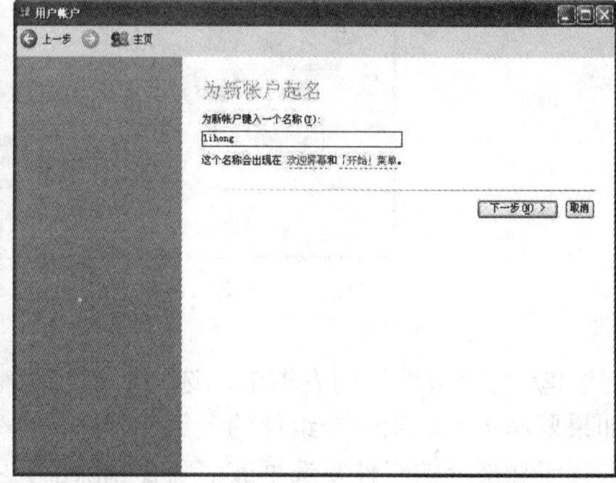

图 2-46 输入用户名

③ 在输入框中输入用户名，如“lihong”，单击“下一步”按钮，打开如图 2-47 所示的窗口。

④ 选择账户类型，单击“创建账户”按钮。新账户“lihong”即显示在“用户账户”窗口中，如图 2-48 所示。

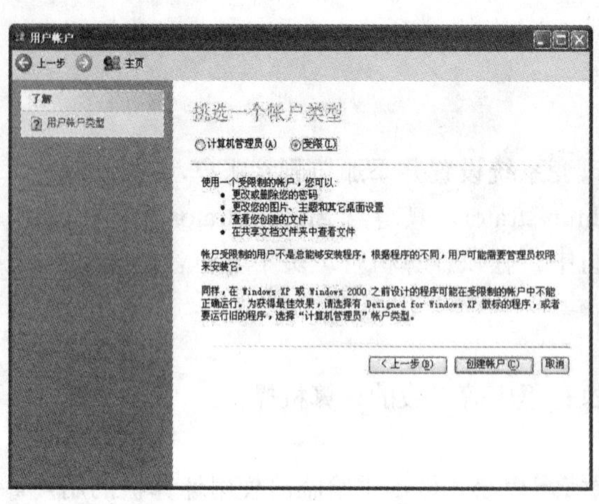

图 2-47 选择账户类型

图 2-48 “用户账户”窗口中的新账户

3. 管理账户

计算机管理员有权限更改自己和其他用户的有关信息，并且可以删除账户。

如果用户是以计算机管理员身份登录的，在“用户账户”窗口中单击某个用户账户后会出现此账户的可更改选项，用户可根据需要选择相应的选项以更改具体的信息；如果用户是受限账户类型，则只能更改自己账户的信息。

2.3.5 中文操作处理

在使用计算机时输入文字是必不可少的，Windows XP 提供了多种中文输入法，用户可以根据不同的习惯选择所需的一种。

1. 打开和关闭汉字输入法

要在中文 Windows XP 中输入汉字，先要选择一种汉字输入法，再根据相应的编码方案来输入汉字。在 Windows XP 中可以使用 Ctrl + Space 键来启动或关闭中文输入法。用户也可以使用 Ctrl + Shift 键在英文及各种中文输入法之间进行切换。

使用鼠标操作的步骤为：

① 单击“任务栏”上的“语言栏”(屏幕右下角的键盘图标)。

② 在打开的“语言”菜单中，选择要使用的输入法。

2. 操作说明

图 2-49 显示了中文输入时的标点、全角/半角等信息，用鼠标单击图中的标志可以实现全角/半角、中文标点/英文标点的转换。

英文字母、数字字符和键盘上出现的其他非控制字符有全角和半角之分。全角字符占用一个汉字的宽度，半角字符只占用一个汉字的一半宽度。

图 2-49 输入法状态转换

在中文标点状态下，中文标点符号与键盘的对应关系如表 2-4 所示。

表 2-4 中文标点符号与键盘的对应关系

中文标点	对应键	中文标点	对应键
句号。	.	右括号）	)
逗号，	,	左书名号《	<
分号；	;	右书名号》	>
冒号：	:	省略号……	^
问号？	?	破折号——	_
感叹号！	!	顿号、	\
双引号“”	“	间隔号·	@
单引号‘’	‘	连接号—	&
左括号（	(	人民币符号￥	$

3. 输入法简介

Windows XP 的缺省输入法有全拼、双拼、智能 ABC、微软拼音、郑码输入法和表形码输入法等，用户也可以根据需要添加新的输入法，如极品五笔、紫光输入法等。

4. 输入法设置

双击“控制面板”窗口中的“区域和语言选项”图标，打开“区域和语言选项”对话框，单击“语言”选项卡中的“详细信息”按钮，打开“文字服务和输入语言”对话框，如图 2-50 所示。

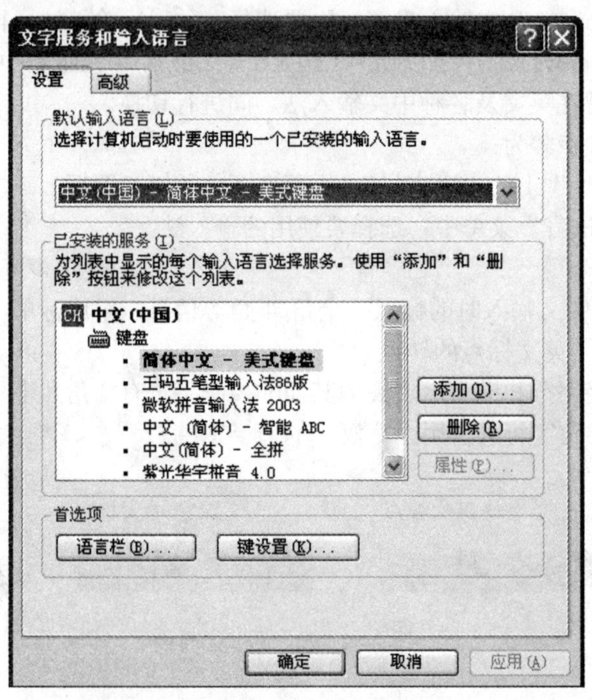

图 2-50 “文字服务和输入语言”对话框

（1）添加输入法

单击“文字服务和输入语言”对话框中的“添加”按钮，在打开的对话框中有一个“输入法”列表框，选择输入法，最后单击“确定”按钮。

如果要安装非 Windows 提供的输入法，可以直接运行这种输入法的安装程序，并按提示完成安装。

（2）删除输入法

在“已安装的服务”列表框中选择需删除的输入法，单击“删除”按钮，即删除选中的输入法。

5. 安装新字体

双击“控制面板”窗口中的“字体”图标，可打开字体文件夹，系统中所有要用到的字体都存放在此。单击“文件”菜单，选择“安装新字体”命令，可以添加新字体，也可以直接将字体文件复制到这里，系统会自动进行新字体的安装。

2.4　磁盘管理

磁盘管理即管理硬盘或U盘，Windows XP提供了几个实用的磁盘管理工具，即格式化磁盘、磁盘清理和磁盘碎片整理等。

2.4.1　浏览和改变磁盘的设置

在使用计算机过程中，掌握计算机的磁盘空间信息是非常必要的。例如，在安装比较大的软件时，首先要检查有没有足够的磁盘空间。查看磁盘空间的具体操作如下：打开“我的电脑”窗口，选择“详细资料”显示格式，则可以显示各磁盘驱动器的总存储容量（总大小）及可用空间。

另一种查看方法是：在“我的电脑”或“资源管理器”窗口中，右击要查看的磁盘（如D盘），从快捷菜单中选择“属性”命令，打开如图2-51所示的对话框。“磁盘属性”对话框包含四个选项卡（如果计算机没有安装网卡，将没有“共享”选项卡）。

- “常规”选项卡：从中可以查看磁盘有多少存储空间，用了多少以及还剩多少。如果要改变或设置磁盘卷标，从“卷标”文本框中键入卷标的名称。如果要对磁盘进行整理，单击“磁盘清理”按钮。
- “工具”选项卡：从中可以进行磁盘的诊断检查、备份文件或整理磁盘碎片以提高访问速度，如图2-52所示。
- “硬件”选项卡：可以设置或查看磁盘硬件属性。
- “共享”选项卡：设置磁盘、文件夹在网络中的共享方式。

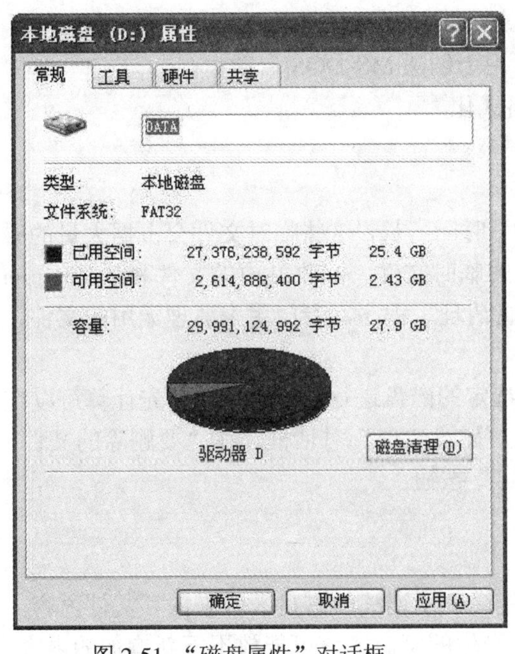

图2-51　“磁盘属性”对话框

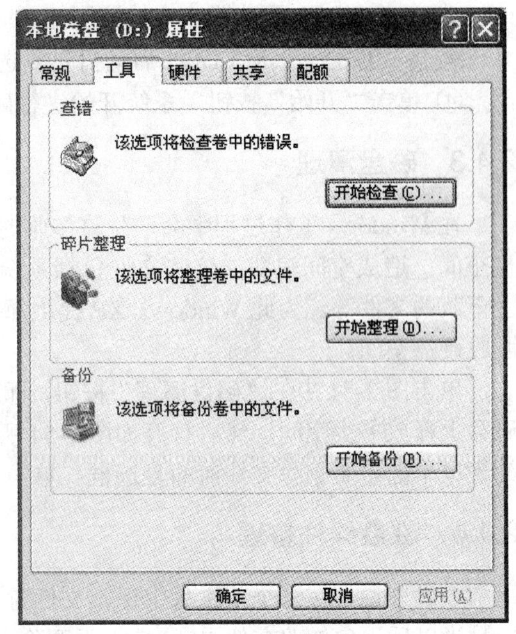

图2-52　“工具”选项卡

2.4.2 磁盘格式化

通常，新磁盘在使用前必须先格式化（当然有些磁盘出售前已被格式化过了）。格式化磁盘是对磁盘的存储区域进行一定的规划，以便计算机能够准确地在磁盘上记录或提取信息。格式化磁盘还可以发现磁盘中损坏的扇区，并标志出来，避免计算机向这些坏扇区上记录数据。

格式化磁盘的步骤如下：

① 从桌面上打开“我的电脑”窗口。

② 右击要格式化的磁盘（如 D 盘）。

③ 从快捷菜单中选择“格式化”命令，打开如图 2-53 所示的“格式化”对话框，设置所需选项。“格式化”对话框中的选项如下：

- “容量”下拉列表框：指定该卷能容纳的数据量。
- “文件系统”下拉列表框：显示卷的文件系统。
- “分配单元大小”下拉列表框：指定磁盘分配单元或簇的大小，通常使用默认设置即可。
- “卷标”文本框：用于输入卷的名称，以便此后识别该卷。FAT 和 FAT32 卷的卷标至多可以包含 11 个字符，而 NTFS 卷的卷标至多可包含 32 个字符。
- “快速格式化”复选框：指定是否通过删除磁盘中的文件，但不扫描坏扇区来执行快速格式化。只有在该磁盘已被格式化，并且确保其未被破坏的情况下才能选择该复选框。
- “启用压缩”复选框：用于指定是否格式化卷以便压缩该卷上的文件夹和文件，只有 NTFS 驱动器才支持该压缩。
- “创建一个 MS-DOS 启动盘”复选框：用于创建 MS-DOS 启动盘。

④ 单击“开始”按钮，系统开始进行磁盘格式化。

2.4.3 磁盘清理

在 Windows 工作过程中会产生许多临时文件，时间一长，这些临时文件会占据大量的磁盘空间，造成空间浪费。这些文件包括系统生成的临时文件、回收站内的文件和从 Internet 上下载的文件等。为此 Windows XP 提供了“磁盘清理”程序，专门用来清理无用的文件，回收硬盘空间。

单击图 2-51 中的“磁盘清理”按钮，即可对选定的磁盘进行清理。系统首先计算可以在磁盘上释放多少空间，然后打开如图 2-54 所示的“磁盘清理”对话框。在“要删除的文件”列表框中选定要删除文件前的复选框，单击“确定”按钮。

2.4.4 磁盘碎片整理

一般来说，在一个新磁盘中保存文件时，系统会使用连续的磁盘区域来保存文件内容。但是当以后用户修改文件内容时，由于删除内容所产生的空白区域可能放不下新增加的内容，所以系统只好将多出来的内容放到磁盘的其他区域中，当修改次数增多时，就会使文件的簇的位置不连续，这样的磁盘空间称为磁盘碎片。

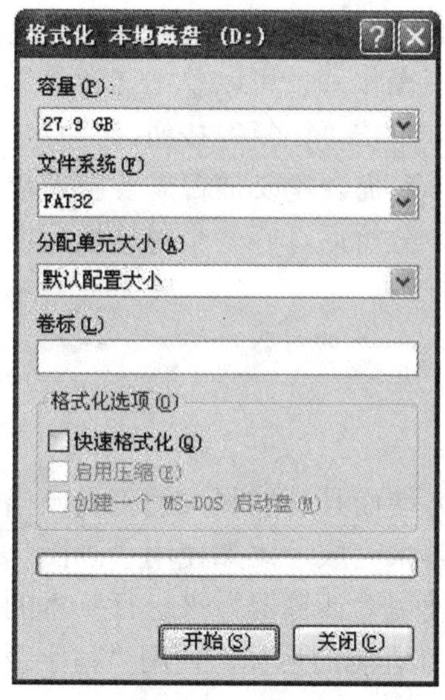

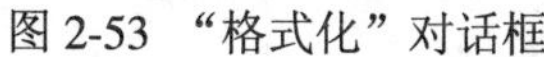

图 2-53 “格式化”对话框

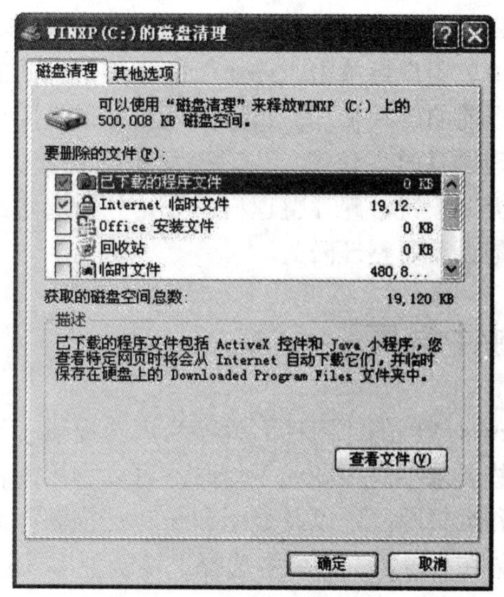

图 2-54 “磁盘清理“对话框

大量的磁盘碎片会降低系统读写的速度。因为当系统读取位置可能相隔很远的不同簇时，必然改变磁头的位置，而磁头移动属于机械动作，速度相对比较慢，这就严重地影响了系统的总体性能。除此之外，大量的磁盘碎片还可能导致文件链接错误、程序运行出错等。

磁盘碎片整理的作用是把整个磁盘空间重新排列，使同一个文件和文件夹的所有簇都排列在连续的硬盘空间上，从而提高磁盘的使用性能。在实际使用中，必须定期（一般每个月一次）整理硬盘空间。

单击图 2-52 中的“开始整理”按钮，打开如图 2-55 所示的“磁盘碎片整理程序”窗口。在列表框中选择要整理碎片的磁盘驱动器，然后单击“碎片整理”按钮，开始整理碎片。

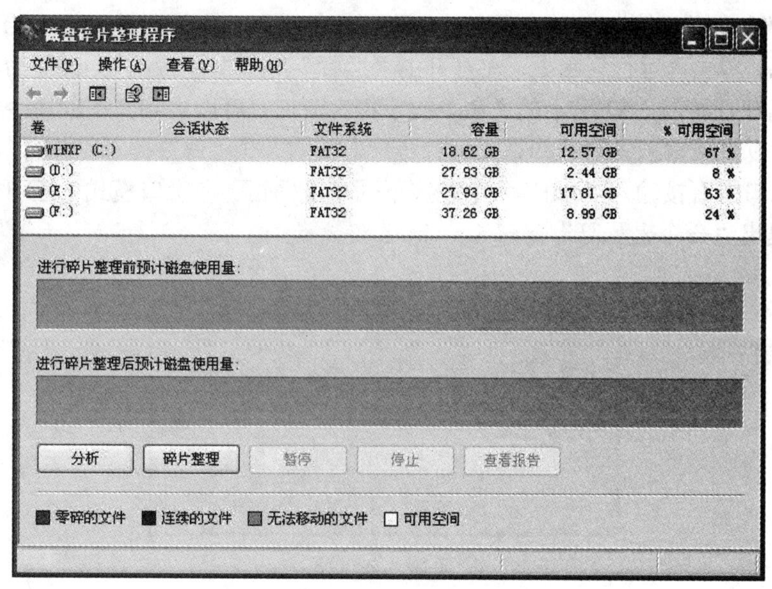

图 2-55 “磁盘碎片整理程序”窗口

整理磁盘碎片时，“磁盘碎片整理程序”窗口的状态栏和进度条中显示整理的进度。在这个过程中，用户可单击“停止”按钮终止当前的碎片整理操作，也可以单击“暂停”按钮暂时中断当前的碎片整理。暂停整理后如果需要继续整理，单击“恢复”按钮。

在整理磁盘时，建议首先对磁盘进行“分析”，分析后系统会建议是否需要整理碎片。单击“分析”按钮，碎片整理程序开始分析选定的驱动器，分析后打开一个对话框，在其中系统建议是否需要整理磁盘。

2.5 附件程序

Windows XP 的“附件”程序为用户提供了许多使用方便而且功能强大的工具，当用户要处理一些要求不是很高的工作时，可以利用附件中的工具来完成，比如使用“画图”工具可以创建和编辑图画，以及显示和编辑扫描获得的图片；使用“计算器”来进行基本的算术运算，如果在“查看”菜单中选择“科学型”，还可以进行二进制的运算；使用“写字板”进行文本文档的创建和编辑工作。

附件中的工具都是非常小的程序，运行速度比较快，这样用户可以节省很多的时间和系统资源，有效地提高工作效率。运行附件程序的方法为：单击“开始”按钮，打开“开始”菜单，单击“所有程序”按钮，从打开的菜单中选择“附件”，再单击相应的程序。

2.5.1 命令提示符

Windows 图形界面的诞生，大大地增加了操作计算机的直观性和趣味性，使人们摆脱了 DOS 命令行的枯燥工作方式。但围绕 DOS 操作系统已经开发了数量巨大的应用程序，其中不乏优秀之作，如何继续使这些程序能被充分利用，是微软公司开发 Windows 类产品时必须考虑的问题。Windows XP 提供了对 DOS 程序的完美支持。“命令提示符”也就是 Windows 95/98 下的“MS-DOS 方式”。

要启动“命令提示符”窗口，既可以从附件菜单进入，也可以单击“开始”按钮，打开“开始”菜单，单击“运行”命令，在打开的“运行”对话框中输入“cmd”命令，如图 2-56 所示，此时就打开如图 2-57 所示的“命令提示符”窗口。可以看到其中的命令行中有闪烁的光标，用户可以直接输入各种命令，或运行程序。关闭一个“命令提示符”窗口，只要在“命令提示符”窗口中直接输入“exit”命令并按下回车键即可。在窗口模式下还可以按关闭程序窗口的方法退出“命令提示符”窗口。

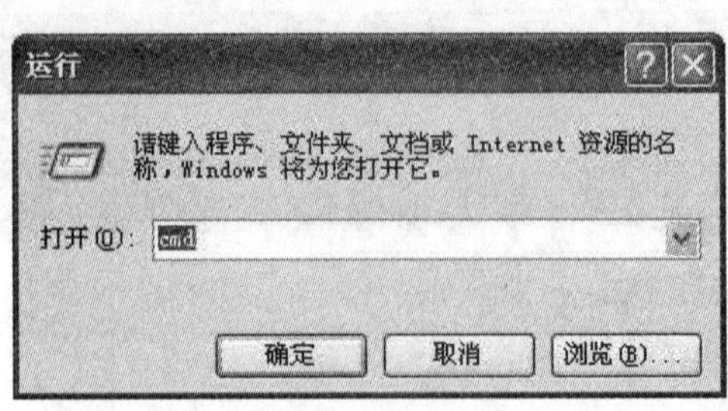

图 2-56　运行窗口

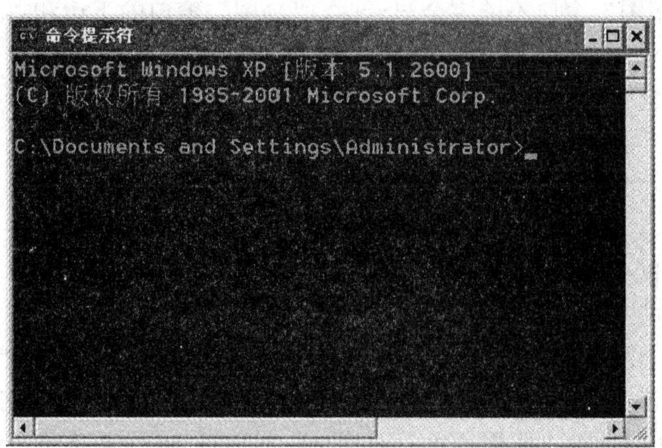

图 2-57　CMD 窗口

通过按 Alt + Enter 键可以在窗口和全屏幕显示方式间切换。

2.5.2　画图程序

"画图"程序是中文 Windows XP 中的一个图形处理应用程序，用它可以绘制简单的图形、标志和示意图，还可以对图形进行裁剪和添加文字等，制作出来的图形通常以位图格式（.bmp）保存。

1. "画图"程序窗口

"画图"程序的窗口如图 2-58 所示。

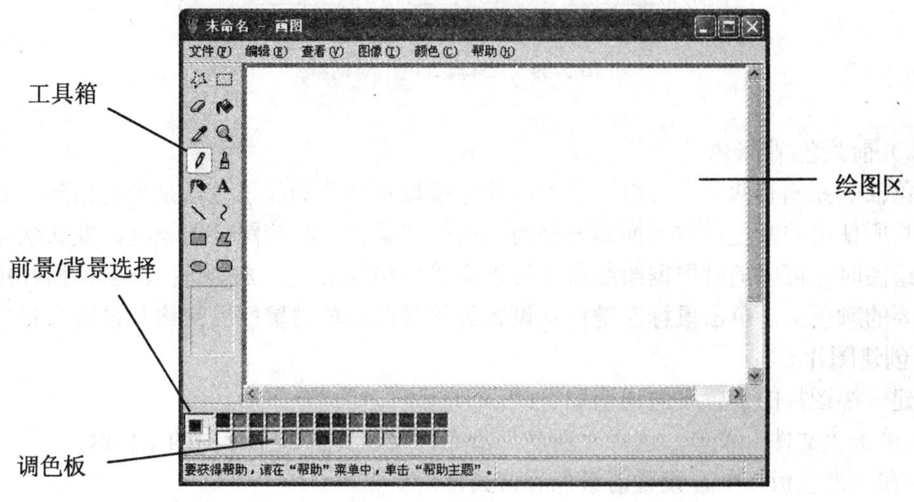

图 2-58　"画图"程序窗口

（1）绘图区

窗口中间的空白部分为"绘图区"，是进行绘画的地方。可以通过拖动鼠标来改变绘图区的大小。把鼠标放在绘图区（白色部分）的右下角，光标变为双箭头，按住左键拖动即可。

当工作区很大，“画图”窗口不能完全显示时，“画图”窗口的下边和右边就显示水平和垂直滚动条。可以拖动滚动条来浏览看不见的区域。

向一个新绘图区中粘贴一个较大的图片时，系统会提醒是否改变绘图区的大小满足图片的需要，单击“是”按钮，则绘图区将按图片的大小自动调整。

（2）工具箱

“工具箱”包含“画图”程序提供的各种工具。将鼠标指针悬停在工具盒中的某个工具上，会出现该工具的中文名称，这样可以了解该工具的功能。

（3）调色板

调色板包含了各种颜色，可以在调色板中选择绘制图形所需要的颜色以及背景颜色。如果对提供的颜色不满意，还可以更改其中的颜色。方法是：用鼠标左键双击想要改变的颜色，这时出现如图 2-59 所示的“编辑颜色”对话框。可以从 48 种基本颜色中选择一种所需的颜色。也可以单击“规定自定义颜色”按钮，通过设置“色调”、“饱和度”、“亮度”的值自己设定一种颜色。

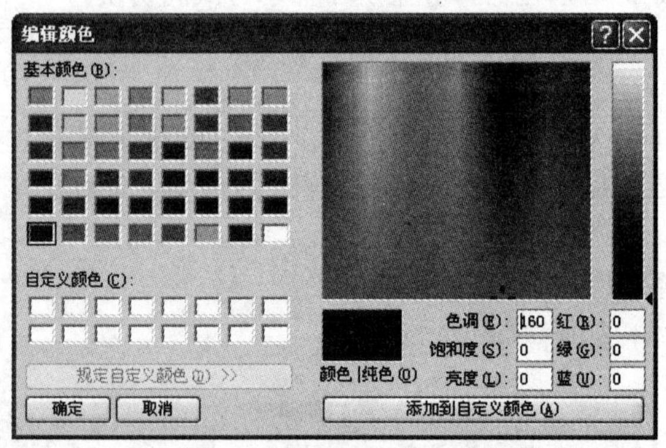

图 2-59 “编辑颜色”对话框

（4）前景色/背景色

调色板的左侧有两个小方框，左上面的方框显示当前的前景色，是当前铅笔、刷子、喷枪等工具所使用的颜色；右下面的方框为当前的背景色，即绘图区的底色，默认状态下为白色。在绘图时，可以随时根据绘图需要设置前景色和背景色。方法是：将鼠标指针指向颜料盒中需要的颜色上，单击鼠标左键将其设置为前景色；单击鼠标右键将其设置为背景色。

2. 创建图片

创建一幅图片的步骤举例说明如下：

① 单击“文件”菜单，选择“新建”命令，可以开辟一个空白的工作区。

② 在“调色板”中，设置前景色和背景色。

③ 在“工具盒”中，选择绘图工具。例如，要画直线，单击“直线”工具，然后在工具盒下面的工具属性框中选择直线的宽度。

④ 在“绘图区”中，单击鼠标左键不放并移动，就画了一条直线。

⑤ 如果要复制图片的某一部分，先使用“工具箱”中的“裁剪”或“选定”工具来选定要复制的部分，单击“编辑”菜单，选择“复制”命令，将选定的图片复制到剪贴板中，然后单击“编辑”菜单，选择“粘贴”命令，将它粘贴到“画图”中，被粘贴的图片显示在

工作区的左上角，可以使用鼠标将它拖到要放置的位置上。

⑥ 创建好图片后需要将图片保存到磁盘上，单击“文件”菜单，选择“保存”命令，就会出现如图 2-60 所示的“另存为”对话框。

图 2-60 “保存为”对话框

⑦ 在“保存在”下拉式列表框中选择图片保存在哪个磁盘上，在中间的列表框中指定文件夹；在“文件名”框中，输入图片的名称；在“保存类型”框中，根据图片包含颜色多少选择一种文件类型。画图软件的文件默认格式为.bmp 格式，此外也可以选择保存为.gif、.tiff 格式等。

⑧ 单击“保存”按钮，保存创建的图片。

对于一个已有的位图文件，可以通过单击“文件”菜单，选择“打开”命令打开它，然后对它进行编辑。

2.5.3 记事本

附件中的记事本为纯文本编辑器，其创建的文件以.txt 作为默认的扩展名，文档内不包括任何特殊格式码，可以被其他应用程序调用，通用性强。“记事本”窗口如图 2-61 所示。

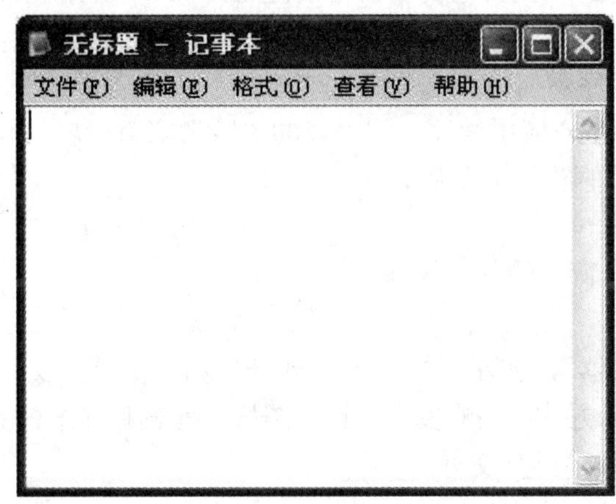

图 2-61 “记事本”窗口

使用记事本的文本区输入字符时，系统可以实现自动换行，只要单击“格式”菜单，选择“自动换行”命令即可。

文档制作完毕后，单击“文件”菜单，选择“保存”命令，选择文件的保存位置，输入文件名等信息进行文件保存。

上机实验

【实验 1】熟悉 Windows XP 并设置工作环境。

实验要求：

（1）将“我的电脑”、“我的文档”等 4 个图标放置到桌面。

（2）隐藏“任务栏”，并且使任务栏显示“快速启动”项目。

（3）将“开始”菜单中“文档”命令项的内容清空。

（4）利用 Windows XP 的帮助系统，查找有关“计算机安全”的资料。

（5）调整桌面图标排列方式，改为按名称排列。

（6）分别打开“画图”、“计算器”、“记事本”三个应用程序，验证 Windows 是一个多任务操作系统，用 Alt + Tab 键和 Alt + Esc 键进行程序窗口的切换。

（7）在任务栏属性对话框中选定“分组相似任务栏按钮”选项，然后打开两个 Word 文档，观察任务栏状况。

（8）设置鼠标单击打开对象，设置完成后观察对资源管理器的操作效果，然后再设置成默认状态。

【实验 2】窗口的基本操作。

实验要求：

（1）在“资源管理器”窗口中，练习窗口的移动、最小化、最大化及还原的操作；拖动左、右窗格分隔线以改变左、右窗格的大小；拖动滚动条移动窗口的内容。

（2）在写字板窗口中分别利用键盘和鼠标打开菜单栏上的菜单项，查看菜单中的命令；打开控制菜单，练习最小化、最大化、还原、关闭命令的操作。

（3）把鼠标指针移动到“我的电脑”窗口的边框或 4 个边角位置，拖动鼠标来改变窗口的大小。

（4）打开几个应用程序窗口，分别将它们“层叠”、“横向平铺”和“纵向平铺”。

（5）打开 Microsoft Word 应用程序，将“我的电脑”窗口拷屏，并插入到文档中，保存为 abc.doc，利用任务栏管理器强行结束 Word 程序。

【实验 3】资源管理器窗口的基本操作。

实验要求：

（1）打开“资源管理器”，在左窗格练习“展开”和“折叠”文件夹操作，在右窗格练习选定文件，以不同的显示方式（缩略图、平铺、图标、列表和详细信息）显示文件，在“详细信息”方式下按不同的顺序排列文件。

（2）启动 Windows XP 资源管理器，浏览 C 盘，把文件及文件夹的显示改为“详细信息”方式并按时间顺序排序。

（3）在“资源管理器”中，分别用鼠标右键单击某一文件夹、任务栏空白处、U盘驱动器图标、右窗格空白处和任务栏图标，打开相应的快捷菜单并查看其中的内容。

（4）关闭“资源管理器”的左窗格，然后再将其调出。

（5）在桌面上建立资源管理器的快捷方式图标。

（6）设置“回收站”，设置C盘的回收站最大空间为10%，D盘删除时不将文件移入回收站，而是将文件彻底删除，删除时要显示删除确认对话框。

【实验4】Windows文件和文件夹的基本操作。

实验要求：

（1）在D盘根目录下创建ABC文件夹。

（2）查找C:\Windows文件夹中所有扩展名为.txt的文件，分别采用：菜单、工具栏、鼠标拖动三种方法将找到的文件复制ABC文件夹中。

（3）查找C盘中所有扩展名为bmp的文件复制到ABC文件夹中。

（4）选择ABC文件夹中的某个文件，浏览其属性并将其改为“只读”属性。

（5）选择ABC文件夹中的某个文件，将其重命名。

（6）选择ABC文件夹中的某个文件，将其删除，再将其恢复。

（7）隐藏已知文件类型的扩展名。

【实验5】控制面板的使用。

实验要求：

（1）设置屏幕保护程序为：字幕“计算机学院”，字体颜色为红色；显示属性效果设置“在菜单下显示阴影”。

（2）设系统时间为19:01，日期为2006年10月1日，然后再改为即时时间和日期。

（3）调整屏幕分辨率为1024*768，桌面主题为“Windows经典”。

（4）添加一个打印驱动程序。

（5）安装“Adobe Reader 8.1”应用程序，然后删除“Adobe Reader 8.1”应用程序。

（6）以自己的姓名建立一个（受限）账户，并设置密码。注销原用户，以新建的账户登录。

【实验6】中文操作处理。

实验要求：

（1）删除任务栏上输入法列表中的“郑码输入法”，然后重新添加“郑码输入法”。

（2）用“写字板”编写本人简介，练习汉字和英文的混合输入。

（3）下载并安装紫光拼音输入法。

【实验7】磁盘的管理和维护。

实验要求：

（1）执行“磁盘清理”程序，清除C盘的“Internet临时文件”。

（2）执行“磁盘碎片整理程序”，分析C盘的碎片状况。

（3）使用“任务计划”，使每次开机后自动打开IE程序；每个月进行一次磁盘碎片整理。

（4）格式化一个没有重要数据的 U 盘。

【实验 8】使用附件。

实验要求：

（1）搜索 D 盘的文本文件，用“记事本”将其中之一打开，然后把它另存于“我的文档”文件夹中。

（2）用画图软件自绘一幅图片，绘制完成后以“背景.bmp”为文件名保存，然后把这张图片作为桌面背景，并采用“居中”的显示方式。

（3）利用 Windows 提供的计算器程序，进行数学运算。

（4）用记事本在 D 盘建立一个名为“提醒”的文档，内容为“注意休息，不要太累啦！”并把文字设置为楷体初号。建立一个名为“提醒”的任务计划，打开建立的“提醒”文档，并设置为“一次性”。

习　题

一、单项选择题

1. 下列关于操作系统的叙述中，正确的是______。
   A. 操作系统是源程序开发系统　　B. 操作系统是系统软件的核心
   C. 操作系统用于执行用户键盘操作　　D. 操作系统可以编译高级语言程序
2. 被称做“裸机”的计算机是指______。
   A. 没有装外部设备的微机　　B. 没有装任何软件的微机
   C. 大型机器的终端机　　D. 没有硬盘的微机
3. Windows XP 为用户提供的环境是______。
   A. 单用户单任务　　B. 单用户多任务
   C. 多用户单任务　　D. 多用户多任务
4. 对文件的确切定义应该是______。
   A. 记录在磁盘上的一组相关命令的集合
   B. 记录在磁盘上的一组相关程序的集合
   C. 记录在存储介质上的一组相关数据的集合
   D. 记录在存储介质上的一组相关指令的集合
5. 在 Windows 中，文件夹系统采用______结构。
   A. 网状　　B. 环形
   C. 树形　　D. 星形
6. Windows 中的文件名最长可达______个字符。
   A. 255　　B. 254
   C. 256　　D. 8
7. 在文件或文件夹的标识符及 DOS 命令中，“*”号可代替______个字符。
   A. 任意　　B. 1
   C. 3　　D. 8

8. 启动 Windows 系统，最确切的说法是______。
   A. 让硬盘中的 Windows 系统处于工作状态
   B. 把硬盘中的 Windows 系统自动装入 C 盘中
   C. 把硬盘中的 Windows 系统装入内存储器的指定区域中
   D. 给计算机接通电源

9. 在 Windows 中，桌面图标所在的磁盘是______。
   A. 系统盘　　B. A 盘上
   C. C 盘上　　D. 不属于任何磁盘

10. 若将一个应用程序添加到______文件夹中，以后启动 Windows，即会自动启动该应用程序。
   A. 控制面板　　B. 启动
   C. 文档　　D. 程序

11. 在 Windows 中，用“创建快捷方式”创建的图标______。
   A. 可以是任何文件或文件夹　　B. 只能是可执行程序或程序组
   C. 只能是单个文件　　D. 只能是可执行文件和文档文件

12. 在 Windows 中，按下鼠标左键在不同驱动器的不同文件夹之间拖动某一文件，操作的结果是______。
   A. 移动该文件　　B. 复制该文件
   C. 无任何结果　　D. 删除该对象

13. “文件”菜单中“发送”命令可用于______。
   A. 把选择好的文件移动到另一个文件夹中
   B. 把选择好的文件交给某个应用程序去处理
   C. 把选择好的文件或文件夹装入内存
   D. 把选择好的文件或文件夹复制到一个 U 盘

14. 在 Windows 中，欲将整屏内容全部复制到剪贴板中，应按______键。
   A. PrintScreen　　B. Alt + PrintScreen
   C. Ctrl + Space　　D. Shift + Space

15. 在 Windows 中的“剪贴板”是______。
   A. 硬盘上的一块区域　　B. U 盘上的一块区域
   C. 内存中的一块区域　　D. 高速缓冲中的一块区域

16. 要对微机磁盘中的某文件进行编辑，则必须将文件读至______。
   A. 运算器　　B. 寄存器
   C. 控制器　　D. 内存储器

17. 在 Windows 中，当屏幕上有多个窗口时，______是活动窗口。
   A. 可以有多个窗口　　B. 有一个固定的窗口
   C. 没有被其他窗口盖住的窗口　　D. 一个标题栏的颜色与众不同的窗口

18. 在 Windows 中，将一个应用程序窗口最小化后，该应用程序______。
   A. 仍在后台运行　　B. 暂时停止运行
   C. 完全停止运行　　D. 出错

19. 为了屏幕的简洁，可将目前不使用的程序最小化，缩成按钮放置在______。

A. 工具栏　　B. 任务栏
C. 格式化栏　　D. 状态栏

20. 关于“Windows 资源管理器”，下列说法不正确的是______。
A. “Windows 资源管理器”采用双区显示方式
B. 左右两区的大小尺寸可以改变
C. 左区显示整个文件树形结构，右区显示左区中选定项目中的内容
D. 左区中前面带有一个加号（+）的文件夹表示它有下级文件夹，前面带减号（-）的文件夹则表示没有下级文件夹

21. 用键盘打开开始菜单，需要______。
A. 按 Ctrl + Esc 键　　B. 按 Ctrl + Z 键
C. 按 Ctrl + 空格键　　D. 按 Ctrl + Shift 键

22. 在 Windows 中，对磁盘文件进行有效管理的一个工具是______。
A. 写字板　　B. 我的公文包
C. 附件　　D. 资源管理器

23. 格式化 U 盘，即______。
A. 删除 U 盘上原信息，在盘上建立一种系统能识别的格式
B. 可删除原有信息，也可不删除
C. 保留 U 盘上原有信息，对剩余空间格式化
D. 删除原有部分信息，保留原有部分信息

24. 安装新的中文输入方法的操作在______窗口中进行。
A. 我的电脑　　B. 资源管理器
C. 文字处理程序　　D. 控制面板

25. 单击“文件”菜单，在“打开”命令项的右面括弧中有一个带下画线的字母 O，此时要想执行“打开”操作，可以在键盘上按______。
A. O 键　　B. Ctrl + O 键
C. Alt + O 键　　D. Shift + O 键

26. 执行______操作，将删除选中的文件或文件夹，而不会将它们放入回收站。
A. 按 Shift + Del 键
B. 按 Del 键
C. 单击“文件”菜单，选择“删除”命令
D. 右键快捷菜单，选择“删除”命令

27. 在“资源管理器”窗口中，要想显示隐含文件，可以利用______菜单来进行设置。
A. 查看　　B. 视图
C. 工具　　D. 编辑

28. Windows 中不能改变日期时间的操作______。
A. 在系统设置中设置
B. 在“控制面板”中双击“日期 / 时间”
C. 双击“任务栏”右侧的数字时钟
D. 在资源管理器中可改变它

29. Windows“系统工具”中的“磁盘扫描程序”具有______功能。

A. 增加硬盘的存储空间　　B. 备份文件

C. 修复已损坏的存储区域　　D. 加快程序运行速度

30. PnP 的含义是指______。

A. 不需要 BIOS 支持即可使用硬件

B. 在 Windows 系统所能使用的硬件

C. 安装在计算机上不需要配置任何驱动程序就可使用的硬件

D. 硬件安装在计算机上后，系统会自动识别并完成驱动程序的安装和配置

31. 汉字操作系统在半角方式下显示一个汉字，1 个汉字占用______的显示位置。

A. 2 个英文字符　　B. 1 个英文字符

C. 4 个英文字符　　D. 8 个英文字符

32. 在中文 Windows 中，中文和英文输入方式的切换是按______。

A. Ctrl + Space　　B. Shift + Space

C. Alt + Space　　D. Ctrl + Alt

33. 菜单选项后面，有的跟有省略号（……），有的跟有三角标记（▸），下列说法正确的是______。

A. 选择跟有省略号的会打开一个相应对话框，跟有三角标记的有下级子菜单

B. 选择跟有三角标记的会打开一个相应对话框，跟有省略号的有下级子菜单

C. 选择跟有省略号的会打开一个相应对话框，跟有三角标记的会打开一个窗口

D. 选择跟有省略号的会打开一个窗口，跟有三角标记的有下级子菜单

34. 在 Windows 中，若系统长时间不响应用户的要求，为了结束该任务，应使用的组合键是______。

A. Shift + Ctrl + Tab　　B. Ctrl + Shift + Enter

C. Alt + Shift + Enter　　D. Alt + Ctrl + Del

35. 在下列关于 Windows 窗口的叙述中，错误的是______。

A. 窗口的位置和大小都可以改变

B. 窗口是应用程序运行后的工作区

C. 同时打开的多个窗口可以重叠排列

D. 窗口的位置可以移动，但大小不能改变

36. 在 Windows 中，若仅删除桌面上某个应用程序的图标，则意味着______。

A. 该应用程序连同其图标一起被删除

B. 该应用程序连同其图标一起被隐藏

C. 只删除了图标，对应的应用程序被保留

D. 只删除了该应用程序，对应的图标被隐藏

37. Windows 中的“回收站”是______的一个区域。

A. 内存中　　B. 硬盘上

C. U 盘上　　D. 高速缓存中

38. 为了获取 Windows 的帮助信息，可以在需要帮助的时候按______键。

A. Fl　　B. F2

C. F3　　D. F4

39. 开机后发现电脑的软件系统不能正常引导，通常说成是系统“崩溃”了，这个系统

指的是该电脑的______。

A. 操作系统软件　　　　B. 应用软件

C. IE 浏览器　　　　D. 程序设计语言

40. 只要设置了屏幕保护程序，用户在规定的时间里______，Windows 将启动执行屏幕保护程序。

A. 没有按键盘　　　　B. 没有移动鼠标

C. 既没有按键盘，也没有移动鼠标　　　　D. 没有使用打印机

二、填空题

1. 在 Windows 中的回收站窗口中选定要恢复的文件，单击“文件”菜单，选择_______命令，恢复到原来位置。

2. 要查找所有第一个字母为 a 且含有 wav 扩展名的文件，那么在打开“搜索结果”对话框时，应在“要搜索的文件或文件夹名为”中填入_______。

3. Windows 成功地将桌面操作系统和_______联系在一起。

4. 按文件的使用方式来区分，操作系统可以分为单用户、多用户和_______操作系统 3 类。

5. 选定多个连续的文件或文件夹，操作步骤为：单击所要选定的第一个文件或文件夹，然后按住_______键，单击最后一个文件或文件夹。

6. Windows 窗口右上角具有最小化、最大化（或复原）和_______3 个按钮。

7. 当鼠标指针变成四向箭头形状时，表示可以_______。

8. 当单击窗口上的关闭按钮后，窗口在屏幕上消失，并且图标也从_______上消失。

9. 窗口排列有层叠、_______和纵向平铺 3 种方式。

10. 列表框显示多个选择项，当一次不能全部显示在列表框中，系统会自动提供滚动条，用户每次能从列表框选择_______。

11. 在 Windows 文件夹的树形结构中，处于顶层的文件夹是_______。

12. 退出 MS-DOS 方式，返回到 Windows 窗口，可通过输入_______命令。

13. 用 Windows 的“写字板”所创建文件的默认扩展名是_______。

14. 在 Windows 中，要将当前活动窗口的内容存入剪贴板，应按_______键。

15. 在中文 Windows 中，利用_______中的“输入法”项，能够对系统中的输入法进行添加/删除。

16. Windows 中，名字前带有“_______”记号的菜单选项表示该项已经选用，在同组的这些选项中，只能有一个且必须有一个被选中。

17. 在 Windows 中，对于用户新建的文档，系统默认的属性是_______。

18. 在 Windows 中，向 U 盘写入拷贝文件时，U 盘必须处于_______状态。

19. 利用 Windows XP 控制面板的_______功能可以为本地计算机创建一个新账户。

20. 若使用 Windows“写字板”创建了一个文档，当用户没有指定该文档的存放位置，则系统将该文档默认存放在_______文件夹中。

三、判断题

1. 同一个目录下可以存放两个内容不同但文件名相同的文件。　（　）

2. 在 Windows 环境下，也可以运行一些 DOS 应用程序。（ ）

3. 在 Windows 环境中，删除操作所删除的文件是不能恢复的。（ ）

4. 桌面上每个快捷方式图标，均须对应一个应用程序才可运行。（ ）

5. 在 Windows“开始→设置→控制面板”栏中，只能对硬件进行设置，不能删除或添加应用程序。（ ）

6. 利用鼠标通过正确的拖放也可以实现文件或文件夹的复制或移动，但这种方式复制或移动的对象，均不进入剪贴板。（ ）

7. 一台 Windows 系统的微机，被设置成 256 色，则运行某些图形处理软件，图形色彩会失真甚至根本不能运行。（ ）

8. Windows 具有多任务并行处理能力。（ ）

9. 文件名的通配符有“?”和“*”，其中“?”表示任一个字符，“*”表示任意若干个字符。（ ）

10. Windows“开始”状态条可以隐藏起来。（ ）

11. Windows 中，不能删除非空文件夹。（ ）

12. 利用 Windows 中的功能，可以发传真。（ ）

13. Windows 不具有播放 CD 光盘的功能。（ ）

14. Windows 不具有制表功能。（ ）

15. 通常一台微型计算机要正常地运行标准的 Windows 系统，应当将 Windows 系统安装在硬盘中。（ ）

16. 在多用户使用的情况下，每个用户可以有不同的桌面背景。（ ）

17. 在 Windows 环境下，系统工具中的磁盘碎片整理程序主要用于清理磁盘，把不需要的垃圾文件从磁盘中删掉。（ ）

18. 在 Windows 中，将可执行文件从“我的电脑”或“资源管理器”中用鼠标左键拖到桌面上，建立的是相应的快捷方式。（ ）

19. 在 Windows XP 的“资源管理器”中，选择列表查看方式可以显示文件的“大小”与“修改时间”。（ ）

20. 在 Windows 中，桌面上的图标，不能按用户的意愿重新排列。（ ）

第 3 章　Word 2003

Word 2003 是 Microsoft Office 套装软件中的主要组件，它集文本、图形、图像和表格等处理于一体，是目前非常流行的文字处理软件。用户可以使用它制作出各种复杂的文档，如简报、公文、专业报告、学术论文和书稿等。本章的主要内容包括 Word 文档的基本操作、文档排版、表格制作、图文混排、公式编辑，以及使用批注和修订等。

3.1　Word 2003 的窗口及其组成

Word 2003 的窗口由标题栏、菜单栏、工具栏、正文编辑区、状态栏、任务窗格、标尺、视图切换按钮和滚动条等组成，如图 3-1 所示。

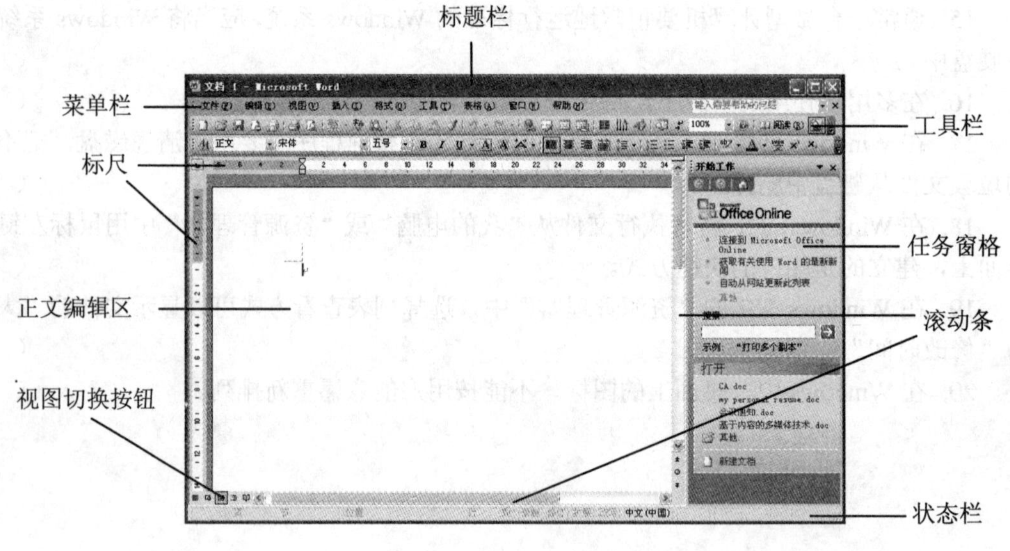

图 3-1　Word 2003 窗口界面

1. 标题栏

标题栏显示了当前正在编辑的文档名称，以及所使用的应用程序。

2. 菜单栏

菜单栏包含了 Word 所能实现的各种功能。Word 2003 菜单栏中包含有“文件”、“编辑”、“视图”、“插入”、“格式”、“工具”、“表格”、“窗口”和“帮助”等 9 个菜单项，每个菜单项又包含了若干个菜单命令。例如，“编辑”下拉菜单中包含了编辑操作的各种命令，“格式”下拉菜单中包含了与格式设置有关的各种命令。

菜单栏的最右侧是“帮助”文本框，在“帮助”文本框内输入需要帮助的关键字，然后按回车键，Word 会将相关的内容显示在“搜索结果”任务窗格中，单击其中某个链接，就可看到需要的内容。

3. 工具栏

启动 Word 后，主窗口默认显示“常用”工具栏和“格式”工具栏，此外，Word 2003 还提供有其他多种工具栏，如“图片”、“表格与边框”和“绘图”工具栏等。用户可根据需要，通过单击“视图”菜单，选择“工具栏”，在打开的级联菜单中选择不同的工具栏命令来显示或隐藏相应的工具栏。

每个工具栏最右侧还有一个“工具栏选项”按钮，单击该按钮，可以向该工具栏添加或删除图标按钮。例如，单击“格式”工具栏右侧的“工具栏选项”，依次选择“添加或删除按钮”、“格式”、“上标”，则将“上标”按钮添加到“格式”工具栏中。

将鼠标指针移至工具栏最左边的竖线处，光标显示为四向拖动箭头，此时可拖动鼠标改变该工具栏的位置，或者直接将工具栏拖到编辑区，以一个独立的浮动窗口形式显示。

4. 正文编辑区

Word 窗口中间的空白区域是正文编辑区，也就是用户输入和编辑文本的区域。

5. 状态栏

状态栏显示了当前的状态信息，如当前光标所在的页号、节数、当前页号/总页数和插入点的位置信息等。

状态栏的右端还有 4 个灰色的工作方式方框，分别是“录制”、“修订”、“扩展”和“改写”，双击这些方框可以启动或关闭该工作方式，方框文字呈黑色时表示启动了该工作方式。例如，双击启动“改写”工作方式，“改写”两字为黑色，则目前编辑处于改写状态；再次双击，“改写”两字又变为灰色，表示目前编辑处于插入状态。

6. 任务窗格

任务窗格位于 Word 主窗口的右侧，是为用户提供快速进入相关功能的快捷列表的功能区域。使用任务窗格，用户不需要再通过菜单寻找所需的选项。所需选项都位于工作区右侧的任务窗格中，触手可及，显而易见的选项可使用户保持较高的工作效率。

任务窗格包括“新建文档”、“剪贴画”和“剪贴板”等十多种常用的任务，启动 Word 时，默认打开的是“开始工作”任务窗格，用于快速创建或定位文档。从“开始工作”任务窗格中，选择需要开始工作或继续处理的文档，用户可能需要模板或帮助性提示，所有这些都可以从该任务窗格得到满足。

单击任务窗格名称，可以在打开的“任务窗格”列表中选择其他的任务，即可切换到相应任务的任务窗格。单击任务窗格右上角的“关闭”按钮可关闭任务窗格。

Word 主窗口没有显示任务窗格时，可以通过单击“视图”菜单，选择“任务窗格”命令，打开任务窗格，也可以通过一些操作命令打开相应的任务窗格。例如，单击“文件”菜单，选择“新建”命令，将打开“新建文档”任务窗格；单击“编辑”菜单，选择“Office 剪贴板”命令，将打开“剪贴板”任务窗格。

7. 标尺

单击“视图”菜单，选择“标尺”命令，可以打开或关闭标尺。

标尺有水平标尺和垂直标尺两种，分别位于正文编辑区的上方和左侧（只有在页面视图下才显示垂直标尺）。利用标尺可以查看或设置制表位、页边距、段落缩进以及表格的行高、列宽等。

8. 滚动条

滚动条分为水平滚动条和垂直滚动条，分别位于正文编辑区的下方和右侧。使用滚动条中的滑块或按钮可以滚动正文编辑区内的文档内容。

垂直滚动条顶端的灰色短框称为拆分框。将鼠标指针移至拆分框，光标将显示为上下双向箭头，拖动或双击拆分框可以将编辑区窗口拆分成上下两个窗格，可分别显示当前文档的不同部分。当需要在同一文档的不同内容处频繁交替操作时，拆分窗格的方式比滚动文档更为方便。

值得注意的是，拆分窗格后，上下两个窗格分别有不同的水平标尺和垂直标尺。

不用时只需拖动两个窗格之间的拆分线到编辑区顶部或底部，或者双击拆分线即可。拆分窗格还可以通过单击“窗口”菜单，选择“拆分”或“取消拆分”命令来实现。

9. 文档视图与视图切换按钮

文档视图就是文档的显示方式，同一文档可以在不同的视图方式下查看，其内容不变。

Word 2003 提供 5 种视图：普通视图、Web 版式视图、页面视图、大纲视图和阅读版式视图。用户可以根据不同的文档操作需求采用不同的视图。

视图方式的切换可以通过单击“视图”菜单，选择相应命令来实现。但更常用的方法是单击位于水平滚动条左侧的视图切换按钮，如图 3-2 所示，图中加框显示的视图按钮表示文档目前所在的视图状态。

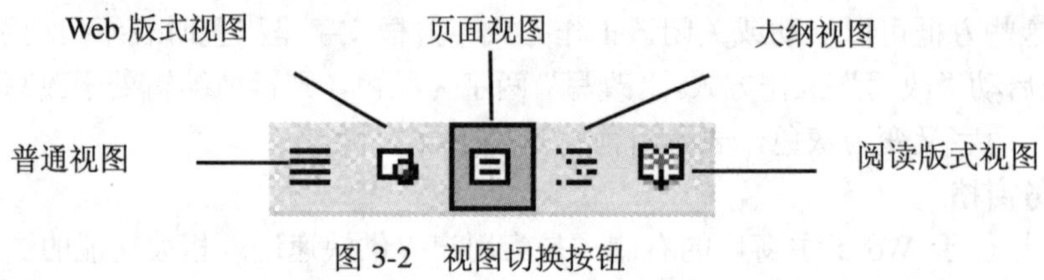

图 3-2 视图切换按钮

（1）普通视图

普通视图是一种显示文本格式设置和简化页面（如对文档中嵌入的图形及页眉、页脚等内容不予显示）的视图。

在普通视图下不能编辑页眉和页脚、调整页边距、显示分栏效果，首字下沉和绘制图形的结果也不能真正显示出来。

由于普通视图显示速度相对较快，因而非常适合于文字的录入阶段，用户可在该视图方式下进行文字的输入及编辑工作，并对文字进行简单的排版。

（2）页面视图

页面视图是 Word 的缺省视图，具有真正的“所见即所得”的显示效果。即直接按照用户设置的页面内容进行显示，此时的显示效果与打印效果完全一致，用户可从中看到各种对象（包括页眉、页脚、页码、脚注、文本框、水印和图形等）在页面中的实际打印位置，并能对它们进行编辑。

（3）大纲视图

大纲视图采用缩进文档标题的形式代表标题在文档结构中的级别，使文档按照标题大小分级显示。

在大纲视图中，Word 简化了文本格式的设置，以便用户将精力集中在文档结构上，使得查看和调整文档的结构变得非常容易。

大纲视图方式下将自动显示“大纲”工具栏，“大纲”工具栏中设置了 1 级到 9 级大纲级别，在“格式”工具栏中还设置了“标题 1”到“标题 9”共 9 种内置标题样式，用户可以在文档的每一级标题中使用这些样式或级别。如果想改变标题样式的外观，还可以更改其格式设置。

在大纲视图中，可以很方便地修改标题内容，也可以通过鼠标拖动标题来重新组织正文。如移动标题、标题升级或降级等，移动标题则其所有子标题和从属正文也将自动随之移动。用户可以折叠文档，只显示所需级别的标题，而不必显示出所有内容；或者扩展文档，查看整个文档的内容。

（4）Web 版式视图

使用 Web 版式视图，无须离开 Word 即可查看文档在 Web 浏览器中的效果。文档将显示为一个不带分页符的长页，并且文本和表格将自动换行以适应窗口的大小。

（5）阅读版式视图

如果用户打开一个长文档的目的是为了进行阅读，则可以选择阅读版式视图。该视图方式下默认显示“阅读版式”和“审阅”工具栏，用户可以在阅读文档时标注建议和注释。

阅读版式视图的目的是增强文档的可读性，其文本自动使用 Microsoft ClearType 技术显示，页面被设计为正好填满屏幕，可以方便地增大或减小文本显示区域的尺寸，而不会影响文档中的字体大小和页面设置。

单击“常用”工具栏上的“阅读”按钮，或者在任意视图下按 Alt + R 键，也可以切换到阅读版式视图。

10. 正文编辑区的全屏显示和恢复

单击“视图”菜单，选择“全屏显示”命令，可以将 Word 窗口的标题栏、菜单栏和工具栏等全部隐藏，此时整个屏幕为正文编辑区。单击“关闭全屏显示”按钮或者直接按 Esc 键可以恢复到原来的窗口显示状态。

11. Word 的帮助功能

Word 带有多种形式的帮助，当我们遇到各种疑难问题时，可以求助于 Word 的帮助功能。用户可以随时按 F1 键，或者单击“帮助”菜单，选择“Microsoft Office Word 帮助”命令，打开“帮助”任务窗格，在搜索框中直接输入需要帮助的关键词，单击“搜索”按钮，随即显示出相关的帮助内容。

也可以单击“帮助”菜单，选择“Microsoft Office Online”命令直接进入 Microsoft Office 联机帮助网页。

3.2 Word 基本操作

3.2.1 文件操作

1. 新建文档

启动 Word 后，Word 将自动打开一个新的空白文档并暂时命名为“文档 1”（它对应的缺省磁盘文件名为 Doc1.doc）。

还可以使用以下方法创建一个新文档：

① 单击“常用”工具栏上的“新建空白文档”按钮，新建一个空白文档。

② 按 Ctrl + N 键，创建一个空白文档。

③ 单击“文件”菜单，选择“新建”命令，在右侧的“新建文档”任务窗格中选择新建“空白文档”。

Word 对新建的文档按创建的顺序依次命名为“文档 1”、“文档 2”、“文档 3”等，用户在保存文档时可重新定义文件名。

此外，也可以在“新建文档”任务窗格中选择一种特定的模板来创建文档。单击“新建文档”任务窗格中的“本机上的模板”，打开“模板”对话框，可以根据需要单击打开“常用”、“报告”和“备忘录”等 9 种选项卡选择模板，选择一种具体的模板类型后，单击“确定”按钮，即可新建此类文档或者根据向导指示操作有关文档的具体设置。

例如，单击“其他文档”选项卡，选择“现代型简历”模板，Word 将自动创建一份简历格式的文档，用户只需要将个人的简历信息填入文档中对应的位置，即可制作出一份简洁的个人简历。如图 3-3 所示。

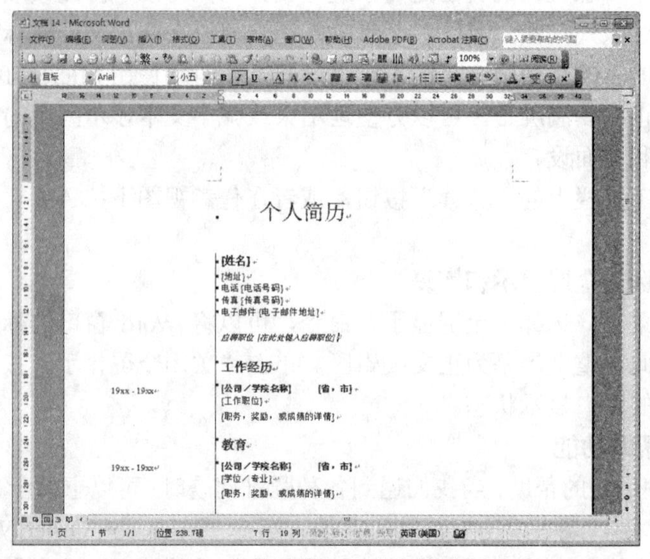

图 3-3　使用模板创建文档示例

除了使用“本机上的模板”之外，还可以使用“Office Online 模板”或“网站上的模板”。

2. 多文档之间的切换

Word 可以同时打开多个文档进行编辑，每个文档对应一个独立的窗口。各文档窗口中的内容可以相互剪切、复制和粘贴等。多文档之间的切换方法有：

① 使用“窗口”菜单。“窗口”菜单的下拉菜单中列出了正在编辑的所有文档的名称，其中，左边有对号标志的是当前编辑的文档，单击任一文档名可切换至当前文档窗口。

② 单击“窗口”菜单，选择“全部重排”命令，可以将所有打开的文档窗口排列在屏幕上，单击某个文档窗口可使之成为当前窗口。

③ 单击 Windows 任务栏中相应的文档按钮来进行切换。

④ 按 Alt + Tab 键进行切换。

3. 保存和退出文档

在 Word 文档的编辑过程中，对文档的保存是一项非常重要的操作，因为文档当前编辑的内容暂时驻留在计算机的内存中，如果没有保存到磁盘文件，一旦遇到掉电或死机等意外，当前编辑的内容将全部丢失。尤其是对于长文档的输入和编辑，更要注意文档的随时保存。

Word 文档的默认文件扩展名为.doc。保存文档的方法有以下几种：

① 单击“文件”菜单，选择“保存”命令。

② 单击“常用”工具栏上的“保存”按钮。

③ 按 Ctrl + S 键。

如果保存的是新建的未命名的文档，系统将打开如图 3-4 所示的“另存为”对话框。

图 3-4 “另存为”对话框

文档默认的保存位置是“我的文档”文件夹，用户可以在“保存位置”列表框中重新选定文档要保存到的驱动器和文件夹地址，然后在“文件名”列表框中输入文档的文件名，“保存类型”列表框中默认的保存格式为“.doc”，也可以根据应用需要将文档保存为其他格式的文件（如网页、纯文本文件等）。单击“保存”按钮，文档就保存到磁盘中了。

文档保存后，该文档窗口并没有关闭，窗口的标题栏中显示保存后的新文件名，用户可以继续编辑该文档。

若是对已存在的文档打开和修改后，系统不再打开“另存为”对话框，直接以原有的文件名保存更新。

单击“文件”菜单，选择“另存为”命令，可以将正在编辑的文档以另一个不同的文件名保存起来，而原来的文件仍然存在。这种方法可以用来保存文档的副本，或者在已有的文档基础上编辑新的文档。“另存为”命令操作与前述保存新建未命名文档操作一致，不再赘述。

另外，Word 还提供了对正在编辑的文档的自动定期保存功能，以减少在编辑文档的过程中遇到掉电或死机等意外情况所造成的编辑内容的丢失。单击“工具”菜单，选择“选项”命令，打开“选项”对话框中，单击“保存”选项卡，选中“自动保存时间间隔”，启动自动保存功能。默认的自动保存时间间隔是 10 分钟，用户可修改间隔的时间，系统将以此为周期定时保存文档。

如果 Word 同时打开了多个文档编辑窗口，也可以同时保存多个文档。具体操作方法是：按 Shift 键的同时单击“文件”菜单，此时下拉菜单中的“保存”命令改为“全部保存”命令，单击该命令就可以同时保存多个文档。

退出当前文档窗口，只需单击菜单栏最右侧的“关闭窗口”按钮，或者单击“文件”菜单，选择“关闭”命令。

4. 打开已存在的文档

当要查看、编辑已存在的文档时，首先要打开该文档。打开文档的方法有以下几种：

① 单击“文件”，选择“打开”命令，或者单击“常用”工具栏中的“打开”按钮，打开“打开”对话框，选择文档所在的位置，然后单击“打开”按钮。

② 打开最近使用过的某个文档。

单击“文件”菜单，下拉菜单底部显示最近编辑过的文档名列表，单击要打开的文档名。或者在“开始工作”任务窗格中单击“打开”列表中的某个文档名。

默认情况下，“文件”下拉菜单中显示 4 个最近编辑过的文档名。可以修改显示的文件数，单击“工具”菜单，选择“选项”命令，打开“选项”对话框，单击“常规”选项卡，修改“列出最近所用文件”选项右侧的文件个数，最多显示 9 个文件。

③ 双击资源管理器中相应的 Word 文档，Windows 会自动启动 Word，并打开这个文档。

5. 文档的安全设置

如果不想让自己创建的文档被其他人修改，或者所编辑的文档是一份机密的文件，不希望无关者查看此文档，可以为文档设置相应的密码，只有输入正确的密码才能修改或打开文档。

单击“工具”菜单，选择“选项”命令，打开“选项”对话框，单击“安全性”选项卡，如图 3-5 所示。

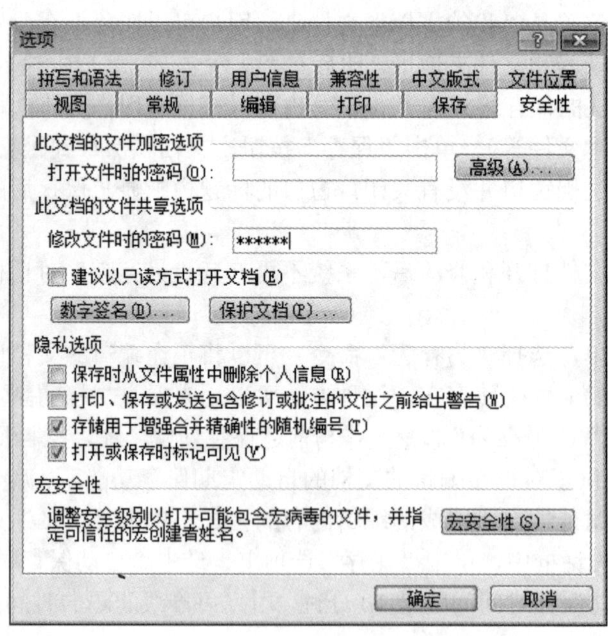

图 3-5 “安全性”选项卡

在“修改文件时的密码”文本框中输入修改权限密码，单击“确定”按钮，此时会出现一个“确认密码”对话框，再次输入密码，单击“确定”按钮，即为当前文档设置了修改权限密码。关闭并保存文档，以使设置生效。

再次打开该文档时，出现一个“密码”对话框，要求输入修改文件所需的密码，否则就只能以只读方式打开文件。

按同样的方式，还可以在“安全性”选项卡的“打开文件时的密码”文本框中设置打开权限密码，保存并退出文档。再次打开文档时，打开“密码”对话框，此时若不能输入正确的打开权限密码，将不能打开文档。

如果同时为文档设置了修改权限密码和打开权限密码，则重新打开文档时，需要依次输入上述两种密码，如图 3-6 和图 3-7 所示。

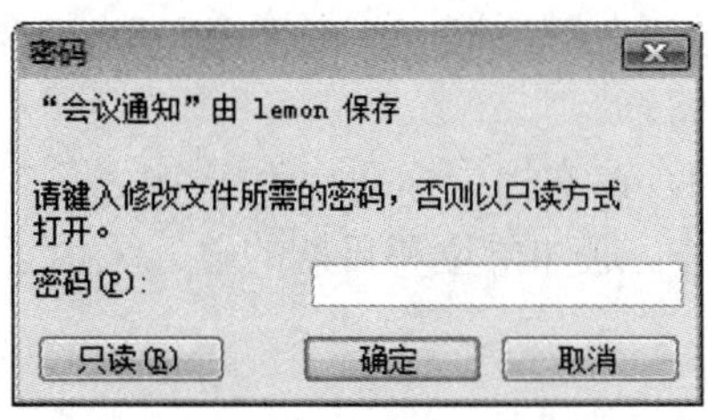

图 3-6 “修改文件所需密码”对话框

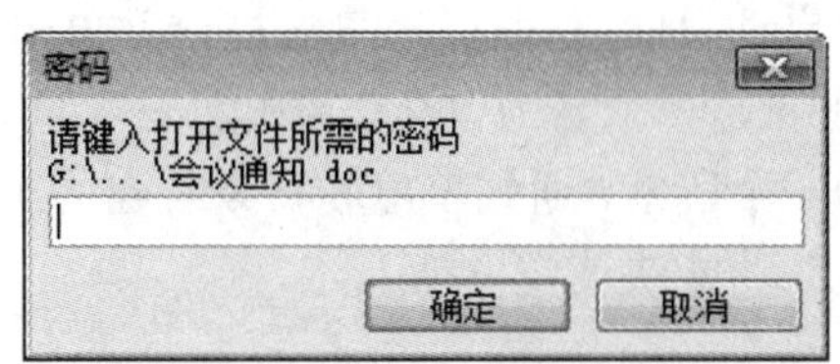

图 3-7 “打开文件所需密码”对话框

除了可以为文档设置口令外，还可以通过使用“保护文档”任务窗格来控制他人查看和处理自己的 Word 文档的方式，以保护文档免受意外或未经授权的更改，其中包括修订和批注。单击“工具”菜单，选择“保护文档”命令，打开“保护文档”任务窗格。其中，可以禁止他人更改标题样式或其他格式设置，或者在“编辑限制”项中选择可以允许的编辑类型。例如，选择仅允许在文档中进行批注编辑，然后单击“是，启动强制保护”按钮，在打开的对话框中，指定一个密码以开始保护。

3.2.2 文本输入和基本编辑

1. 文本的输入

打开一个 Word 文档后，就可以输入文本了。在 Word 文档窗口的正文编辑区中有一个闪烁的光标竖线，它所在的位置称为插入点。输入的文本将出现在插入点处，随着文本的输入，插入点自动后移。

在 Word 文档中既可以输入英文，也可以输入中文。

（1）回车符和换行符

Word 具有自动换行功能，为了有利于自动排版，输入到每行的末尾时不必按回车键，后面的文本会自动出现在下一行。在 Word 文档中，回车键是段落标记，段落之间用回车符分隔。当输入完一段文本后，应按回车键强制换行，开始一个新的段落。按回车键后显示回车符为“↵”。

回车符可以在文档中显示或者隐藏，具体的操作是：单击“工具”菜单，选择“选项”命令，打开“选项”对话框，单击“视图”选项卡，选中“段落标记”复选框，表示显示回车符，并单击“确定”按钮。取消选中“段落标记”复选框，则表示隐藏回车符。

在编辑过程中，如果要将一个段落分成两个段落，只需在分段处按回车键；如果要将两个段落合并为一个段落，则删除段落之间的回车符即可。

另外，要实现换行操作而不产生新的段落，可以按 Shift + Enter 键输入换行符，换行符显示为“↓”。

回车符表示文档中一个段落的结束，换行符只是在当前段落中另起一行显示文档的内容。

（2）“即点即输”功能

Word 2003 提供了“即点即输”功能。利用“即点即输”功能可以将插入点快速定位到文档空白区域的任意位置，即在文档页面空白区域的任意位置双击左键，即可将插入点光标移至该位置。例如，可以在文档的末尾插入落款，而不必按回车键添加空行。如果在文档中不能使用“即点即输”功能，表示 Word 没有启动该功能，此时，要先启动“即点即输”功能：单击“工具”菜单，选择“选项”命令，打开“选项”对话框，单击“编辑”选项卡，选中“启动‘即点即输’”复选框，并单击“确定”按钮。

图3-8是一个名为“会议通知.doc”的文档输入示例，该文档中标题行为一个段落，通知正文为一个段落，通知单位和日期各自为一个段落。其中，通知单位和日期的输入采用了“即点即输”功能快速定位插入点。

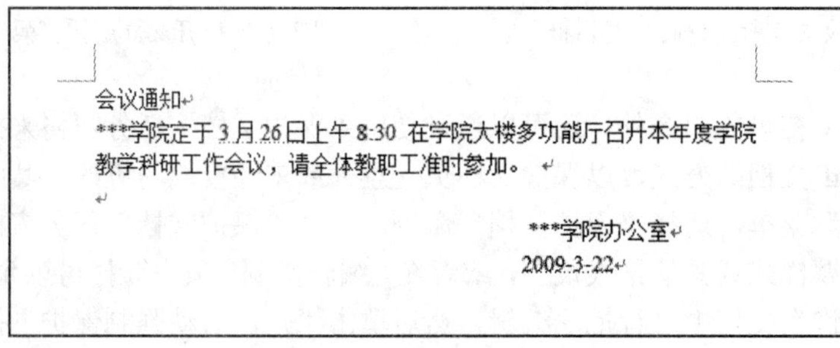

图 3-8 示例：会议通知.doc

（3）“插入”与“改写”

“插入”和“改写”是 Word 的两种编辑状态。在“插入”状态下输入文本时，原来位于插入点后面的内容依次向后移动；在“改写”状态下，输入的文本将替换插入点位置原来的文本。

Word 缺省的编辑状态是“插入”状态，“插入”状态和“改写”状态可以互换：按 Insert 键，可以切换到“改写”状态，再次按 Insert 键，又可以切换回“插入”状态。也可以用鼠标双击 Word 状态栏上的“改写”工作方式方框来进行切换，“改写”标志为灰色时表示处于“插入”状态，“改写”标志为黑色时表示处于“改写”状态。

（4）插入符号及特殊符号

通常，文档中除了包含中、英文和标点符号外，还可能要输入一些生僻汉字或特别的符号，如俄文、希腊字母、数字序号、数学符号和图形符号等。这些符号不能直接从键盘输入，用户可以单击“插入”菜单，选择“符号”或“特殊符号”命令，也可以使用中文输入法提供的“软键盘”功能。

例如，使用菜单方式在图 3-9 所示的文档中插入键盘和鼠标符号（⌨、🖱），步骤如下：

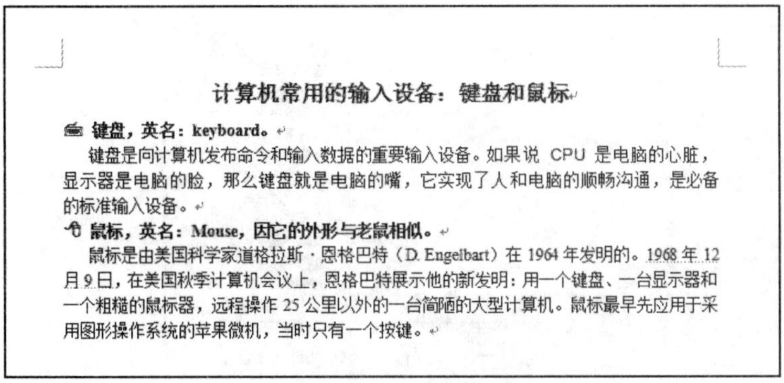

计算机常用的输入设备：键盘和鼠标

键盘，英名：keyboard。

键盘是向计算机发布命令和输入数据的重要输入设备。如果说 CPU 是电脑的心脏，显示器是电脑的脸，那么键盘就是电脑的嘴，它实现了人和电脑的顺畅沟通，是必备的标准输入设备。

鼠标，英名：Mouse，因它的外形与老鼠相似。

鼠标是由美国科学家道格拉斯·恩格巴特（D. Engelbart）在 1964 年发明的。1968 年 12 月 9 日，在美国秋季计算机会议上，恩格巴特展示他的新发明：用一个键盘、一台显示器和一个粗糙的鼠标器，远程操作 25 公里以外的一台简陋的大型计算机。鼠标最早先应用于采用图形操作系统的苹果微机，当时只有一个按键。

图 3-9 插入符号示例

① 首先，将插入点定位到要插入符号的位置：将光标移到单词“键盘”前单击。

② 单击“插入”菜单，选择“符号”命令，打开“符号”对话框，如图 3-10 所示。

③ 单击“符号”选项卡，“字体”列表中将出现不同的字体项，选择字体项“Wingdings”。

④ 在“Wingdings”符号集中单击要插入的键盘符号，再单击“插入”按钮；或双击要插入的符号。

⑤ 重新定位插入点光标到单词“鼠标”前，重复步骤④插入鼠标符号。

⑥ 单击“关闭”按钮，关闭“符号”对话框。

“符号”选项卡下方的“近期使用过的符号”列表会自动更新最频繁使用的符号。

“符号”对话框中的“特殊字符”选项卡，用来输入版权符号和商标符号等特殊字符。

也可以通过单击“插入”菜单，选择“特殊符号”命令，打开“特殊字符”对话框，插入特殊符号、数学符号、单位符号、数字序号和拼音等，如图 3-11 所示。

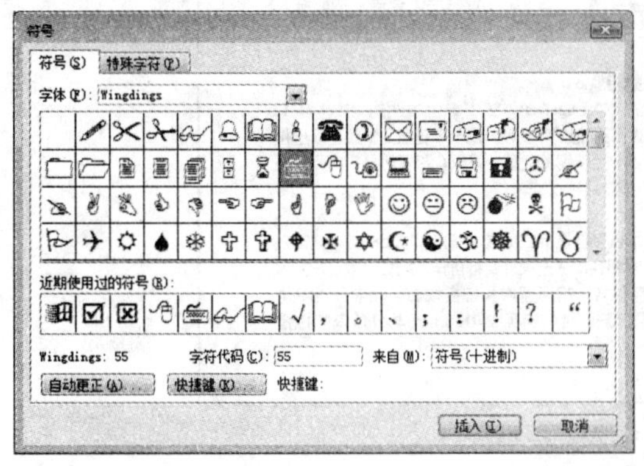

图 3-10 “符号”对话框

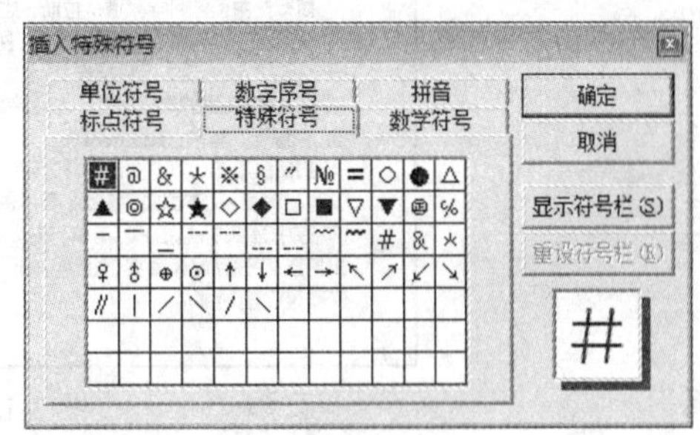

图 3-11 “插入特殊符号”对话框

使用软键盘方式也可以方便地输入希腊字母、拼音字母、中文数字单位、标点符号和特殊符号等。

首先打开中文输入法，单击语言栏上的“软键盘”按钮，打开软键盘，鼠标右键单击打开的软键盘，打开软键盘列表，选择一种软键盘类型（如选择“标点符号”），软键盘将切换到所选的类型，如图 3-12 所示。单击软键盘上某个键位，就可以输入相应的字母或符号了；再次单击语言栏上的“软键盘”按钮，即可关闭软键盘。

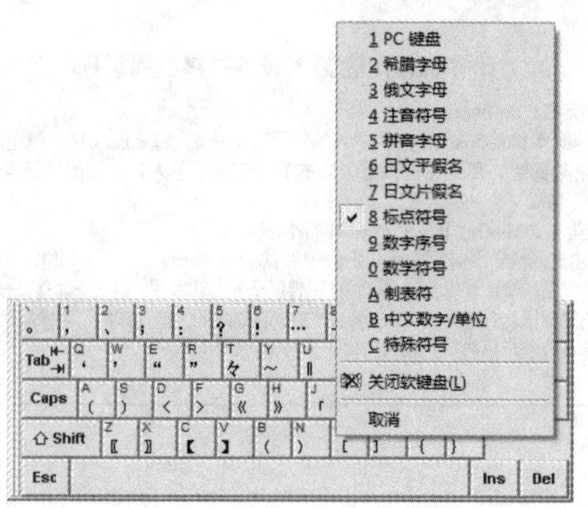

图 3-12　软键盘

（5）插入另一个文档

Word 2003 提供了插入文件的功能，可以将另一个文档的内容插入到当前文档中来。利用这个功能可以将几个文档连接成一个新的文档。

例如，当前打开的文档为“计算机常用的输入设备.doc”，将插入点移至文档末尾，单击“插入”菜单，选择“文件”命令，在打开的“插入文件”对话框中选择“扫描仪.doc”，然后单击“插入”按钮，文档“扫描仪.doc”中的内容就插入到当前文档中来了，如图 3-13 所示。

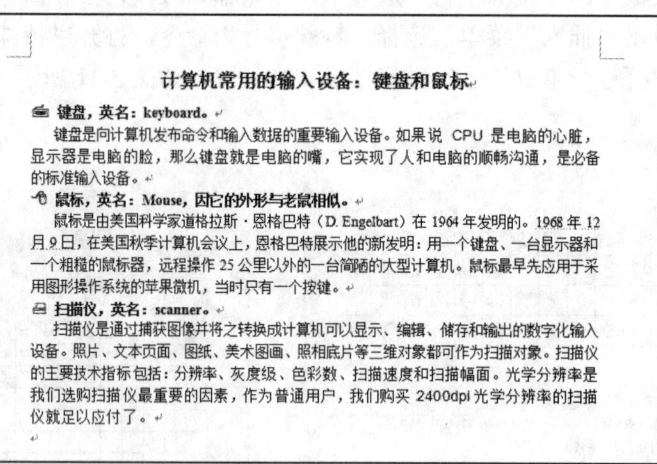

计算机常用的输入设备：键盘和鼠标

键盘，英名：keyboard。

键盘是向计算机发布命令和输入数据的重要输入设备。如果说 CPU 是电脑的心脏，显示器是电脑的脸，那么键盘就是电脑的嘴，它实现了人和电脑的顺畅沟通，是必备的标准输入设备。

鼠标，英名：Mouse，因它的外形与老鼠相似。

鼠标是由美国科学家道格拉斯·恩格巴特（D. Engelbart）在 1964 年发明的。1968 年 12 月 9 日，在美国秋季计算机会议上，恩格巴特展示他的新发明：用一个键盘、一台显示器和一个粗糙的鼠标器，远程操作 25 公里以外的一台简陋的大型计算机。鼠标最早先应用于采用图形操作系统的苹果微机，当时只有一个按键。

扫描仪，英名：scanner。

扫描仪是通过捕获图像并将之转换成计算机可以显示、编辑、储存和输出的数字化输入设备。照片、文本页面、图纸、美术图画、照相底片等三维对象都可作为扫描对象。扫描仪的主要技术指标包括：分辨率、灰度级、色彩数、扫描速度和扫描幅面。光学分辨率是我们选购扫描仪最重要的因素，作为普通用户，我们购买 2400dpi 光学分辨率的扫描仪就足以应付了。

图 3-13　插入文档示例

（6）插入脚注和尾注

脚注和尾注是对文档中内容的补充说明。脚注一般位于页面的底部，用于注释文档中某处的内容；尾注一般位于文档的末尾，用于说明引用文献的出处。例如，在论文写作中，通常使用脚注在论文首页说明作者的单位和通信地址；使用尾注在论文末尾注明参考文献出处。

脚注和尾注由两个关联的部分组成，包括注释引用标记和其对应的注释文本。Word 可以自动为标记编号，也可以由用户创建自定义的标记。在添加、删除或移动自动编号的注释时，Word 自动对注释引用标记重新编号。

下面以文档“水调歌头-苏轼.doc”为例，分别插入脚注和尾注。

① 首先，将插入点定位到标题“水调歌头”后面。

② 单击“插入”菜单，选择“引用”，在打开的级联菜单中选择“脚注和尾注”命令，打开“脚注和尾注”对话框，如图 3-14 所示。

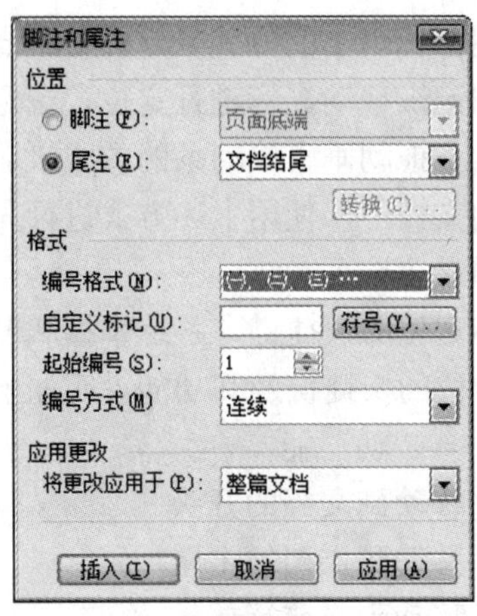

图 3-14 “脚注和尾注”对话框

③ 选中“尾注”选项，选择在“文档结尾”显示尾注，编号格式选择“(一)，(二)，(三)……”，然后单击“插入”按钮，此时，“水调歌头”处多了一个尾注引用标记“(一)”，输入点光标移到文档结尾输入尾注的位置，输入尾注内容“词前序：……”。

④ 脚注的添加步骤同尾注，不再赘述。在当前文档中插入脚注内容“北宋著名文学家、书画家、散文家和诗人。”

插入脚注和尾注后的文档如图 3-15 所示。

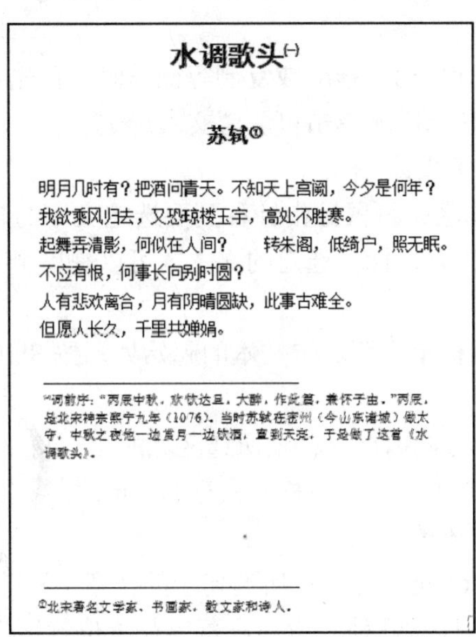

水调歌头(一)

苏轼①

明月几时有？把酒问青天。不知天上宫阙，今夕是何年？
我欲乘风归去，又恐琼楼玉宇，高处不胜寒。
起舞弄清影，何似在人间？ 转朱阁，低绮户，照无眠。
不应有恨，何事长向别时圆？
人有悲欢离合，月有阴晴圆缺，此事古难全。
但愿人长久，千里共婵娟。

(一)词前序：“丙辰中秋，欢饮达旦，大醉，作此篇，兼怀子由。”丙辰，是北宋神宗熙宁九年（1076）。当时苏轼在密州（今山东诸城）做太守，中秋之夜他一边赏月一边饮酒，直到天亮，于是做了这首《水调歌头》。

①北宋著名文学家、书画家、散文家和诗人。

图 3-15 插入脚注和尾注示例

计算机系列教材

2. 文档的基本编辑

制作文档的过程中，通常需要对文档进行反复的修改和编辑，文档的基本编辑操作包括文本的插入、删除、复制、移动、查找与替换指定的内容等，在执行这些编辑操作之前，首先要掌握插入点光标的定位和文本选定这两个最基本的操作。

（1）插入点光标的定位

编辑文档时，人们经常使用鼠标单击的方式来定位输入点，在小范围内，通常还配合键盘上的上、下、左、右四个方向键来移动光标进行定位。当定位点与当前光标位置不在同一页时，还可以通过滚动鼠标或上下拖动垂直滚动条的方式来调整插入点的位置。但是，在一份长文档中，如几十或上百页的文档中，使用上述方式进行光标的定位就显得有些麻烦了，比如从文档的第一页移至文档的最后一页。

Word 2003 提供了一些光标定位的快捷键，熟练掌握和使用这些快捷键，可以使光标定位更加迅速准确。常用的光标定位的快捷键及其功能说明如下：

快捷键	功　能
Ctrl + Home	移动到文档的开头
Ctrl + End	移动到文档的末尾
Home	移动到当前行首
End	移动到当前行尾
PgUp	移动到上一屏
PgDn	移动到下一屏
Ctrl + PgUp	移动到上一页的顶部
Ctrl + PgDn	移动到下一页的顶部
Alt + Ctrl + PgUp	移动到当前屏幕的顶部
Alt + Ctrl + PgDn	移动到当前屏幕的底部
Shift + F5	移动到最近修改过的 3 个位置

（2）文本的选定

对文档中的部分文本进行剪切、移动或复制等操作时，首先要选定这部分文本。被选定的文本呈反白显示。在文档任意区域单击可取消文本选定。

用鼠标选定文本的方法有以下几种：

① 选定任意大小的文本区：将鼠标指针移到要选定文本的起始处，按下鼠标左键并拖动鼠标到所选文本的末尾，松开鼠标。选定的文本区可以是单个字符，也可以是多行文字，或者是整篇文档。

② 选定较长的文本：鼠标单击要选定文本的起始处，按 Shift 键的同时再单击要选定的文本的末尾。

③ 选定矩形文本区域：将鼠标指针移至所选区域的左上角，按 Alt 键的同时按下鼠标左键不放并拖曳到所选区域的右下角，然后松开鼠标和 Alt 键。

④ 选定一个单词：双击该单词。

⑤ 选定一个句子：按 Ctrl 键，然后在所选句子的任意位置单击。

⑥ 选定一个段落：将鼠标指针移到所选段落的任意位置连击三下，或者将鼠标指针移

到所选段落的左侧，此时鼠标指针变为向右的空心箭头↗，双击鼠标。

⑦ 选定一行或连续多行：将鼠标指针移至所选行的左侧，当鼠标指针变为向右的空心箭头↗时，单击鼠标选定一行；拖动鼠标则选定连续多行。

⑧ 选定整个文档：将鼠标指针移动到文档正文的左侧，当鼠标指针变为向右的空心箭头↗时，三击鼠标。

⑨ 选定不连续的多块文本：先用鼠标选定其中的一个文本块，然后按 Ctrl 键，再选择其他的文本块。

常用的文本选定的快捷键及功能说明如下：

快捷键	功　能
Ctrl + A	选取整篇文档
Shift + Home	从插入点选取至当前行的行首
Shift + End	从插入点选取至当前行的行尾
Ctrl + Shift + Home	从插入点选取至文档的开头
Ctrl + Shift + End	从插入点选取至文档的末尾
Shift + →	向右选取一个字符或一个汉字
Shift + ←	向左选取一个字符或一个汉字
Shift + ↑	选取至上一行
Shift + ↓	选取至下一行

使用 Word 的扩展功能键 F8，也可以方便地选定文本。按下功能键 F8 后，状态栏上的“扩展”两字变为黑色，表示启动扩展选区方式。按 Esc 键取消该方式。

按第一次 F8 键，打开扩展选区方式；按第二次 F8 键，选定插入点所在位置的一个单词或汉字；按第三次 F8 键，选定插入点所在位置的一个句子；按第四次 F8 键，选定插入点所在的一个段落；按第五次 F8 键，选定插入点所在的节，如果文档没有分节，则表示选定整篇文档。即每按一次 F8 键，选定的范围扩大一级，反之，按 Shift + F8 键可以逐级缩小选定的范围。

（3）文本的删除

删除单个字符、汉字或少量文本时，按 Delete 键可以删除插入点光标后面的字符；按 Backspace 键则删除插入点光标前面的字符，即相对于插入点而言，Delete 键是从前向后删除，而 Backspace 键则是从后向前删除。

对于大块文本区域的删除，首先选定要删除的文本区，然后按 Delete 键（或单击“编辑”菜单，选择“清除”，在打开的级联菜单中选择“内容”命令）。

（4）文本的移动、剪切、复制和粘贴

文档编辑过程中，经常需要调整内容的先后次序，这时要进行文本的移动，即将文本从一个位置移动到文档中的另一个位置。简单的文本移动可以通过鼠标拖曳的方式实现。例如，将图 3-16 所示的文档中的第一段和第二段文字交换位置。

首先选中第一段文字，然后在段落中按下鼠标左键，拖曳鼠标，此时鼠标指针形状发生变化，表示拖动文本块，将鼠标指针拖动到第三段的开始处，松开鼠标，这样就将文档中的第一段文字移到了第二段文字的后面。

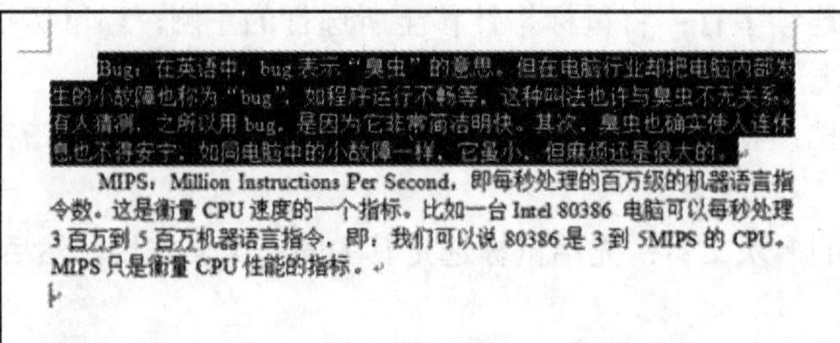

图 3-16　鼠标拖曳文本移动示例

当要移动的文本位于文档中不同的页，或者是想要在不同的文档之间移动文本，可以使用“剪切”和“粘贴”命令，利用Office剪贴板进行操作。

Office剪贴板可以在Office系列软件之间共享，即可以从任意的Office文档或其他程序中进行“剪切”或“复制”，再将其粘贴到任意Office文档中。Office剪贴板在Word中以任务窗格的形式出现，单击“编辑”菜单，选择“Office 剪贴板”命令，可以打开“剪贴板”任务窗格。剪贴板允许最多存放24个“剪切”或“复制”的内容，用户可以根据需要选择其中的一个或全部内容进行粘贴。选择“剪贴板”任务窗格中的“全部粘贴”命令可以将剪贴板中的全部内容一次性地粘贴到目标位置。

移动文本的操作步骤如下：

① 首先选定要移动的文本。

② 单击“编辑”菜单，选择“剪切”命令，或者单击“常用”工具栏上的“剪切”按钮，选定的文本从原位置被剪切掉并拷贝到了剪贴板中。

③ 将插入点光标移至目标位置，该目标位置可以在当前文档中，也可以在另一个文档中。

④ 单击“编辑”菜单，选择“粘贴”命令，或者单击“常用”工具栏上的“粘贴”按钮，选定的文本就粘贴到了目标位置。

删除和剪切操作都能将选定的文本从文档中去掉，但功能有所区别：执行剪切操作时去掉的内容会拷贝到“剪贴板”上，执行删除操作时则不会拷贝到“剪贴板”上。

编辑文档时有时还会输入一些重复性的文本，利用复制和粘贴功能可以减少键入错误，提高输入的效率。复制和粘贴也是Word文档编辑中经常使用的操作。

复制文本的步骤如下：

① 首先选定要复制的文本。

② 单击“编辑”菜单，选择“复制”命令，或单击“常用”工具栏上的“复制”按钮，将选定的文本拷贝到剪贴板中。

③ 将插入点光标移至目标位置，单击“编辑”菜单，选择“粘贴”命令，或者单击“常用”工具栏上的“粘贴”按钮，选定的文本就粘贴到了目标位置。

④ 如果要对同一内容进行多次粘贴，可重复操作第③步。

将文本粘贴到目标位置时，在刚粘贴文字的右下角，会出现一个粘贴智能标记，单击该智能标记，会出现一个下拉列表，如图3-17所示。询问粘贴过来的文本是保留源格式，还是匹配当前段落的文本格式，也可以为文本重新选择应用的样式或格式。

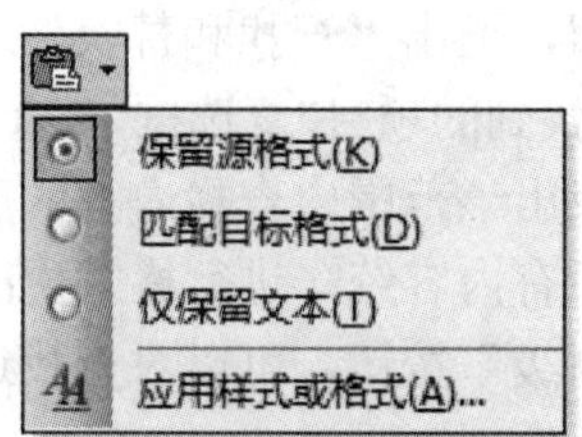

图 3-17 “粘贴智能标记”下拉列表

简单的文本复制也可以使用鼠标拖动的方法实现：首先选中要复制的文本，按 Ctrl 键，同时用鼠标拖曳选中的文本到目标位置，然后松开 Ctrl 键和鼠标左键。

（5）查找和替换

查找和替换也是 Word 提供的两种非常有用的功能。当编辑一份长文档时，要查找某个特定的文本，用手工查找的方式不仅费时，还容易产生遗漏，利用 Word 提供的“查找”功能就能方便准确地找到相应的内容。如果要将在文档中重复出现某个特定的内容（如字、词或格式等）全部替换成另一个内容，采用 Word 提供的自动“替换”功能，可以做到一改全改，既省时又省力。

查找内容时，首先单击“编辑”菜单，选择“查找”命令，或者按 Ctrl + F 键，打开“查找和替换”对话框，单击“查找”选项卡，如图 3-18 所示。

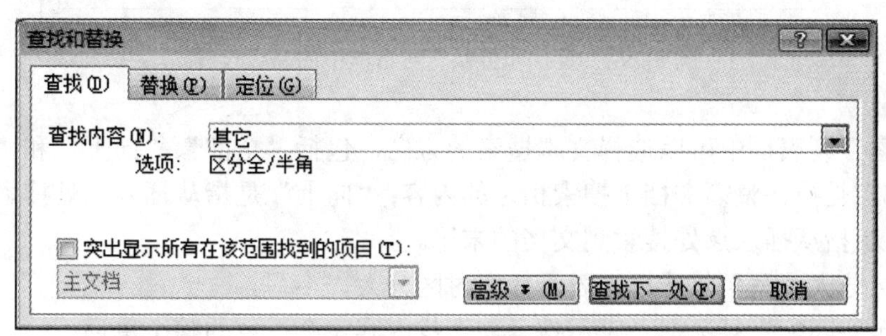

图 3-18 “查找和替换”对话框中的“查找”选项卡

在“查找内容”框中可以执行下列操作之一。

① 若只查找文本，而不考虑文本的格式，则直接输入文字。

② 若要查找带有特定格式的文本，则先输入文本，然后单击“格式”按钮选择所需格式。

③ 若只查找特定的格式，则先删除框中的文本（如果有的话），再单击“格式”按钮，选择所需格式。

以只查找文本为例，在“查找内容”框中键入要查找的单词“其它”。

单击“查找下一处”按钮开始查找。如果查找到“其它”一词，插入点光标则停留在当前找到的单词位置，并反白显示所找到的文本。这时，可以在不关闭“查找和替换”对话框的情况下，切换到正文中进行修改，然后再回到“查找和替换”对话框中继续操作。

如果还想继续查找这个单词，那么可再次单击“查找下一处”按钮，直到整个文档查找完毕。

也可以随时单击“取消”按钮，退出“查找和替换”对话框。

选中“突出显示所有在该范围找到的项目”复选框，“查找下一处”按钮将切换为“查找全部”按钮，单击该按钮，可以查找出该范围内查找内容的所有实例，并突出显示出来。这种方式方便在正文中对突出显示的所有内容统一进行格式更改。

在“查找”选项卡中单击“高级”按钮，可以对查找过程进行一些高级的格式设置，如图 3-19 所示。

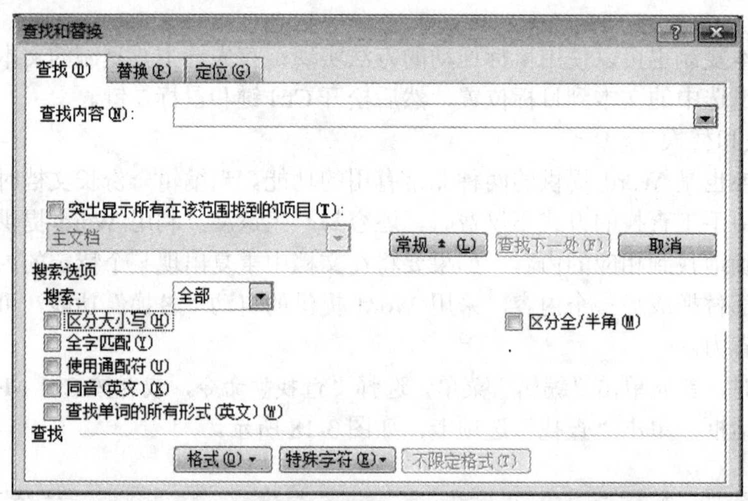

图 3-19 “查找和替换”对话框中的高级设置

在“搜索”列表框中可以选择文本搜索的方向，包括“全部”、“向上”和“向下”三个选项。“全部”是指在整篇文档中搜索指定的内容；“向上”是指从插入点处搜索到文档的开头；“向下”是指从插入点处搜索到文档的末尾。

选中“区分大小写”复选框，表示搜索时区分大、小写。

选中“全字匹配”复选框，表示搜索与查找内容完全一致的整个单词。

选中“使用通配符”复选框，可以在“查找内容”框中使用通配符。其中，通配符“?”表示匹配任意一个字符，通配符“*”表示匹配任意多个字符。例如，输入查找内容“s*d”可以找到“seed”和“study”。其他更多的通配符的使用方法，可查看 Word 有关帮助信息。

选中“同音”复选框，可以查找到发音相同，但拼写不同的英文单词。例如，输入查找内容“son”，可以同时找到“son”和“sun”。

选中“查找单词的所有形式”复选框，可以查找英文单词的所有形式（复数、过去时或现在时等）。

选中“区分全/半角”复选框，查找时会区分全角或半角的数字和英文字母。

在 Word 文档中查找特定格式的文本，可以使用查找高级的设置中的“格式”按钮。

例如，在图 3-20 所示的文档中查找字体颜色为红色并加粗显示的单词。

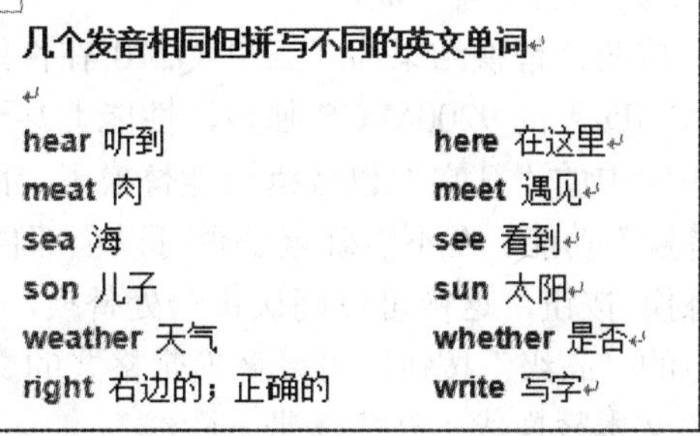
几个发音相同但拼写不同的英文单词

hear 听到	here 在这里
meat 肉	meet 遇见
sea 海	see 看到
son 儿子	sun 太阳
weather 天气	whether 是否
right 右边的；正确的	write 写字

图 3-20 查找指定格式的文本示例

单击“查找”选项卡中的“格式”按钮，在下拉列表中选择“字体”，打开“查找字体”对话框，选择“字体颜色”为红色，在“字形”列表中选择“加粗”，单击“确定”。这时在“查找内容”框的下方提示要查找的内容为“格式：字体：加粗，字体颜色：红色”。单击“查找下一处”按钮开始查找。

按同样的方式，还可以设置要查找文本的字体、字号以及段落排版等格式。

单击右下方的“不限定格式”按钮，可以取消“查找内容”框（或“替换为”文本框）中指定的格式。注意：只有使用“格式”按钮设置了格式之后，“不限定格式”按钮才变为可选。

在 Word 文档中查找一些特殊的字符时，如段落标记和制表符等，可单击“特殊字符”按钮，选择一种特殊字符。

替换内容时，单击“编辑”菜单，选择“替换”命令；或者按 Ctrl + H 键，打开“查找和替换”对话框，单击“替换”选项卡，如图 3-21 所示。“替换”选项卡与“查找”选项卡内容基本相同，只是多了一个“替换为”输入框。

图 3-21 “替换”选项卡

在“查找内容”框中键入要替换的原内容（文字、特殊字符或带格式的文本），在“替换为”框中键入要替换为的新内容。

以替换文本为例，在“查找内容”框内键入单词“其它”，在“替换为”框内键入单词“其他”，然后单击“全部替换”按钮，Word 会自动将文档中所有符合条件的文本全部进行替换。

值得注意的是，有时查找到的文本并不一定都是需要进行替换的文本。例如，有以下句子：

“三星 Q210 在性能上丝毫不逊色其它同类配置笔记本，尤其它配备了 NVIDIA 的 9200M

GS 独显，性能上甚至超越了其它的主流产品。”

如果单击“全部替换”按钮，替换结果为“三星 Q210 在性能上丝毫不逊色其他同类配置笔记本，尤其他配备了 NVIDIA 的 9200M GS 独显，性能上甚至超越了其他的主流产品。”

可以看出“尤其它……”中的“其它”也被错误地替换了。因此，在进行文本替换时，一定要谨慎地使用“全部替换”功能。在不能确定是否可以全部替换的情况下，最好使用“替换”按钮，而不要用“全部替换”按钮，这样可以确认每一处替换，以免发生错误。

单击“替换”选项卡中的“高级”按钮，可以替换带格式的文本。例如，将图 3-20 所示的文档中字体为“蓝色”的文本替换成“红色、带下画线”。

① 首先将输入点定位到“替换”选项卡的“查找内容”框。单击“格式”按钮，选择“字体”菜单，在“查找字体”对话框中选择“字体颜色”为蓝色，单击“确定”退出“查找字体”对话框。这时在“查找内容”框的下方出现提示“格式：字体颜色：蓝色”。

② 再将输入点定位到“替换”选项卡的“替换为”输入框。单击“格式”按钮，选择“字体”菜单，在“查找字体”对话框中选择“字体颜色”为红色，选择一种下画线线型，单击“确定”退出。这时在“替换为”输入框的下方出现提示“格式：下画线，字体颜色：红色”。

③ 单击“全部替换”按钮进行替换，结果如图 3-22 所示。

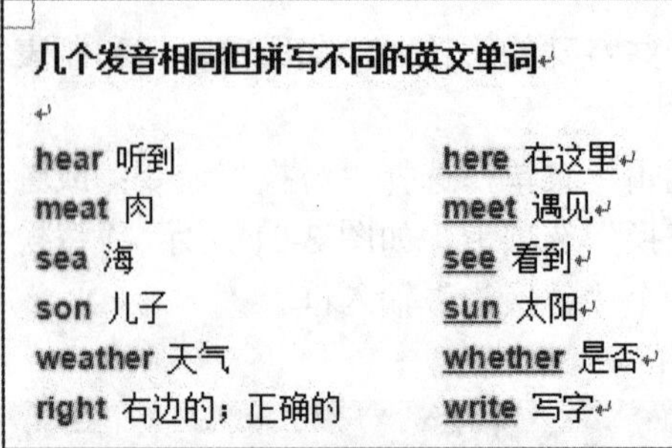

图 3-22　替换特定格式的文本示例

还可以替换一些特殊的字符，例如，将文档中的手动换行符（ ↓ ）替换为段落标记（ ↵ ）。

首先将光标移到“查找内容”框内，单击“特殊字符”按钮，选择“手动换行符”，此时“查找内容”框内显示“^l”；然后将光标移到“替换为”框内，单击“特殊字符”按钮，选择“段落标记”，此时“查找内容”框内显示“^p”；单击“全部替换”按钮进行替换。

如果设置“替换为”框为空，替换操作的实际效果是将查找的内容从文档中删除掉。

（6）撤销与恢复

对于编辑过程中出现的误操作（比如不小心删除了一段文字），Word 2003 提供了撤销功能。通过单击“常用”工具栏上的“撤销”按钮或单击“编辑”菜单，选择“撤销”命令，可以撤销上一步的操作。如果过后又不想撤销该操作，则单击“常用”工具栏上的“恢复”按钮或单击“编辑”菜单，选择“重复”命令，恢复被撤销的操作。

在“常用”工具栏上，单击“撤销”按钮旁边的小箭头，Word 将显示最近执行的可撤销操作的列表，单击要撤销的操作，如果该操作不可见，则向下滚动列表进行查看。注意：撤销某项操作的同时，也将撤销列表中该项操作之上的所有操作。同理也可以一次“恢复”多项被撤销的操作。如果当前没有可以恢复的操作，“恢复”按钮将为灰色不可用状态。

3.3 Word 文档排版

文档的内容输入完以后，还要对文档的格式进行排版，包括字符格式的设置、段落排版和页面排版等，以使其结构合理、美观，便于阅读。

3.3.1 字符排版

字符排版是指对文字的字体、字形、字号、颜色、边框、底纹和字间距等格式进行设置。使用“格式”工具栏的工具按钮可以对常用的字符格式进行设置。对于要求较高的文字排版，则使用“格式”菜单中的命令进行设置。对于文档中重复出现的格式，还可以使用“格式刷”进行格式复制。

需要注意的是，在进行字符排版时，首先要选定文本对象，然后才能对其进行格式设置。文本对象可以是几个字符、一句话、一段文字或整篇文章。

在文档中录入文本时，Word 默认的字体格式是：汉字字体为“宋体”、“五号”，西文字体为“Times New Roman”、“五号”。用户可以根据需要对录入的文本重新进行格式设置。

下面以文档“荷塘月色.doc”为例，对文字格式进行设置。

1. 设置文字的字体、字号、字形和颜色等格式

（1）使用“格式”工具栏

设置字体：字体是文字的外观。常用的中文字体有宋体、楷体、黑体和隶书等。

单击“格式”工具栏中的“字体”下拉按钮，列表中给出了每一种字体的形式，一目了然。从列表中选择要设置的字体名称。选定文档首行中的标题文本“荷塘月色”，将标题设为“黑体”，如图 3-23 所示。

设置字号：字号是文字大小的标志，就像衣服的尺码一样。

单击“格式”工具栏的“字号”下拉按钮，从列表中选择所需的字号。需要注意的是：汉字的字号从初号、小初……直到八号字，对应的文字越来越小，一般书籍的正文为五号字。英文的字号用“磅”值表示，一磅等于 1/12 英寸。选择的“磅”值越大英文字符也就越大。一般文档的标题应该比较醒目，所以字号要设大一点，选择“二号”，如图 3-24 所示。

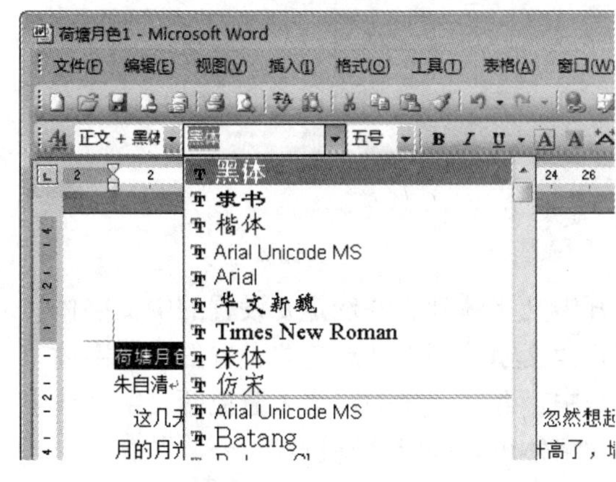

图 3-23 设置字体

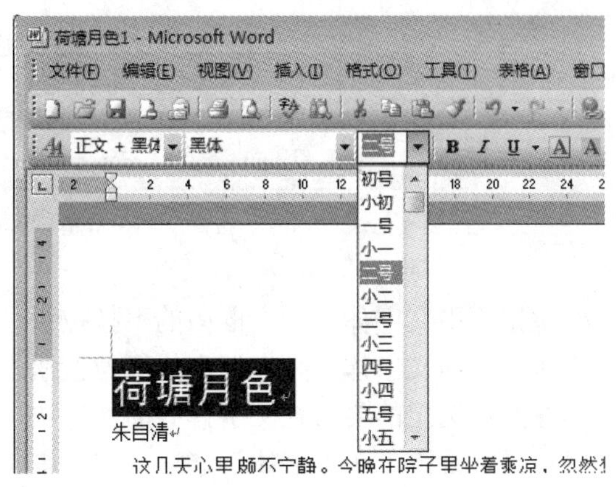

图 3-24 设置字号

设置标题的位置。标题应居中显示，单击“格式”工具栏的“居中”按钮，使标题内容居中。

使用“格式”工具栏上的其他格式按钮还可以设置字符的其他格式：如“加粗”、“斜体”、“下画线”、“字符边框”、“字符底纹”、“字符缩放”、“对齐方式”、“字符颜色”、“汉字拼音”、“上标”、“下标”等。有的格式按钮右侧带有下拉列表标记▾，表示该格式有多种选择。图3-25给出了“格式”工具栏各按钮的功能说明。

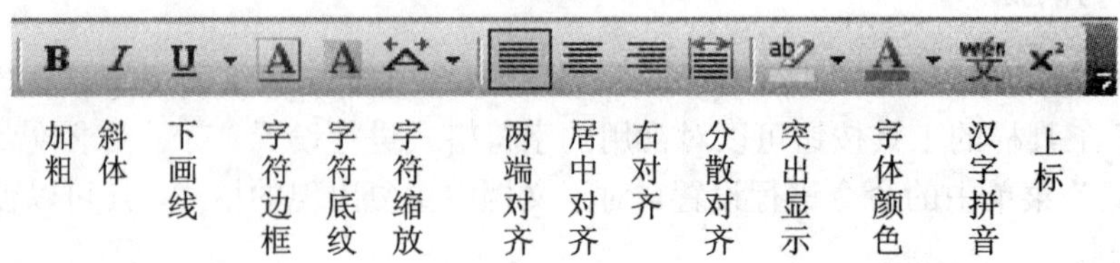

图 3-25 “格式”工具栏上的其他格式按钮

（2）使用“格式”菜单中的命令

单击“格式”菜单，选择“字体”命令，或者执行右键快捷菜单中的“字体”命令，打开“字体”对话框，单击“字体”选项卡，如图3-26所示。

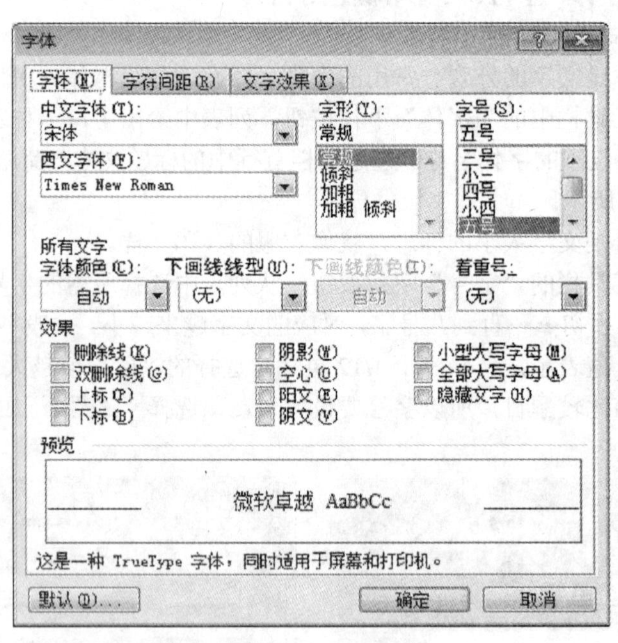

图 3-26 “字体”选项卡

单击“中文字体”列表框中的下拉按钮，打开中文字体列表并选定要设置的中文字体。

单击“西文字体”列表框中的下拉按钮，打开西文字体列表并选定要设置的西文字体。

注意：选定的要设置文字排版的文本块可能是中、西文混排的，为了避免西文字体按中文字体进行设置，在“字体”选项卡中对中、西文字体可以同时分别设置。

“字形”列表框列出字形，如“加粗”和“倾斜”。选择文本是否倾斜或加粗。

在“字号”列表框中选择字体大小。

单击“字体颜色”下拉按钮，指定选中文本的颜色。单击“自动”则应用 Windows 控制面板中定义的颜色。在默认情况下，该颜色为黑色，除非对其进行更改。

“下画线”列表框用来指定选中文本是否带有下画线及其下画线样式。单击“无”将取消下画线。“下画线颜色”选项指定下画线的颜色。

单击“着重号”列表框，可在选中文本下方添加着重号。

此外，还可以选择是否给文本加一条删除线，或是否将文本以上标或下标形式显示等效果。

上述在“字体”选项卡中所做的每一项选择都会在下方的“预览”框中显示。

2. 设置字符间距和水平位置

单击“字体”对话框中的“字符间距”选项卡，如图 3-27 所示。

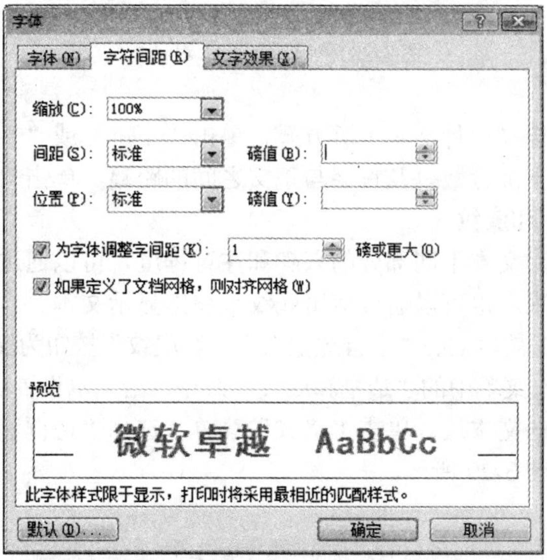

图 3-27 “字符间距”选项卡

单击“缩放”列表框中的下拉按钮，显示缩放比例，即按当前尺寸的百分比拉伸或压缩文本。用户也可以手工修改百分比。

单击“间距”列表框中的下拉按钮，选择“加宽”或“紧缩”，用来增加或减少字符之间的距离，在右侧的“磅值”框中键入或选择一个距离值。缺省是“标准”间距。

单击“位置”列表框中的下拉按钮，选择“提升”或“降低”，基于水平基线提升或降低选中文本的显示位置。在右侧的“磅值”框中键入选择提升或降低的磅值。

3. 设置动态效果

单击“字体”对话框中的“文字效果”选项卡，可以在选中文本上应用动态效果。取消动态效果选择“(无)”。动态效果只能在屏幕上显示，不可以打印。

4. 设置首字下沉

在许多报刊、杂志或文档编辑中，有时为了突出文章的起点，会在第一段文字的首行设置“首字下沉”效果。

单击要使用首字下沉开头的段落。该段落必须含有文字。

单击“格式”菜单，选择“首字下沉”命令，打开“首字下沉”对话框，如图3-28所示。

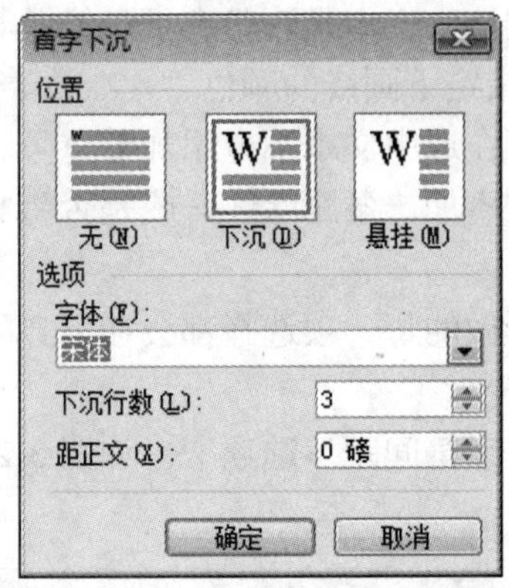

图3-28 “首字下沉”对话框

在“位置”选项区选择一种文字下沉方式，单击“下沉”或“悬挂”选项。

设置首字的字体、下沉行数以及首字与正文之间的距离。单击“确定”按钮完成。

5. 设置文字的边框和底纹

边框和底纹能增加对文本不同部分的兴趣和注意程度，可以通过添加边框来将文本与文档中的其他部分区分开来，也可以通过应用底纹来突出显示文本。

除了使用“格式”工具栏上的“字符边框”、“字符底纹”按钮为文本设置简单的边框和底纹，还可以使用“格式”菜单中的“边框和底纹”命令，给文本设置更加复杂的边框和底纹。

选中需要添加边框的文本块。单击“格式”菜单，选择“边框和底纹”命令，打开“边框和底纹”对话框，如图3-29所示。

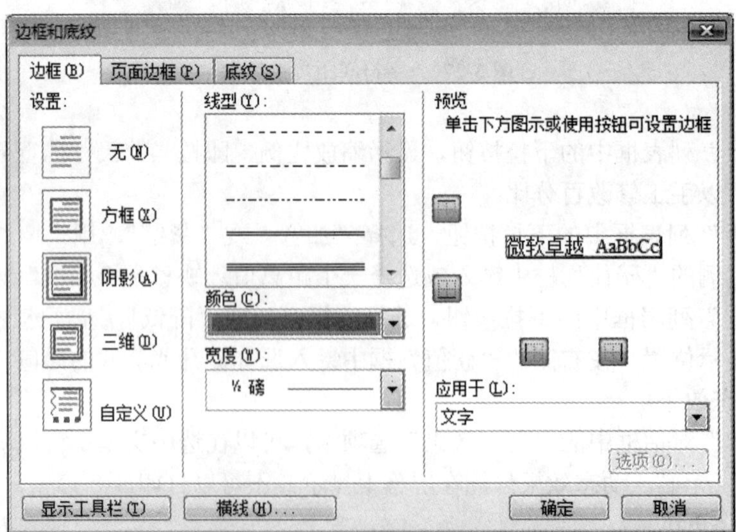

图3-29 “边框和底纹”对话框

单击“边框”选项卡，此时在“边框和底纹”对话框的右下角的“应用于”下拉框中显示“文字”，表示给文字设置边框。设置要添加的边框的类型、线型、颜色以及框线宽度，单击“确定”按钮。单击边框的类型中的“无”可以取消文字边框。

单击“底纹”选项卡，如图 3-30 所示。选择底纹的颜色以及样式，单击“确定”按钮。

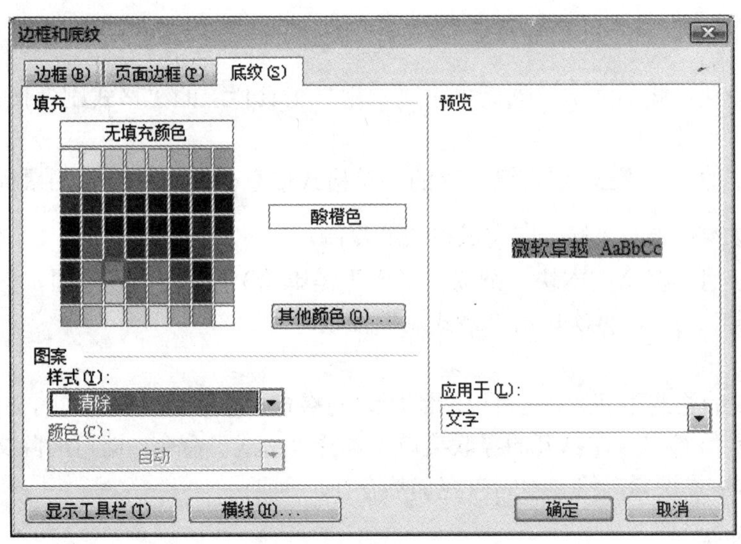

图 3-30 “底纹”选项卡

图 3-31 给出上述字符排版操作的一个示例。

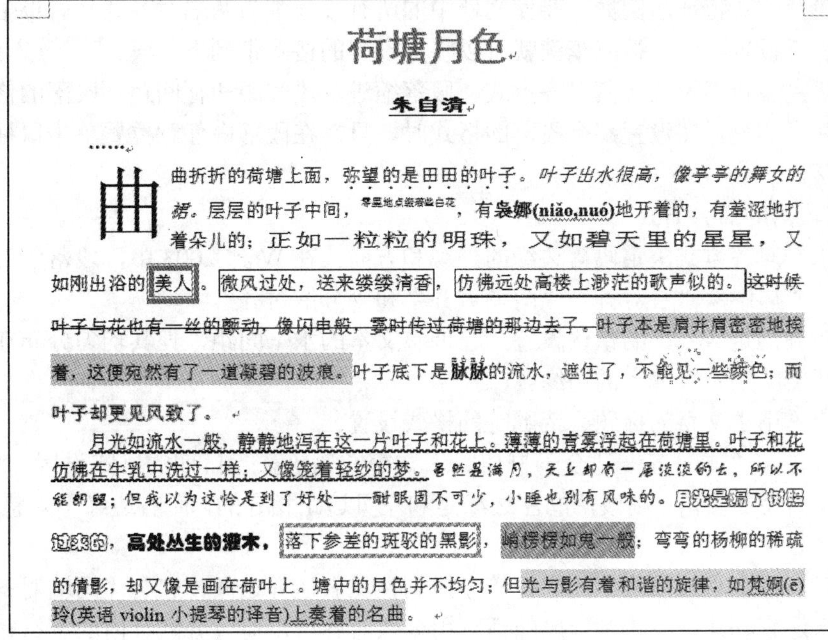

荷塘月色

朱自清

……

曲折折的荷塘上面，弥望的是田田的叶子。叶子出水很高，像亭亭的舞女的裙。层层的叶子中间，零星地点缀着些白花，有袅娜(niǎo,nuó)地开着的，有羞涩地打着朵儿的；正如一粒粒的明珠，又如碧天里的星星，又如刚出浴的美人。微风过处，送来缕缕清香，仿佛远处高楼上渺茫的歌声似的。这时候叶子与花也有一丝的颤动，像闪电般，霎时传过荷塘的那边去了。叶子本是肩并肩密密地挨着，这便宛然有了一道凝碧的波痕。叶子底下是脉脉的流水，遮住了，不能见一些颜色；而叶子却更见风致了。

月光如流水一般，静静地泻在这一片叶子和花上。薄薄的青雾浮起在荷塘里。叶子和花仿佛在牛乳中洗过一样；又像笼着轻纱的梦。虽然是满月，天上却有一层淡淡的云，所以不能朗照；但我以为这恰是到了好处——酣眠固不可少，小睡也别有风味的。月光是隔了树照过来的，高处丛生的灌木，落下参差的斑驳的黑影，峭楞楞如鬼一般；弯弯的杨柳的稀疏的倩影，却又像是画在荷叶上。塘中的月色并不均匀；但光与影有着和谐的旋律，如梵婀(ē)玲(英语 violin 小提琴的译音)上奏着的名曲。

图 3-31 字符排版示例

6. 格式的复制和清除

在文档排版时，经常会重复设置一些相同的格式。例如，某篇文章中的子标题要求全部设置为“楷体、3 号、带下画线、加粗”格式，如果一个个地进行设置，显得十分繁杂，影响排版的效率。在 Word 中，对文字、段落和图形设置的格式可以使用“格式刷”直接复制到文档中的其他同类对象中。

（1）使用“格式刷”进行格式复制

先选定已设置格式的文本，然后单击“常用”工具栏上的“格式刷”按钮，此时鼠标指针变为刷子的形状，代表已设置的字符格式信息。用此种形状的鼠标指针拖动选择要复制格式的文本，松开鼠标，即完成格式的复制。

要将格式应用到多个文本块，则双击（而不是单击）“格式刷”按钮，然后进行复制，要关闭“格式刷”功能，再次单击“格式刷”按钮即可。

（2）格式清除

如果对设置的格式不满意，也可以清除所设的格式。选择要清除格式的文本块，单击“编辑”菜单，选择“清除”，在打开的级联菜单中选择“格式”命令，即可清除文本的格式，恢复 Word 默认的格式设置，但文本的内容仍然存在。

3.3.2 段落排版

在 Word 文档中，回车键是段落标记。若当前文档中没有显示段落标记，通过单击“常用”工具栏上的“显示/隐藏编辑标记”按钮显示段落标记。段落标记不仅表示一个段落的结束，还包含了本段的段落格式信息。当输入完一段文本按回车后，开始的新段落继承了与上一段相同的段落格式特征。例如，要使文档中的所有段落都为两端对齐并具有单倍行距，只需对第一段进行设置，然后按回车键就可以将所设置的格式带到下一段。

段落排版主要包括设置段落对齐方式、段落缩进、段间距和行间距、段落的修饰等格式设置。值得注意的是，在设置某个段落的格式时，只需在段落内任意位置单击鼠标，而不必选择整个段落。

1. 设置段落的对齐方式

段落的水平对齐方式决定段落边缘的外观和方向。在 Word 2003 中，段落的对齐方式包括“左对齐”、“居中”、“右对齐”、“两端对齐”和“分散对齐”。

“两端对齐”是 Word 的默认设置，它调整文本的水平间距，使其均匀分布在左右页边距之间，使两侧文字具有整齐的边缘。

“居中”常用于文章的标题、诗歌等的格式设置。

“左对齐”和“右对齐”适合于书信、通知等文稿落款、日期的格式设置。“左对齐”方式若应用于一个长段落，则段落的左边缘是和左页边距相齐的，而右边缘不太整齐；“右对齐”方式反之。

“分散对齐”也是使段落中的字符等距排列在左右边界之间，它与“两端对齐”的区别是：如果段末还有好几个字才到行尾的话，用分散对齐可以通过分散行内的字符行距，使字符达到行尾，即不满一行的文字平均分布于该行。

通常使用“格式”工具栏的对齐方式按钮设置段落的对齐方式。对齐方式按钮的说明如

图 3-25 所示。首先用鼠标在段落的任意位置单击（如果是同时设置多个段落，则先同时选中这些段落），然后单击“格式”工具栏上的相应按钮。

图 3-32 给出了几种段落对齐方式的示例。其中，第一段文字是“居中”对齐；第二段文字是“分散对齐”；第三段文字是“两端对齐”；第四段文字是“左对齐”；最后落款是“右对齐”。

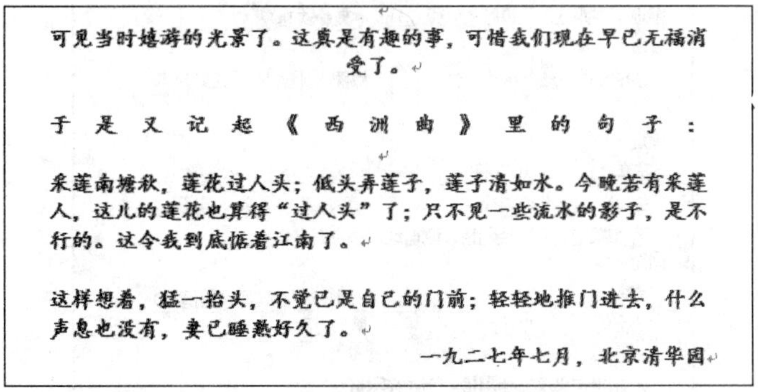

可见当时嬉游的光景了。这真是有趣的事，可惜我们现在早已无福消受了。

于 是 又 记 起 《 西 洲 曲 》 里 的 句 子 ：

采莲南塘秋，莲花过人头；低头弄莲子，莲子清如水。今晚若有采莲人，这儿的莲花也算得“过人头”了；只不见一些流水的影子，是不行的。这令我到底惦着江南了。

这样想着，猛一抬头，不觉已是自己的门前；轻轻地推门进去，什么声息也没有，妻已睡熟好久了。

一九二七年七月，北京清华园

图 3-32　几种段落对齐方式的示例

2. 设置段落缩进

段落缩进是指段落到左右页边距的距离。

段落缩进分为左缩进、右缩进、首行缩进和悬挂缩进。其中，“首行缩进”是指段落的第一行首字符与左页边距之间的距离，是最常用的一种缩进方式；“悬挂缩进”是指段落中除第一行以外其他行与左页边距之间的距离；“左缩进”是指整个段落的左边界与左页边距之间的距离；“右缩进”是指段落正文的右边界与右页边距之间的距离。

一般来说，段落的首行通常向内缩进两个字符的距离；某些需要强调的段落，可通过左、右缩进突出段落与正文的关系，增强文档整体编排的视觉效果；悬挂缩进常用于项目符号和编号列表，使段落的第二行和后续行缩进量大于第一行。

比较直观的方法是使用水平标尺上的四个缩进滑块设置段落的缩进。水平标尺上的四个缩进滑块如图 3-33 所示。

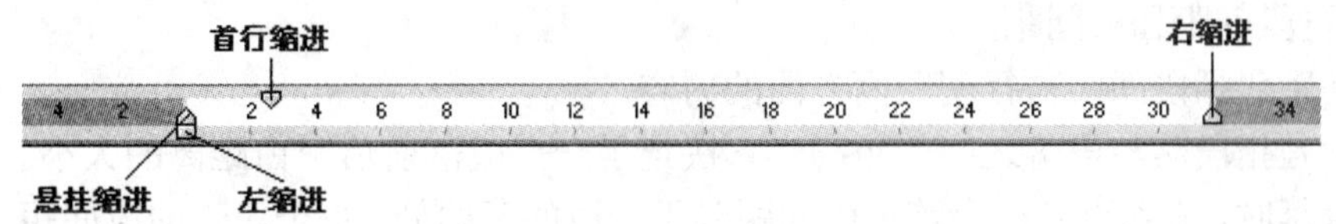

图 3-33　水平标尺上的缩进滑块

使用缩进滑块设置缩进的操作，要首先将插入点移至所要设置的段落的任意位置，或者选择多个段落，然后拖动标尺上的缩进滑块，到达所要设置的位置即可。在拖动过程中如果按下 Alt 键将动态显示缩进的数值，移动也更加平滑。

另外，增加或减少整个段落的左缩进也可以使用“格式”工具栏上的“增加缩进量”按钮和“减少缩进量”按钮。

单击“格式”菜单，选择“段落”命令，或者执行右键快捷菜单中的“段落”命令，打开“段落”对话框，使用“缩进和间距”选项卡可以更加精确地设置段落的缩进值。“缩进和间距”选项卡如图 3-34 所示。

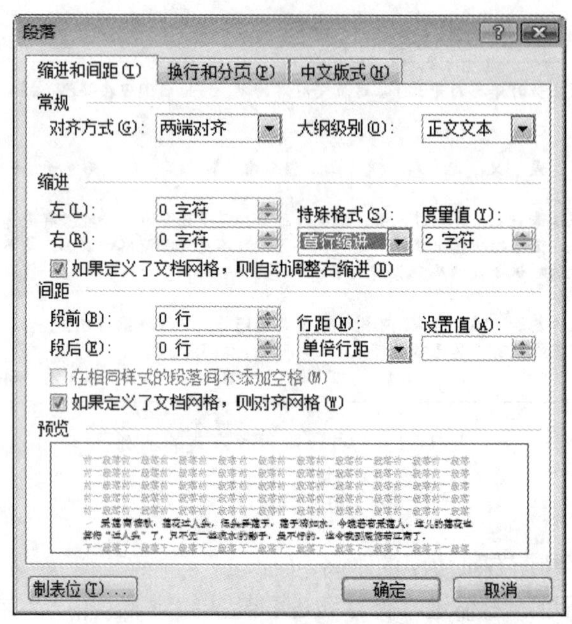

图 3-34 “缩进和间距”选项卡

在“缩进”选项区的“左”选项框输入或选择左缩进值，在“右”选项框输入或选择右缩进值；“特殊格式”下拉列表中的段落缩进包括“首行缩进”和“悬挂缩进”。选择一种缩进，然后在“度量值”选项框中输入或选择左缩进值。

如果同时选定两段或多段含有不同格式（如段落的缩进、对齐格式等）的段落，Word 将不能同时显示不同的格式设置。在水平标尺上，所选内容中第一段的缩进将以暗色显示。此时，若要将某种格式应用于不同格式的多个所选段落，仍然可以调节标尺上的滑块设置，单击工具栏按钮（如对齐方式按钮），或者选中“段落”对话框中的暗色或空白的选项。

3. 设置段间距和行间距

文档间距包括段间距与行间距两方面的内容。

段间距是指段落与段落之间的距离。它决定了一个段落前后空白距离的大小。当按回车键开始新段落时，输入点光标会跨过段间距到下一段的开始处。每个段落的段间距可以相同，也可以不同。

行间距是指行与行之间的距离，即从一行文字的底端到下一行文字底端的距离。Word 默认采用单倍行距。除固定行距外，Word 将调整行距以容纳该行中最大的字体和最高的图形。

首先选择要更改间距的段落。

在图 3-34 所示的“缩进和间距”选项卡中。在“间距”选项区的“段前”或“段后”选项框中分别输入或选择相应的间距值，以设置当前段落与前、后段落的间距。

“行距”下拉框包含多种行距选项，如图 3-35 所示。

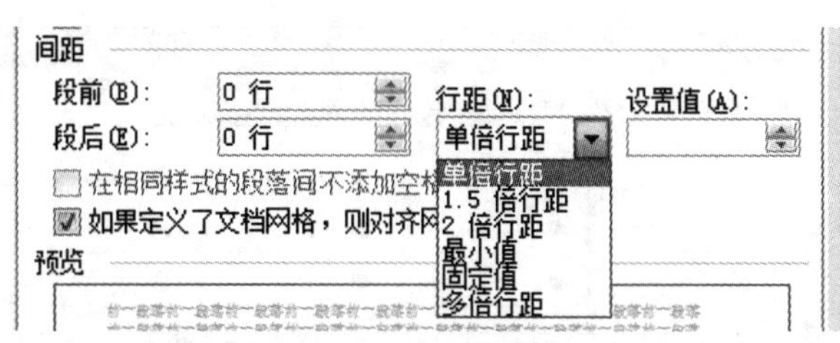

图 3-35　行距下拉列表选项

当文档内容较少，不满一页时，可以适当加大行距使内容撑满一页，如选择“1.5 倍行距”、“2 倍行距”，甚至手工设定“多倍行距”。

当文档内容超过一页，并且下一页内容只有一两行文字时，可考虑适当减小行距，将文档压缩在一页，如选择“单倍行距”，或手工设定一个较小的“固定值”。选择“固定值”时，Word 将不会自动调整文本行的间距，因此将出现嵌入的大图片不能显示或者被截断的情况。

如果字体或图形因行距太小而无法正常显示时，可选择“行距”下拉列表中的“最小值”，Word 将自动调整行间距的高度，以适应较大字体或图形所需的最小行距。

值得注意的是，设置的行距将影响所选段落或插入点所在段落的所有文本行。

4. 设置项目符号和编号

项目符号和编号是编排文档时在某些段落前添加的某种特定的符号或编号，起到强调作用。合理使用项目符号和编号，可使文档条理清楚、重点突出。

下面以图 3-36 所示文档“兴趣小组.doc”为例，添加项目符号和编号，添加后的文档如图 3-37 所示。

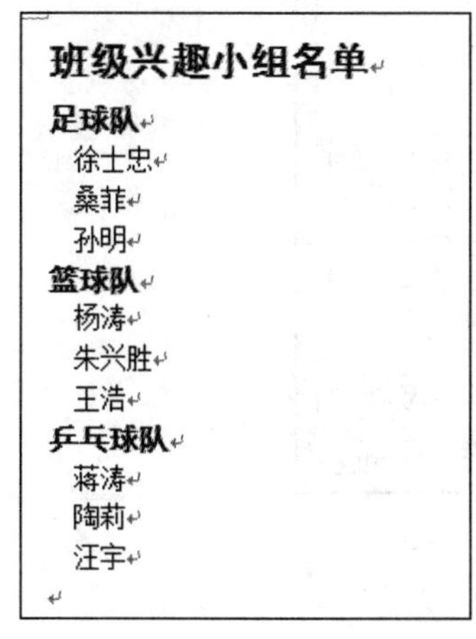

班级兴趣小组名单

足球队
徐士忠
桑菲
孙明
篮球队
杨涛
朱兴胜
王浩
乒乓球队
蒋涛
陶莉
汪宇

图 3-36　文档“兴趣小组.doc”

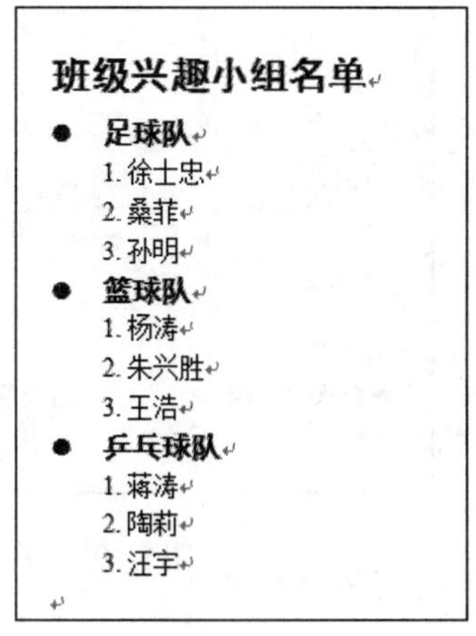

班级兴趣小组名单

- **足球队**
  1. 徐士忠
  2. 桑菲
  3. 孙明
- **篮球队**
  1. 杨涛
  2. 朱兴胜
  3. 王浩
- **乒乓球队**
  1. 蒋涛
  2. 陶莉
  3. 汪宇

图 3-37　添加项目符号和编号示例

（1）使用菜单命令

文档“兴趣小组.doc”中每一行为一段，首先为“足球队”添加项目符号。

鼠标单击“足球队”，将插入点移至该段。单击“格式”菜单，选择“项目符号和编号”命令，打开“项目符号和编号”对话框，单击“项目符号”选项卡，如图 3-38 所示。

图 3-38 “项目符号”选项卡

在“项目符号”列表中选择一种项目符号，此处选择实心圆点，单击“确定”退出。文档中的“足球队”前出现了一个圆点项目符号。

鼠标选中足球队下的小组成员名单列表。单击“格式”菜单，选择“项目符号和编号”命令，打开“项目符号和编号”对话框，单击“编号”选项卡，如图 3-39 所示。

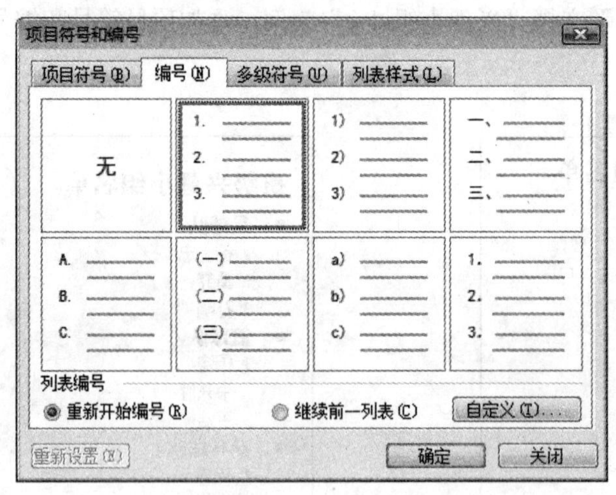

图 3-39 “编号”选项卡

在“编号”列表中选择一种编号形式，单击“确定”退出。文档中的足球队小组名单前添加了相应的升序编号。

（2）使用工具栏按钮

也可以使用“格式”工具栏上的“项目符号”按钮和“编号”按钮进行设置。

用鼠标单击“篮球队”，然后单击“格式”工具栏上的“项目符号”按钮，在“篮球队”前也添加了一个圆点项目符号。

单击“项目符号”按钮，将添加最近一次设置的项目符号的样式。

鼠标选中篮球队小组成员名单，单击“格式”工具栏上的“编号”按钮，给篮球队小组名单添加与足球队名单相同的编号。

注意：如果使用“项目符号和编号”对话框中的“编号”选项卡设置篮球队小组成员名单的编号，则同时应选中左下方的“重新开始编号”选项，使编号重新从“1”开始。

（3）使用“格式刷”

还可以使用在字符排版中介绍的“格式刷”进行设置。

先将鼠标指针移到“篮球队”，然后单击“常用”工具栏上的“格式刷”按钮，鼠标指针变成刷子形状。将鼠标刷过（或单击）“乒乓球队”，然后松开鼠标，在“乒乓球队”前添加了一个相同的圆点项目符号。

用同样的方式给乒乓球队名单添加相同的编号。设置完成后文档如图3-37所示。

（4）个性化设置

除了设置常见的项目符号样式和编号格式。用户还可以对项目符号和编号进行个性化的设置。比如创建图片项目符号列表，或者修改编号的颜色等格式，使文档显得与众不同，具有更好的视觉效果。

下面给兴趣小组名添加图片项目符号。

将插入点移至“足球队”，单击“项目符号和编号”对话框中的“项目符号”选项卡，单击右下角的“自定义”按钮，打开“自定义项目符号列表”对话框，如图3-40所示。

“自定义项目符号列表”对话框中的“项目符号字符”选项区列出了最近使用过的字符，单击“字体”按钮可以设置项目符号字符的格式；单击“字符”按钮可以在“符号”集中选择一种新的项目符号样式；单击“图片”按钮可以创建图片项目符号列表。在“项目符号位置”和“文字位置”选项区分别设置项目符号的缩进距离和正文文字的缩进距离。

单击“图片”按钮，打开“图片项目符号”对话框，如图3-41所示。

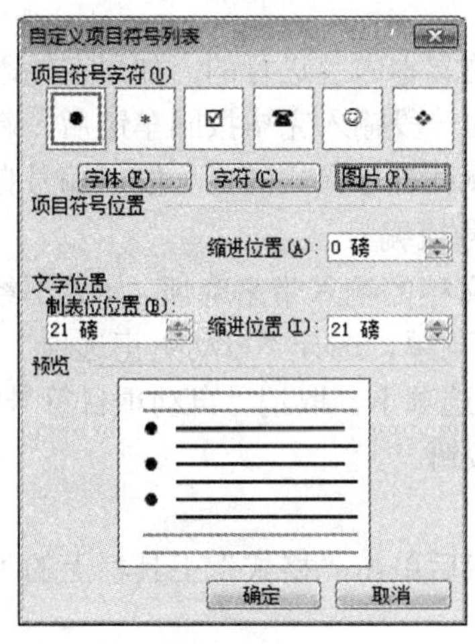

图3-40 “自定义项目符号列表”对话框

图3-41 “图片项目符号”对话框

在“搜索文字”输入框中键入“足球”，单击“搜索”，在下方的列表框内列出了与足球相关的图片符号，选择所需的图片，单击“确定”。返回“自定义项目符号列表”对话框，再次单击“确定”退出。

这时文档中的“足球队”前出现了一个足球图片的项目符号。

按同样的方式设置“篮球队”和“乒乓球队”的图片项目符号。

如果对 Word 提供的图片项目符号不满意，可以单击“导入”按钮，打开“将剪辑添加到管理器”对话框，选择自己喜欢的图片，单击“添加”按钮，即可将选中的图片添加到“图片项目符号”对话框，就可作为项目符号使用了。

再设置小组成员名单中编号的颜色。

鼠标选中足球队小组成员名单，单击“项目符号和编号”对话框中的“编号”选项卡，单击“自定义”按钮，打开“自定义编号列表”对话框，单击“字体”按钮，选择“字体颜色”为蓝色。多次单击“确定”退出。

设置完成后文档如图 3-42 所示。

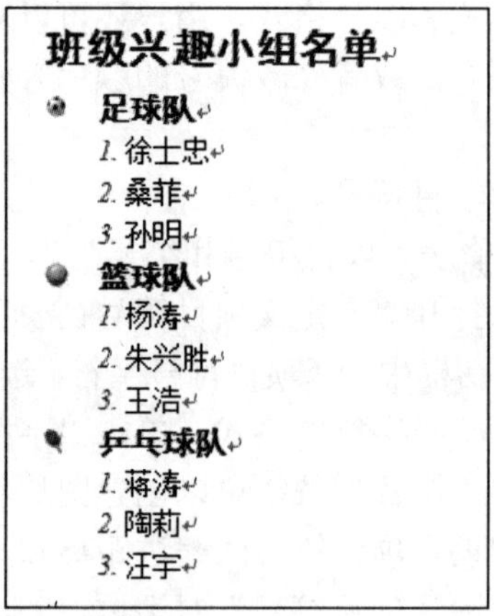

班级兴趣小组名单

- **足球队**
  1. 徐士忠
  2. 桑菲
  3. 孙明
- **篮球队**
  1. 杨涛
  2. 朱兴胜
  3. 王浩
- **乒乓球队**
  1. 蒋涛
  2. 陶莉
  3. 汪宇

图 3-42 创建图片项目符号列表

上述添加项目符号和编号的操作都是针对已输入好的文本内容进行的。如果在输入文本的同时创建项目符号或编号，则设置了项目符号或编号的一段输入完毕按回车键后，新一段的开头会自动跟随上一段创建项目符号或编号，其中，项目符号样式同上一段，编号自动增加。可以按退格键（Backspace）删除自动插入的项目符号或编号。

有时，Word 的项目符号和编号的自动创建功能会给文档的输入带来麻烦，如果不经常使用该功能，可以将其关闭。具体操作如下，选择“工具”菜单，选择“自动更正选项”命令，打开“自动更正”对话框。单击“键入时自动套用格式”选项卡，取消“自动项目符号列表”复选框与“自动编号列表”复选框，然后单击“确定”按钮。

（5）删除项目符号和编号

先将插入点移到相应的段落，或者选择多个段落，然后单击“格式”工具栏上的“项目符号”按钮或“编号”按钮即可。

5. 设置段落的边框和底纹

段落的边框和底纹设置同文字的边框和底纹设置方式类似，先将插入点移至要设置的段落，单击“格式”菜单，选择“边框和底纹”命令，在打开的“边框和底纹”对话框中进行相应的设置即可。注意，此时在“应用于”下拉框中应选择“段落”。

6. 设置制表位

在使用 Word 制作试卷时通常要求将不同选择题的各选择项进行左对齐，而处理一批学生成绩时则希望成绩能按照小数点进行对齐。如果使用连续输入空格的方法进行对齐，不仅很难达到整齐的格式化效果，排版也显得非常吃力。通过设置相应的制表位可以轻松地完成这些工作，达到事半功倍的效果。

制表位用来指定文字缩进的距离或一栏（列）文字开始之处。它可以向左、向右或居中对齐文本，或使数字按照小数点对齐，或将文本与竖线字符对齐。

Word 提供了 5 种制表符，分别是："左对齐式制表符"、"右对齐式制表符"、"居中式制表符"、"小数点对齐式制表符"和"竖线对齐式制表符"等。

Word 规定：按一下"Tab"键可以快速地把插入点光标移动到下一个制表位处，在制表位处输入各种数据的方法与常规的输入完全相同。

（1）设置制表位

下面设置如图 3-43 所示的文档"选择题.doc"中各选项的左对齐制表位。

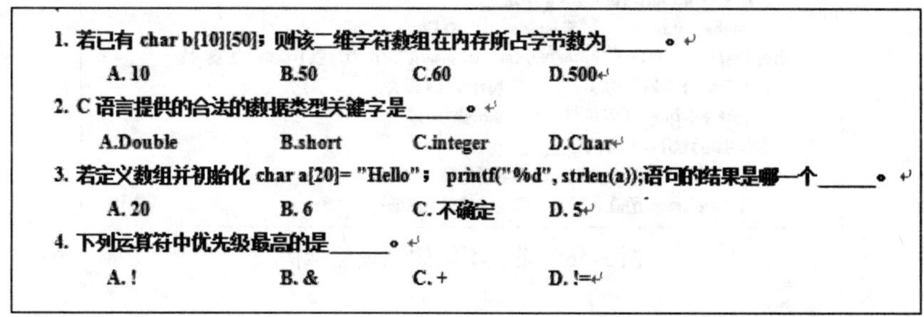

1. 若已有 char b[10][50]；则该二维字符数组在内存所占字节数为______。
   A. 10　　B.50　　C.60　　D.500
2. C 语言提供的合法的数据类型关键字是______。
   A.Double　　B.short　　C.integer　　D.Char
3. 若定义数组并初始化 char a[20]= "Hello"； printf("%d", strlen(a));语句的结果是哪一个______。
   A. 20　　B. 6　　C. 不确定　　D. 5
4. 下列运算符中优先级最高的是______。
   A. !　　B. &　　C. +　　D. !=

图 3-43　设置制表位示例

首先将插入点移到题目 1 的四个选项所在段落。

多次单击水平标尺最左端的制表符选择按钮，直到它更改为所需的制表符类型，在该例中选择"左对齐式制表符"，如图 3-44 所示。

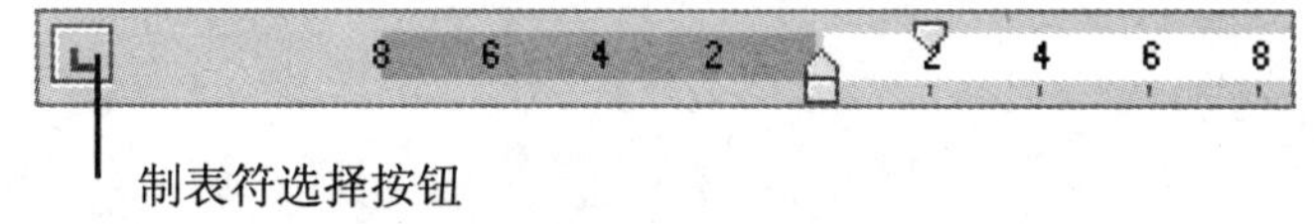

图 3-44　制表符选择按钮

分别给选择项"B"、"C"、"D"设置制表位：在水平标尺上单击要插入制表符的位置，标尺上会出现一个左对齐制表符标记。按照均匀的间隔继续在水平标尺上单击，设置下一个左对齐制表符标记。设置好的制表符标记如图 3-45 所示。

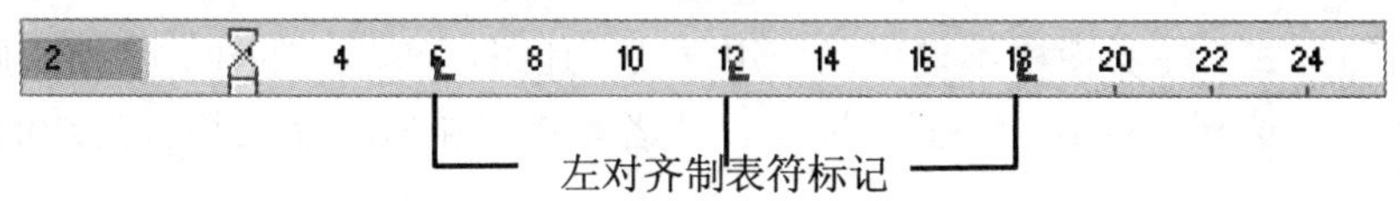

图 3-45　左对齐制表符标记

制表位设置好以后，还需要对段落中的文本进行操作，使左对齐效果显示出来。

将插入点移到题目 1 的选择项字符“B”的前面，按一下“Tab”键，这时选择项 B 向后移动，左端与标尺上的第一个制表符标记对齐；再将插入点移到“C”的前面按一下“Tab”键，使选择项 C 左对齐；用同样的方式设置选择项 D。

对其他题目的选项不必再一一进行制表位的设置，先将插入点移到题目 1 的四个选项所在段落，然后双击“常用”工具栏上的“格式刷”按钮，直接使用“格式刷”进行格式复制就可以了，复制完以后再次单击“格式刷”按钮取消格式复制。

但仍需按“Tab”键使每个选项移动到相应的制表位处。

另外值得注意的是，对不同的段落设置的制表位的数量、类型和位置可以相同，也可以不同，使用者应根据实际需要灵活设置。如图 3-46 所示的文档中题目 1 和题目 2 选项的制表位设置相同，但与题目 3 和题目 4 选项的制表位设置不同。

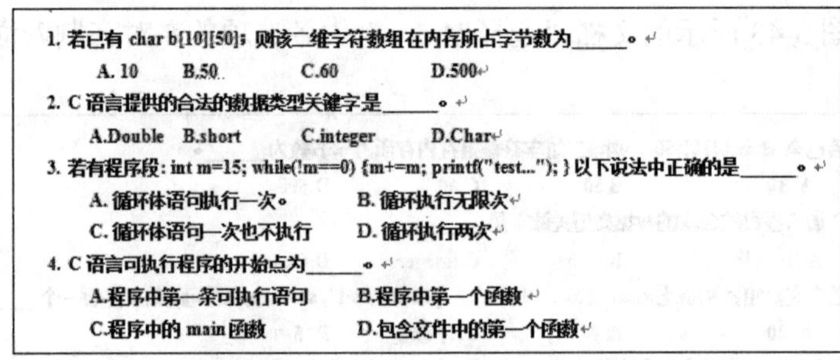

1. 若已有 char b[10][50]；则该二维字符数组在内存所占字节数为______。

A. 10　B.50　C.60　D.500

2. C 语言提供的合法的数据类型关键字是______。

A.Double　B.short　C.integer　D.Char

3. 若有程序段: int m=15; while(!m==0) {m+=m; printf("test..."); } 以下说法中正确的是______。

A. 循环体语句执行一次。　B. 循环执行无限次

C. 循环体语句一次也不执行　D. 循环执行两次

4. C 语言可执行程序的开始点为______。

A.程序中第一条可执行语句　B.程序中第一个函数

C.程序中的 main 函数　D.包含文件中的第一个函数

图 3-46　设置不同的制表位示例

如果想要更加精确地设置制表位，或者希望在制表位前面加前导符（如目录中的虚线、点画线等），可以使用“格式”菜单，选择“制表位”命令，不再赘述。

（2）移动或删除制表位

首先将插入点定位在包含要删除或移动的制表位的段落，使水平标尺上显示相应的制表位标记。在水平标尺上左右拖动制表位标记即可移动该制表位。将制表位标记向下拖离水平标尺即可删除该制表位。

3.3.3　创建和使用样式

1. 样式和样式类型

样式是专门制作的格式包，一种样式就是一组字体、字号、颜色、对齐方式和缩进等格式设置特性的集合。给这个集合起的名字就是样式名称。对选定的文本或插入点所在段落应用某种样式时，同时将该样式中所有的格式设置赋予相应的文本或段落。使用样式的目的就是迅速改变文档的外观，而不必单独地设置其中的每个格式。样式常用于较长文档的排版。

在“格式”工具栏上，左边第一个下拉列表就是“样式”列表，可以从中选择应用某种样式。

通过“样式和格式”任务窗格不仅可以应用样式，还可以查看、创建、修改和删除样式。选择“格式”菜单，选择“样式和格式”命令，或者单击“格式”工具栏最左边的“格式窗格”按钮，打开“样式和格式”任务窗格。

例如，打开一个新建空白文档的“样式和格式”任务窗格，如图 3-47 所示。

“样式和格式”任务窗格中列出了新建空白文档的常用样式列表，包括三种内置标题样式和默认的段落样式。在此例中，“正文”样式呈选中状态，说明文档中插入点所在位置的文字默认为“正文”样式。单击“显示”下拉框中的“所有样式”，可以选择其他的很多种样式。

值得说明的是，当光标指向（注意不是单击）任务窗格中的某种样式时，Word 会提示该样式的详细格式信息。图 3-48 所示为“正文”样式包含的所有格式。

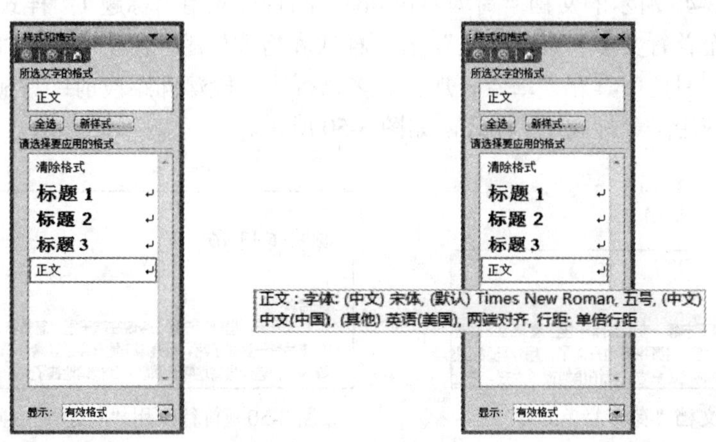

图 3-47 “样式和格式”任务窗格　　图 3-48 “正文”样式的详细格式信息

样式列表中的每一种样式右侧都有一个小图标，表示该样式的类型。Word 中有四种样式类型。了解这些样式类型有助于理解各类样式对文档中内容的影响。

（1）段落样式

段落样式右侧有一个段落图标↵。段落样式的格式将应用于插入点所在段落中的所有文本。段落样式不仅可以包含字体、字号等文本格式，还包含了段落的缩进和间距等格式。一种段落样式可以应用于一个或多个段落。

（2）字符样式

字符样式右侧有一个字符图标a。字符样式可以应用于单词或文本块，而不必是整个段落。例如，可以对段落中需要重点突出的单词应用“强调”样式，这些单词将以带下画线和斜体的格式显示。

应用段落样式的同时可以应用字符样式。例如，应用段落样式为“正文”，则字体为宋体，再对其中的某些单词应用“强调”样式，那么这些单词的字体仍为宋体，但同时还具有斜体和下画线格式。

以上两种样式类型为常用的样式类型。

（3）列表样式

列表样式右侧有一个列表图标，为列表提供一致的外观。

（4）表格样式

表格样式右侧有一个表格图标⊞，为表格提供一致的外观。

2. 应用样式

根据要应用的样式类型，选择相应的文本块或在段落内单击，然后在“样式和格式”任务窗格中单击某种样式以应用该样式。也可以在以后的排版过程中修改该样式，具有该样式的所有内容会立即得到更新。

例如，给图 3-49 所示的文档“荷塘月色.doc”的首行应用“标题 1”样式。

将插入点移至首行文字“荷塘月色”，在“样式和格式”任务窗格中单击“标题 1”样式，此时，文本“荷塘月色”具有“二号、加粗、多倍行距、段落间距段前：17 磅，段后：16.5 磅”等格式，即应用了“标题 1”样式，如图 3-50 所示。

荷塘月色
朱自清
这几天心里颇不宁静。今晚在院子里坐着乘凉，忽然
总该另有一番样子吧。月亮渐渐地升高了，墙外马路上孩
着闰儿，迷迷糊糊地哼着眠歌。我悄悄地披了大衫，带上

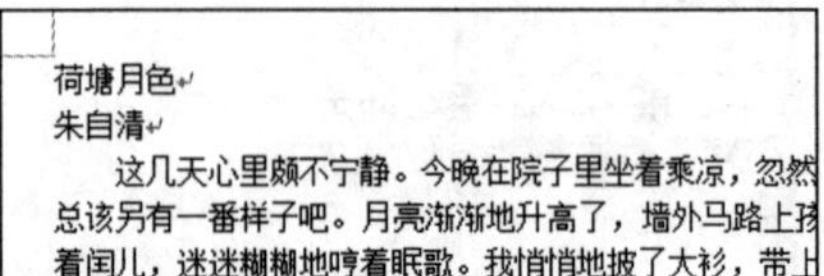

图 3-49　文档“荷塘月色.doc”

·荷塘月色
朱自清
这几天心里颇不宁静。今晚在院子里坐着乘凉，忽然想起
总该另有一番样子吧。月亮渐渐地升高了，墙外马路上孩子们
着闰儿，迷迷糊糊地哼着眠歌。我悄悄地披了大衫，带上门出

图 3-50　首行应用“标题 1”样式

3. 创建新样式

如果找不到具有所需特征的样式，可以手工创建新的样式，然后再应用。

例如，创建一个名为“小标题”的新样式，样式的格式包括“隶书、四号、蓝色、带下画线”。并将“小标题”样式应用于第二段的作者“朱自清”。

首先选中第二段文本，然后使用“格式”工具栏上的格式按钮分别设置字体为“隶书”、字号为“四号”、字体颜色为“蓝色”、带下画线。

单击“样式和格式”任务窗格中的“新样式”按钮，打开“新建样式”对话框，如图 3-51 所示。

新建样式
属性
名称(N):
样式类型(T):
段落
样式基于(B):
正文
后续段落样式(S):
格式
隶书
四号
B
I
中文
朱自清
正文 + 字体:(中文)隶书,(默认)隶书,四号,下画线,字体颜色:蓝色
添加到模板(A)
自动更新(U)
格式(O)
确定
取消

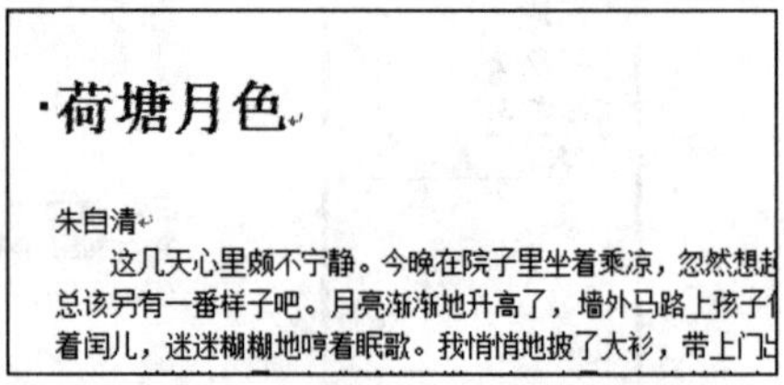

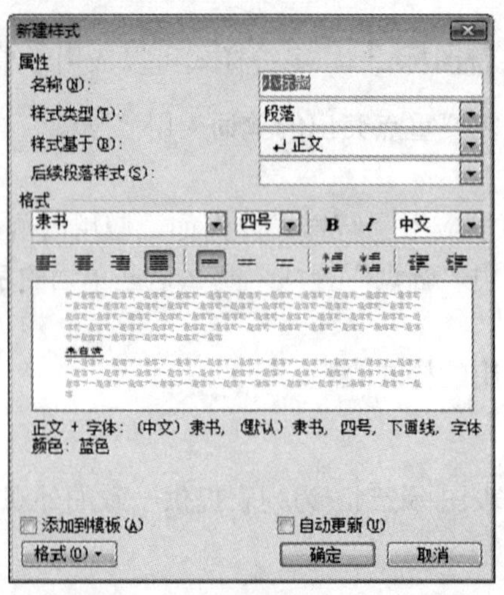

图 3-51　“新建样式”对话框

在“名称”输入栏键入“小标题”，然后单击“确定”按钮。此时在“样式和格式”任务窗格的样式列表中出现了新建的蓝色“小标题”样式。文档如图 3-52 所示。

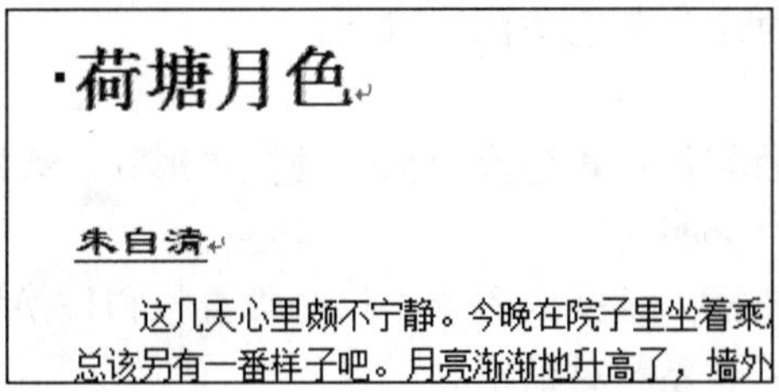

图 3-52　应用“小标题”样式

也可以先不对第二段文本进行格式设置，直接单击“样式和格式”任务窗格中的“新样式”按钮，然后在“新建样式”对话框中输入新样式名称“小标题”，选择“段落”样式类型，样式基于“正文”，后继段落样式为“正文”，设置字符格式为“隶书、四号”，再单击“格式”下拉按钮，选择“字体”，设置字体颜色为“蓝色”，最后单击“确定”。

这样同样创建了新样式“小标题”，但需要继续操作将新样式应用到第二段文本上。

4. 修改样式

如果对 Word 内置样式或手工创建的样式不满意，还可以对样式进行修改。样式修改后，文档内任何应用了该样式的文本或段落的格式都将随之更改。

例如，在图 3-52 所示的文档中，内置样式“标题 1”和新样式“小标题”都没有居中，而一般文章的标题和小标题是居中显示，修改这两种样式如下：

（1）直接修改样式

单击“样式和格式”任务窗格的样式列表中“标题 1”样式右侧的下拉按钮，选择下拉菜单中的“修改”命令，打开“修改样式”对话框。“修改样式”对话框中的内容与“新建样式”对话框类似，单击格式选项区的“居中”按钮，然后单击确定使修改生效。

（2）使用更新匹配修改样式

鼠标单击文档中的第二段，然后单击“格式”工具栏上的“居中”按钮，使文本“朱自清”居中显示。此时单击样式列表中“标题 1”样式右侧的下拉按钮，选择下拉菜单中的“更新以匹配选择”命令更新样式，如图 3-53 所示。

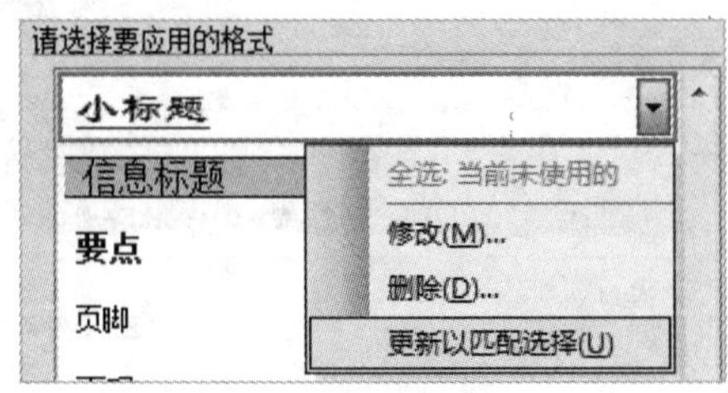

图 3-53　“更新以匹配选择”命令

5. 删除样式

在“样式和格式”任务窗格的样式列表中单击要删除的样式右侧的下拉按钮，选择下拉菜单中的"删除"命令即删除该样式。当前文档中任何应用了该样式的文本或段落都将清除该样式，文本内容不变。

Word 内置的样式（如样式"标题 1"至"标题 9"、"正文"样式等）可以被修改，但不能被删除，此时"删除"命令为灰色不可选状态。

6. 替换样式

还可以将文档中应用的某种样式替换为另一种样式形式。例如，将图 3-52 所示的文档中的样式"小标题"替换为"标题 3"。

单击"编辑"菜单，选择"替换"命令，打开"查找和替换"对话框，单击"替换"选项卡。单击"高级"按钮扩展显示对话框。

将插入点移至"查找内容"输入框，单击"格式"按钮，选择"样式"命令，打开"查找样式"对话框，如图 3-54 所示。在"查找样式"列表中选择"小标题"样式，然后单击"确定"。

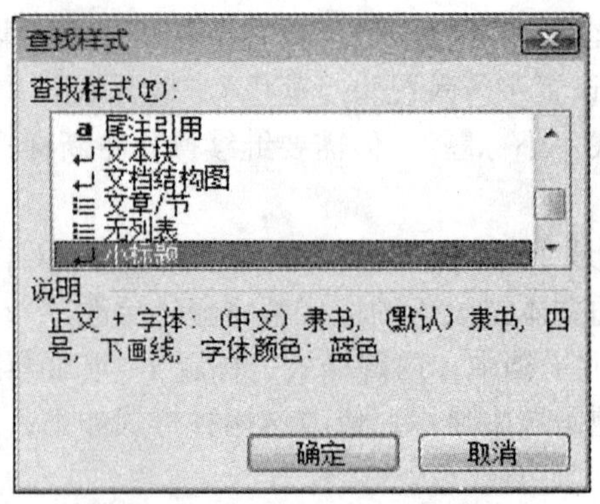

图 3-54 "查找样式"对话框

再将插入点移至"替换为"输入框，单击"格式"按钮，选择"样式"命令，打开"替换样式"对话框，选择"标题 3"样式，然后单击"确定"。

此时的"查找和替换"对话框如图 3-55 所示。单击"全部替换"按钮，实现样式的替换。

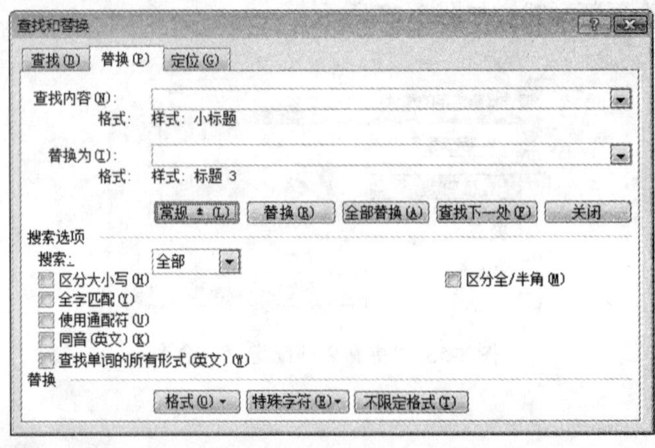

图 3-55 替换样式的示例

3.3.4　页面排版

文档在打印之前要进行页面排版。页面排版主要包括对页面页边距的设置、打印纸张的选择、添加页眉和页脚、是否分栏显示和文字显示方向等。可以对整篇文档设置统一的页面排版格式，亦可以将文档划分为不同的部分，分别设置页面排版格式。

1. 分页符与分节符

（1）分页符

分页符是指文档中的上一页结束以及下一页开始的位置。

分页符分为自动分页符和手工分页符两种。当文档中的文本或图形填满一页时，Word会插入一个自动分页符（软分页符），并开始新的一页。有时需要在文档的指定位置强制进行分页，可通过插入手工分页符（硬分页符）的方式来实现。例如，希望文档中的章节标题总是从新的页面开始，就在每个章节标题前插入手工分页符以确认。

强制分页的操作如下：

将插入点移至文档中要开始新页的位置。单击“插入”菜单，选择“分隔符”命令，打开“分隔符”对话框，如图3-56所示。

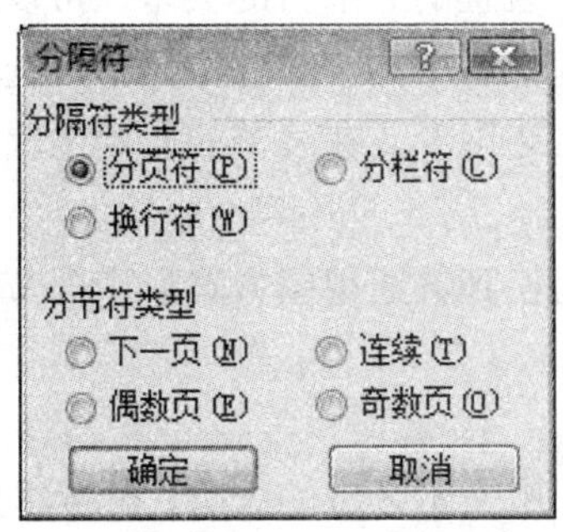

图3-56　“分隔符”对话框图

选择“分页符”，然后单击“确定”，插入手工分页符，文档开始新的一页。插入手工分页符的快捷键是Ctrl + Enter。

要删除手工分页符，可将文档切换到普通视图方式，显示分页符，如图3-57所示。单击手工分页符，然后按删除键。

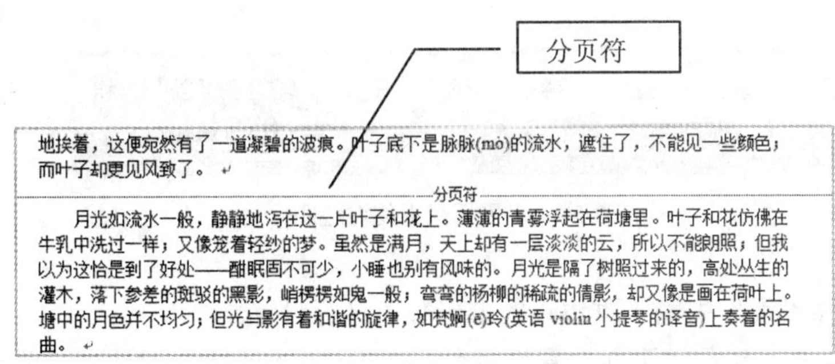

地挨着，这便宛然有了一道凝碧的波痕。叶子底下是脉脉(mò)的流水，遮住了，不能见一些颜色；而叶子却更见风致了。

分页符

月光如流水一般，静静地泻在这一片叶子和花上。薄薄的青雾浮起在荷塘里。叶子和花仿佛在牛乳中洗过一样；又像笼着轻纱的梦。虽然是满月，天上却有一层淡淡的云，所以不能朗照；但我以为这恰是到了好处——酣眠固不可少，小睡也别有风味的。月光是隔了树照过来的，高处丛生的灌木，落下参差的斑驳的黑影，峭楞楞如鬼一般；弯弯的杨柳的稀疏的倩影，却又像是画在荷叶上。塘中的月色并不均匀；但光与影有着和谐的旋律，如梵婀(ē)玲(英语 violin 小提琴的译音)上奏着的名曲。

图3-57　普通视图方式下的分页符

（2）分节符

文档排版时，有时候不同的页面可能要设置不同的格式，或者在同一个页面内的不同文档也可能要求不同的格式设置。例如，在论文排版时，通常将论文的题目、摘要和关键字的格式设置为一栏显示，而将后面的正文部分设置成两栏显示。使用文档分节可以在一页之内或两页之间改变文档的布局，例如，论文的题目、摘要和关键字为一节，后面的正文部分为另一节，根据需要为不同的节设置不同的页面格式选项。

将插入点移至文档中需要分节的位置。单击“插入”菜单，选择“分隔符”命令，打开“分隔符”对话框，如图 3-56 所示，选择一种分节符类型，然后单击“确定”。

分节符的类型有四种，使用时根据需要进行选择。

- “下一页”：插入一个分节符，新节从下一页开始。
- “连续”：插入一个分节符，新节从同一页开始。
- “奇数页”：插入一个分节符，新节从下一个奇数页开始。
- “偶数页”：插入一个分节符，新节从下一个偶数页开始。

将文档进行分节以后，就可以针对不同的节设置不同的格式了。

如果排版过程中想要改变所设置的分节符的类型，可以通过以下操作实现：

将插入点移到需要修改的节中，单击“文件”菜单，选择“页面设置”命令，打开“页面设置”对话框，单击“版式”选项卡，在“节的起始位置”框中，选择所需的分节符的类型，然后单击“确定”。

要删除分节符，可将文档切换到普通视图方式显示分节符，单击分节符并按删除键。

2. 设置页边距和纸张大小

页边距和纸张大小决定了可用文本区域的大小，在新建文档时，Word 默认的纸张大小是 A4 纸。用户可以重新设定纸张的大小，并相应地调整页边距及其他选项。

（1）设置页边距

页边距是指正文与纸张边缘的距离，分上、下、左、右四个方向。

如果对文档的页边距数值没有精确的要求，可以在页面视图方式下通过鼠标在标尺上拖动页边距进行设置，其中水平标尺改变左右页边距，垂直标尺改变上下页边距。图 3-58 所示为水平标尺上的右边距。

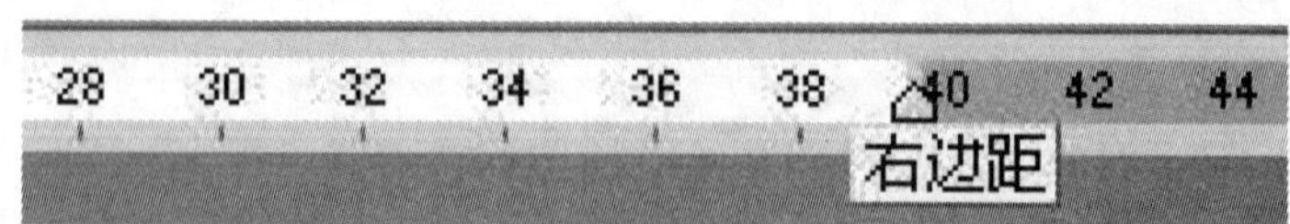

图 3-58 水平标尺上的右边距

也可以在“页面设置”中输入页边距的准确数值进行设置。

单击“文件”菜单，选择“页面设置”命令，打开“页面设置”对话框，单击“页边距”选项卡，如图 3-59 所示。

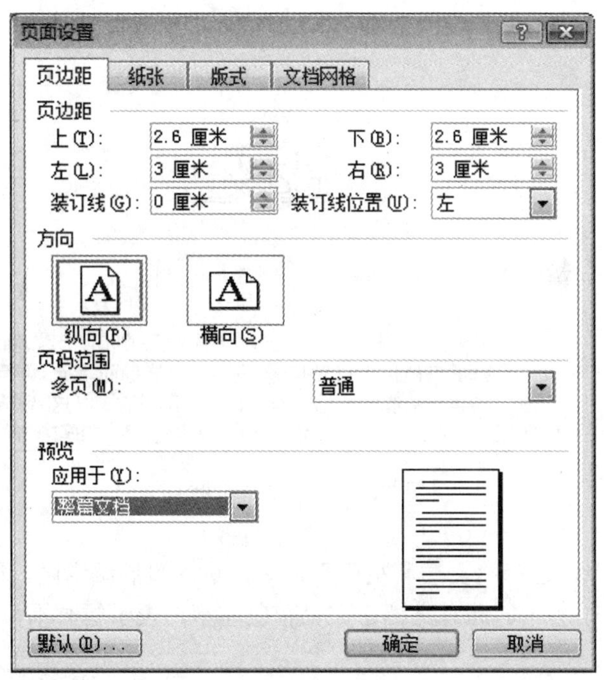

图 3-59 “页边距”选项卡

将“页边距”选项区中的“上”、“下”、“左”、“右”数值框分别设置为所需要的值。例如，分别设置文档的“上”、“下”页边距为“2.6 厘米”，“左”、“右”页边距为“3 厘米”。

如果文档需要装订，在“装订线”数值框内输入距离值，并选择“装订线位置”。

“方向”选项区用来选择纸张的摆放方向，默认为“纵向”。

如果只修改选定文本的页边距，可在“应用范围”框中选择“所选文字”。Word 会自动在设置了新页边距的文本前后插入分节符。如果文档事先已划分了若干节，则可以单击某一节或选定多个节，然后修改页边距。

（2）设置纸张大小

单击“页面设置”对话框中的“纸张”选项卡，在“纸张大小”下拉列表中列出了一些标准的纸型，如 A4、B5 和 16 开等，选择一种纸型，其尺寸同时在下面的“宽度”和“高度”数值框中显示出来，也可以选择“自定义大小”，在“宽度”和“高度”数值框输入纸张的宽度和高度。

另外，在“页面设置”对话框的“版式”选项卡中，可以对页眉和页脚的形式进行设置，如选择“奇偶页不同”或“首页不同”。

在“页面设置”对话框的“文档网络”选项卡中可以设置文档中每行的字符数，以及每页的行数等。

3. 设置页眉和页脚

在编辑文档时，经常要为页面添加页眉或页脚。页眉和页脚是出现在页面顶端和底端的注释性内容，可由文本或图形组成。页眉和页脚经常包含页码、章节标题、日期时间和作者姓名等内容。

例如，给图 3-60 所示的文档“莲之物语.doc”添加页眉和页脚。

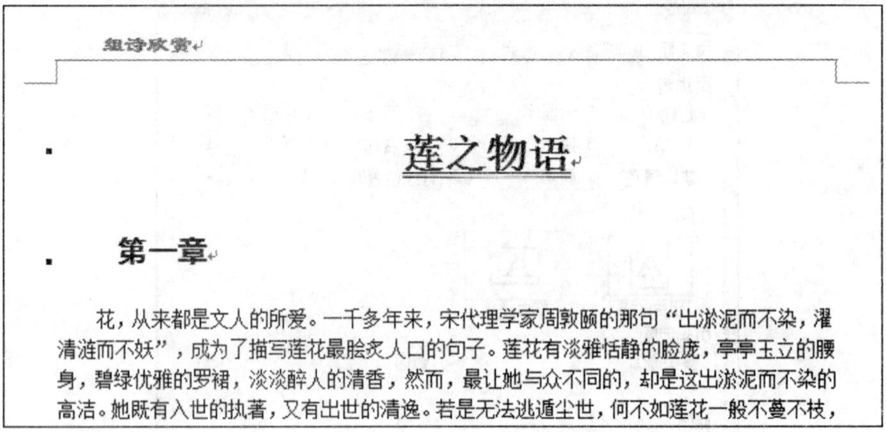

组诗欣赏
莲之物语
第一章
花，从来都是文人的所爱。一千多年来，宋代理学家周敦颐的那句“出淤泥而不染，濯清涟而不妖”，成为了描写莲花最脍炙人口的句子。莲花有淡雅恬静的脸庞，亭亭玉立的腰身，碧绿优雅的罗裙，淡淡醉人的清香，然而，最让她与众不同的，却是这出淤泥而不染的高洁。她既有入世的执著，又有出世的清逸。若是无法逃遁尘世，何不如莲花一般不蔓不枝，

图 3-60　添加页眉示例

单击“视图”菜单，选择“页眉和页脚”命令，进入页眉编辑区，同时出现“页眉和页脚”工具栏，如图 3-61 所示。此时文档正文呈灰色显示，表示暂时不可编辑。

页眉和页脚
插入“自动图文集”(S)
关闭(C)
插入页码
插入页数
设置页码格式
插入日期
插入时间
页面设置
显示/隐藏文档文字
链接到前一个
在页眉和页脚间切换
显示前一项
显示下一项
关闭页眉和页脚

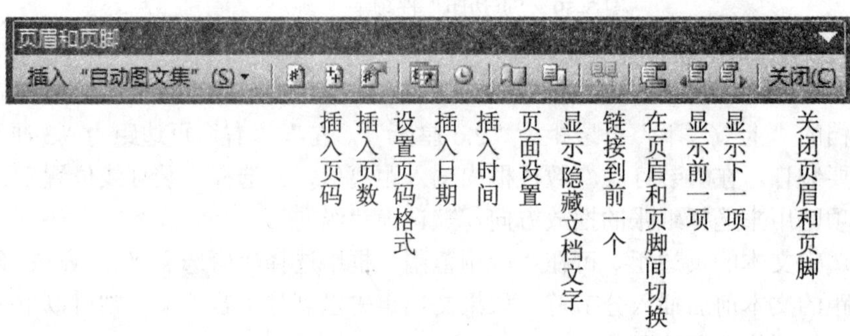

图 3-61　“页眉和页脚”工具栏

在页眉编辑区输入“组诗欣赏”，并设置文本格式为“隶书、小四号、加粗”，如图 3-62 所示。

页眉
组诗欣赏

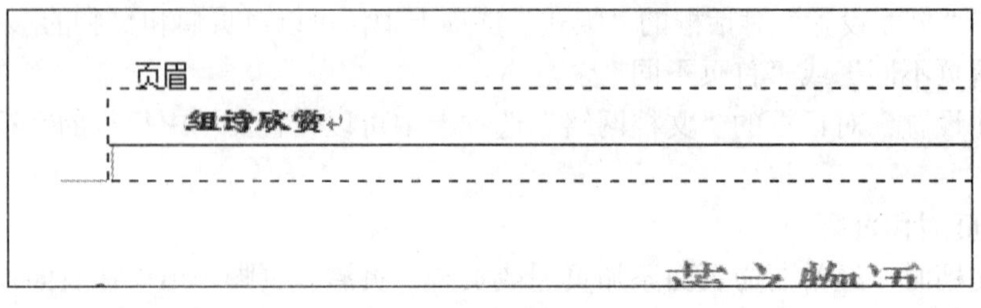

图 3-62　添加页眉

页眉编辑完成后，单击“页眉和页脚”工具栏上的“在页眉和页脚间切换”按钮，使光标移到页脚编辑区，单击“页眉和页脚”工具栏上的“插入页码”按钮，设置页码格式为“小

四号、居中”，如图 3-63 所示。

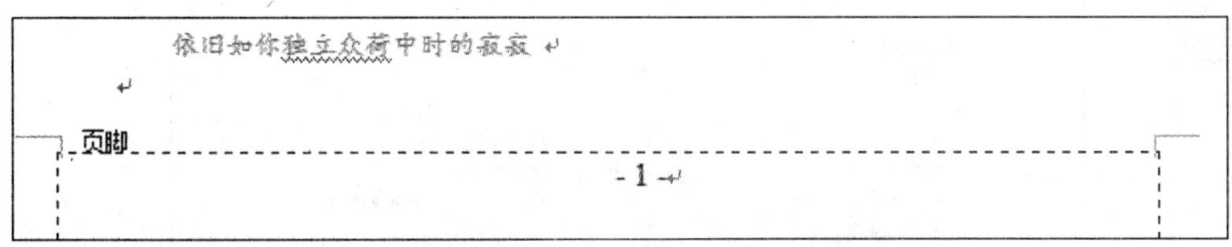

图 3-63 添加页脚

全部编辑完成后，单击“页眉和页脚”工具栏上的“关闭页眉和页脚”按钮（或者鼠标在正文处双击），返回正文编辑状态。

想要再次修改页眉和页脚时，通过鼠标双击可以在正文与页眉和页脚之间快速切换。

4. 插入页码

除了在页眉和页脚中插入页码外，还可以通过单击“插入”菜单，选择“页码”命令，打开“页码”对话框进行设置，如图 3-64 所示。

在“位置”列表框中选择页码的位置，包括页眉、页脚和页面纵向中心等选择项。在“对齐方式”列表框中选择一种对齐方式。

单击“格式”打开“页码格式”对话框，如图 3-65 所示，设置相应的格式后单击“确定”退出。

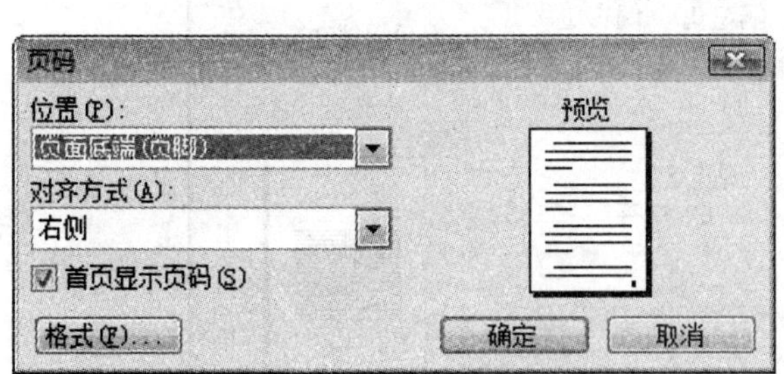

图 3-64 “页码”对话框

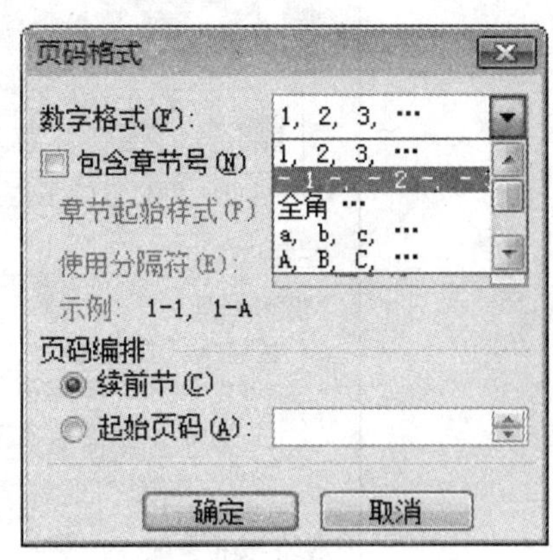

图 3-65 “页码格式”对话框

当不需要在文档的首页显示页码时，取消“首页显示页码”选项。

5. 设置分栏排版

报刊、杂志的版面以及学术论文的正文通常要求分栏排版，分栏使版面显得更加灵活，可读性增强。有时，分栏排版还有助于减少版面上大片的空白区域。

例如，对文档“莲之物语.doc”中的部分内容设置为分栏排版，效果如图 3-66 所示。具体操作如下：

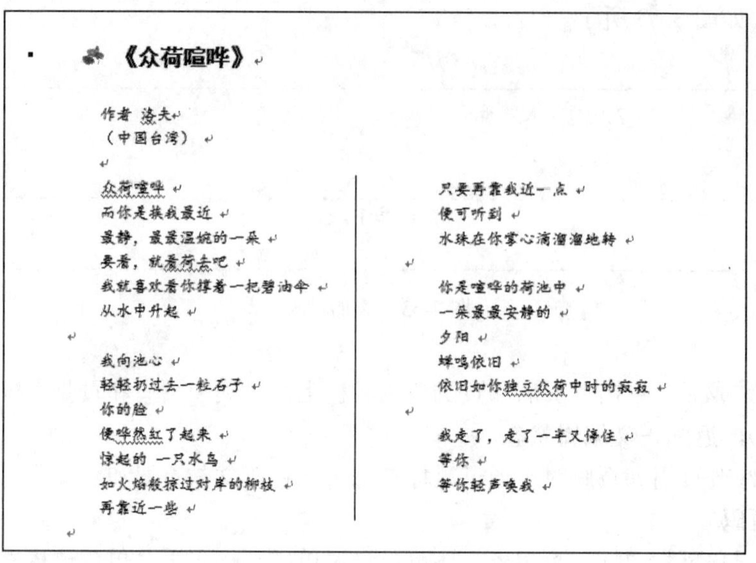

《众荷喧哗》

作者 洛夫
（中国台湾）

众荷喧哗
而你是挨我最近
最静，最最温婉的一朵
要看，就看荷去吧
我就喜欢看你撑着一把碧油伞
从水中升起

我向池心
轻轻扔过去一粒石子
你的脸
便哗然红了起来
惊起的 一只水鸟
如火焰般掠过对岸的柳枝
再靠近一些

只要再靠我近一点
便可听到
水珠在你掌心滴溜溜地转

你是喧哗的荷池中
一朵最最安静的
夕阳
蝉鸣依旧
依旧如你独立众荷中时的寂寂

我走了，走了一半又停住
等你
等你轻声唤我

图 3-66　分栏排版示例

首先选择要设定分栏的文本，不选默认为整篇文档，如果文档进行了分节，则默认为当前所在节。

单击“格式”菜单，选择“分栏”命令，打开“分栏”对话框，如图 3-67 所示。

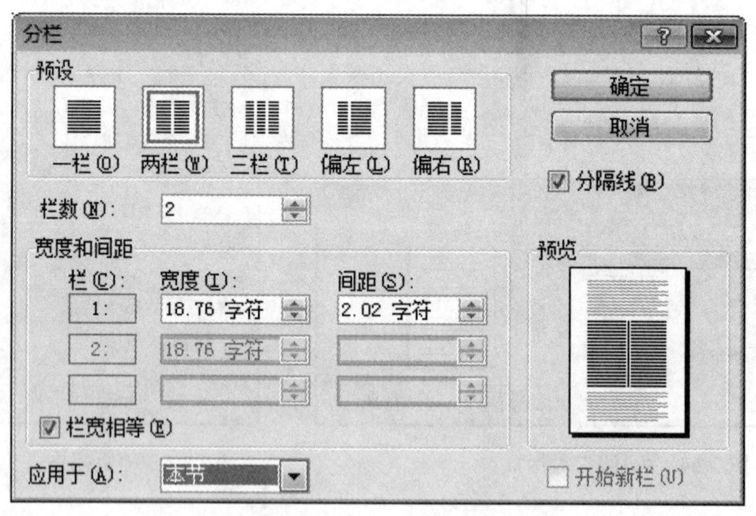

图 3-67 “分栏”对话框

选择“两栏”预设格式（如果想设定的栏数超过三栏，可以在“栏数”框中键入分栏数），选中“分隔线”，然后单击“确定”。

在“分栏”对话框中，还可以设置栏宽、栏间距和分栏的应用范围等。

在设置分栏时，如果选定的是文本块，选定的文本内容自动成为一节，即 Word 自动在文本块前后插入分节符。

值得注意的是，只有在“页面视图”方式下或“打印预览”中才能显示分栏的效果。

6. 设置竖排版

诗词在排版时，经常使用竖排版的形式。图 3-68 所示为竖排版的例子。

竖排版的操作非常简单，只需要单击“常用”工具栏上的“更改文字方向”按钮即可。此时“格式”工具栏上的对齐方式等按钮的显示图标也随之改变。再次单击该按钮，文档重新回到横排版方式。

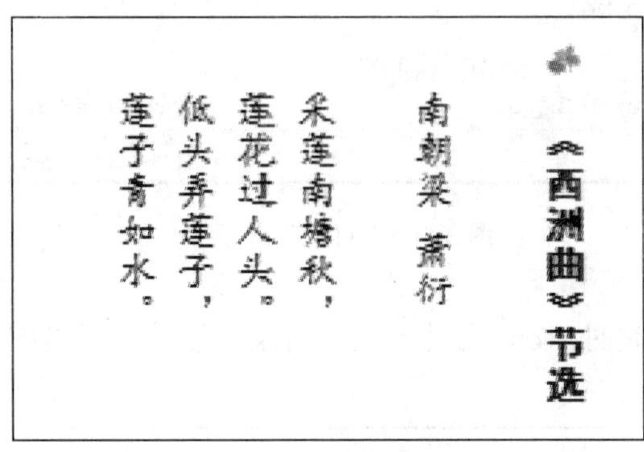

图 3-68 竖排版的例子

3.3.5 创建目录

目录是文档中标题的列表。通过目录可以浏览和定位文档中讨论的主题。对于书稿、杂志、手册等的编辑，制作目录的工作是不可缺少的。

最常用的方法是根据文档中的标题样式和大纲级别来创建目录。

大纲级别是一种段落格式，用来为文档中的段落指定相应的等级结构（1 级至 9 级，其中 1 级为最高等级）。样式“标题 1”内置的大纲级别是“1 级”，样式“标题 2”内置的大纲级别是“2 级”，以此类推。指定了大纲级别后，可以在大纲视图或文档结构图中方便地处理文档。单击“格式”菜单，选择“段落”命令，打开“段落”对话框，单击“缩进和间距”选项卡，在此选项卡中可以设置段落的大纲级别。

因此，在创建目录之前，首先要通过使用样式或大纲级别来设置文档中各标题的级别。

在示例文档“莲之物语.doc”中，首行标题的大纲级别为“1 级”；“第一章”、“第二章”、“第三章”为“2 级”；诗词题目为“3 级”。

1. 创建目录

下面为文档“莲之物语.doc”创建目录。

首先将插入点移至要创建目录的位置，通常位于文档的开始处。

单击“插入”菜单，选择“引用”，在打开的级联菜单中选择“索引和目录”命令，打开“索引和目录”对话框，单击“目录”选项卡，如图 3-69 所示。

在“格式”列表框中选择目录内置格式为“来自模板”；在“显示级别”框中选择目录显示的标题最低级别为“3”级；选中“显示页码”和“页码右对齐”复选框，取消“使用超链接而不使用页码”复选框。

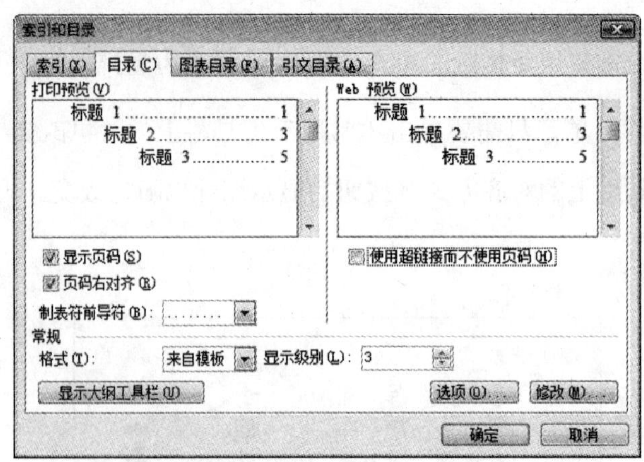

图 3-69 “目录”选项卡

单击“确定”按钮。此时 Word 自动生成的目录就插入到了当前位置。如图 3-70 所示。

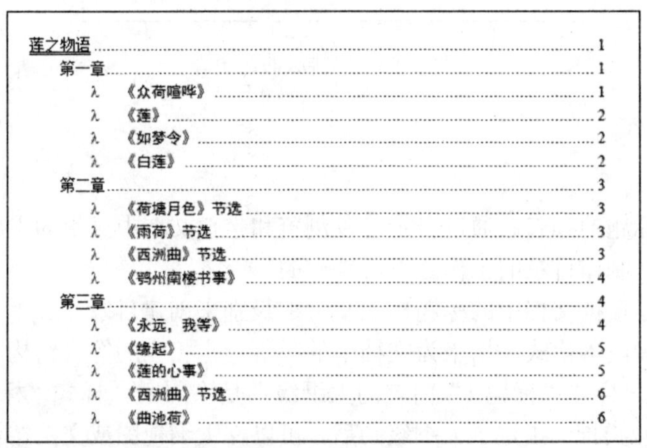

莲之物语........1
第一章........1
λ 《众荷喧哗》........1
λ 《莲》........2
λ 《如梦令》........2
λ 《白莲》........2
第二章........3
λ 《荷塘月色》节选........3
λ 《雨荷》节选........3
λ 《西洲曲》节选........3
λ 《鄂州南楼书事》........4
第三章........4
λ 《永远，我等》........4
λ 《缘起》........5
λ 《莲的心事》........5
λ 《西洲曲》节选........6
λ 《曲池荷》........6

图 3-70 创建目录示例

创建目录后，将鼠标指针移动到目录的页码上，按下 Ctrl 键，可以看到鼠标指针变成了手形，单击鼠标就可快速跳转到相应的标题和页码上。

2. 更新目录

创建目录后，如果重新编辑文档正文的内容，标题对应的页码也将随之变化，那么需要更新目录，以保证目录的正确性。

将鼠标指针移至目录中，右击鼠标，在快捷菜单中选择“更新域”命令，打开的“更新目录”对话框，若选择“只更新页码”，则仅修改页码；若选择“更新整个目录”，则将重新创建目录。

3. 删除目录

选中目录，然后按删除键即可。

3.3.6 打印文档

1. 打印预览

一篇文档在正式打印之前，通常先要进行预览，以查看排版的效果是否符合要求。

单击“文件”菜单，选择“打印预览”命令，或单击“常用”工具栏中的“打印预览”按钮，屏幕上显示如图3-71所示的“打印预览”窗口。鼠标指针变为放大镜的形状。

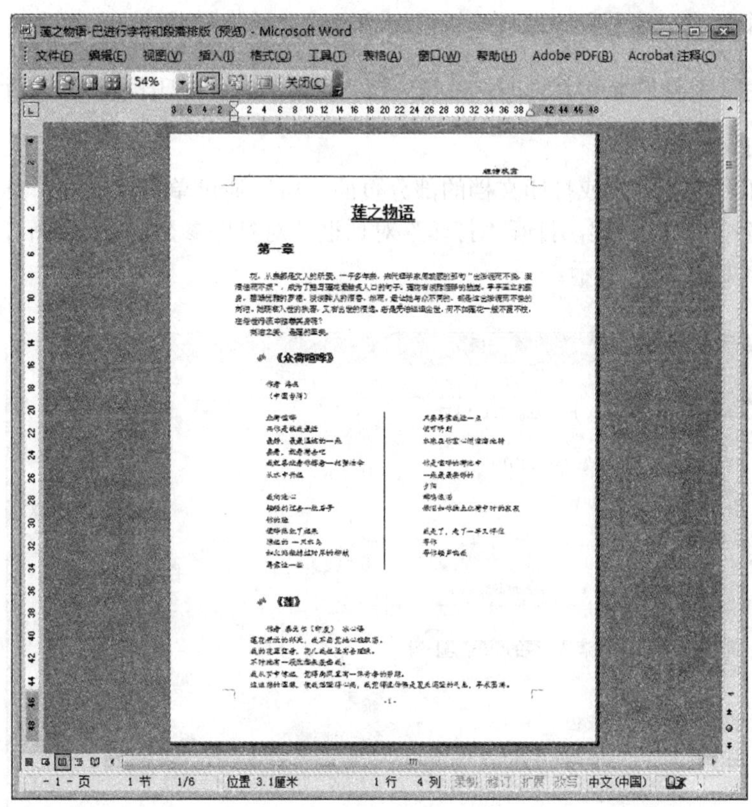

图3-71 “打印预览”窗口

“打印预览”窗口中有一个“打印预览”工具栏，如图3-72所示。

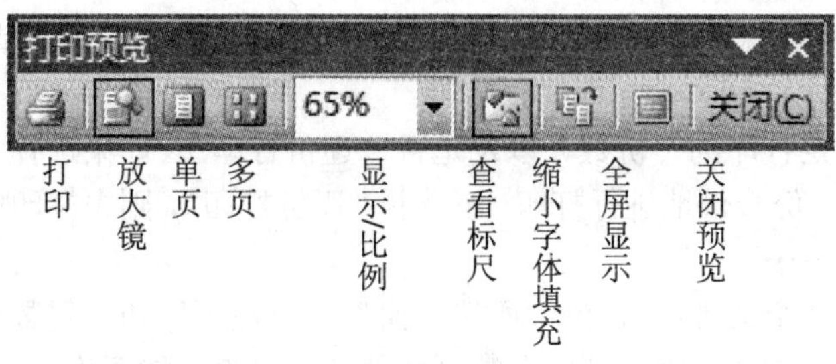

图3-72 “打印预览”工具栏

其中，“显示比例”列表框是最常用的，可以选择不同的比例预览文档。

如果只做少量的修改，可以在打印预览中进行文本编辑，单击“放大镜”按钮，指针会由放大镜形状变成I形，此时就可以修改文档了。

要退出打印预览窗口，单击“关闭预览”按钮，返回文档的上一个视图。

2. 打印

打印预览满意后，就可以将文档打印出来了。Word提供了灵活的打印功能，可以打印单份或多份文档，也可以仅打印文档中指定的页面。

在打印操作之前，首先应确保打印机已正确设置并处于打开状态。

单击“常用”工具栏上的“打印”按钮，或者单击“打印预览”工具栏上的“打印”按钮，可直接打印一份文档。

如果要打印多个副本，或打印文档的部分页面，可以通过单击“文件”菜单，选择“打印”命令，或者按Ctrl+P键，打开“打印”对话框，对打印参数进行设置后，再进行打印。“打印”对话框如图3-73所示。

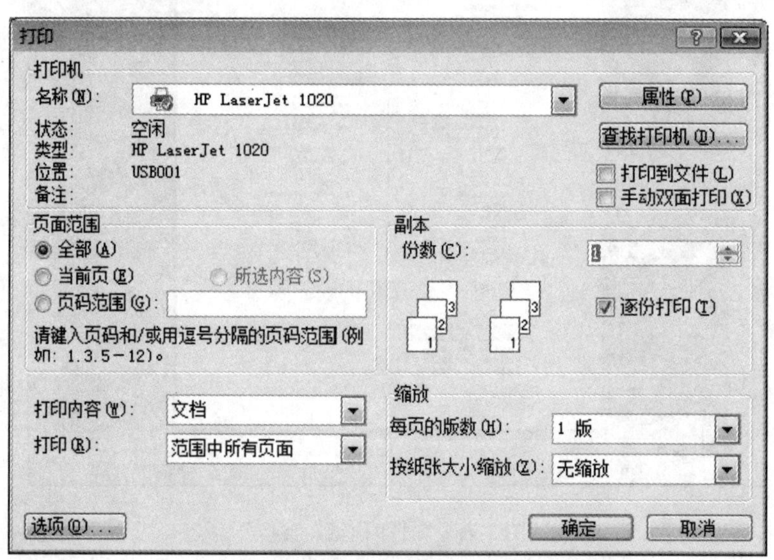

图3-73 “打印”对话框

在打印机“名称”列表框中选择用于打印操作的打印机。

“页面范围”选项区用来指定打印的范围。如选择“全部”、“当前页”或输入具体的“页码范围”。

“副本”选项区指定打印的“份数”以及是否“逐份打印”。如果选择“逐份打印”，则在打印多份副本时，就一份一份地进行打印。不选择“逐份打印”，则先打印所有份的第一页，再打印所有份的第二页……

“打印”列表框有3个选项：“范围中所选页面”、“奇数页”和“偶数页”。如果要双面打印，先选择“奇数页”选项，将文档的奇数页全部打印出来；然后将纸张重新放置到打印机进纸口，再选择“偶数页”选项，将文档的偶数页打印到纸张的另一面。

3.4 Word 表格

表格是一种简明、扼要的数据组织和显示形式。表格由行和列的单元格组成，横向为行，行号为 1，2，3……纵向为列，列号为 A，B，C，……。单元格的编号表示为“列号 + 行号”，如“C2”表示第 2 行第 3 列的单元格。可以在单元格中输入文本和插入图片。

在 Word 中，使用表格不仅可以创建成绩表、工资表等信息，还可以利用数据统计功能对表格中的数据进行简单的求和等计算。此外，还可以使用表格来控制页面的版式，使布局更加灵活、合理，如创建个人简历等。

3.4.1 新建表格和输入内容

Word 提供了多种创建表格的方法。使用时可根据所要创建的表格的难易程度灵活选择。

1. 自动创建简单、规则的表格

首先单击文档中要建立表格的位置。

在“常用”工具栏上，单击“插入表格”按钮，然后拖动鼠标，选定所需的行数和列数，如选择 4 行、5 列，就在当前位置插入了一个简单的表格，如图 3-74 所示。

图 3-74 新建表格示例

也可以单击“表格”菜单，选择“插入”，在打开的级联菜单中选择“表格”命令，或者单击“表格和边框”工具栏上的“插入表格”按钮，打开“插入表格”对话框，如图 3-75 所示。在“表格尺寸”选项区分别为表格选择行数和列数，然后单击“确定”创建表格。

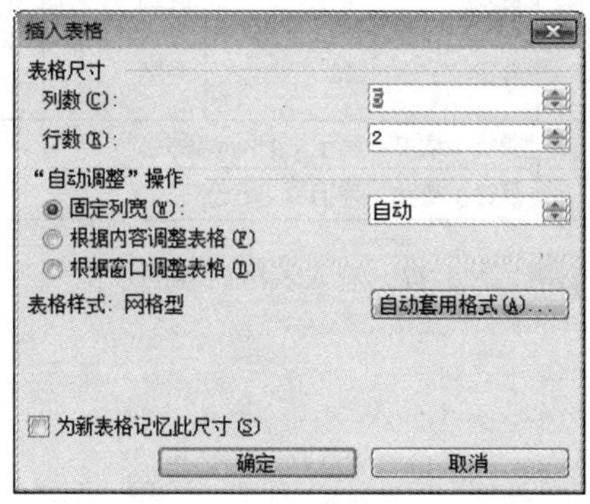

图 3-75 “插入表格”对话框

在“插入表格”对话框还可以设定表格的列宽，以及为表格应用一种内置表格样式。

2. 手工绘制表格

在 Word 中还可以手工绘制复杂的表格，比如表格中每行包含的列数不同或单元格的高度不同。

单击文档中要建立表格的位置。

选择“表格”菜单的“绘制表格”命令，或单击“表格和边框”工具栏上的“绘制表格”按钮，指针变为笔形。

先拖动鼠标绘制表格的外围边框矩形，然后在矩形内绘制行、列框线。如果要擦除一条或一组框线，单击“表格和边框”工具栏上的“擦除”按钮，指针变为橡皮擦形，单击要擦除的框线。

图 3-76 为一个手工绘制的表格示例。

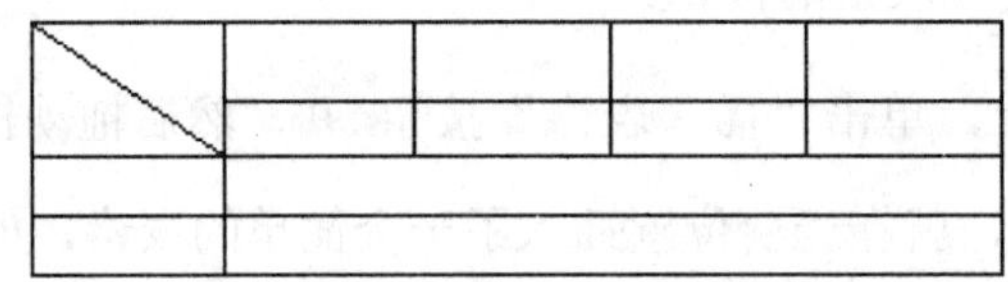

图 3-76　手工绘制表格示例

此外，斜线表头的绘制还可以通过单击“表格”菜单，选择“绘制斜线表头”命令，打开“插入斜线表头”对话框，为表格选择不同的表头样式，并可输入行标题、列标题等。

3. 输入表格的内容

表格创建完毕后，要向表格中的任何单元格添加内容，只需单击该单元格，便可输入文字或插入图片（单击“插入”菜单，选择“图片”命令），并且可以设置表格中文本的格式。

输入完毕，按一下 Tab 键，光标移到下一个单元格。按 Shift + Tab 键移到上一个单元格。

图 3-77 为一个输入表格内容的示例。

	姓名	小林	性别	男性
	年龄	18	身高	175cm
兴趣爱好	美食、读书、音乐、上网、睡懒觉、……			
特长	烹饪、舞蹈、弹钢琴、……			

图 3-77　输入表格内容的示例

3.4.2　表格的基本编辑

1. 选定表格和单元格

（1）选定整个表格

将鼠标指针移至要选择的表格的任意位置，表格左上角出现表格移动控点时，在该控点上单击，或者将插入点移至表格内的任意位置，单击“表格”菜单，选择“选择”，在打开

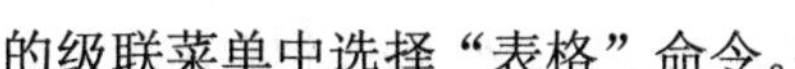

的级联菜单中选择“表格”命令。

（2）选定行、列

将鼠标指针移至行的左侧，当鼠标指针变为向右的空心箭头↗时，单击选定该行。

将鼠标指针移至列的最上边，当鼠标指针变为向下的黑色实心箭头⬇时，单击选定该列。

或者单击“表格”菜单，选择“选择”，在打开的级联菜单中选择“行”或“列”命令进行选定。

（3）选定单元格

将鼠标指针移至要选择的单元格的左侧，当光标变为向右的黑色斜向箭头时，单击选定该单元格，或者将插入点移至单元格内，单击“表格”菜单，选择“选择”，在打开的级联菜单中选择“单元格”命令。

也可以使用鼠标拖动的方法，选定表格中的多行、多列和多个单元格。

要选定不连续的多行或多个单元格，单击所选的第一个单元格、行或列，按下 Ctrl 键，再单击下一个单元格、行或列。

2. 插入和删除单元格

（1）插入行和列

将插入点移至当前行最右侧的表格边框之外的行结束标记处（回车符），按回车键即在当前行下方插入一个空行。

在表格最后一行的最后一个单元格中按 Tab 键，将自动在表格末尾追加一个空行。

或者将插入点移至当前行（列），或选定多行（列），单击“表格”菜单，选择“插入”，在打开的级联菜单中选择“行（列）”命令，即可在当前行的上方或下方（当前列的左侧或右侧）插入一个空行（列）。如果先选定多行（列），则将插入相应的多个空行（列）。

此外，还可以先选定行或列，然后右击鼠标，从快捷菜单中选择“插入行（列）”命令。

（2）插入单元格

首先将插入点移至要插入单元格的位置。单击“表格”菜单，选择“插入”，在打开的级联菜单中选择“单元格”命令，打开“插入单元格”对话框，如图 3-78 所示。选择一种单元格插入方式，然后按“确定”。

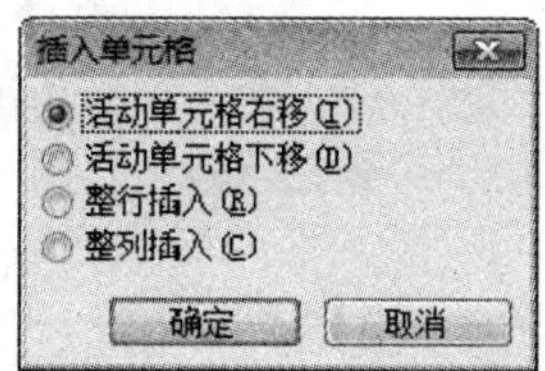

图 3-78 “插入单元格”对话框

（3）删除行和列

选定要删除的行或列，然后单击“表格”菜单，选择“删除”，在打开的级联菜单中选择“行”或“列”命令，或者执行右键快捷菜单中的“删除行”或“删除列”命令。

（4）删除单元格

选定要删除的单元格，然后单击“表格”菜单，选择“删除”，在打开的级联菜单中选择“单元格”命令，或者执行右键快捷菜单中的“删除单元格”命令。

值得注意的是，选定行、列或单元格，按 Delete 键只是清除了行、列或单元格中的内容，行、列或单元格并没有被删除掉。

3. 合并和拆分单元格

（1）合并单元格

合并单元格是指将连续的两个或多个单元格合并为一个单元格。

首先选定要合并的单元格区域。

单击“表格”菜单，选择“合并单元格”命令，或者执行右键快捷菜单中的“合并单元格”命令，或者单击“表格和边框”工具栏上的“合并单元格”按钮。

（2）拆分单元格

拆分单元格是指将一个单元格拆分为两个或多个单元格。

首先将插入点移至要进行拆分的单元格。

单击“表格”菜单，选择“拆分单元格”命令，或者执行右键快捷菜单中的“拆分单元格”命令，或者单击“表格和边框”工具栏上的“拆分单元格”按钮。

这三种操作方式都将打开“拆分单元格”对话框，在对话框内输入要拆分成的列数和行数，然后单击“确定”。

（3）拆分表格

可以将一个表格拆分成上、下两个表格。先将光标定位于要拆分成新表格的行，然后单击“表格”菜单，选择“拆分表格”命令，Word 将在光标所在处插入一个空白的文本行，把表格拆分成两个独立的表格。

删除两个表格之间的内容和段落标记，即可将两个表格合并。

4. 调整行高、列宽

（1）调整行高

将指针光标停留在要更改高度的行的框线上，当指针变为“÷”形状时，上下拖动框线即可调整行高；也可以上下拖动垂直标尺上的表格行标记进行调整；拖动鼠标时若按下 Alt 键则将在标尺上显示行高的数值。

如果需要将行高设定为精确的数值，可以单击“表格”菜单，选择“表格属性”命令，打开“表格属性”对话框，单击“行”选项卡进行设置。“行”选项卡如图 3-79 所示。

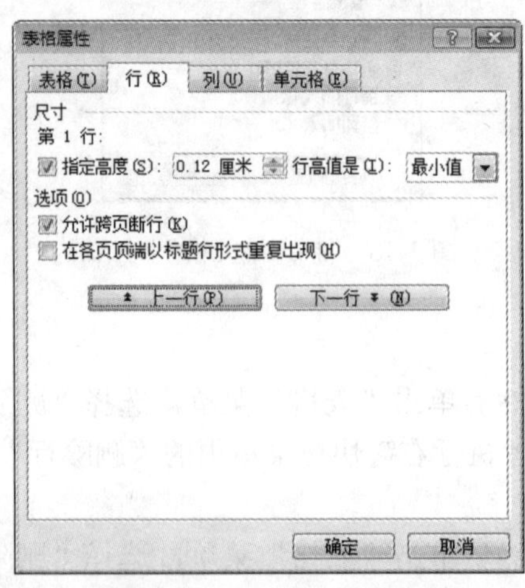

图 3-79 “行”选项卡

"行"选项卡的"尺寸"选项区用来设定每一行的行高的最小值或固定值。

选中"允许跨页断行"复选框，表示允许表格中的行在分页符处断开，即表格分两页或多页显示。如果不希望表格跨页显示，则取消该复选框。

当同一表格中各行的行高不相同时，可以通过单击"表格和边框"工具栏上的"平均分布各行"按钮使所有行具有相同的行高。

（2）调整列宽

调整列宽的操作类似于调整行高的操作，只需将其中的"行"改为"列"，不再赘述。

5. 移动表格或调整表格的大小

（1）表格的复制和移动

表格可以像文本块一样进行复制或移动。

首先，选择要复制或移动的表格（也可以是表格的一部分）。然后单击"编辑"菜单，选择"复制"或"剪切"命令，再在目标位置使用"粘贴"命令，即可实现表格的复制或移动。

（2）调整表格的大小

将鼠标指针移入表格内，在表格右下角将出现一个小方块，称为表格缩放控点，鼠标拖动表格缩放控点即可调整表格的大小。

6. 标题行重复

表格的标题行通常位于表格的第一行，也可以是包括第一行的连续多行。

有时表格的内容较多，超过了一页，这时可能希望在下一页的续表顶端显示表格的标题行。操作如下：

单击"表格属性"对话框中"行"选项卡，其中"在各页顶端以标题行形式重复出现"复选框只对表格的第一行或包含第一行的多行有效，选中它，则当表格横跨多页时，第一行或选定的多行在后续页面中以标题行形式重复出现。

也可以先选定标题行，然后单击"表格"菜单，选择"标题行重复"命令。

7. 转换表格和文本

（1）将表格转换成文本

可以将表格或表格中的连续行的内容转化为正文文本形式。

首先选中要转换的表格或连续行。然后单击"表格"菜单，选择"转换"，在打开的级联菜单中选择"表格转换成文本"命令，打开"表格转换成文本"对话框，选择一种文字分隔符，然后单击"确定"进行转换。

（2）将文本转换成表格

将文本转换成表格时，使用逗号、制表符或其他分隔符来标识新行或新列的起始位置。

首先在要划分行或列的位置插入所需的分隔符，选中要转换的文本。

单击"表格"菜单，选择"转换"，在打开的级联菜单中选择"文本转换成表格"命令，打开"将文字转换成表格"对话框，设置要转换成的表格的默认行数和列数，在"文字分隔位置"选项区选择一种分隔符，然后单击"确定"进行转换。

3.4.3 设置表格格式

1. 表格自动套用格式

就像字符和段落可以应用样式一样，Word 也内置了一套表格样式，表格样式中包括了对表格的字体、边框和底纹等格式的设置，使用表格样式可以更改表格的外观，使表格更加专业和美观。

首先将插入点移至表格。单击“表格”菜单，选择“表格自动套用格式”命令，打开“表格自动套用格式”对话框，如图 3-80 所示。

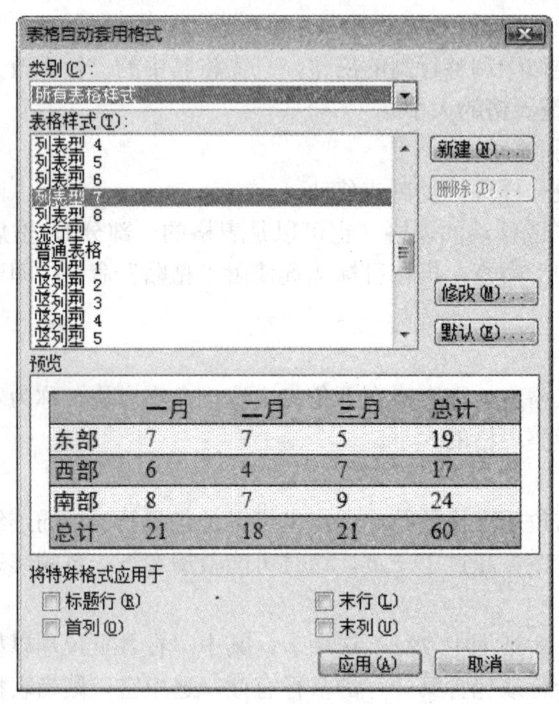

图 3-80 “表格自动套用格式”对话框

在“表格样式”列表框中选择一种表格样式，该样式的效果出现在“预览”窗口，如果要对该样式进行修改，单击“修改”按钮，在打开的“修改样式”对话框中进行修改。单击“确认”按钮。将选定的样式应用于当前表格。

要取消自动套用格式，可在“表格样式”列表框选择“普通表格”。

单击“表格自动套用格式”对话框中的“新建”按钮，还可以创建一种新的表格样式。

2. 单元格的格式设置

可以手工对表格中的单元格内容设置字符格式和段落格式，如字体、字号、颜色以及段间距、缩进和对齐方式等。单元格中的格式设置方法与文档正文文本的格式设置方法一样。

图 3-81 为对表格内容进行格式设置的示例。

	姓名	小林	性别	男性
	年龄	18	身高	175cm
兴趣爱好	美食、读书、音乐、上网、睡懒觉、……			
特长	烹饪、舞蹈、弹钢琴、……			

图 3-81 对表格内容进行格式设置的示例

与正文对齐方式有所区别的是，将插入点移至某个单元格内，然后右击鼠标，从快捷菜单的“单元格对齐方式”中可以选择九种不同的单元格对齐方式。例如，图 3-81 中单元格“姓名”的对齐方式为“中部两端对齐”；单元格“小林”的对齐方式为“中部居中”。

3. 表格的对齐方式和文字环绕方式

新建一个表格时，默认的表格对齐方式是“左对齐”。用户可以根据排版需要调整表格的对齐方式。

首先将插入点移至表格内任意位置。

单击“表格”菜单，选择“表格属性”命令，打开“表格属性”对话框。单击“表格”选项卡，在“对齐方式”选项区选择一种对齐方式，同时可以设置表格的左缩进。在“文字环绕”选项区可以选择是否应用文字环绕方式。设置完毕，单击“确定”按钮。

4. 设置边框和底纹

为了美化表格，还可以给表格设置边框和底纹。

使用“边框与底纹”对话框，不仅可以设置文本和段落的边框和底纹，还可以为表格和单元格设置边框和底纹。

选定表格或单元格后，单击“格式”菜单，选择“边框和底纹”命令，或者执行右键快捷菜单中的“边框和底纹”命令，打开“边框和底纹”对话框，单击“边框”选项卡。

“边框和底纹”对话框的右下角的“应用于”下拉框中显示“表格”或“单元格”，表示给表格或单元格设置边框。设置要添加的边框的类型、线型、颜色以及框线宽度，单击“确定”按钮。单击边框的类型中的“无”可以取消边框。

单击“边框和底纹”对话框的“底纹”选项卡，选择表格或单元格的底纹颜色及样式，单击“确定”按钮。

图 3-82 为表格设置边框和底纹的示例。

	姓名	小林	性别	男性
	年龄	18	身高	175cm
兴趣爱好	美食、读书、音乐、上网、睡懒觉、……			
特长	烹饪、舞蹈、弹钢琴、……			

图 3-82　表格设置边框和底纹的示例

3.4.4 数据的计算和排序

Word 可以对表格中的数据进行一些简单的计算，如求和、求平均值等，同时支持数据的排序功能。如果要对数据进行更加复杂的计算或处理，最好先在 Excel 中进行操作，然后在 Word 中插入相应的 Excel 工作表或图表。

1. 计算

图 3-83 给出一个 Word 表格的例子，下面使用 Word 提供的公式计算总销售额。

产品名称	第1季度	第2季度	总销售额
产品A	12.4	14.7	
产品B	11.8	13.5	
产品C	12.2	14.9	

图 3-83 原始表格

首先将插入点移至产品A的“总销售额”单元格，单击“表格”菜单，选择“公式”命令，打开“公式”对话框，如图 3-84 所示。

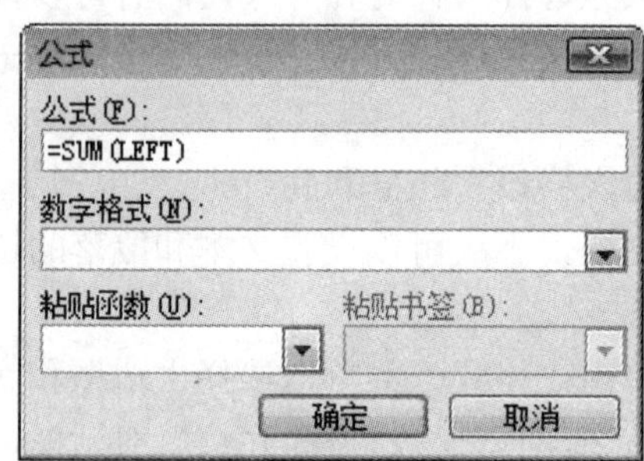

图 3-84 “公式”对话框

“公式”输入框显示“= SUM（LEFT）”，表示计算左边各列数据的累加和。单击“确定”。对应的单元格中显示出求和以后的数值。也可以在“公式”输入框输入计算式“= B2 + C2”，计算结果是一致的。

按同样的方式，求出另外两种产品的总销售额。需要注意的是，如果选定的单元格位于一列数值的下面，Word 默认采用公式“= SUM(ABOVE)”进行计算。因此需要手工将公式修改为“= SUM（LEFT）”，然后单击“确定”。

表格计算的结果如图 3-85 所示。

产品名称	第1季度	第2季度	总销售额
产品A	12.4	14.7	27.1
产品B	11.8	13.5	25.3
产品C	12.2	14.9	27.1

图 3-85 表格的计算结果

如果表格最后一列是“平均销售额”，则此时要修改“公式”输入框中的内容，在“粘贴函数”下拉列表框中选择“AVERAGE”函数，修改“公式”输入框中的内容为“=AVERAGE（LEFT）”，然后单击“确定”。

2. 排序

下面使用 Word 提供的排序功能对三种产品按“总销售额”进行降序排序，如果出现“总销售额”相同的情况，则按“第2季度”的销售额进行降序排序。

首先将插入点移至表格内。单击“表格”菜单，选择“排序”命令，打开“排序”对话框，如图 3-86 所示。

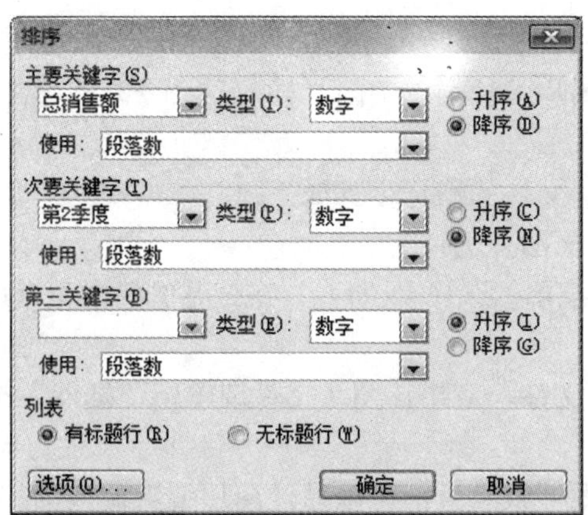

图 3-86 “排序”对话框

在“主要关键字”下拉框中选择“总销售额”，类型为“数字”，“降序”排列。在“次要关键字”下拉框中选择“第 2 季度”，类型为“数字”，“降序”排列。在“列表”选项区选择“有标题行”。然后单击“确定”。图 3-87 展示了排序后的结果。

产品名称	第 1 季度	第 2 季度	总销售额
产品 C	12.2	14.9	27.1
产品 A	12.4	14.7	27.1
产品 B	11.8	13.5	25.3

图 3-87　表格的排序结果

3.5　Word 图文混排

在文档中加入图片可以增强文档的直观性和说服力。图文混排是 Word 提供的一种特色功能，在 Word 文档中可以插入剪贴图、图形文件、自选图形、艺术字以及其他对象，使文档更加赏心悦目。

3.5.1　插入图片及图片处理

1. 插入图片

Office 剪辑库中提供了很多剪贴画图片（.wmf）供用户选择使用。除此之外，用户也可以将自己的图片资料插入到文档中。

（1）插入剪贴画

在文档中插入剪贴画的操作步骤如下：

① 将插入点置于要插入图片的位置。

② 单击“插入”菜单，选择“图片”，在打开的级联菜单中选择“剪贴画”命令，打开“剪贴画”任务窗格。

③ 在“搜索文字”输入框内，输入图片的主题关键字；在“搜索范围”下拉列表中选择要搜索的剪贴画的收藏集；在“结果类型”下拉框中选择要搜索的文件类型为“剪贴画”。

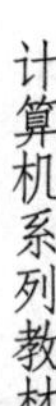

④ 单击“搜索”按钮，将显示系统已搜索到的所有符合主题的剪贴画的预览样式，单击要插入的图片（或选择图片下拉菜单中的“插入”命令）即可。

（2）插入图片文件

在文档中插入其他图片文件的操作步骤如下：

① 将插入点置于要插入图片的位置。

② 单击选择“插入”菜单，选择“图片”，在打开的级联菜单中选择“来自文件”命令，打开“插入图片”对话框。

③ 选择要插入的图片文件，双击该图片文件或单击“插入”按钮。

2. 设置图片格式

如果对插入图片的外观不太满意，可以通过图片编辑调整图片的显示效果。

选定要编辑的图片，打开“图片”工具栏。“图片”工具栏上的按钮功能如图 3-88 所示。

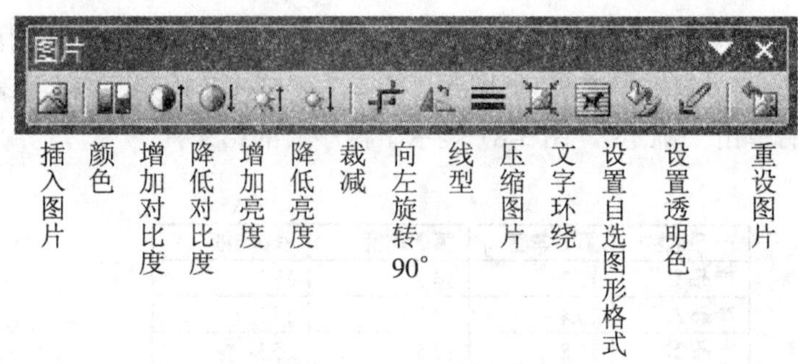

图 3-88 “图片”工具栏

（1）改变图片大小

单击选定图片，图片的边缘上将出现 8 个控点，拖动其中任何一个控点即可放大或缩小图片。

也可以单击“格式”菜单，选择“图片”命令，或者执行右键快捷菜单中的“设置图片格式”命令，打开“设置图片格式”对话框，单击“大小”选项卡，对图片尺寸作精确设定，如图 3-89 所示。

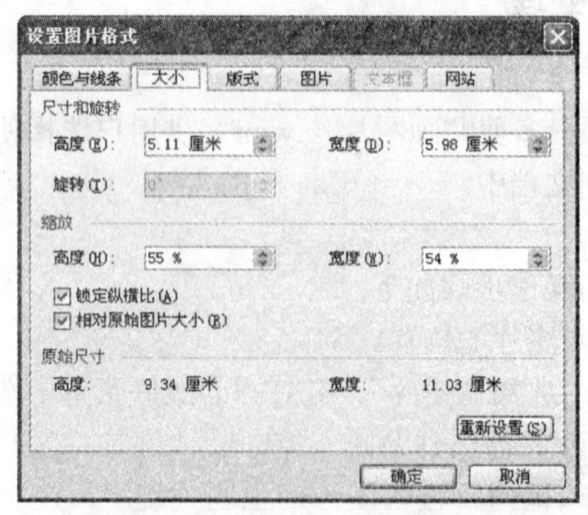

图 3-89 “设置图片格式”对话框

（2）裁减图片

选定图片，单击“图片”工具栏上的“裁减”按钮，此时鼠标形状变成裁减工具，用鼠标拖动图片上的控点对图片进行裁减。

（3） 添加边框和背景

给图形添加边框和背景，可以突出显示插入的图片。

选定图片，单击“设置图片格式”对话框中的“颜色与线条”选项卡，在“填充”选项区中设定背景的颜色、纹理和图案，在“线条”选项区中设定边框的颜色、线形、虚实和粗细，单击“确定”按钮。

也可以使用“绘图”工具栏上的“线条颜色”按钮和“填充颜色”按钮，分别为图形添加边框和背景。

值得注意的是，当图片的环绕方式为“嵌入型”时，以上两种方式都无法给图片添加边框，此时应使用“格式”菜单下的“边框和底纹”命令给图片添加边框。

（4）改变图片的亮度和对比度

选定图片，在“图片”工具栏上，单击“增加对比度”、“降低对比度”、“增加亮度”以及“降低亮度”按钮，可以调整图片的对比度和亮度。例如，当选择一幅图片做背景时，通常需要调整其对比度和亮度，使之淡化，从而不影响正文的显示。

（5）重设图片

如果在图片编辑过程中不小心设定错误，希望还原图片的话，单击“图片”工具栏上的“重设图片”按钮，将撤销对图片对比度、颜色、亮度、边框或大小进行的所有更改。

（6）图片的移动、删除和复制

可以使用鼠标拖动的方式移动图片，拖动鼠标到新位置，放开鼠标即可。

使用“常用”工具栏上的“剪切”、“复制”和“粘贴”按钮，或使用相应的菜单命令，或相应的快捷键，都可以对图片进行删除和复制。

（7）设置图片的文字环绕方式

图片的文字环绕方式决定了图片与周围文字之间的显示方式。Word 中提供的文字环绕方式包括“嵌入型”、“四周型环绕”、“紧密型环绕”、“衬于文字下方”、“浮于文字上方”、“上下型环绕”和“穿越型环绕”。Word 默认为“嵌入型”，可以通过单击“工具”菜单，选择“选项”命令，打开“选项”对话框，单击“编辑”选项卡，修改“图片插入/粘贴方式”列表框的选项，来改变 Word 默认的文字环绕方式。

选定图片，单击“图片”工具栏上的“文字环绕”按钮，在下拉列表中选择一种环绕方式。

值得注意的是，如果图片或对象在绘图画布上，则应选定绘图画布，对绘图画布设置文字环绕方式。

3. 设置背景图片

可以给文档中的页面或页面中部分文本添加图片背景，增强视觉效果。

（1）在正文中设置背景图片

图 3-90 为一篇添加了背景图片的文档。具体操作如下：

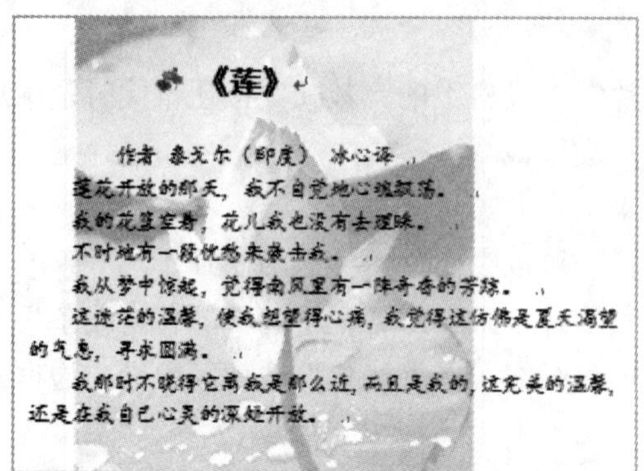
《莲》

作者 泰戈尔（印度） 冰心译

莲花开放的那天，我不自觉地心魂飘荡。

我的花篮空着，花儿我也没有去理睬。

不时地有一段忧愁来袭击我。

我从梦中惊起，觉得南风里有一阵奇香的芳踪。

这迷茫的温馨，使我想望得心痛，我觉得这仿佛是夏天渴望的气息，寻求圆满。

我那时不晓得它离我是那么近，而且是我的，这完美的温馨，还是在我自己心灵的深处开放。

图 3-90 一篇添加了背景图片的文档示例

① 首先在文档中插入图片文件。

② 调整图片到适合的大小，并设置图片的文字环绕方式为“衬于文字下方”。

③ 调整图片的对比度和亮度：单击“降低对比度”、“增加亮度”按钮各 8 次（可根据显示效果进行次数调整）。

④ 将背景图片移至适当的位置。

这样，文档中的背景图片就设置好了。如果希望图片作为整个页面的背景，则调整图片大小为覆盖整页；如果文档由多页组成，可以根据主题不同，为不同的页设置不同的背景图片。

（2）在页眉中设置

如果希望一篇文档中的所有页面具有相同的背景图片，例如文档为一封信。则可以通过在页眉中插入背景图片的方式实现。

双击页面的页眉（页脚）处，或单击“视图”菜单，选择“页眉和页脚”命令，进入页眉编辑区。在页眉编辑区插入图片文件。然后重复上面的步骤②~④，背景图片就添加到了文档的每一页。

（3）设置背景水印

单击“格式”菜单，选择“背景”，在打开的级联菜单中，选择“水印”命令，打开“水印”对话框，如图 3-91 所示。

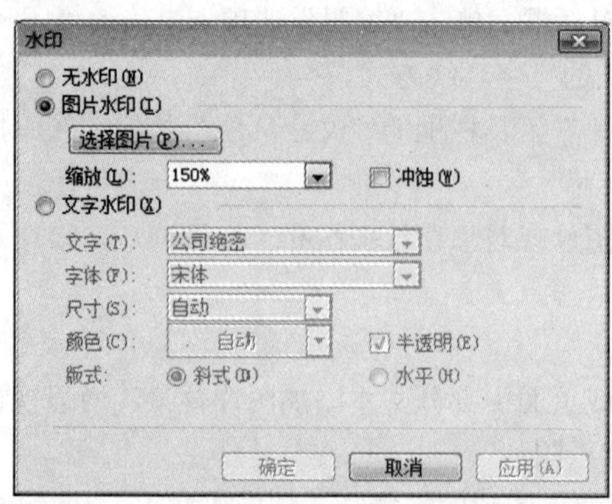

图 3-91 “水印”对话框

选中“图片水印”单选项，单击“选择图片”按钮，打开“插入图片”对话框，选择作为水印的图片文件，单击“插入”回到“水印”对话框。根据所选图片的尺寸决定是否缩放及缩放的比例，选择图片是否以“冲蚀”效果显示，然后单击“确定”。

在“水印”对话框中还可以为文档设置文字水印。例如，对一份保密文档设置文字水印“公司绝密”，则该文档的所有页面背景都将显示该文字水印。

（4）设置主题

主题是一套统一的设计元素和颜色方案。单击“格式”菜单，选择“主题”命令，打开“主题”对话框，如图 3-92 所示。为文档应用了一种主题，主题中的背景也随之应用到了文档中。

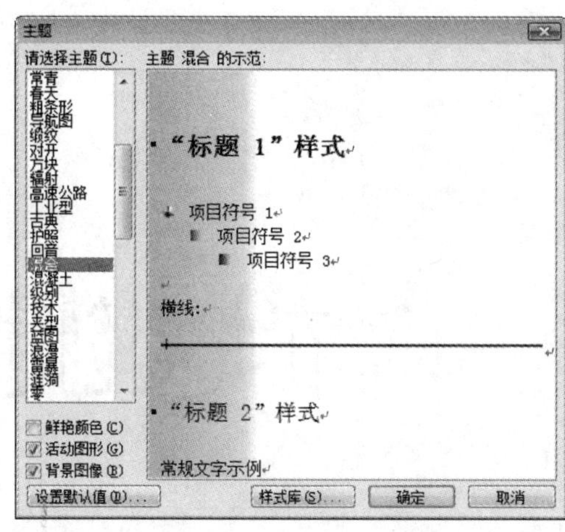

图 3-92 “主题”对话框

3.5.2 绘制图形

1. “绘图”工具栏

除了插入剪贴画和图片文件外，还可以利用 Word 提供的绘图工具在页面视图方式下绘制一些简单的图形。单击“常用”工具栏中的“绘图”按钮，打开“绘图”工具栏。“绘图”工具栏功能按钮如图 3-93 所示。

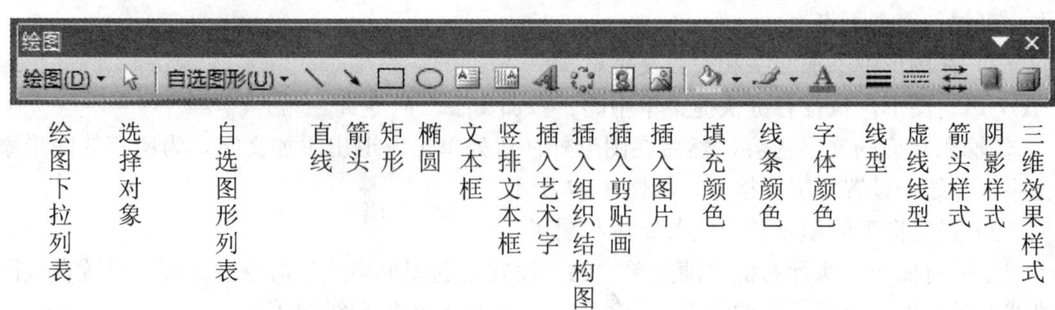

图 3-93 “绘图”工具栏

绘制图形时，最好使用绘图画布。绘图画布是一个编辑区域，可在该区域上绘制多个形状。使用绘图画布的优点是：所有的形状都包含在绘图画布内，因此它们可以作为一个整体移动和调整大小。

2. 绘制流程图

下面以绘制如图 3-94 所示的流程图为例，介绍图形的绘制方法。

（1）插入自选图形

① 单击“绘图”工具栏上的“自选图形”列表，从“流程图”类别中选择自选图形“可选过程”，此时在正文编辑区自动创建一个绘图画布，提示在此处创建图形，如图 3-95 所示。

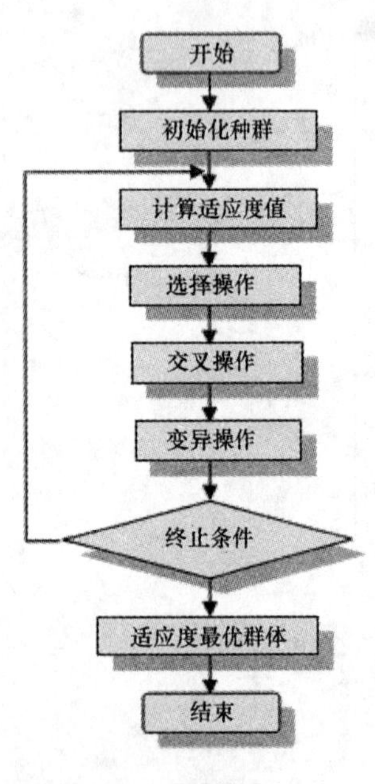

图 3-94　流程图示例

图 3-95 “绘图画布”

② 在画布中按住鼠标左键并拖动到结束处，松开鼠标左键，即可绘制出所选图形。

③ 按步骤②在画布中添加流程图的其他组成图形，如图 3-96 所示。其中，折线的绘制采用“绘图”工具栏上“绘图”列表中的“编辑顶点”命令，按 Ctrl 键的同时鼠标在线段上单击，可加入一个折点。

（2）在图形中添加文字和设置文字格式

① 选定图形，执行右键快捷菜单中的“添加文字”命令。

② 输入相应的文字内容，然后在图形外任意处单击，退出添加文字。为所有的图形添加文字，并统一设置文字的格式，如图 3-97 所示。

（3）设置图形的填充色、线条颜色和阴影

选定所有图形，执行右键快捷菜单中的“设置自选图形格式”命令，打开“设置自选图形格式”对话框，设置图形的填充颜色、线条（边框）颜色和线型等。

单击“绘图”工具栏中的“阴影样式”按钮，为图形选择一种阴影效果。

完成后的效果如图 3-94 所示。

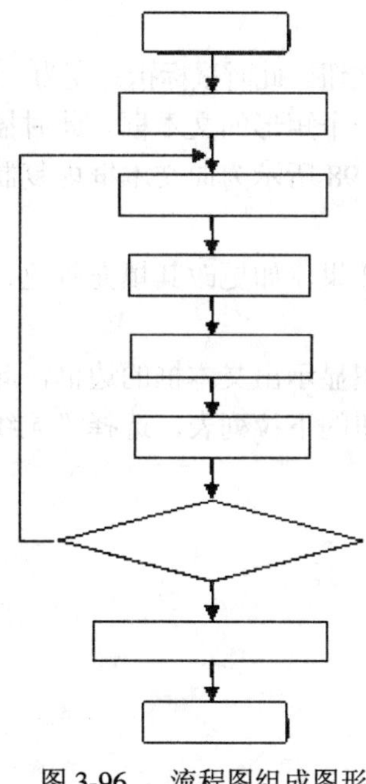

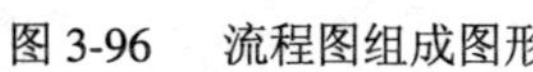

图 3-96　流程图组成图形

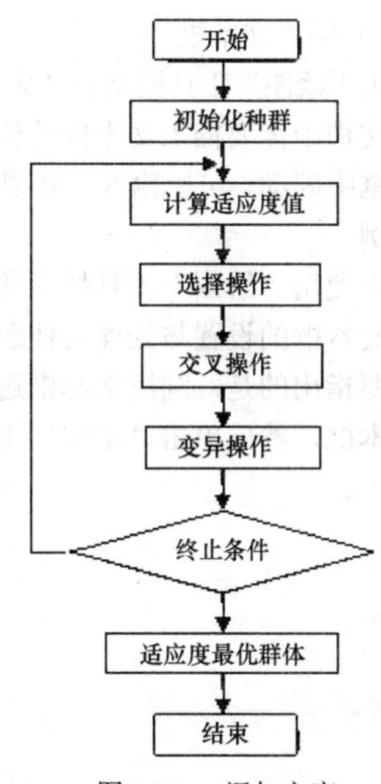

图 3-97　添加文字

（4）组合图形

在上述例子中，流程图是由多个简单的图形组成的，其中的每个图形都是一个独立的对象。除了整体移动绘图画布外，还可以通过组合功能将所有的图形组合成一个图形对象。以便图形的移动、旋转等操作。

首先选定所有的对象：单击“绘图”工具栏中的“选择对象”按钮，将鼠标指针移动到所有图形的左上角，然后按住左键拖动鼠标到所有图形的右下角，使所有图形对象均被选中。

此时鼠标指针为四向箭头，右击鼠标打开快捷菜单，单击“组合”菜单，选择“组合”命令，将所有图形组合成一个整体；选择“取消组合”命令则取消组合操作。

（5）图形的叠放次序

当多个图形对象发生重叠时，后生成的图形总是置于其他图形之上，可以通过修改图形的叠放次序调整图形之间的关系。具体操作如下：

首先选中希望置于顶层的图形，右击鼠标打开快捷菜单，单击“叠放次序”菜单，选择“置于顶层”命令，所选图形就调整到了最顶层，完整地显示出来。

也可以选择“置于底层”、“上移一层”或“下移一层”命令进行次序调整。

利用 Word 提供的绘图工具栏还可以绘制其他很多种类型的图形，如绘制椭圆、箭头、星形、旗帜和标注等，并可以对所绘制的图形进行细致的格式设置，限于篇幅，此处不再一一介绍。

3.5.3　插入其他对象

1. 插入文本框

有时文档中的某些内容可能希望放置在页边距之外，此时可以利用 Word 提供的文本框将对象定位到页面的任意位置。文本框可以理解为一种可移动、可调大小的文字或图形容器。使用文本框，可以在一页上放置数个文字块，或者使文字按与文档中其他文字不同的方向排列。

（1）插入文本框

单击“绘图”工具栏上的“文本框”（或“竖排文本框”）按钮。此时鼠标指针变为十字形。

在文档中需要插入文本框的位置单击或拖动，就插入了一个矩形的文本框。此时插入点在文本框中闪动，可以输入、复制文本或插入图形对象，图 3-98 所示为向文本框内复制文本块的示例。

可以使用“绘图”工具栏上的工具按钮来增强文本框的效果，如更改其填充颜色、边框等，对文本框的设置与处理其他图形对象是一样的。

需要指出的是，利用文本框进行页面布局时，有时不希望显示出文本框的边框，此时先选中文本框，然后单击“绘图”工具栏上的“线条颜色”按钮的下拉列表，选择“无线条颜色”即可。

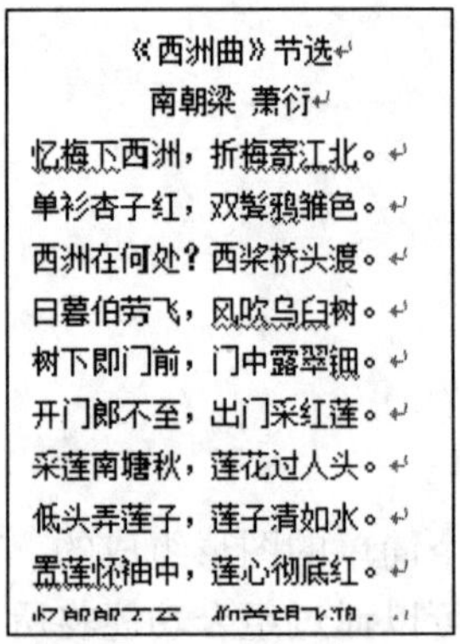

《西洲曲》节选
南朝梁 萧衍
忆梅下西洲，折梅寄江北。
单衫杏子红，双鬓鸦雏色。
西洲在何处？西桨桥头渡。
日暮伯劳飞，风吹乌臼树。
树下即门前，门中露翠钿。
开门郎不至，出门采红莲。
采莲南塘秋，莲花过人头。
低头弄莲子，莲子清如水。
置莲怀袖中，莲心彻底红。

图 3-98　文本框示例

（2）文本框链接

在图 3-98 所示的例子里，文字内容并没有完全显示出来，可以通过调整文本框大小的方法使文本框中的内容完全显示出来，但会使文本框变得很长。这里介绍另一种方法，即文本框的链接。当一个文本框的内容没能全部显示出来时，可以通过链接显示在其他的文本框中。

① 首先在图 3-98 所示的文本框右侧插入第二个文本框。

② 单击第一个文本框，单击“文本框”工具栏中的“创建文本框链接”按钮，鼠标指针变成一个水杯状。此时单击第二个文本框，则两个文本框之间就建立了链接关系。在第一个文本框中没有显示出来的内容现在就显示在了第二个文本框中。

③ 用同样的方法建立第二个和第三个文本框的链接关系，然后调整文本框的大小，使所有的文本框链接显示全部内容。如图 3-99 所示。

《西洲曲》节选 南朝梁 萧衍 忆梅下西洲，折梅寄江北。 单衫杏子红，双鬓鸦雏色。 西洲在何处？西桨桥头渡。 日暮伯劳飞，风吹乌臼树。 树下即门前，门中露翠钿。	开门郎不至，出门采红莲。 采莲南塘秋，莲花过人头。 低头弄莲子，莲子清如水。 置莲怀袖中，莲心彻底红。 忆郎郎不至，仰首望飞鸿。 鸿飞满西洲，望郎上青楼。	楼高望不见，尽日栏杆头。 栏杆十二曲，垂手明如玉。 卷帘天自高，海水摇空绿。 海水梦悠悠，君愁我亦愁。 南风知我意，吹梦到西洲。

图 3-99　文本框链接示例

2. 插入艺术字

使用“绘图”工具栏上的“插入艺术字”按钮，可以插入装饰文字。可以创建带阴影的、扭曲的、旋转的和拉伸的文字，或者按预定义的形状创建艺术字。艺术字通常作为文本中的标题。需要指出的是，艺术字属于图形对象。

插入艺术字的操作方法如下：

① 首先定位插入点到要插入艺术字的位置。

② 单击“绘图”工具栏上的“插入艺术字”按钮，或者单击“插入”菜单，选择“图片”，在打开的级联菜单中选择“艺术字”命令，打开“艺术字库”对话框，如图3-100所示。

艺术字库
请选择一种“艺术字”样式(W):
确定
取消

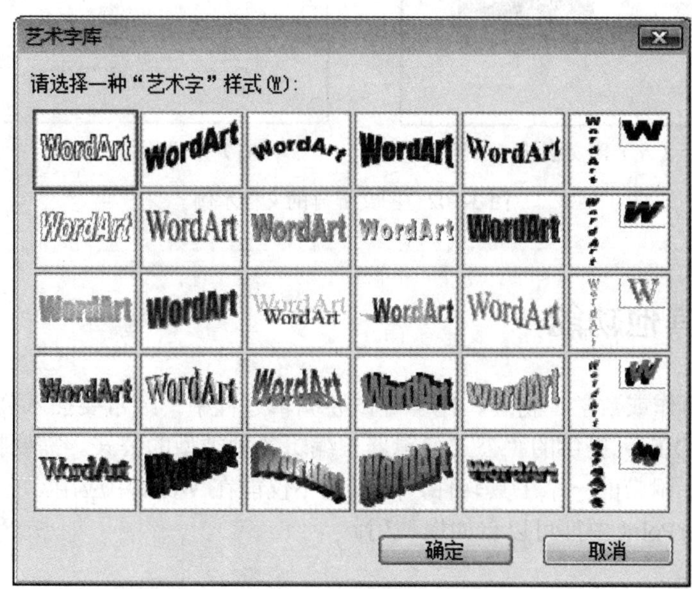

图3-100 “艺术字库”对话框

③ 选择所需的艺术字效果，单击“确认”按钮，在打开的“编辑‘艺术字’文字”对话框中，键入要显示的文字，并设定字体、字号等格式。单击“确认”按钮。

图3-101为一个艺术字图片的示例。

插入艺术字后，如果对生成的效果不满意，可以利用“艺术字”工具栏对艺术字进行修改。

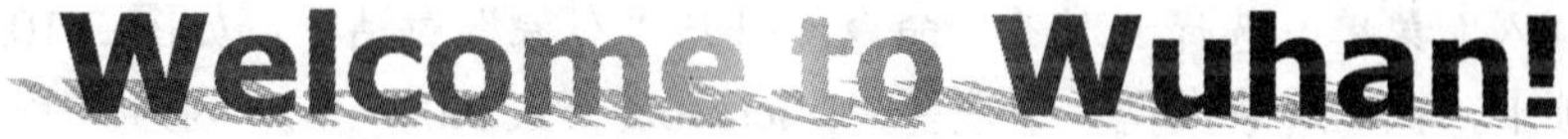

Welcome to Wuhan!

图3-101 艺术字示例

图3-102中左图给出一个图文混排的文档示例，通过与右图（未插入图片）比较，可以突出图文混排的效果。

（左）图文混排

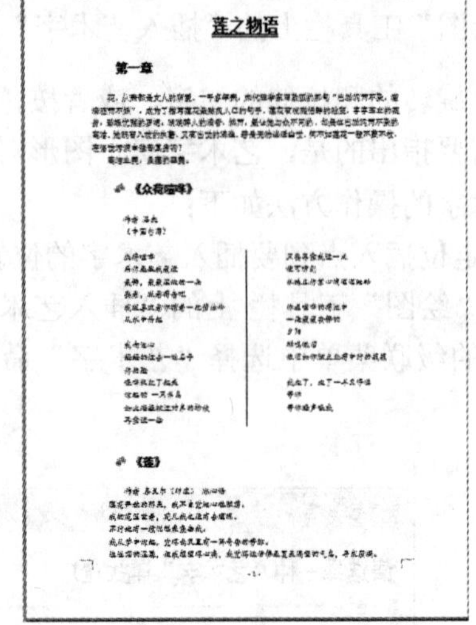

（右）未进行图文混排

图 3-102　图文混排的文档示例

3.6　Word 其他功能

在专业论文写作或数学、物理、化学等试卷编辑过程中，经常要插入公式。在 Word 文档中，可以使用 Office 提供的"公式编辑器"编辑各种类型的公式。需要指出的是，"公式编辑器"是 Office 附带的一个工具软件，所以它不仅能在 Word 中应用，在其他的 Office 程序如 Excel、PowerPoint 中都可以自如地使用。

3.6.1　公式编辑

1. 创建公式

下面以创建数学公式：

$$\sum = \frac{1}{N}\sum_{i=1}^{N}(x_i - \mu)(x_i - \mu)^{\mathrm{T}} \qquad (1)$$

为例，说明在文档中插入数学公式的方法。

首先将插入点定位于文档中要插入数学公式的位置。

单击"插入"菜单，选择"对象"命令，打开"对象"对话框，如图 3-103 所示。单击"新建"选项卡，在"对象类型"中选择"Microsoft 公式 3.0"（注：因为"公式编辑器"是一个可选的安装组件，如果"对象类型"中没有该选项，说明还没有安装，需要重新对其进行安装后才能使用），单击"确定"按钮，就打开了公式编辑窗口，打开"公式编辑器"工具栏，菜单栏也随之调整，如图 3-104 所示。此时插入点在公式编辑窗口内闪动，就可以编辑公式了。

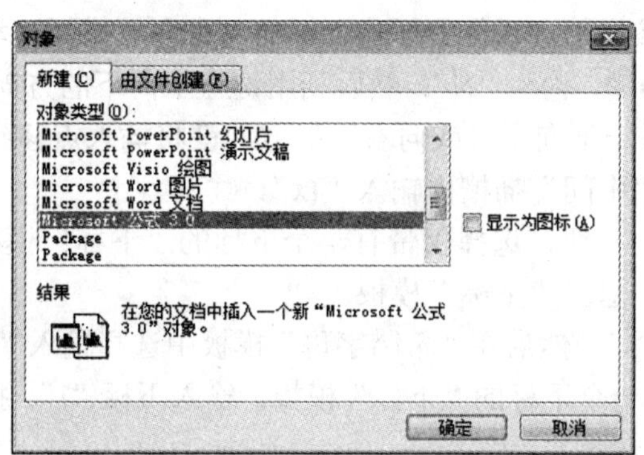

图 3-103 “对象”对话框

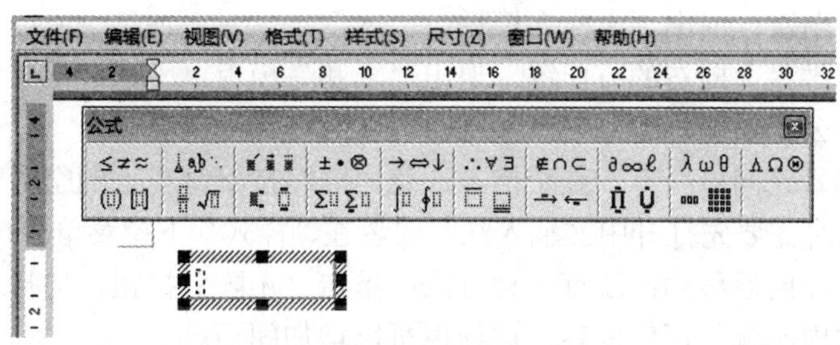

图 3-104 公式编辑窗口

开始编辑公式之前，先简单介绍“公式编辑器”工具栏，该工具栏由两行组成，其中顶行的按钮提供了很多数学符号。底行的按钮用于插入模板或结构，它们包括分式和根式模板、上标和下标模板、求和模板、积分模板、乘积和集合论模板及矩阵模板等，以及各种围栏、底线和顶线模板。其中，许多模板中包含插槽，即键入文字和插入符号的空间。

单击“公式”工具栏上的“求和模板”按钮，选择只带中间插槽的“求和”模板，此时在“公式”编辑区插入所选的模板，如图 3-105 所示。

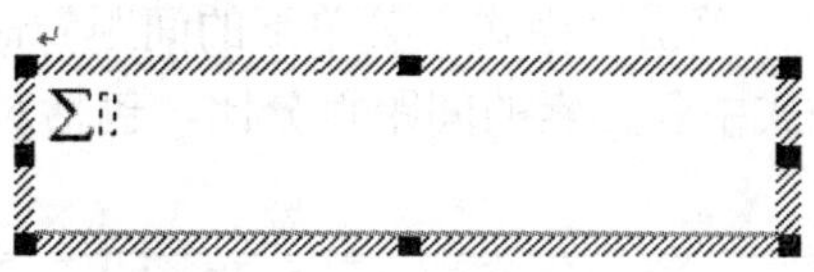

图 3-105 “求和”模板

此时插入点位于“求和”模板的插槽（带虚线的方框）内，但该例中不需要在“求和”模板的插槽内输入数据，因此按一下键盘上向右的方向键（切记），向右退出“求和”模板的插槽。

继续从键盘上输入“＝”。

现在需要输入分式 N 分之一了。在“分式和根式模板”中选择并插入一个“分式”模板，在“分式”模板的分子、分母上分别输入“1”和“N”，然后切记按一下键盘上向右的方向键，退出“分式”模板。

单击“求和模板”按钮，选择带上标和下标的“求和”模板，利用键盘上向上的方向键将插入点移到“上标”插槽，输入“N”；然后利用键盘上向下的方向键将插入点移到“下标”插槽，输入“i=1”；在按一下向上（或向右）的方向键将插入点移到“中间”插槽。

在“求和”模板的“中间”插槽内输入“(x”。

单击“下标和上标”按钮，选择仅带有一个下标的“下标”模板，输入下标“i”。按一下键盘上向右的方向键，退出“下标”模板。

继续从键盘上输入“-”，然后在“希腊字母”模板中选择输入“μ”。继续从键盘上输入“)(x”，然后选择仅带有一个下标的“下标”模板，输入下标“i”。按一下键盘上向右的方向键，退出“下标”模板。

继续输入“-”、“μ”、“)”。

单击“下标和上标”按钮，选择仅带有一个上标的“上标”模板，输入上标“T”。按一下键盘上向右的方向键，退出“上标”模板。

再继续按一下键盘上向右的方向键，退出“求和”模板。

此时，还剩下公式右侧的编号没有输入。

公式和公式编号之间最好有一些空格，注意：这时按下键盘上的空格键，输入点光标并没有向右移动。此时需要先打开中文输入法，或者在“样式”下拉菜单中选择“文字”，然后再按空格键，插入点向后移动；还有一种方法：单击“矩阵”按钮，选择“一行两列”的模板，在模板的插槽内不输入任何内容，这样也可以增加间距。

最后输入公式编号“（1）”。

这样整个公式就制作完成了。在“公式”编辑区外单击鼠标，退出公式编辑器。回到 Word 正文编辑状态，刚才制作的公式将是“嵌入型”的公式，右击该公式，选择“设置对象格式”项，在“版式”选项卡中可以选择其他的环绕形式。

2. 修改公式

公式创建以后，还可以继续修改公式。双击公式，又重新打开了公式编辑窗口。

在修改公式的过程中，利用鼠标和键盘都可以定位插入点，用鼠标定位插入点很简单，但有时面对很小的插槽很难“下手”，此时应该考虑使用键盘上的方向键。

3. 调整间距

在“公式编辑器”窗口中，单击“格式”菜单下的间距”命令，打开“间距”对话框，如图 3-106 所示。可以修改公式中各元素的间距百分比，包括对行距、元素间距、字符的高

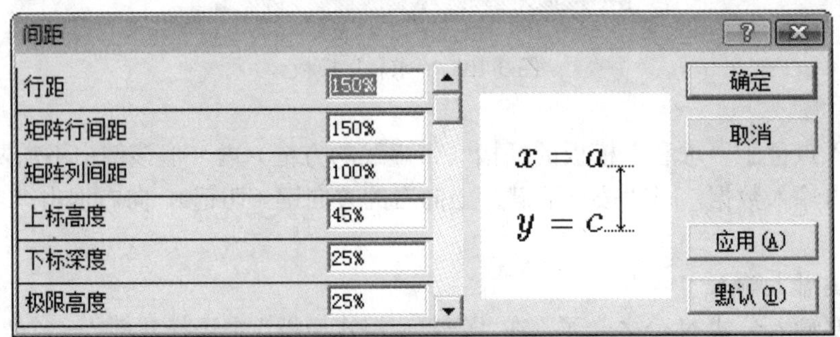

图 3-106 “间距”对话框

度、上标高度、根式间距等的设置，右侧预览框中给出相应间距的图示说明，单击“确定”使调整生效。如果想恢复默认设置，只要单击“默认”按钮就可以了。

3.6.2 使用批注和修订

Word 2003 中提供了批注和修订的辅助功能，其中，批注是指作者或审阅人为文档中的某些内容添加的注释，比如对一段文字的读后感，或者对文档内容的修改建议。但批注本身并不会修改原文档的内容。修订是指作者或审阅人直接修改原文档的内容时，记录下每一次修改操作，如删除一段文字，或插入一句话等，并将删除或插入的文字另行保存下来。查看修订时，可以选择接受或拒绝所做的更改。

下面以图 3-107 所示的文档为原文档，分别插入批注和修订。

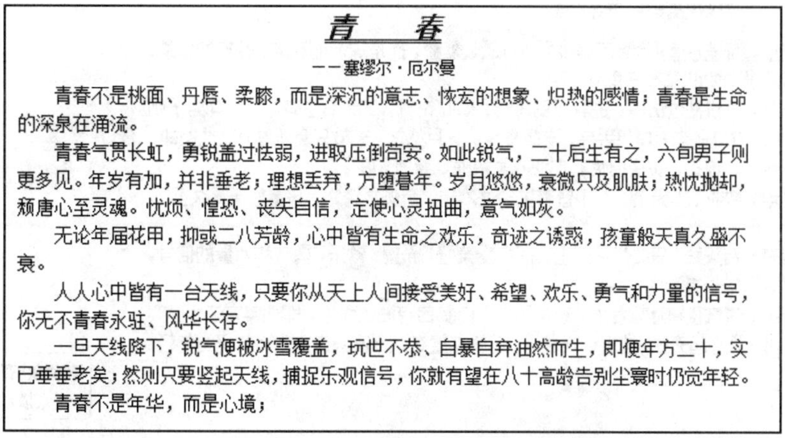

青　春

——塞缪尔·厄尔曼

青春不是桃面、丹唇、柔膝，而是深沉的意志、恢宏的想象、炽热的感情；青春是生命的深泉在涌流。

青春气贯长虹，勇锐盖过怯弱，进取压倒苟安。如此锐气，二十后生有之，六旬男子则更多见。年岁有加，并非垂老；理想丢弃，方堕暮年。岁月悠悠，衰微只及肌肤；热忱抛却，颓唐心至灵魂。忧烦、惶恐、丧失自信，定使心灵扭曲，意气如灰。

无论年届花甲，抑或二八芳龄，心中皆有生命之欢乐，奇迹之诱惑，孩童般天真久盛不衰。

人人心中皆有一台天线，只要你从天上人间接受美好、希望、欢乐、勇气和力量的信号，你无不青春永驻、风华长存。

一旦天线降下，锐气便被冰雪覆盖，玩世不恭、自暴自弃油然而生，即便年方二十，实已垂垂老矣；然则只要竖起天线，捕捉乐观信号，你就有望在八十高龄告别尘寰时仍觉年轻。

青春不是年华，而是心境；

图 3-107　原文档示例

1. 添加批注

在原文档的标题处添加批注“优秀的励志短文”，具体操作如下：

首先选中标题文字，然后单击“插入”菜单，选择“批注”命令。这时在页面的右端出现一个红色的批注输入框，该输入框通过虚线与选中的文字相连，如图 3-108 所示。此时自动打开了“审阅”工具栏。

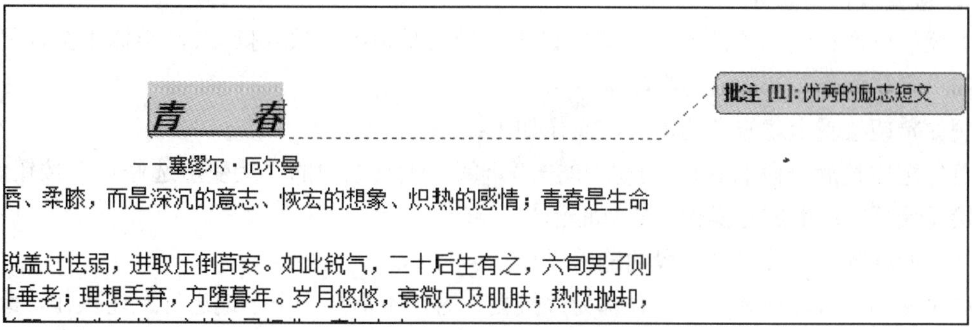

青　春　　批注 [l1]: 优秀的励志短文

——塞缪尔·厄尔曼

唇、柔膝，而是深沉的意志、恢宏的想象、炽热的感情；青春是生命

锐盖过怯弱，进取压倒苟安。如此锐气，二十后生有之，六旬男子则

非垂老；理想丢弃，方堕暮年。岁月悠悠，衰微只及肌肤；热忱抛却，

图 3-108　添加批注示例

在批注输入框输入“优秀的励志短文”，然后鼠标在批注输入框外单击退出。

2. 使用修订

如果直接对原文档进行修改，并希望标记下每一次修改，则使用修订功能。

先单击“审阅”工具栏中的“修订”按钮，使该按钮呈反色选中状态，表示原文档处于修订状态。值得注意的是：再次单击该按钮，将退出修订状态。

在修订状态下，删除原文档中的最后一段文字“青春不是年华，而是心境；”，并将其添加到文档第三段的开始处。结果如图 3-109 所示。

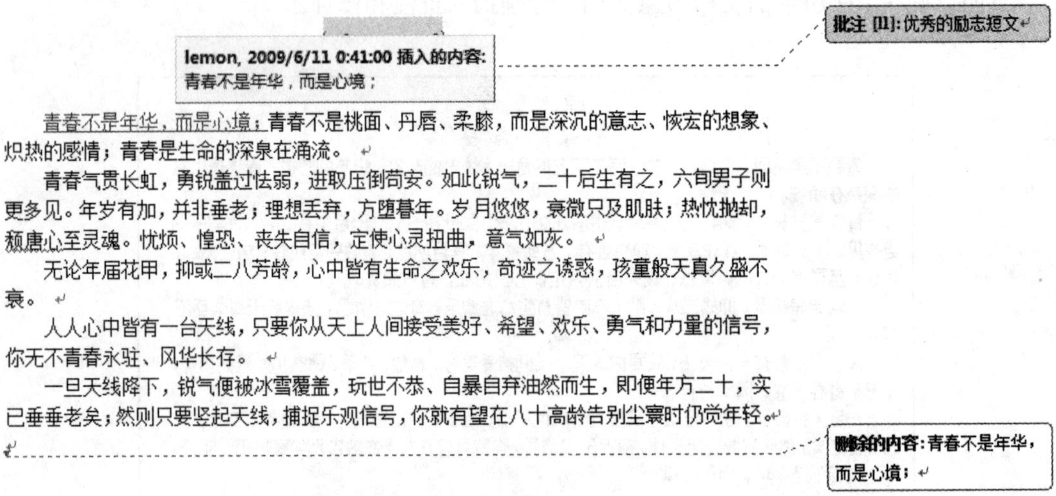

批注 [l1]: 优秀的励志短文

lemon, 2009/6/11 0:41:00 插入的内容:
青春不是年华，而是心境；

青春不是年华，而是心境；青春不是桃面、丹唇、柔膝，而是深沉的意志、恢宏的想象、炽热的感情；青春是生命的深泉在涌流。

青春气贯长虹，勇锐盖过怯弱，进取压倒苟安。如此锐气，二十后生有之，六旬男子则更多见。年岁有加，并非垂老；理想丢弃，方堕暮年。岁月悠悠，衰微只及肌肤；热忱抛却，颓唐必至灵魂。忧烦、惶恐、丧失自信，定使心灵扭曲，意气如灰。

无论年届花甲，抑或二八芳龄，心中皆有生命之欢乐，奇迹之诱惑，孩童般天真久盛不衰。

人人心中皆有一台天线，只要你从天上人间接受美好、希望、欢乐、勇气和力量的信号，你无不青春永驻、风华长存。

一旦天线降下，锐气便被冰雪覆盖，玩世不恭、自暴自弃油然而生，即便年方二十，实已垂垂老矣；然则只要竖起天线，捕捉乐观信号，你就有望在八十高龄告别尘寰时仍觉年轻。

删除的内容: 青春不是年华，而是心境；

图 3-109 使用修订示例

在正文区，原来的最后一段文字已经被删除了，但在该段的页面右端，出现了一个红色的长框，里面存放着被删除的文字，并注明是“删除的内容”。

在正文区，文档第三段的开始处也已经添加了相应的文字，但文字呈红色显示，当鼠标移到该文字上时，弹出提示框，说明红色文字是“插入的内容”。

这样，以后浏览该文档时就可清晰地看到所做的修改。

3. 接受或拒绝修订

上述修订所标记的更改操作需要确认是接受还是拒绝（放弃操作），类似于文件删除操作中的“确认删除”和“取消删除”。

例如希望接受上述修订的内容，操作如下：

首先选中最后一段的修订，然后单击“审阅”工具栏中的“接受所选修订”按钮。表示接受最后一段的删除操作，修订框消失。

使用同样的方式接受第三段的输入操作。

如果文档中有多处修订，并且都为“接受”时，不需要一个个地进行上述操作，此时直接选择“接受所选修订”按钮下拉列表中的“接受对文档所做的所有修订”命令即可。

如果不接受所选的修订，则单击“审阅”工具栏中的“拒绝所选修订”按钮。

使用“审阅”工具栏中的“前一处修订或批注”按钮和“后一处修订或批注”按钮，可以连续地查看文档中的修订或批注，以免产生遗漏。

4. 审阅窗格

单击“审阅”工具栏中的“审阅窗格”按钮，可以在正文区的下方显示一个审阅窗格，里面逐一列出了该文档中的修订和批注，同时给出了操作的时间和操作人信息。

上机实验

【实验1】新建一个名为“常用计算机词汇．doc”的文档，在文档中输入以下内容：

CEO，是Chief Executive Officer的缩写，即首席执行官，源自美国20世纪60年代进行公司治理结构改革创新时。

OEM，是Original Equipment Manufacturer的缩写，意思是原设备制造商。

SMTP，是Simple Mail Transfer Protocol的缩写，简单邮件传输协议。

SOHO，是Small Office Home Officer的缩写，意思是“在家办公”。

MIPS，是Million Instructions Per Second的缩写，即每秒处理的百万级机器语言指令数。这是衡量CPU速度的一个指标。例如一台Intel 80386 电脑可以每秒处理3百万到5百万条机器语言指令，即我们可以说：80386是3到5MIPS的CPU。MIPS只是衡量CPU性能的指标。

CRC，是Cyclical Redundancy Check的缩写，循环冗余检查。

CAD，是Computer Aided Design的缩写，计算机辅助设计。

ISO，是International Standards Organization的缩写，国际标准化组织。

CMOS，是Complementary Metal Oxide Semiconductor的缩写，互补金属氧化物半导体。

RISC，是Reduced Instruction Set Computing的缩写，精简指令集计算机。

CPU，是Center Processing Unit的缩写，中央处理器。

Bug，在英语中，bug表示“臭虫”的意思。但在电脑行业却把电脑内部发生的小故障也称为“bug”，如程序运行不畅等。

实验要求：

（1）插入文本：在文档的首行插入标题“常用计算机词汇——术语解释”。

（2）插入符号：在输入的标题后插入符号🕮，并将该符号设置为绿色。

（3）使用Word的剪切、复制和粘贴功能，将文档中的词汇及其解释按字母顺序重新排列。

（4）插入数字序号：在每个词汇前面按顺序分别插入（1）、（2）、（3）、（4）、（5）……。

（5）查找和替换：将文档中所有的单词“缩写”替换成“简写”。

【实验 2】对以下文档“青春.doc”进行格式排版。

> 青　春
>
> ——塞缪尔•厄尔曼
>
> 青春不是年华，而是心境；青春不是桃面、丹唇、柔膝，而是深沉的意志、恢宏的想象、炽热的感情；青春是生命的深泉在涌流。
>
> 青春气贯长虹，勇锐盖过怯弱，进取压倒苟安。如此锐气，二十后生有之，六旬男子则更多见。年岁有加，并非垂老；理想丢弃，方堕暮年。岁月悠悠，衰微只及肌肤；热忱抛却，颓唐心至灵魂。忧烦、惶恐、丧失自信，定使心灵扭曲，意气如灰。
>
> 无论年届花甲，抑或二八芳龄，心中皆有生命之欢乐，奇迹之诱惑，孩童般天真久盛不衰。
>
> 人人心中皆有一台天线，只要你从天上人间接受美好、希望、欢乐、勇气和力量的信号，你无不青春永驻、风华长存。
>
> 一旦天线降下，锐气便被冰雪覆盖，玩世不恭、自暴自弃油然而生，即便年方二十，实已垂垂老矣；然则只要竖起天线，捕捉乐观信号，你就有望在八十高龄告别尘寰时仍觉年轻。

实验要求：

（1）将标题设置为黑体、二号、居中、倾斜、带下画线。

（2）第二行作者设置为楷体、五号、居中、蓝色。

（3）正文设为宋体、五号；首行缩进为 2 个字符，段后间距为 6 磅，1.25 倍行距；正文设置淡绿色底纹。

（4）对正文第一段的首字符设置首字下沉。

（5）设置上、下页边距为 2.5 厘米，左、右页边距为 3 厘米，纸张大小为 16 开，方向为横向。

（6）添加页眉“青年励志短文”，楷体、左对齐、蓝色；在页脚插入学号、姓名和日期。

【实验 3】对文档“致橡树.doc”进行排版。

实验要求：

（1）在网上搜索并复制文档“致橡树.doc”。

（2）将标题设置为“标题 2”样式。

（3）作者设置为黑体、5 号、居中、蓝色。

（4）正文设为宋体、五号、倾斜；段落左缩进为 3 个字符，单倍行距。

（5）将正文分两栏排版。

（6）设置上、下页边距为 2 厘米，左、右页边距为 2.4 厘米，纸张大小为 B5。

【**实验4**】输入古诗“游子吟”，并进行排版。

《游子吟》
唐乐府·孟郊
慈母手中线，游子身上衣。
临行密密缝，意恐迟迟归。
谁言寸草心，报得三春晖！

实验要求：

（1）将标题设置为隶书、小二、居中。

（2）创建新样式“文本 1”，其中包括格式如下：华文行楷、四号、紫色、基于正文，并将该样式应用到古诗的正文中。

（3）对文档进行竖排版。

【**实验5**】输入以下文档，并进行排版。

中国十大古典名曲
1. 高山流水
2. 梅花三弄
3. 春江花月夜
4. 汉宫秋月
5. 阳春白雪
6. 渔樵问答
7. 胡笳十八拍
8. 广陵散
9. 平沙落雁
10. 十面埋伏

实验要求：

（1）将曲目名称前面的编号去掉，改成项目符号“★”。

（2）设置第一段“中国十大古典名曲”的大纲级别为 1 级；曲目名称的大纲级别为 2 级。

（3）在文档开始处创建目录，其中目录显示级别为 2 级。

（4）在“渔樵问答”段落前插入分页符，观察强制分页；然后在“普通视图”方式下删除该分页符。

【实验 6】创建一个 3 行 4 列的表格。

实验要求：

（1）使用绘制表格的方式手工创建表格，并绘制斜线表头。

（2）使用自动创建方式创建表格，然后将表格中第 1 行的全部单元格合并为一个单元格。

（3）在表格最左端插入一列，在表格末尾追加两个空行。

（4）设置表格在页面居中显示。

（5）复制表格，并放置到原表格的下方。

（6）将两个表格合并成一个表格。

【实验 7】制作表 3-1 所示的学生成绩表，并应用 Word 的计算和排序功能。

表 3-1　　**学生成绩表**

	高数	英语	物理	总分	平均分
田妮	86	85	92		
石磊	83	90	74		
王芳	98	93	96		
谢媛	89	81	87		
总分					
平均分					

实验要求：

（1）应用 Word 的计算功能计算每个学生的总分和平均分。

（2）应用 Word 的计算功能计算每门课程的总分和平均分。

（3）应用 Word 的排序功能根据每个学生的总分排序。

【实验 8】利用 Word 表格制作一份课程表。

实验要求：

（1）制作本学期课程表。

（2）课程表的首行为标题行，输入标题“**班级课程表”。

（3）在表格中设置边框和底纹，应美观大方。

【实验 9】利用 Word 表格制作一份个人简历。

实验要求：

（1）个人简历信息完备，包括文字和图片，不能过于简单。

（2）使用表格进行版面布局控制，内容清晰。

【实验 10】使用 Word 提供的绘图工具绘制中国国旗，如图 3-110 所示。

图 3-110 中国国旗图片

实验要求：

（1）绘图准确。

（2）掌握插入自选图形的方法。

（3）掌握对图形参数（如尺寸、填充颜色等）进行设置的方法。

（4）通过改变不同图形的叠放层次，理解图形叠放次序的概念。

（5）将绘制的自选图形组合为一个整图。

【实验 11】制作主题为“中国民俗文化”的宣传海报。内容可包括饺子、剪纸、风筝、中国武术、中国结、京剧脸谱等（内容不限），本实验以小组形式进行，每 5~6 名同学为一个实验小组，小组成员共同讨论决定宣传海报的图文布局格式，各组成员分工上网搜索与主题相关的文字及图片资料。

实验要求：

（1）文字正确，内容丰富，主题突出。

（2）版面设计合理，布局有创意。

（3）色彩搭配协调，图文混排效果突出。

（4）有分栏排版，有首字下沉、文字竖排。

（5）有剪贴画、艺术字、背景图片、文本框、自绘图形等。

（6）有页眉、页脚、页码。

【实验 12】创建一个学生所在院系或班级活动的简报。

实验要求：同【实验 11】。

【实验 13】输入以下公式：

$$\sin(A/2)=\sqrt{\frac{1-\cos A}{2}} \tag{1}$$

$$\cos(A/2)=\sqrt{\frac{1+\cos A}{2}} \tag{2}$$

实验要求：

（1）熟悉微软公式编辑器窗口。

（2）掌握插入公式的方法。

（3）掌握在公式中输入空格的方法。

（4）熟悉“公式”工具栏上常用的模板按钮和符号按钮。
（5）能够使用鼠标或键盘上的方向键在公式内准确移动定位。

【实验 14】 输入以下公式：

$$\delta(x, y) = \lim_{r=1\ldots n}\left[\frac{\| x - \mathrm{rot}(y, r)\|}{\|x\| + \|y\|}\right] \tag{1}$$

实验要求：同【实验 13】。

【实验 15】 给以下文档添加批注和修订。

> 在这里和大伙说说排版时遇到的最大难题。
>
> 第一，许多文章的格式有问题，如题目没有居中，而是用手工的方法（空格键）将题目移到中间。这样的居中在排版时就会出现问题。
>
> 第二，文章每段的首行缩进不正确，Word 系统有自动新段落首行缩进的功能，但有些文章也采用手工(空格键)的首行缩进。
>
> 第三，也是最大的问题，文章中如有插图，特别是数学、物理、化学学科的图，没有组合，在重新排版时，图片中的某些元素错乱。遇到最烦的问题是：某些线段是画的，而线段上的字母没有采用文本框，重排后那个乱呀……

实验要求：
（1）给第一段添加标注“将标题居中显示”。
（2）将第四段末尾的“重排后那个乱呀……”删除，并使用修订。
（3）练习拒绝修订和接受修订。
（4）打开审阅窗格，查看批注和修订。

习　　题

一、单项选择题

1. 新建 Word 文档的快捷键是______。
   A. Ctrl + N　　B. Ctrl + S　　C. Alt + Tab　　D. Alt + F4
2. 复制操作的快捷键是______。
   A. Ctrl + H　　B. Ctrl + C　　C. Ctrl + V　　D. Ctrl + X
3. 利用 Word 提供的______功能可以将插入点快速定位到文档空白区域的任意位置。
   A. “即点即输”　　B. 智能标记　　C. 查找和替换　　D. 大纲视图
4. 要删除插入点光标所在位置左边的内容可以按______。
   A. Insert　　B. Delete　　C. Backspace　　D. Esc

5. 按______键可以在 Word 的“插入”和“改写”状态之间切换。

A. Insert　　B. Tab　　C. Ctrl + Shift　　D. Ctrl + Space

6. 移动到文档开始处的快捷键是______。

A. Shift + Home　　B. Home　　C. F8　　D. Ctrl + Home

7. 要在 Word 文档中插入数学公式，首先单击“插入”菜单，选择______命令，然后选择“Microsoft 公式 3.0”，打开公式编辑窗口。

A. “特殊符号”　　B. “图片”　　C. “对象”　　D. “文件”

8. 单击______菜单，选择“页面设置”命令，可以设置页边距和纸张大小。

A. “文件”　　B. “格式”　　C. “工具”　　D. “视图”

9. 单击______菜单，选择“页眉和页脚”命令，可以在文档中添加页眉和页脚。

A. “文件”　　B. “格式”　　C. “工具”　　D. “视图”

10. 关于样式，以下说法中不正确的是______。

A. 样式是一组字体、字号、颜色、对齐方式和缩进等格式设置特性的集合。

B. 可以在 Word 文档中创建新样式。

C. 样式只适用于字符，不适用于段落和表格。

D. Word 内置的样式可以被修改，但不能被删除。

11. Word 文档以文件形式存放于磁盘中，其文件的默认扩展名为______。

A. .dot　　B. .html　　C. .doc　　D. .txt

12. 将 Word 文档原内容中的一些相同的字（词）改为另外的内容，采用______的方法会更有效率。

A. 替换　　B. 查找　　C. 搜索　　D. 逐字重新输入

13. Word 的缺省视图是______视图，它具有“所见即所得”的显示效果，与打印效果完全一致。

A. 普通　　B. 大纲　　C. 页面　　D. Web 版式

14. 在 Word 中，“文件”菜单底部列出的文件名表示______。

A. 正在使用的文件

B. 正在打印的文件

C. 最近编辑过的文件

D. 只能打开这些文件

15. 在 Word 中，单击“格式”菜单，选择“段落”命令，打开“段落”对话框，不可以在该对话框中设置______。

A. 段间距　　B. 字间距　　C. 行距　　D. 悬挂缩进

16. Word 中默认的图片的文字环绕方式是______。

A. 四周型　　B. 紧密型　　C. 嵌入型　　D. 衬于文字上方

17. 单击“插入”菜单，选择______命令，在打开的级联菜单中选择“剪贴画”，可以在 Word 文档中插入剪贴画。

A. “符号”　　B. “图片”　　C. “对象”　　D. “文件”

18. 单击“插入”菜单，选择______命令，在打开的级联菜单中选择“索引和目录”命令，可以在 Word 文档中自动生成目录。

A. “引用”　　B. “图片”　　C. “对象”　　D. “超链接”

19. Word 的页面设置中，默认的纸张大小是______。

A. 16K　　B. A5　　C. B5　　D. A4

20. ______是指段落的第一行首字符与左页边距之间的距离。

A. “悬挂缩进”　　B. “左缩进”　　C. “右缩进”　　D. “首行缩进”

二、填空题

1. 第一次保存 Word 文档，将出现__________对话框。
2. 单击或双击“常用”工具栏上的__________按钮，可以进行格式复制。
3. 单击“格式”菜单，选择__________命令，可以为文字、段落或文档设置边框和底纹。
4. 在 Word 中插入表格时，可以单击__________菜单，选择“插入”，在打开的级联菜单中选择“表格”命令，可以完成插入操作，也可以单击常用工具栏中的“插入表格”按钮插入表格。
5. 在 Word 表格中，一个单元格可以__________成多个单元格。
6. 使用“格式”菜单上的____________命令，可以选择不同的项目符号样式和编号格式。
7. __________是指段落中除第一行以外其他行与左页边距之间的距离。
8. __________是指正文与纸张边缘的距离，分上、下、左、右四个方向。
9. __________是一种段落格式，用来为文档中的段落指定相应的等级结构。
10. 单击__________菜单，选择“分栏”命令，可以进行分栏排版。

三、判断题

1. 在 Word 文档中，输入文本内容到达每行的末尾时，只有按回车键才能换行。　(　　)
2. 选中文本后，按 Delete 键或者使用快捷键 Ctrl + X，选中的文本都将从原位置删除，并都出现在 Office 剪贴板中。　(　　)
3. 要将插入点快速移动到文档的末尾应使用快捷键 Ctrl + End。　(　　)
4. “左缩进”是指整个段落的左边界与左页边距之间的距离。　(　　)
5. 选定 Word 中的表格后，按 Delete 键可以删除该表格。　(　　)
6. 在 Word 中，插入点光标和鼠标指针的位置始终保持一致。　(　　)
7. 在 Word 表格中，可以调整行高和列宽，也可以修改表格的框线。　(　　)
8. Word 文档中插入的艺术字将作为图形对象进行处理。　(　　)
9. Word 文档在编辑页眉页脚时，正文内容呈灰色显示，表示暂时不能编辑正文。　(　　)
10. 在 Word 应用程序中先打开文档 Doc1，修改后另存为 Doc2，当前文档仍然是 Doc1。　(　　)

第4章 Excel 2003

Excel 2003 是 Microsoft Office 套装软件中的重要组件之一，是一种处理表格数据和制作报表的工具软件。它具有简单直观、便于操作，可方便地制作图表等特点，在教学、财务、金融、审计和统计等诸多领域得到了广泛应用。本章的主要内容包括 Excel 的基本操作，工作表的格式化，图表编辑以及数据管理等。

4.1 Excel 2003 窗口及其组成

Excel 2003 的窗口由标题栏、菜单栏、工具栏、编辑栏、状态栏、工作表区域、工作表标签、任务窗格和滚动条等组成，如图 4-1 所示。

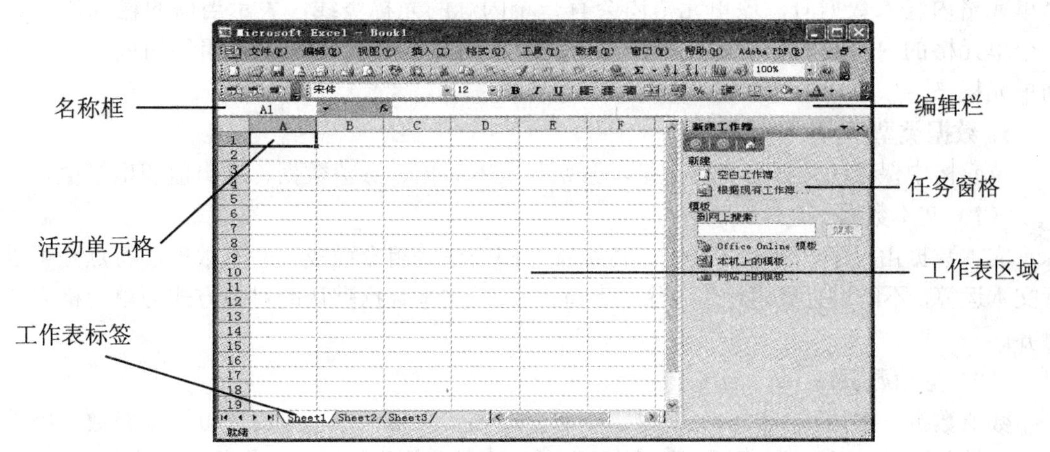

图 4-1 Excel 2003 窗口界面

在 Excel 中，最基本的概念是工作簿、工作表和单元格。

1. 工作簿

所谓工作簿就是指在 Excel 中用来保存并处理工作数据的文件，它的扩展名是.xls。一个工作簿通常包含若干个工作表，最多可达 255 个。Excel 启动后，在默认情况下，用户看到的是名称为“Book1”的工作簿。

2. 工作表

工作簿中的表称为工作表。如果把一个工作簿比做一个账簿，一张工作表就相当于账簿中的一页。每张工作表都有一个名称，显示在工作表标签上，用鼠标单击可以快速进行工作表间的切换。从图 4-1 中可以看到，新建一个工作簿文件会同时新建 3 张空工作表，默认的名称依次为 Sheet1、Sheet2 和 Sheet3，用户可以根据需要增加或删除工作表。

每张工作表最多有 65536 行和 256 列，行号的编号自上而下从“1”到“65536”，列号则由左到右采用字母“A”、“B”……“Z”，“AA”、“AB”……“AZ”，…，“IA”、“IB”……“IZ”作为编号。

3. 单元格

工作表中的每个格子称为一个单元格。单元格是工作表的最小单位，也是 Excel 用于保存数据的最小单位。每个单元格的位置（坐标）由交叉的列号和行号表示，称为单元格地址，如 A1、E2、FZ20 等。

正在使用的单元格称为活动单元格，活动单元格的边框为黑色，其单元格地址（或名称）显示在编辑栏左侧的名称框中，其列号和行号突出显示，如图 4-1 中的 A1。

4.2 Excel 2003 基本操作

4.2.1 数据输入

单元格是保存数据的最小单位，所以在工作表中输入数据实际上是向单元格中输入数据。输入的方法有多种，可以在各单元格中逐一输入，也可以利用 Excel 的输入功能在单元格中自动填充数据或者在相关的单元格或区域之间建立公式或引用函数。在工作表的一个单元格内输入数据时，该单元格内会有一个闪烁的光标竖线，表示当前的输入位置。当一个单元格的内容输入完毕后，可按方向键或者回车键或者 Tab 键使相邻的单元格成为活动单元格。

1. 数据类型

单元格中保存的数据有 4 种类型，分别是文本数据、数值数据、逻辑值和出错值。

（1）文本数据

文本数据由汉字、字母、数字、特殊符号和空格等组合而成。文本数据的特点是可以进行文本运算，不能进行算术运算（除数字符串外）。文本数据默认的对齐方式为单元格内靠左对齐。

（2）数值数据

数值数据一般由 0～9、+、-、(、)、E、e、%、.、$、￥等组成。可以是整数、小数、分数、科学计数、百分比、日期、时间和货币等形式。数值数据的特点是可以进行算术运算。数值数据默认的对齐方式为单元格内靠右对齐。

（3）逻辑值

逻辑值有两个：TRUE（真）和 FALSE（假）。逻辑值经常用于书写条件公式，一些公式也返回逻辑值。逻辑值默认的对齐方式为单元格内居中对齐。

（4）出错值

在使用公式时，单元格中可能给出出错的结果。例如，在公式中让一个数除以 0，单元格中就会显示#DIV/0!出错值。

2. 单元格、单元格区域的选定

在输入和编辑单元格内容之前，必须先选定单元格。选定单元格、区域、行或列的操作如表 4-1 所示。

表 4-1 选定单元格、区域、行或列的操作

选定内容	操　　作
单个单元格	单击相应的单元格，或用方向键移动到相应的单元格
连续单元格区域	单击选定该区域的第一个单元格，然后拖动鼠标直至选定最后一个单元格
工作表中所有单元格	单击"全选"按钮（工作表区域左上角列号和行号交叉处）
不相邻的单元格或单元格区域	选定第一个单元格或单元格区域，然后按 Ctrl 键再选定其他的单元格或单元格区域
较大的单元格区域	选定第一个单元格，然后按 Shift 键再单击区域中最后一个单元格，通过滚动可以使单元格可见
整行	单击行号
整列	单击列号
相邻的行或列	沿行号或列号拖动鼠标。或者先选定第一行或第一列，然后按 Shift 键再选定其他的行或列
不相邻的行或列	先选定第一行或第一列，然后按 Ctrl 键再选定其他的行或列
增加或减少活动区域中的单元格	按 Shift 键并单击新选定区域中最后一个单元格，在活动单元格和所单击的单元格之间的矩形区域将成为新的选定区域
取消单元格选定区域	单击工作表中其他任意一个单元格

3. 常量输入

向单元格输入数据时，又可将输入的数据分为两类：常量和公式。常量是指非"="开头的数据；公式是指以"="开头，由常量值、单元格引用、名字、函数或操作符组成的序列。

下面以图 4-2 所示的学生成绩表为例，说明常量的输入方法。

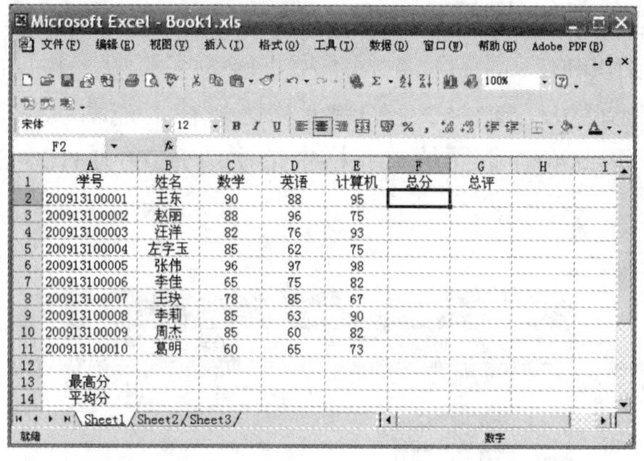

图 4-2　学生成绩表

（1）文本数据的输入

非数字字符可以直接输入。

要输入由数字组成的文本，如图 4-2 中文本类型的学号，需在输入第一个数字字符前先输入一个单引号"'"，如"'200913100001"。

当在一个单元格内输入的内容需要分段时，按 Alt + Enter 键。

（2）数值数据的输入

负数的输入：可以用"–"开始，也可以用( )的形式，如(34)表示–34。

日期的输入：可以使用斜杠"/"或连字符"-"作分隔符，其格式有"月-日-年"等数种。

时间的输入：使用冒号":"作分隔符。其格式有"时、分、秒"等数种。24 小时时钟是 Excel 的缺省时间显示方式，如 18:10。如果要使用 12 小时时钟显示时间，则需键入 AM 或 PM。如 6:10 PM。可以在同一单元格中既输入日期又输入时间。日期和时间用空格分隔。

分数的输入：为了与日期加以区别，应先输入"0"和空格，如输入 0 1/2 可得到 1/2。

注意：当输入的数字长度超过单元格的列宽或超过 11 位时，数字将以科学记数法的形式表示，如 7.89E+08。若不希望以科学记数法形式表示，则应将对超过宽度的数字格式进行定义；当科学记数形式仍然超过单元格的列宽时，屏幕上会出现"###"的符号，可以通过列宽进行调整。

4. 自动填充数据

当输入有规律的数据时，可使用 Excel 的自动填充功能。Excel 的自动填充功能非常方便实用，例如，表格中需要星期序列，那么只要在一个单元格中输入"星期一"，然后拖动填充柄，即可自动填上星期二、星期三……。此外，用户还可以根据需要来自己定义序列。

（1）填充相同的数据

填充相同的数据的方法如下：

① 选定同一行（列）上包含复制数据的单元格或单元格区域，对单元格区域来说，如果是纵向填充应选定同一列，否则应选择同一行。

② 将鼠标指针移到单元格或单元格区域填充柄上，向需要填充数据的单元格方向拖动填充柄，然后松开鼠标，复制的数据将填充在单元格或单元格区域里。

（2）按序列填充数据

通过拖动单元格区域填充柄填充数据，Excel还能预测填充趋势，然后按预测趋势自动填充数据。例如，要建立学生成绩表，在A列相邻两个单元格A2、A3中分别输入学号200913100001和200913100002（注意：数据类型不能为字符型，并且由于数字宽度超过了11位，所以要进行列宽的调整），选中A2、A3单元格区域往下拖动填充柄时，Excel能预测出所选数据满足等差数列，因此会在下面的单元格中依次填充200913100003、200913100004等，如图4-3所示。

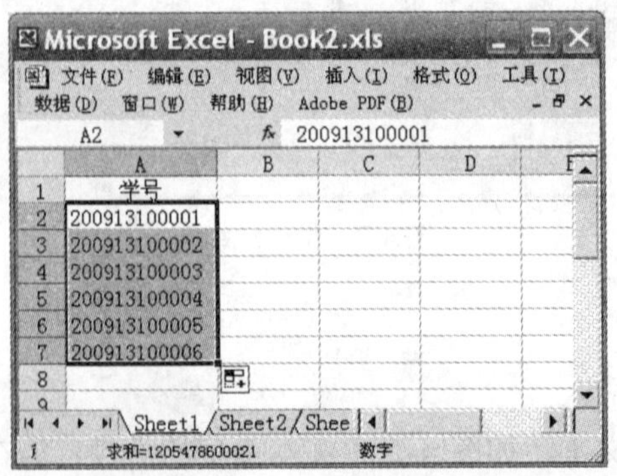

图 4-3　填充数据示例

在填充时还可以精确地指定填充的序列类型，方法是：先选定序列的初始值，然后按住鼠标右键拖动填充柄，在松开鼠标按键后，会打开快捷菜单，快捷菜单上有“复制单元格”、“以序列方式填充”、“仅填充格式”和“不带格式填充”等不同填充方式，在快捷菜单上选择所需要的填充类型即可自动填充数据。

（3）使用填充命令填充数据

通过使用填充命令填充数据，可以完成复杂的填充操作。单击“编辑”菜单，选择“填充”，会打开如图 4-4 所示的级联菜单，级联菜单上有“向下填充”、“向右填充”、“向上填充”、“向左填充”以及“序列”等命令，选择不同的命令可以将内容填充至不同位置的单元格。如果单击“序列”命令，将打开“序列”对话框，如图 4-5 所示，以指定序列进行填充。

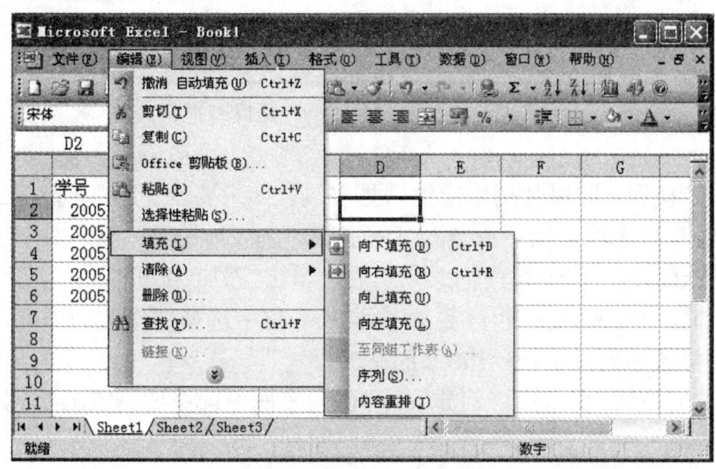

图 4-4 “填充”级联菜单

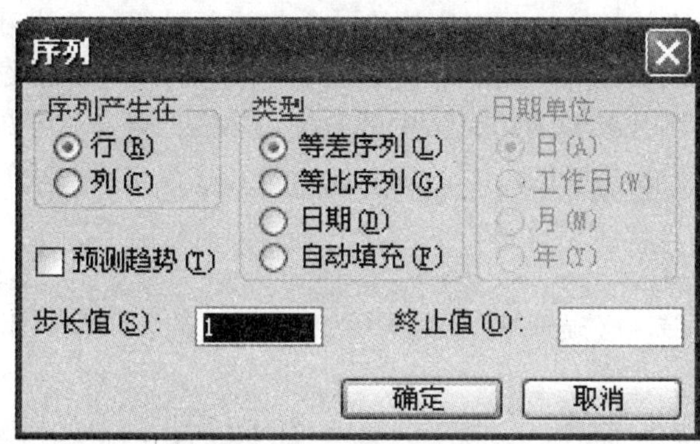

图 4-5 “序列”对话框

（4）自定义序列

虽然 Excel 自身带有一些填充序列，但用户还可以通过工作表中现有的数据项或自己输入一些新的数据项来创建自定义序列。其操作步骤如下：

① 如果已输入了将要作为填充序列的数据序列，则先选定工作表中相应的数据区域。

② 单击“工具”菜单，选择“选项”命令，打开“选项”对话框，单击“自定义序列”选项卡，如图 4-6 所示。

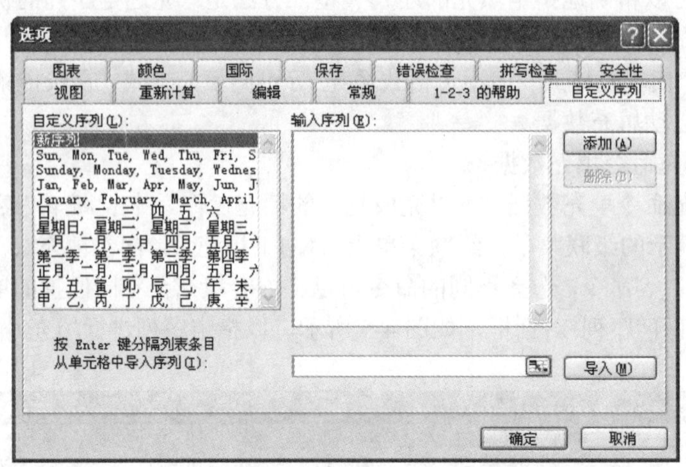

图 4-6 “自定义序列”选项卡

③ 单击“导入”按钮，即可使用选定的数据序列。如果要创建新序列，应在“自定义序列”列表框中单击“新序列”选项，然后在“输入序列”编辑列表框中依次输入序列元素，每输入一个元素，按一次 Enter 键，整个序列输入完毕后，单击“添加”按钮。

如果要更改自定义序列，应在“自定义序列”列表框中选择要更改的序列，然后在“输入序列”编辑列表框中修改序列元素，单击“添加”按钮。

如果要删除自定义序列，应在“自定义序列”列表框中选择要删除的序列，单击“删除”按钮。

4.2.2 公式和函数

公式和函数是 Excel 的核心，可对表格中的数据进行计算，如求和、求平均值等。在单元格中输入正确的公式或函数后，会立即在单元格中显示计算出来的结果，如果改变了工作表中与公式有关或作为函数参数的单元格中的数据，Excel 会自动更新计算结果。实际工作中往往会有许多数据项是相关联的，通过规定多个单元格数据间关联的数学关系，能充分发挥电子表格的作用。

1. 单元格地址及引用

在使用公式和函数前，必须理解 Excel 中单元格地址的表示和引用方法。

（1）单元格地址

每个单元格在工作表中都有一个固定的地址。如 F6 所指的单元格是第“F”列与第“6”行交叉位置上的那个单元格，这是单元格的相对地址。

指定一个单元格的绝对位置只需在列和行号之前加上“$”符号，如“$B$6”；由于一个工作簿文件可以有多个工作表，为了区分不同的工作表中的单元格，还要在地址前面加上工作表的名称；有时不同工作簿文件中的单元格之间要建立连接公式，因此前面还需要加上工作簿的名称，例如，[Book1] Sheet1!F6 指定的就是“Book1”工作簿文件中的“Sheet1”工作表中的“F6”单元格。

（2）单元格引用

“引用”是对工作表的一个或一组单元格进行标示，它告诉 Excel，公式使用哪些单元格的值。通过引用，可以在一个公式中使用工作表不同部分的数据，或者在几个公式中使用同一单元格中的数值。同样，可以对工作簿的其他工作表中的单元格进行引用，甚至其他工作簿或其他应用程序中的数据进行引用。

单元格的引用可分为相对地址引用和绝对地址引用。如果被引用单元格的地址是相对地址，那么在复制公式时，公式中的单元格地址会自动随单元格位置改变。有时，我们需要引用一个固定的单元格地址，并不希望在复制公式时自动更改此地址，此时，引用中需要使用单元格的绝对地址。

2. 公式

公式是用户为了减少输入或方便计算而设置的计算式子，它可以对工作表中的数据进行加、减、乘、除等运算。公式可以由值、单元格引用、名称、函数或运算符组成。其中运算符是公式中不可缺少的组成部分。Excel 包含 4 种类型的运算符：

算术运算符：+、－、*、/、%、^（乘幂）。计算顺序为先乘除后加减。

比较运算符：=、>、<、>=、<=、<>。用于比较两个值并产生一个逻辑值 TRUE 或 FALSE。

文本运算符："&"。用于将两个文本连接起来产生一个连续的新文本。

引用运算符：冒号、逗号、空格。用于将单元格区域合并运算。其中":"为区域运算符，如 SUM(C2:C11)是对单元格 C2 到 C11 之间（包括 C2 和 C11）的所有单元格的引用；","为联合运算符，可将多个引用合并为一个引用，如 SUM(B5,C2:C11)是对 B5 及 C2 至 C11 之间（包括 C2 和 C11）的所有单元格求和；空格为交叉运算符，产生对同时隶属于两个引用的单元格区域的引用，如 SUM(B5:E11 C2:D8)是对 C5:D8 区域求和。

Excel 中运算符的优先级如表 4-2 所示（由高到低）。如果要改变运算的顺序，可以使用括号把公式中优先级低的运算括起来。

表 4-2 运算符的优先级

运算符	说明
冒号、逗号、空格	引用运算符
－	负号
%	百分比
^	乘幂
*、/	乘 除
+、－	加 减
&	连接两段文本
=、>、<、>=、<=、<>	比较运算符

3. 函数

在 Excel 中，函数是预定义的内置公式，它使用参数并按特定的顺序进行计算。函数的参数是函数进行计算所必须的初始值。用户把参数传递给函数，函数按特定的指令对参数进行计算，把计算的结果返回给用户。Excel 含有大量的函数，可以进行数学、文本、逻辑、在工作表内查找信息等计算工作，使用函数可以加快数据的录入和计算速度。Excel 除了自身带有的内置函数外还允许用户自定义函数。

函数的一般格式为：

函数名([参数 1], [参数 2], [参数 3], ……)

Excel 的函数很多，以下介绍几个常用的函数。

（1）求和函数 SUM( )

函数格式：SUM(number1, number2, ……)

参数说明：number1，number2，……是需要求和的 1 至 30 个参数。

函数功能：对所划定的单元格或区域进行求和，参数可以为一个常数、一个单元格引用、一个区域引用或还是一个函数。

（2）求平均值函数 AVERAGE( )

函数格式：AVERAGE(number1, number2, ……)

参数说明：number1，number2，……是需要求平均值的 1 至 30 个参数。

函数功能：求平均值，要求参数必须是数值。

（3）INT( )函数

函数格式：INT(number)

参数说明：number 是需要取整的实数。

函数功能：返回不大于参数的最大整数值。

（4）AND( )函数

函数格式：AND(logical1, logical2, ……)

参数说明：logical1，logical2，……是被检测的条件，各条件的值应为逻辑值 TRUE 或 FALSE。

函数功能：如果所有参数的逻辑值都为真，则返回 TRUE；只要一个参数的逻辑值为假，即返回 FALSE。

（5）OR( )函数

函数格式: OR(logical1, logical2, ……)

参数说明：logical1，logical2，……是被检测的条件，各条件的值应为逻辑值 TRUE 或 FALSE。

函数功能：如果所有参数的逻辑值都为假，则返回 FALSE；只要有一个参数的逻辑值为真，即返回 TRUE。

（6）IF( )函数

函数格式：IF(logical_test, value_if_true, value_if_false)

参数说明：logical_test 是计算结果为逻辑值的表达式；当 logical_test 的值为 TRUE 时，函数的返回值为 value_if_true，可继续嵌套 IF 函数；当 logical_test 的值为 FALSE 时,函数的返回值为 value_if_false，可继续嵌套 IF 函数。

函数功能：执行真假值判断，根据逻辑测试的真假值，返回不同的结果。

4. 公式与函数的输入

使用公式有一定的规则，即必须以"="开始。为单元格设置公式，应在单元格中或编辑栏中输入"="，然后直接输入所设置的公式。对公式中包含的单元格或单元格区域的引用，可以直接用鼠标进行选定或在公式中输入引用单元格的名称。

如果所输入的公式中包含有函数，如"=SUM(C2:E2)"，则函数的输入可按以下步骤进行：

① 选定单元格，单击“编辑栏”左侧的“插入函数”按钮 fx。

② 打开“插入函数”对话框，选择 SUM 函数，单击“确定”按钮，打开“函数参数”对话框，如图 4-7 所示。

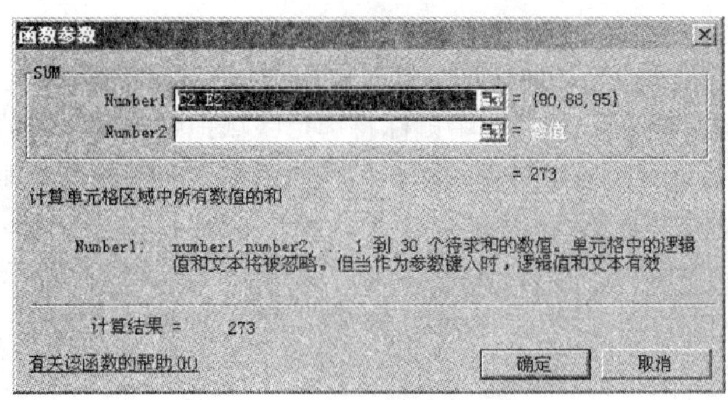

图 4-7 “函数参数”对话框

③ 在“函数参数”对话框的第一个参数 Number1 中输入 C2:E2，单击“确定”按钮；也可以单击该参数框右侧的“切换”按钮，然后在工作表上选定 C2:E2 区域，再次单击“切换”按钮，返回“函数参数”对话框，单击“确定”按钮。如果有多个参数，可在 Number2 中继续输入。

在图 4-2 所示的学生成绩表中，总分字段 F2 单元格可以通过公式“=C2+D2+E2”或“=SUM(C2:E2)”实现；总评字段中 G2 单元格可通过公式“=IF(F2>240, "优秀"," ")”实现。接下来，用户可通过拖动 F2 和 G2 单元格右下角的填充柄自动填充公式，计算出 F2 到 F11、G2 到 G11 单元格的值。最高分和平均分同样可通过公式计算。填充结果如图 4-8 所示。

Microsoft Excel - 图4-2 学生成绩表.xls

文件(F) 编辑(E) 视图(V) 插入(I) 格式(O) 工具(T) 数据(D) 窗口(W) 帮助(H)

F14 fx =AVERAGE(F2:F11) 编辑栏

	A	B	C	D	E	F	G
1	学号	姓名	数学	英语	计算机	总分	总评
2	200913100001	王东	90	88	95	273	优秀
3	200913100002	赵丽	88	96	75	259	优秀
4	200913100003	汪洋	82	76	93	251	优秀
5	200913100004	左字玉	85	62	75	222	
6	200913100005	张伟	96	97	98	291	优秀
7	200913100006	李佳	65	75	82	222	
8	200913100007	王玦	78	85	67	230	
9	200913100008	李莉	85	63	90	238	
10	200913100009	周杰	85	60	82	227	
11	200913100010	葛明	60	65	73	198	
12							
13	最高分		96	97	98	291	
14	平均分		81.4	76.7	83	241.1	
15							

Sheet1 / Sheet2 / Sheet3 /

就绪

图 4-8 学生成绩表公式示例

4.2.3 单元格编辑

编辑单元格包括对单元格及单元格内数据的操作。其中，对单元格的操作包括移动和复制单元格、插入单元格、插入行、插入列、删除单元格、删除行、删除列等；对单元格内数据的操作包括复制和移动单元格数据，清除单元格内容、格式等。

1. 移动和复制单元格

移动和复制单元格的操作步骤如下：

① 选定需要移动或复制的单元格。

② 将鼠标指针指向选定区域的边框，此时鼠标形状变为四向箭头。

③ 如果要移动选定的单元格，则用鼠标将选定区域拖到粘贴区域的左上角单元格，然后松开鼠标，Excel 将以选定区域替换粘贴区域中现有数据；如果要复制单元格，则需要按 Ctrl 键，再拖动鼠标进行随后的操作；如果要在已有单元格间插入单元格，则需要按 Shift 键，复制则需要按 Shift + Ctrl 键，再进行拖动。值得注意的是：必须先释放鼠标再松开按键。如果要将选定区域拖动到其他工作表上，先按 Alt 键，然后拖动到目标工作表标签上。

除上述方法外，也可在选定单元格区域后，通过“剪切”、“复制”和“粘贴”命令实现单元格的移动或复制。

2. 选择性粘贴

除了复制整个单元格区域外，Excel 还可以通过“选择性粘贴”命令实现对所选单元格中的特定内容（如数值、格式等）进行移动或复制。操作步骤如下：

① 选定需要移动或复制的单元格。

② 单击“常用”工具栏上的“剪切”或“复制”按钮。

③ 将鼠标指针移动到目标单元格。

④ 单击“编辑”菜单，选择“选择性粘贴”命令，或者执行右键快捷菜单中的“选择性粘贴”命令，打开“选择性粘贴”对话框。

⑤ 选择需要粘贴的内容，单击“确定”按钮。

3. 插入单元格、行或列

可以根据需要，插入空单元格、行或列，并对其进行填充。

（1）插入单元格

插入空白单元格的操作步骤如下：

① 在需要插入空单元格处选定相应的单元格区域，选定的单元格数量应与待插入的空单元格的数量相等。

② 单击“插入”菜单，选择“单元格”命令，或者执行右键快捷菜单中的“插入”命令，打开如图 4-9 所示的对话框。

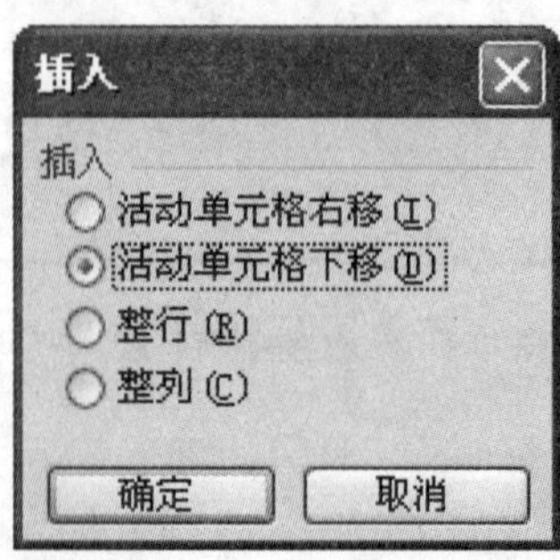

图 4-9 “插入”对话框

③ 选择相应的插入方式选项。

④ 单击“确定”按钮。

（2）插入行

插入新行的操作步骤如下：

① 如果需要插入一行，则单击需要插入的新行之下相邻行中的任意单元格；如果要插入多行，则选定需要插入的新行之下相邻的若干行，选定的行数应与待插入的新行数量相等。

② 单击“插入”菜单，选择“行”命令，或者执行右键快捷菜单中的“插入”命令。

（3）插入列

插入新列的操作步骤如下：

① 如果需要插入一列，则单击需要插入的新列右侧相邻列中的任意单元格；如果要插入多列，则选定需要插入的新列右侧相邻的若干列，选定的列数应与待插入的新列数量相等。

② 单击“插入”菜单，选择“列”命令，或者执行右键快捷菜单中的“插入”命令。

4. 删除单元格、行或列

删除单元格、行或列是指将选定的单元格、行或列从工作表中移走，并自动调整周围的单元格、行或列填补删除后的空位。操作步骤如下：

（1）选定需要删除的单元格、行或列。

（2）单击“编辑”菜单，选择“删除”命令，或者执行右键快捷菜单中的“删除”命令。

5. 清除单元格、行或列

清除单元格、行或列是指将选定的单元格中的内容、格式或批注等从工作表中清除，单元格仍保留在工作表中。操作步骤如下：

① 选定需要清除的单元格、行或列。

② 单击“编辑”菜单，选择“清除”，在打开的级联菜单中选择相应命令执行。

值得注意的是：选定单元格后，直接按 Del 键只能清除单元格的内容。

6. 对单元格中数据进行修改

如果要重新输入单元格的内容，则用鼠标单击单元格，然后直接输入新内容。

如果只是修改部分内容，按 F2 功能键或双击单元格，在单元格内或在编辑栏右边的编辑框中利用→、←键移动光标或按 Del 键删除不需要的数据，以完成对数据的修改，按 Enter 键或 Tab 键确认。

4.2.4 工作表操作

Excel 具有很强的工作表管理功能，能够根据用户的需要十分方便地添加、删除、重命名以及移动、复制、拆分和冻结工作表。

1. 工作表的添加

在已存在的工作簿中可以添加新的工作表，有以下两种方法：

① 单击“插入”菜单，选择“工作表”命令，将在当前工作表前添加一个新的工作表。

② 右击工作表标签栏上的工作表名称，从快捷菜单中选择“插入”命令，打开“插入”对话框，选择要插入的对象，单击“确定”按钮。

2. 工作表的删除

用户可以在工作簿中删除不需要的工作表，有以下两种方法：

① 选定要删除的工作表，单击“编辑”菜单，选择“删除工作表”命令，打开“确认”对话

框，如果单击“确定”按钮，将永久性地删除该工作表；如果单击“取消”按钮，将取消删除工作表的操作。

② 右击工作表标签栏上的工作表名称，从快捷菜单中选择“删除”命令。

3. 工作表的重命名

工作表的初始名称为 Sheet1、Sheet2、……，为了方便使用，用户可以将工作表命名为容易记忆的名字。一般有以下三种方法：

① 选定要重命名的工作表，单击“格式”菜单，选择“工作表”，在打开的级联菜单中选择“重命名”命令，工作表标签栏上的当前工作表名称将反白显示，此时可修改工作表的名称。

② 右击工作表标签栏上的工作表名称，从快捷菜单中选择“重命名”命令，工作表名称将反白显示，此时可修改工作表的名称。

③ 双击需要重命名的工作表标签，工作表名称将反白显示，此时可修改工作表的名称。

4. 工作表的移动或复制

实际应用中，有时需要将一个工作簿上的某个工作表移动到其他的工作簿中，或者需要将同一工作簿的工作表顺序进行重排，这时就需要进行工作表的移动或复制。在 Excel 中，用户可以灵活地将工作表进行移动或者复制。移动或复制工作表的步骤如下：

① 如果要把工作表移动或复制到已有的工作簿上，要先打开用于接收工作表的工作簿。

② 切换到需移动或复制的工作表上，单击“编辑”菜单，选择“移动或复制工作表”命令，或者执行右键快捷菜单中的“移动或复制工作表”命令，打开如图 4-10 所示的对话框。

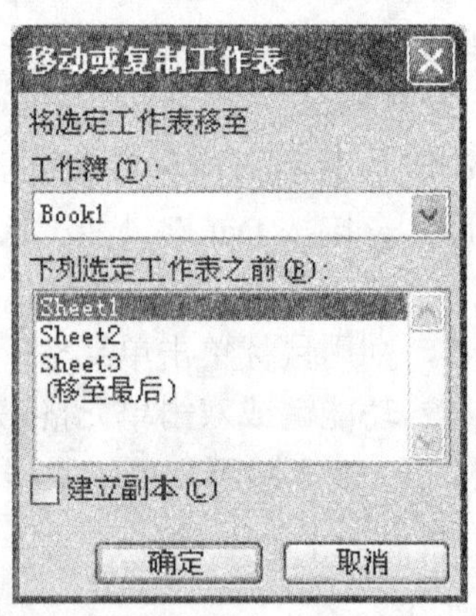

图 4-10 “移动或复制工作表”对话框

③ 在“工作簿”下拉列表中，选择用来接收工作表的工作簿。若单击“新工作簿”，即可将选定工作表移动或复制到新工作簿中。

④ 在“下列选定工作表之前”列表框中，选择需要在其前面插入移动或复制的工作表。如果需要将工作表添加或移动到目标工作簿的最后，则选择“（移到最后）”列表项。

⑤ 如果只是复制而非移动工作表，应选中对话框中的“建立副本”复选框。

⑥ 单击“确定”按钮。

如果用户是在同一个工作簿中复制工作表，也可以按 Ctrl 键并用鼠标单击要复制的工作表标签将其拖动到新位置，然后同时松开 Ctrl 键和鼠标。在同一个工作簿中移动工作表只需用鼠标拖动工作表标签到新位置。

5. 工作表窗口的拆分和冻结

（1）工作表窗口的拆分

由于屏幕较小，当工作表很大时，往往只能看到工作表的部分数据，如果希望比较对照工作表中相距较远的数据，则可将工作表窗口按照水平或垂直方向分割成几个部分。方法是：选中某一单元格，再单击“窗口”菜单，选择“拆分”命令，则系统自动将窗口拆分，先前选定的单元格所在的列及右侧的所有列在垂直拆分线的右侧，其余的列在垂直拆分线的左侧，同样，先前选定的单元格所在的行及下面的所有行在水平拆分线的下边，其余的行在水平拆分线的上边。

要撤销已建立的窗口拆分，直接单击“窗口”菜单，选择“取消拆分”即可。

（2）窗口的冻结

为了在工作表滚动时保持行列标志或其他数据可见，可以“冻结”窗口顶部和左侧区域。窗口中被冻结的数据区域不会随工作表的其他部分一同移动，并始终保持可见。如果数据很多，在屏幕上一次显示不完，可将第一行全部“冻结”以便数据在屏幕上垂直滚动时，始终能看得见第一行的数据，操作步骤如下：

① 在第二行上选中一个单元格作为活动单元格。

② 单击“窗口”菜单，选择“冻结窗格”命令，就在所选定的单元格的左侧和上边分别出现一条黑色的垂直冻结线和水平冻结线，将所选定的单元格左侧的列和上边的行全部冻结。

以后通过垂直滚动条滚动屏幕查看数据时，第一行的列提示标志始终冻结在屏幕上，通过水平滚动条滚动屏幕查看数据时，冻结线左侧的列提示标志始终冻结在屏幕上。

要撤销已建立的窗口冻结，单击“窗口”菜单，选择“取消冻结窗格”即可。

4.3 工作表的格式化

工作表的数据输入完成后，还要对工作表的格式进行设置，以使工作表版面更美观、更合理。

例如，图4-11是对图4-2的学生成绩表进行格式化后的效果。

2009级1班学生成绩表

学号	姓名	数学	英语	计算机	总分	总评
200913100001	王东	90	88	95	273	优秀
200913100002	赵丽	88	96	75	259	优秀
200913100003	汪洋	82	76	93	251	优秀
200913100004	左宇玉	85	62	75	222	
200913100005	张伟	96	97	98	291	优秀
200913100006	李佳	65	75	82	222	
200913100007	王玦	78	85	67	230	
200913100008	李莉	85	63	90	238	
200913100009	周杰	85	60	82	227	
200913100010	葛明	60	65	73	198	
最高分		96	97	98	291	
平均分		81.4	76.7	83	241.1	

图4-11 工作表格式化示例

4.3.1 设置单元格格式

1. 设置数据格式

Excel 提供了丰富的单元格数据格式，如常规、数值、货币、会计专用、日期、时间、百分比、分数、科学记数、文本和特殊等。此外，用户还可以自定义数据格式。

在上述数据格式中，数值格式可以选择小数点的位数；会计专用可对一列数值设置所用的货币符号和小数点对齐方式；在文本单元格格式中，数字作为文本处理；自定义则提供了多种数据格式，用户可以通过“格式选项”框选择定义，而每一种选择都可通过系统即时提供的说明和实例来了解。

要设置单元格的数据格式，首先选定需要格式化的单元格或区域，然后单击“格式”菜单，选择“单元格”命令，或者执行右键快捷菜单中的“设置单元格格式”命令，打开“单元格格式”对话框，如图 4-12 所示，单击“数字”选项卡，指定相应的数据格式。

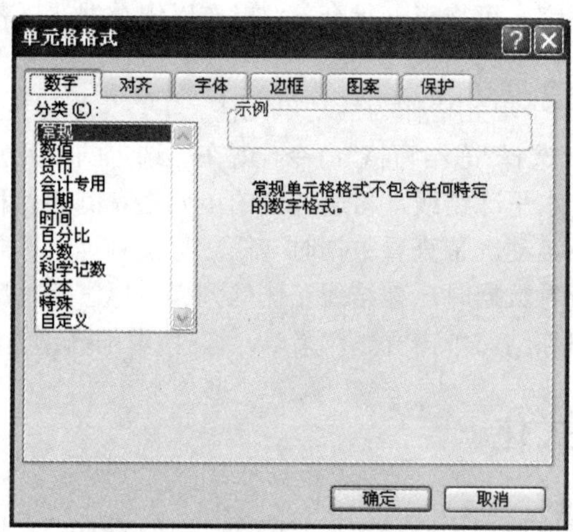

图 4-12 “数字”选项卡

2. 设置字符格式

为了使表格的内容更加醒目，可以对一张工作表的各部分内容设定不同的字符格式。

设置字符格式的方法为：选定需要格式化的单元格或区域，然后在“单元格格式”对话框中单击“字体”选项卡，该选项卡与 Word 的字体设置选项卡类似，再根据报表要求进行各项设置，设置完毕后单击“确定”按钮。

另外，利用“格式”工具栏上的字体、字形和字号按钮也可以设置简单的字符格式。

3. 设置标题居中

一般而言，表格的第一行为标题行。标题通常需要位于表格的正中。设置标题居中，需要合并表格宽度内的单元格。

合并及居中单元格的步骤如下：

① 选定需要合并的单元格区域。

② 单击“格式”工具栏上的“合并及居中”按钮，选定单元格区域即可合并为一个单元格，同时单元格内的文字将居中对齐。

4. 设置数据对齐

Excel 中设置了缺省的数据对齐方式，用户也可以根据需要重新设置数据的对齐方式。

单元格中的数据在水平和垂直方向都可以选择不同的对齐方式。在水平方向，系统提供了左对齐、右对齐、居中对齐等功能，还可以使用缩进功能使内容不紧贴表格。垂直对齐具有靠上对齐、靠下对齐及居中对齐等方式，默认的对齐方式为靠下对齐。在“方向”框中，可以将选定的单元格内容完成从-90°到+90°的旋转，这样就可将表格内容由水平显示转换为各个角度的显示。在“文本控制栏”还允许设置为自动换行、缩小字体填充和合并单元格等功能。

另外，还可以通过“单元格格式”对话框中的“对齐”选项卡或“格式”工具栏上的对齐按钮设置或改变对齐方式。

5. 设置表格边框

在编辑电子表格时，显示的表格线是利用 Excel 本身提供的网格线，但在打印时 Excel 并不打印网格线。因此，用户需要自己给表格设置打印时所需的边框，使表格打印出来具有所设定的边框线，从而使表格更加整齐和美观。

设置表格边框的方法为：选定需要格式化的单元格或区域，然后在“单元格格式”对话框中单击“边框”选项卡，如图 4-13 所示。可以通过“边框”选项设置单元格边框线，还可在单元格中添加斜线，边框线的线形可在右边的“样式”列表中选定，边框的颜色可在右边的“颜色”下拉列表框进行选定。

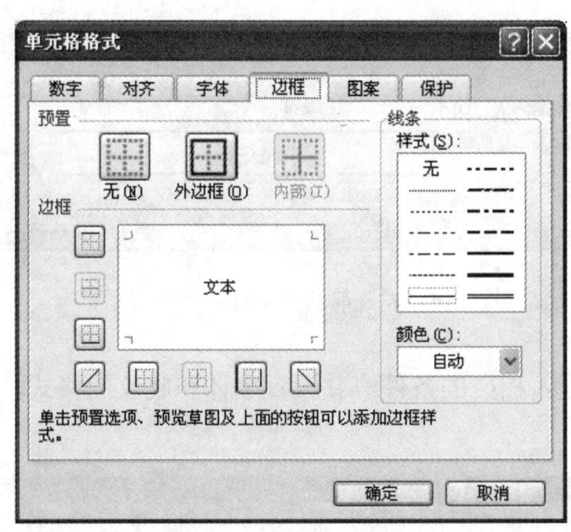

图 4-13 “边框”选项卡

另外，也可以利用“格式”工具栏上的“边框”按钮设置表格边框。

6. 设置底纹

为了使表格各个部分的内容更加醒目、美观，Excel 提供了在表格的不同部分设置不同的底纹图案或背景颜色的功能。

设置底纹的方法为：选定需要格式化的单元格或区域，然后在“单元格格式”对话框中单击“图案”选项卡，在“颜色”列表中选择背景颜色，在“图案”下拉列表框选择底纹图案。

4.3.2 设置列宽和行高

Excel 中，当单元格中的文字大小改变时，系统会对表格的行高进行自动调整。用户也可以根据实际需要重新设置列宽和行高。

设置列宽的步骤如下：

① 把鼠标指针移动到要调整宽度的列的列号右侧的边线上。

② 当鼠标的形状变为左右双箭头时，按住鼠标左键。

③ 在水平方向上拖动鼠标调整列宽。

④ 当列宽调整到满意的时候，释放鼠标左键。

此外，也可通过单击"格式"菜单，选择"列"，在打开的级联菜单中选择"列宽"命令，或者执行右键快捷菜单中的"列宽"命令，打开"列宽"对话框，输入合适的值，单击"确认"按钮。

设置行高的方法类似，不再赘述。

4.3.3 设置条件格式

Excel 条件格式功能可以根据单元格内容有选择地自动应用格式。如图 4-11 中的学生成绩数据，将 90 分及以上的分数所在的单元格用灰色底纹并将数据用蓝色显示出来。在进行条件格式的设置之前，要先选定需要应用条件格式的单元格区域，在此例中为 C3:F12，单击"格式"菜单，选择"条件格式"命令，打开"条件格式"对话框，如图 4-14 所示。

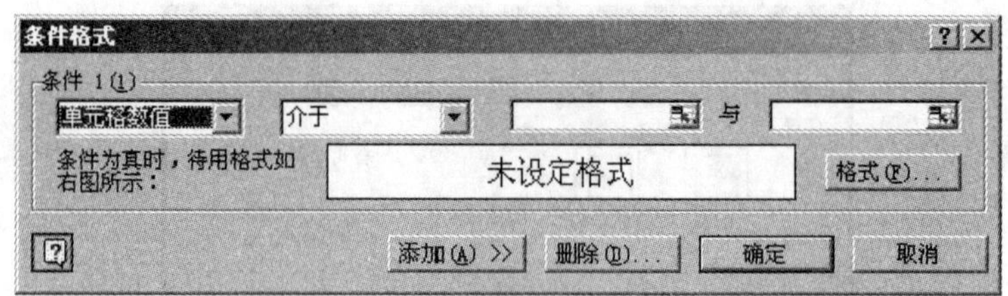

图 4-14 设置前的"条件格式"对话框

在条件 1 的表框中输入相应的条件，并设置字体和底纹的格式，如图 4-15 所示。

图 4-15 设置后的"条件格式"对话框

单击"确定"按钮，可以得到如图 4-11 中的效果。

4.3.4 使用样式

样式是保存多种已定义格式的集合，如字体大小、对齐方式和图案等。Excel 自身带有许多已定义的样式，用户也可以根据需要自定义样式。要一次应用多种格式，而且要保证单元格格式一致，就应该使用样式。应用样式的操作步骤如下：

① 选择需要格式化的单元格或区域。

② 单击“格式”菜单，选择“样式”命令，打开“样式”对话框。

③ 在对话框中单击“样式名”框中所需的样式，单击“确定”按钮。

4.3.5 自动套用格式

对工作表的格式化也可以使用 Excel 提供的自动套用格式功能，快速设置单元格和数据清单的格式，为用户节省大量的时间，制作出优美的报表。

自动套用格式是指内置的表格方案，在方案中已经对表格中的各个组成部分定义了特定的格式。自动套用格式的使用方法如下：

① 选择要格式化的单元格区域。

② 单击“格式”菜单，选择“自动套用格式”命令，打开如图 4-16 所示的对话框。

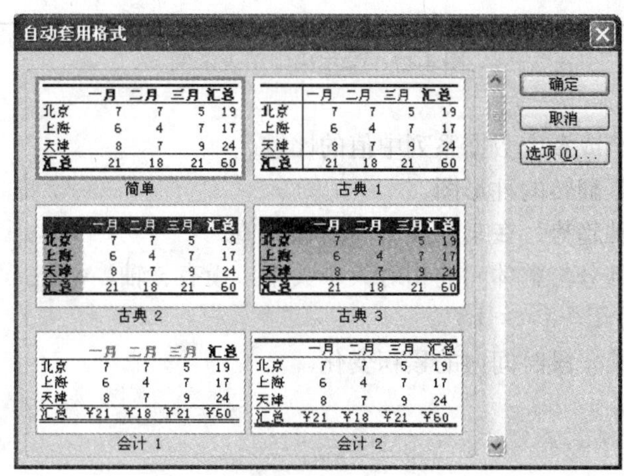

图 4-16 “自动套用格式”对话框

③ 选择一种所需要的套用格式。如果不需要自动套用格式中的某些格式，则单击“选项”按钮，展开“要应用的格式”选项栏，在复选框可以清除不需要的格式类型。

④ 单击“确定”按钮。

4.4 图表编辑

图表是 Excel 最常编辑的对象之一，它是依据选定的工作表单元格区域内的数据，按照一定的数据系列而生成的，是工作表数据的图形表示方法。与工作表相比，图表能形象地反映出数据的对比关系及趋势，利用图表可以将抽象的数据形象化，当数据源发生变化时，图表中对应的数据也自动更新，使得数据更加直观，用户一目了然。如图 4-17 所示图表中，我们不必分析工作表中的数据，就可以立即比较几位同学的成绩。

Excel 中可方便地绘制不同的图表，如柱形图、条形图、折线图和饼图等。利用数据生成图表时，要依照具体情况选择不同的图表类型，如商场主管要了解每月的销售情况，他关心的是变化趋势，而不是具体的值，用折线图就一目了然了；如果要分析各大品牌电脑的市场占有率，这时应选择饼图，表明部分与整体之间的关系。了解 Excel 常用的图表及其用途，正确选用图表，可以使数据变得更加简单、清晰。

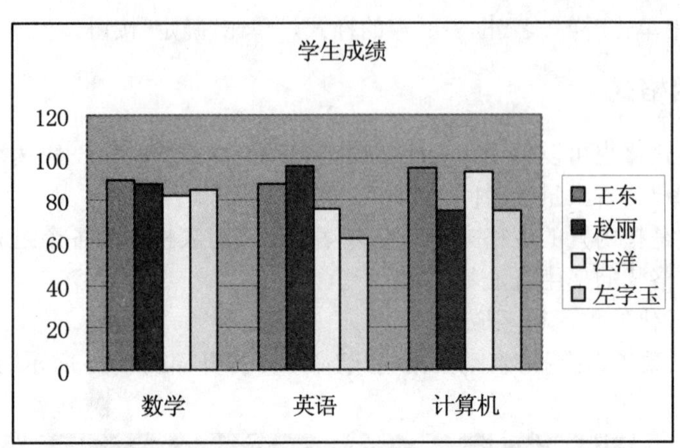

图 4-17　学生成绩图表示例

柱形图：用于一个或多个数据系列中值的比较。

条形图：实际上是翻转的柱形图。

折线图：显示一种趋势，在某一段时间的相关值。

饼图：着重体现部分与整体间的相对大小关系，没有 x 轴、y 轴。

XY 闪点图：一般用于科学计算。

面积图：显示在某一段时间内的累积变化。

4.4.1　创建图表

Excel 的图表，分嵌入式图表和工作表图表两种。嵌入式图表是指将图表插入到一个已经存在的工作表中；工作表图表是指图表被插入到一个新的工作表中，且该工作表中仅包含图表。若在工作表数据附近插入图表，应创建嵌入式图表，若在工作簿的其他工作表上插入图表，应创建工作表图表。无论哪种图表都与创建它们的工作表数据相连接，当修改工作表数据时，图表会随之更新。

1. 使用图表向导绘制图表

要生成图表，必须有数据源。这些数据要求以列或行的方式存放在工作表的一个区域中，若以列的方式排列，通常要以区域的第一列数据作为 X 轴的数据；若以行的方式排列，则要求区域的第一行数据作为 X 轴的数据。

下面以图 4-2 中的数据为数据源来创建柱形图表。

（1）单击"插入"菜单，选择"图表"命令，或单击 "常用" 工具栏中的"图表"按钮，就可启动图表向导。如图 4-18 所示。

（2）选择图表类型

单击"标准类型"选项卡，在"图表类型"列表中选择柱形图，在"子图表类型"列表中选择第一种子图表，然后单击"下一步"按钮，打开"图表向导—4 步骤之 2—图表数据源"对话框。

（3）选择图表数据源

单击"数据区域"选项卡，在"数据区域"编辑框中输入图表数据源的单元格区域，或直接

用鼠标在工作表中选取数据区域“$B$2:$E$5”，选择“系列产生在”选项中的“行”，然后单击“下一步”按钮，打开“图表向导—4 步骤之 3—图表选项”对话框。

图 4-18 “图表向导”对话框

（4）设置图表选项

单击“标题”选项卡，在“图标标题”文本框中输入该图表的标题。除了“标题”选项卡外，还有坐标轴、网格线、图例、数据标志和数据表等选项卡，其中，“坐标轴”选项卡可以选择 *X* 轴的分类；“图例”选项卡可以重新放置图例的位置；“数据标志”选项卡可以在图表的柱形上添加相应的数据标志；“数据表”选项卡，将在图表下添加一个完整的数据表，就像工作表的数据一样。单击“下一步”按钮，打开“图表向导—4 步骤之 4—图表位置”对话框，如图 4-19 所示。

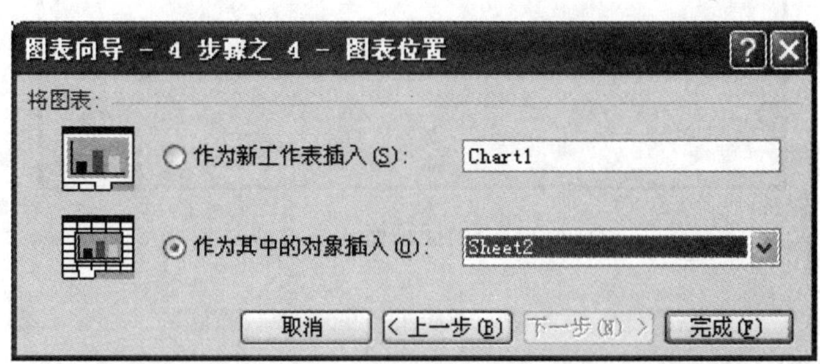

图 4-19 “图表向导—4 步骤之 4—图表位置”对话框

（5）选择图标位置

如果选择“作为其中的对象插入”，则系统会将图表自动附加到工作表中；如果选择“作为新工作表插入”，则系统会将生成的图表另外单独作为一个图表工作表。

4.4.2 图表的编辑与格式化

图表的编辑与格式化是指按用户的要求对图表内容、图表格式、图表布局和外观进行编辑和设置的操作，使图表的显示效果满足用户的需求。

要对图表进行编辑与格式化，必须从工作表切换到图表，即启动图表。嵌入式图表的启动只需在图表区任意处双击即可，工作表图表的启动只需单击图表工作表标签。

启动图表以后就可以更改其中的图表项，如编辑或修改图表标题、为图表加上数据标志、把单元格的内容作为图表文字、删除图表文字等。

图表的格式化包括图表文字的格式化、坐标轴刻度的格式化、数据标志的颜色改变、网格线的设置和图表格式的自动套用等。

还可以对图表中的图例进行添加、删除和移动，对图表中的数据系列或数据点进行添加和删除等。也可以改变当前的图表类型，或改变数据源，以及图表的位置等，通过选择相应的命令，执行后进行对应的取值，就可以作出期望的改变。

如果想修改图表对象的格式，可直接用鼠标双击该图表对象，系统将打开相应的格式对话框，用户可通过格式对话框设置图表对象的格式。例如要改变图表中 *X* 轴坐标大小，可直接用鼠标双击 *X* 轴，系统将打开“坐标轴格式”对话框，如图 4-20 所示，在其中选择需要修改的项目，进行设置即可。

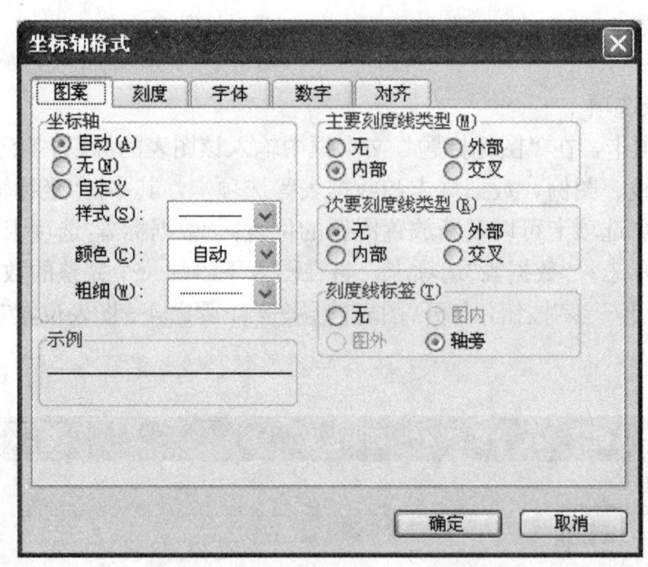

图 4-20 “坐标轴格式”对话框

4.5 数据的管理

Excel 的一个主要功能就是对数据进行管理和分析。Excel 的数据放在数据清单中。数据清单是工作表中包含相关数据的一系列数据行，它可以像数据库一样使用，其中行表示记录，列表示字段。如图 4-21 所示的销售数据表，可以看做一个数据清单。数据清单中的数据由若干列组成，每列一个列标题，相当于数据库的字段名称，每一列必须是同类的数据，列相当于字段，行相当于数据库的记录。在数据清单中，可以利用记录单方便地添加、删除和查找数据，也可以方便地对数据进行排序、筛选和分类汇总等操作。

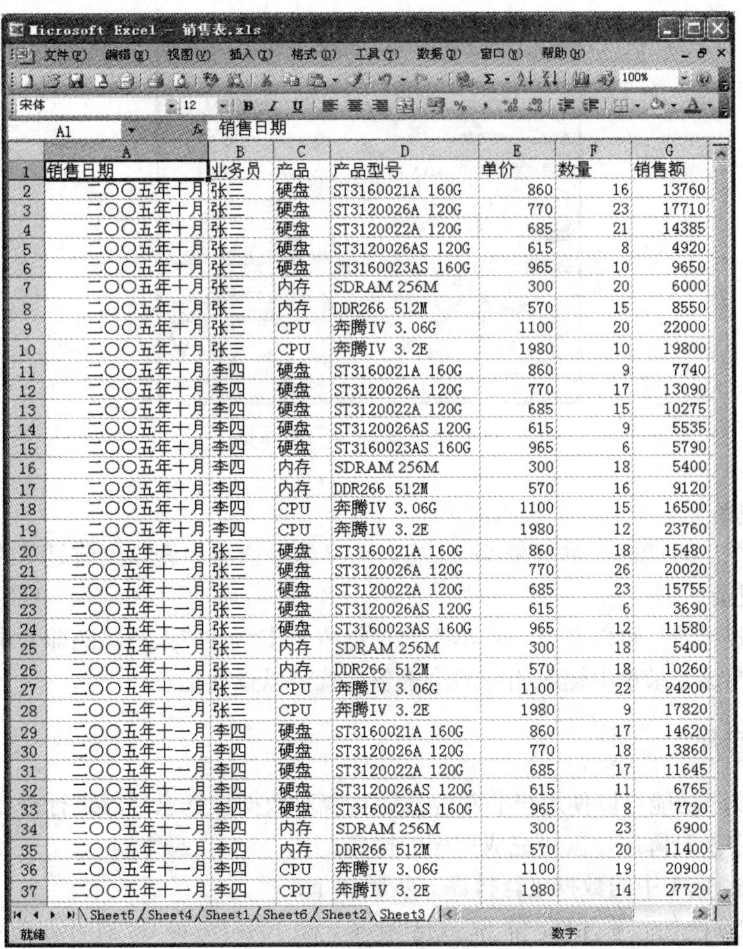

	A	B	C	D	E	F	G
1	销售日期	业务员	产品	产品型号	单价	数量	销售额
2	二〇〇五年十月	张三	硬盘	ST3160021A 160G	860	16	13760
3	二〇〇五年十月	张三	硬盘	ST3120026A 120G	770	23	17710
4	二〇〇五年十月	张三	硬盘	ST3120022A 120G	685	21	14385
5	二〇〇五年十月	张三	硬盘	ST3120026AS 120G	615	8	4920
6	二〇〇五年十月	张三	硬盘	ST3160023AS 160G	965	10	9650
7	二〇〇五年十月	张三	内存	SDRAM 256M	300	20	6000
8	二〇〇五年十月	张三	内存	DDR266 512M	570	15	8550
9	二〇〇五年十月	张三	CPU	奔腾IV 3.06G	1100	20	22000
10	二〇〇五年十月	张三	CPU	奔腾IV 3.2E	1980	10	19800
11	二〇〇五年十月	李四	硬盘	ST3160021A 160G	860	9	7740
12	二〇〇五年十月	李四	硬盘	ST3120026A 120G	770	17	13090
13	二〇〇五年十月	李四	硬盘	ST3120022A 120G	685	15	10275
14	二〇〇五年十月	李四	硬盘	ST3120026AS 120G	615	9	5535
15	二〇〇五年十月	李四	硬盘	ST3160023AS 160G	965	6	5790
16	二〇〇五年十月	李四	内存	SDRAM 256M	300	18	5400
17	二〇〇五年十月	李四	内存	DDR266 512M	570	16	9120
18	二〇〇五年十月	李四	CPU	奔腾IV 3.06G	1100	15	16500
19	二〇〇五年十月	李四	CPU	奔腾IV 3.2E	1980	12	23760
20	二〇〇五年十一月	张三	硬盘	ST3160021A 160G	860	18	15480
21	二〇〇五年十一月	张三	硬盘	ST3120026A 120G	770	26	20020
22	二〇〇五年十一月	张三	硬盘	ST3120022A 120G	685	23	15755
23	二〇〇五年十一月	张三	硬盘	ST3120026AS 120G	615	6	3690
24	二〇〇五年十一月	张三	硬盘	ST3160023AS 160G	965	12	11580
25	二〇〇五年十一月	张三	内存	SDRAM 256M	300	18	5400
26	二〇〇五年十一月	张三	内存	DDR266 512M	570	18	10260
27	二〇〇五年十一月	张三	CPU	奔腾IV 3.06G	1100	22	24200
28	二〇〇五年十一月	张三	CPU	奔腾IV 3.2E	1980	9	17820
29	二〇〇五年十一月	李四	硬盘	ST3160021A 160G	860	17	14620
30	二〇〇五年十一月	李四	硬盘	ST3120026A 120G	770	18	13860
31	二〇〇五年十一月	李四	硬盘	ST3120022A 120G	685	17	11645
32	二〇〇五年十一月	李四	硬盘	ST3120026AS 120G	615	11	6765
33	二〇〇五年十一月	李四	硬盘	ST3160023AS 160G	965	8	7720
34	二〇〇五年十一月	李四	内存	SDRAM 256M	300	23	6900
35	二〇〇五年十一月	李四	内存	DDR266 512M	570	20	11400
36	二〇〇五年十一月	李四	CPU	奔腾IV 3.06G	1100	19	20900
37	二〇〇五年十一月	李四	CPU	奔腾IV 3.2E	1980	14	27720

图 4-21 销售数据表示例

4.5.1 数据记录单

数据清单可以像工作表一样编辑，可以利用前面已经介绍过的数据输入方法向数据清单中添加数据。此外，也可以通过记录单向已定义的数据清单中添加数据，同时还可通过记录单查找数据。

1. 添加记录

一条记录实际上就是数据清单中的一行数据。添加记录的步骤如下：

① 单击数据清单中的任一单元格。

② 单击“数据”菜单，选择“记录单”命令，打开如图 4-22 所示的“记录单”对话框。

③ 单击“新建”按钮，出现一个空白记录。

④ 键入新记录所包含的信息。

⑤ 当数据输入完毕后，按下 Enter 键，表示添加记录，单击“关闭”按钮完成新记录的添加并关闭记录单。

含有公式的字段将自动显示公式的计算结果，计算结果不能在记录单中修改。如果添加了含有公式的记录，直到按下 Enter 键或单击“关闭”按钮添加记录之后，公式才被计算。

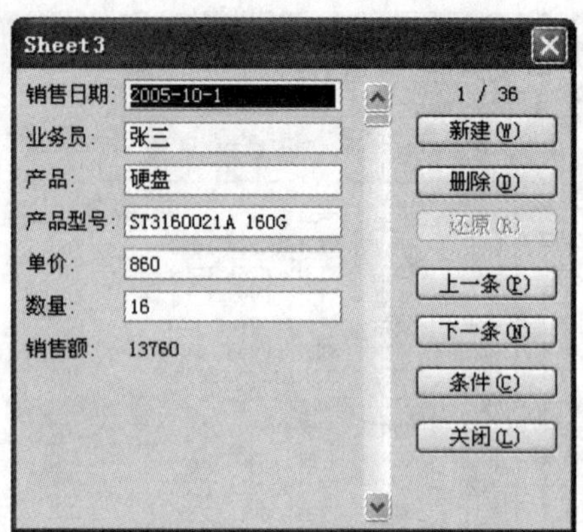

图 4-22 “记录单”对话框

2. 删除记录

在“记录单”对话框中单击“删除”按钮，将从数据清单中删除当前显示的记录。

3. 查找记录

如果要查找记录，可以在“记录单”对话框中单击“条件”按钮，随即会出现类似的空白记录单，通过在该记录单中输入相应的检索条件就可以查找记录。

4.5.2 数据排序

Excel 的排序功能可以使用户非常容易地实现对数据按任意字段进行排序，用户只要指定排序的关键字及升降序，就可完成排序的操作。

例如，对图 4-21 中的数据进行排序。步骤如下：

① 单击数据区任一单元格，单击“数据”菜单，选择“排序”命令，打开如图 4-23 所示的“排序”对话框。

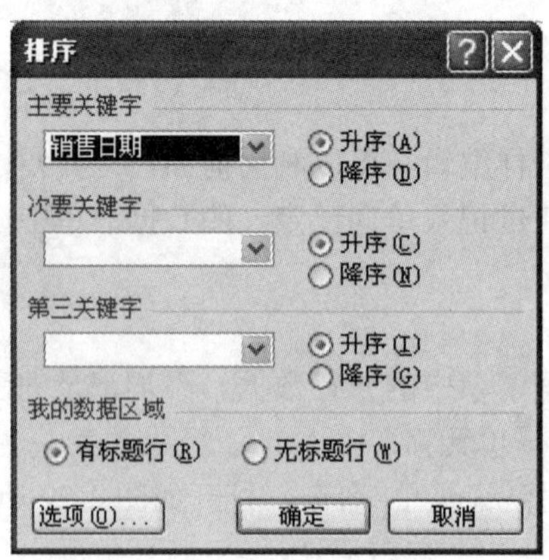

图 4-23 “排序”对话框

② 在该对话框中的“主要关键字”下拉列表框中选定“产品型号”，系统默认排序方向为“升序”，也可以选择“降序”，然后单击“确定”按钮，就可以出现如图 4-24 所示的根据“产品型号”升序排列的数据表。

销售表.xls

	A	B	C	D	E	F	G
1	销售日期	业务员	产品	产品型号	单价	数量	销售额
2	二〇〇五年十月	张三	内存	DDR266 512M	570	15	8550
3	二〇〇五年十月	李四	内存	DDR266 512M	570	16	9120
4	二〇〇五年十一月	张三	内存	DDR266 512M	570	18	10260
5	二〇〇五年十一月	李四	内存	DDR266 512M	570	20	11400
6	二〇〇五年十月	张三	内存	SDRAM 256M	300	20	6000
7	二〇〇五年十月	李四	内存	SDRAM 256M	300	18	5400
8	二〇〇五年十一月	张三	内存	SDRAM 256M	300	18	5400
9	二〇〇五年十一月	李四	内存	SDRAM 256M	300	23	6900
10	二〇〇五年十月	张三	硬盘	ST3120022A 120G	685	21	14385
11	二〇〇五年十月	李四	硬盘	ST3120022A 120G	685	15	10275
12	二〇〇五年十一月	张三	硬盘	ST3120022A 120G	685	23	15755
13	二〇〇五年十一月	李四	硬盘	ST3120022A 120G	685	17	11645
14	二〇〇五年十月	张三	硬盘	ST3120026A 120G	770	23	17710
15	二〇〇五年十月	李四	硬盘	ST3120026A 120G	770	17	13090
16	二〇〇五年十一月	张三	硬盘	ST3120026A 120G	770	26	20020

Sheet5 Sheet4 Sheet1 Sheet6 Sheet2 Sheet3

图 4-24　排序后的销售数据表示例

4.5.3　数据筛选

对数据进行筛选，就是把符合条件的数据集中显示出来，不符合条件的不显示。对记录进行筛选有两种方式，一种是“自动筛选”，另一种是“高级筛选”。

1. 自动筛选

使用自动筛选功能，一次只能对工作表中的一个数据清单使用筛选命令，对同一列数据最多可以应用两个条件。操作步骤如下：

① 单击工作表中数据区域的任一单元格。

② 单击“数据”菜单，选择“筛选”，在打开的级联菜单中选择 “自动筛选”命令，此时在每一列上都会出现一个筛选按钮。

③ 单击某列的筛选按钮，将打开下拉列表，可以在其中设置筛选条件。如单击销售日期字段的筛选按钮，在打开的下拉列表中选择销售日期为“二〇〇一年十月”。

④ 如果要继续定义筛选条件，则可在另一列中重复步骤（3）。例如，在业务员字段，选择“张三”。那么筛选结果如图 4-25 所示，图中仅显示了销售表中二〇〇一年十月，业务员张三的销售情况。

有时，用户为了特定的目的，会进行一些有条件的筛选，那么就需要在筛选下拉列表框中选择“自定义”选项。

Microsoft Excel - 实验表.xls [只读]

文件(F) 编辑(E) 视图(V) 插入(I) 格式(O) 工具(T) 数据(D) 窗口(W) 帮助(H) Adobe PDF(B)

J5　MAXTOR 20G

	F	G	H	I	J	K	L	M
1		销售日期	业务员	产品	产品型号	单价	数量	销售额
12		二〇〇一年十月	张三	硬盘	MAXTON 40G	840	16	13440
13		二〇〇一年十月	张三	硬盘	MAXTOR 10G	550	23	12650
14		二〇〇一年十月	张三	硬盘	MAXTOR 15G	580	21	12180
15		二〇〇一年十月	张三	硬盘	MAXTOR 20G	660	8	5280
16		二〇〇一年十月	张三	硬盘	MAXTOR 30G	720	10	7200
26		二〇〇一年十月	张三	内存	KINGSTON 128M	250	20	5000
27		二〇〇一年十月	张三	内存	三星 DDR 256M	260	15	3900
34		二〇〇一年十月	张三	CPU	INTEL P4	1500	20	30000
35		二〇〇一年十月	张三	CPU	INTEL P3	1100	10	11000

Sheet3 Sheet2

“筛选”模式　数字

图 4-25　自动数据筛选示例

例如，要查看500≤单价≤800之间的产品的情况，就要用到这种筛选方法。步骤如下：

① 单击“单价”字段的筛选按钮，选择“自定义”选项，打开如图4-26所示的“自定义自动筛选方式”对话框。

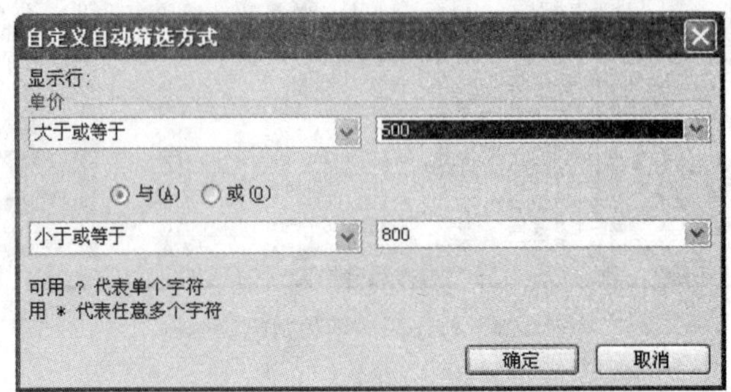

图4-26 “自定义自动筛选方式”对话框

② 单击左上第一个下拉列表框，选择“大于或等于”，在其右边的下拉列表框中输入“500”，再点击“与”逻辑选择；同样，在下面的下拉列表框中选择“小于或等于”，再在右边的下拉列表框中输入“800”。单击“确定”按钮，筛选结果如图4-27所示。

销售表.xls

	A	B	C	D	E	F	G
1	销售日期	业务员	产品	产品型号	单价	数量	销售额
2	二〇〇五年十月	张三	内存	DDR266 512M	570	15	8550
3	二〇〇五年十月	李四	内存	DDR266 512M	570	16	9120
4	二〇〇五年十一月	张三	内存	DDR266 512M	570	18	10260
5	二〇〇五年十一月	李四	内存	DDR266 512M	570	20	11400
10	二〇〇五年十月	张三	硬盘	ST3120022A 120G	685	21	14385
11	二〇〇五年十月	李四	硬盘	ST3120022A 120G	685	15	10275
12	二〇〇五年十一月	张三	硬盘	ST3120022A 120G	685	23	15755
13	二〇〇五年十一月	李四	硬盘	ST3120022A 120G	685	17	11645
14	二〇〇五年十月	张三	硬盘	ST3120026A 120G	770	23	17710
15	二〇〇五年十月	李四	硬盘	ST3120026A 120G	770	17	13090
16	二〇〇五年十一月	张三	硬盘	ST3120026A 120G	770	26	20020
17	二〇〇五年十一月	李四	硬盘	ST3120026A 120G	770	18	13860
18	二〇〇五年十月	张三	硬盘	ST3120026AS 120G	615	8	4920
19	二〇〇五年十月	李四	硬盘	ST3120026AS 120G	615	9	5535
20	二〇〇五年十一月	张三	硬盘	ST3120026AS 120G	615	6	3690
21	二〇〇五年十一月	李四	硬盘	ST3120026AS 120G	615	11	6765

Sheet5 Sheet4 Sheet1 Sheet6 Sheet2 Sheet3

图4-27 条件筛选示例

2. 高级筛选

使用自动筛选，可以在数据表格中筛选出符合特定条件的值。但有时所设的条件较多，再用自动筛选就有些麻烦，这时，就可以使用高级筛选来筛选数据。使用高级筛选，应在工作表的数据清单上方或下方先建立至少有三个空行的区域，作为设置条件的区域。

如果要查询上例中业务员张三在2005年10月内存的销售的记录，就可以采取下面的方法：

① 在数据列表中，与数据区隔一行建立条件区域并在条件区域中输入筛选条件，即在第一行前插入三个空行，接着在A1、B1、C1单元格中分别输入列标志“销售日期”、“业务员”、

"产品"，然后在 A2、B2、C2 单元格中分别输入"二〇〇五年十月"、"张三"、"内存"，则所建立的单元格区域 A1:C2 称为条件区域，如图 4-28 所示。

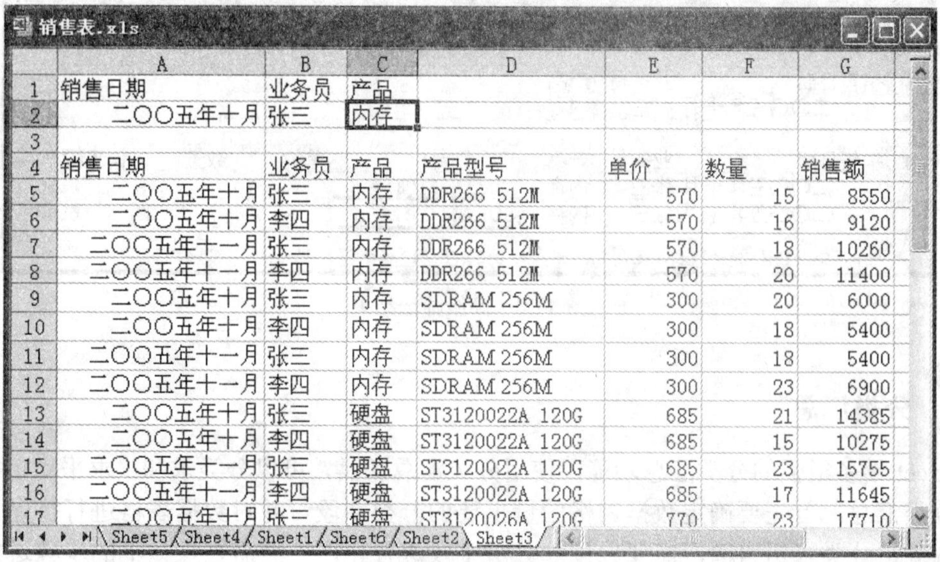

销售表.xls

	A	B	C	D	E	F	G
1	销售日期	业务员	产品				
2	二〇〇五年十月	张三	内存				
3							
4	销售日期	业务员	产品	产品型号	单价	数量	销售额
5	二〇〇五年十月	张三	内存	DDR266 512M	570	15	8550
6	二〇〇五年十月	李四	内存	DDR266 512M	570	16	9120
7	二〇〇五年十一月	张三	内存	DDR266 512M	570	18	10260
8	二〇〇五年十一月	李四	内存	DDR266 512M	570	20	11400
9	二〇〇五年十月	张三	内存	SDRAM 256M	300	20	6000
10	二〇〇五年十月	李四	内存	SDRAM 256M	300	18	5400
11	二〇〇五年十一月	张三	内存	SDRAM 256M	300	18	5400
12	二〇〇五年十一月	李四	内存	SDRAM 256M	300	23	6900
13	二〇〇五年十月	张三	硬盘	ST3120022A 120G	685	21	14385
14	二〇〇五年十月	李四	硬盘	ST3120022A 120G	685	15	10275
15	二〇〇五年十一月	张三	硬盘	ST3120022A 120G	685	23	15755
16	二〇〇五年十一月	李四	硬盘	ST3120022A 120G	685	17	11645
17	二〇〇五年十月	张三	硬盘	ST3120026A 120G	770	23	17710

Sheet5 / Sheet4 / Sheet1 / Sheet6 / Sheet2 / Sheet3

图 4-28 设置筛选条件

此例是对"销售日期"为二〇〇五年十月、"业务员"张三和"产品"为内存三条件的"与"操作。若要对所给条件执行"或"操作，可将条件分别写在不同的行中，以便实现字段之间的"或"操作。

需要注意的是，条件区域与数据列表区域之间至少要有一个空行。

② 单击"数据"菜单，选择"筛选"，在打开的级联菜单中选择 "高级筛选"命令，打开如图 4-29 所示的对话框。

如果想保留原始的数据列表，就须将符合条件的记录复制到其他位置，应在图 4-29 所示的对话框中"方式"选项中选择"将筛选结果复制到其他位置"，并在"复制到"框中输入欲复制的位置。

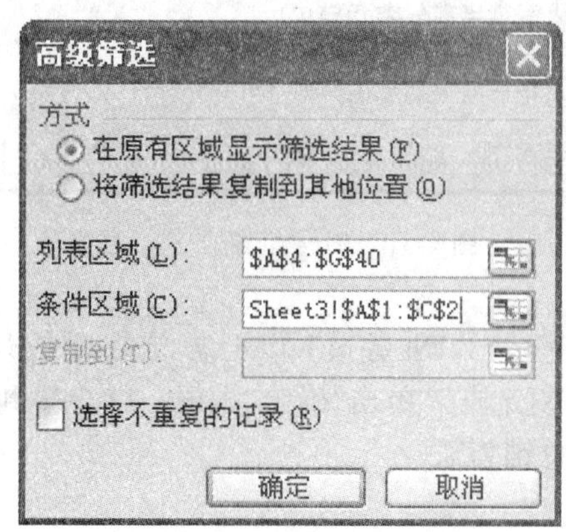

图 4-29 "高级筛选"对话框

接下来，用鼠标分别选定“数据区域”和“条件区域”，再按“确定”按钮，就会在原数据区域显示出符合条件的记录，如图 4-30 所示。

销售表.xls

	A	B	C	D	E	F	G
1	销售日期	业务员	产品				
2	二〇〇五年十月	张三	内存				
3							
4	销售日期	业务员	产品	产品型号	单价	数量	销售额
5	二〇〇五年十月	张三	内存	DDR266 512M	570	15	8550
9	二〇〇五年十月	张三	内存	SDRAM 256M	300	20	6000

Sheet5 Sheet4 Sheet1 Sheet6 Sheet2 Sheet3

图 4-30　高级筛选结果

4.5.4　分类汇总

Excel 具备很强的分类汇总功能，使用分类汇总工具，可以分类求和、求平均值等。要进行分类汇总，首先要确定数据表格的最主要的分类字段，并对数据表格进行排序。如，要按业务员分类求销售额，需要先按业务员字段进行排序，然后在按如下的步骤进行汇总操作。

① 单击“数据”菜单，选择“分类汇总”命令，打开如图 4-31 所示的对话框。

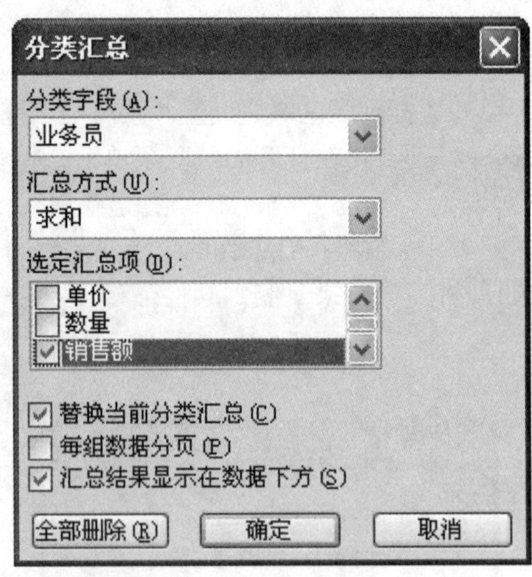

图 4-31　“分类汇总”对话框

② 系统自动设置“分类字段”为“业务员”，“汇总方式”下拉列表中显示为求和，在“选定汇总项”列表中选定“销售额”复选框，单击“确定”按钮，就会得到如图 4-32 所示的分类汇总表。图中汇总了各业务员的总销售额。

销售表.xls

	A	B	C	D	E	F	G
1	销售日期	业务员	产品	产品型号	单价	数量	销售额
2	二〇〇五年十月	李四	CPU	奔腾IV 3.06G	1100	15	16500
3	二〇〇五年十一月	李四	CPU	奔腾IV 3.06G	1100	19	20900
4	二〇〇五年十月	李四	CPU	奔腾IV 3.2E	1980	12	23760
5	二〇〇五年十一月	李四	CPU	奔腾IV 3.2E	1980	14	27720
6	二〇〇五年十月	李四	内存	DDR266 512M	570	16	9120
7	二〇〇五年十一月	李四	内存	DDR266 512M	570	20	11400
8	二〇〇五年十月	李四	内存	SDRAM 256M	300	18	5400
9	二〇〇五年十一月	李四	内存	SDRAM 256M	300	23	6900
10	二〇〇五年十月	李四	硬盘	ST3120022A 120G	685	15	10275
11	二〇〇五年十一月	李四	硬盘	ST3120022A 120G	685	17	11645
12	二〇〇五年十月	李四	硬盘	ST3120026A 120G	770	17	13090
13	二〇〇五年十一月	李四	硬盘	ST3120026A 120G	770	18	13860
14	二〇〇五年十月	李四	硬盘	ST3120026AS 120G	615	9	5535
15	二〇〇五年十一月	李四	硬盘	ST3120026AS 120G	615	11	6765
16	二〇〇五年十月	李四	硬盘	ST3160021A 160G	860	9	7740
17	二〇〇五年十一月	李四	硬盘	ST3160021A 160G	860	17	14620
18	二〇〇五年十月	李四	硬盘	ST3160023AS 160G	965	6	5790
19	二〇〇五年十一月	李四	硬盘	ST3160023AS 160G	965	8	7720
20		李四 汇总					218740
21	二〇〇五年十月	张三	CPU	奔腾IV 3.06G	1100	20	22000
22	二〇〇五年十一月	张三	CPU	奔腾IV 3.06G	1100	22	24200
23	二〇〇五年十月	张三	CPU	奔腾IV 3.2E	1980	10	19800
24	二〇〇五年十一月	张三	CPU	奔腾IV 3.2E	1980	9	17820
25	二〇〇五年十月	张三	内存	DDR266 512M	570	15	8550
26	二〇〇五年十一月	张三	内存	DDR266 512M	570	18	10260
27	二〇〇五年十月	张三	内存	SDRAM 256M	300	20	6000
28	二〇〇五年十一月	张三	内存	SDRAM 256M	300	18	5400
29	二〇〇五年十月	张三	硬盘	ST3120022A 120G	685	21	14385
30	二〇〇五年十一月	张三	硬盘	ST3120022A 120G	685	23	15755
31	二〇〇五年十月	张三	硬盘	ST3120026A 120G	770	23	17710

Sheet5 / Sheet4 / Sheet1 / Sheet6 / Sheet2 / Sheet3

图 4-32　分类汇总结果

单击分类汇总数据左边的折叠按钮，可以将业务员的具体数据折叠，如图 4-33 所示。

如果用户要回到未分类汇总前的状态，只需在图 4-31 所示的对话框中单击“全部删除”按钮，屏幕就会回到未分类汇总前的状态。

销售表.xls

	A	B	C	D	E	F	G
1	销售日期	业务员	产品	产品型号	单价	数量	销售额
20		李四 汇总					218740
39		张三 汇总					240980
40		总计					459720

Sheet5 / Sheet4 / Sheet1 / Sheet6 / Sheet2 / Sheet3

图 4-33　折叠具体数据

4.5.5　数据透视表

数据透视表是一种可以对大量数据快速汇总和建立交叉列表的交互式表格。它能够对行和列进行转换以查看源数据的不同汇总结果，并显示不同页面以筛选数据，还可以根据需要显示区域中的明细数据。数据透视表是一种动态工作表，它提供了一种以不同角度观看数据清单的简便方法。

1. 数据透视表的组成

数据透视表一般由以下几个部分组成：

页字段：是数据透视表中指定为页方向的源数据清单或表单中的字段。单击页字段的不同项，在数据透视表中会显示与该项相关的汇总数据。源数据清单或表单中的每个字段或列条目或数值都将成为页字段列表中的一项。

数据字段：是指含有数据的源数据清单或表单中的字段，它通常汇总数值型数据，数据透视表中的数据字段值来源于数据清单中同数据透视表行、列、数据字段相关的记录的统计。

数据项：是数据透视表中的分类，它代表源数据中同一字段或列中的单独条目。数据项以行标或列标的形式出现，或出现在页字段的下拉列表框中。

行字段：数据透视表中指定为行方向的源数据清单或表单中的字段。

列字段：数据透视表中指定为列方向的源数据清单或表单中的字段。

数据区域：是数据透视表中含有汇总数据的区域。数据区中的单元格用来显示行和列字段中数据项的汇总数据，数据区每个单元格中的数值代表源记录或行的一个汇总。

2. 创建数据透视表

以图 4-21 中的销售数据作为源数据，汇总不同的日期、业务员的各产品的销售额。

① 单击“数据”菜单，选择“数据透视表和数据透视图”命令，打开如图 4-34 所示对话框。

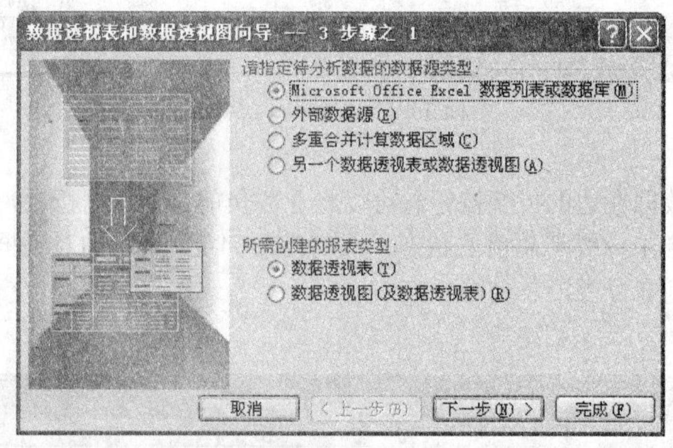

图 4-34 “数据透视表和数据透视图向导—3 步骤 1”对话框

② 这里使用的源数据是工作表中的数据，因此选择“Microsoft Office Excel 数据列表或数据库”选项，单击“下一步”按钮，打开“数据透视表和数据透视图向导—3 步骤之 2”对话框，如图 4-35 所示。

图 4-35 “数据透视表和数据透视图向导—3 步骤之 2”对话框

③ 在“选定区域”中输入或通过切换按钮选择源数据所在的区域范围，单击“下一步”按钮，打开“数据透视表和数据透视图向导—3 步骤之 3”对话框，如图 4-36 所示。

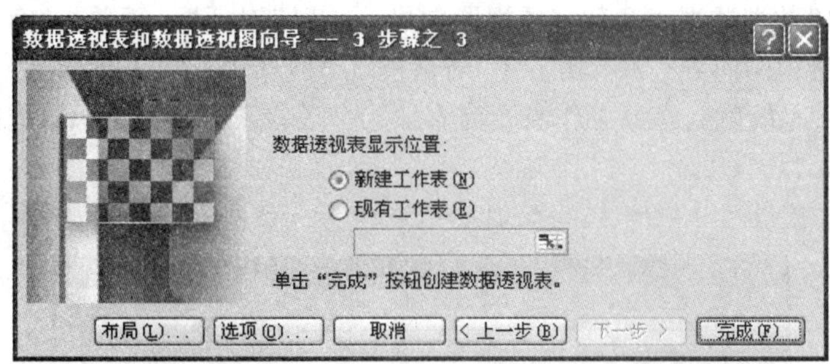

图 4-36 “数据透视表和数据透视图向导—3 步骤之 3”对话框

④ 单击“布局”按钮，打开如图 4-37 所示的对话框，将“销售日期”移动到“页字段”，将“产品”列字段，将“业务员”移到行字段，将“销售额”移到数据区域中，系统会自动显示为“求和项：销售额”。

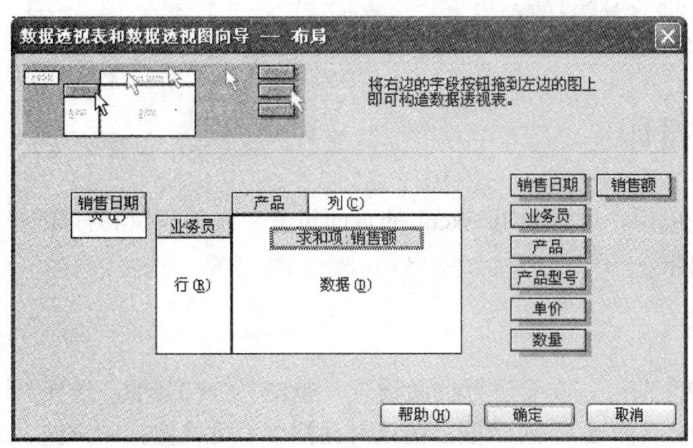

图 4-37 “数据透视表和数据透视图向导—布局”对话框

如果对移到数据区域中的字段不是求和，可以在数据区域中双击“求和项：销售额”，打开如图 4-38 所示的对话框。

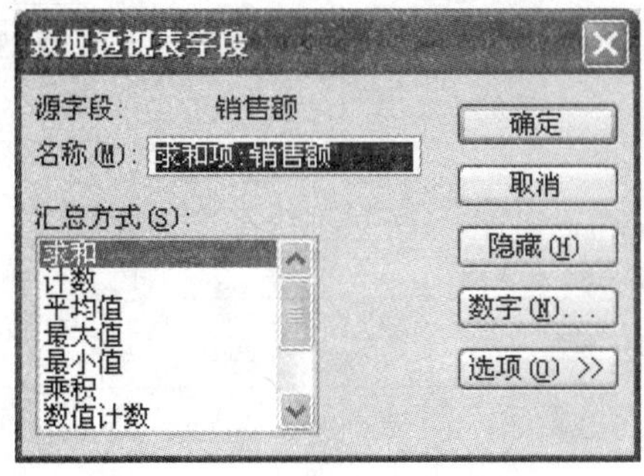

图 4-38 “数据透视表字段”对话框

用户可以根据需要，在汇总方式列表框中选择计数、平均值、最大值或最小值等，单击"确定" 按钮返回"数据透视表和数据透视图向导—布局"对话框。再单击"确定"按钮返回"数据透视表和数据透视图向导—3 步骤之 3" 对话框。一般选择其默认的"新建工作表"项，最后单击"完成"按钮，系统就会在原工作表之前添加一个工作表，它就是源数据的数据透视表。如图 4-39 所示。

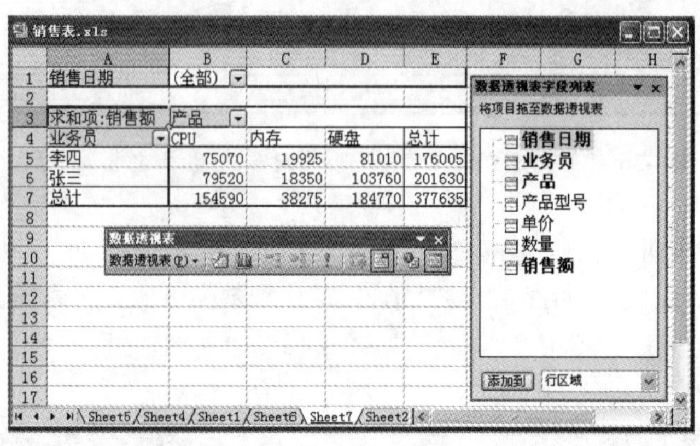

图 4-39　数据透视表

4.6　工作表打印

工作表制作完成后，可以利用 Excel 的页面设置、打印预览和打印等功能将工作表的内容按照要求打印出来。

4.6.1　页面设置

在打印工作表之前，首先要进行页面设置。单击"文件"菜单，选择"页面设置"命令，打开如图 4-40 所示的"页面设置"对话框，在该对话框中，可设置打印方向、纸张大小、页眉或页脚、页边距以及控制是否打印网格线、行号、列标或批注等。

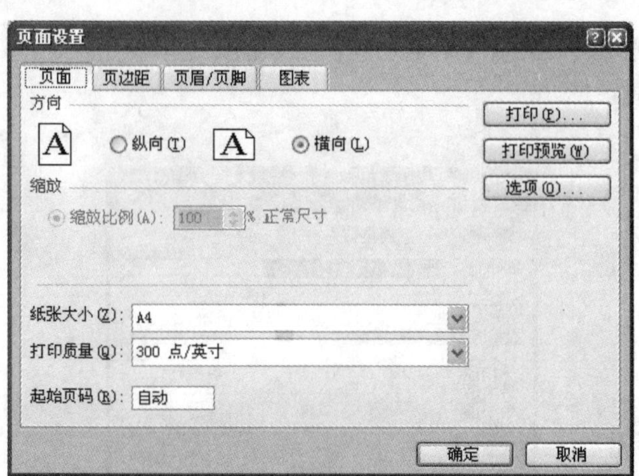

图 4-40 "页面设置" 对话框

1. 设置页面

单击“页面”选项卡，见图4-40。用户可以将打印方向调整为纵向或横向；调整打印的“缩放比例”，可选择10%到400%尺寸的打印效果。设置“纸张大小”，如常用A4或B5；选择“打印质量”，如高、中、低和草稿；如果用户只要打印某一页码之后的部分，可以在“起始页码”中设定。

2. 设置页边距

页边距指实际打印内容的边界与纸张边沿的距离，页边距通常用厘米表示。单击“页边距”选项卡，通过“上”、“下”、“左”、“右”编辑框设置页边距；在“页眉”和“页脚”编辑框中设置页眉和页脚与纸张边沿的距离；在“居中方式”中选择工作表的居中方式，“水平”或“垂直”居中。

3. 设置页眉或页脚

单击“页眉／页脚”选项卡，如图4-41所示。单击“页眉”或“页脚”下拉列表可以选定一些系统定义的页眉或页脚。

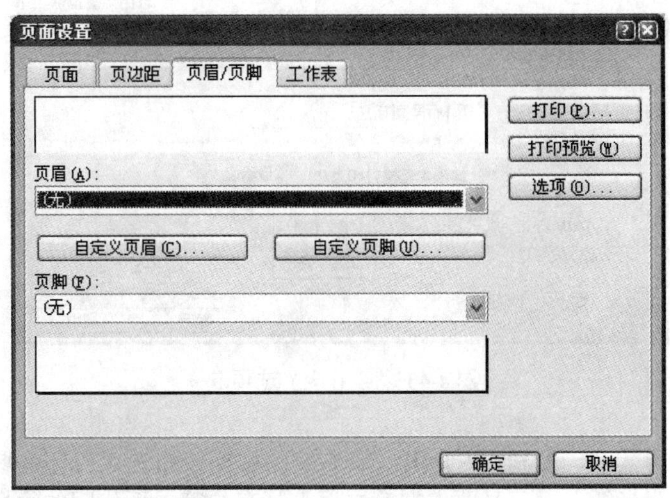

图4-41 “页眉/页脚”选项卡

单击“自定义页眉”或“自定义页脚”按钮可以打开“页眉”或“页脚”对话框，见图4-42。用户可以在“左”、“中“、“右”框中输入自己需要的页眉或页脚。另外，在上方还有7个不同

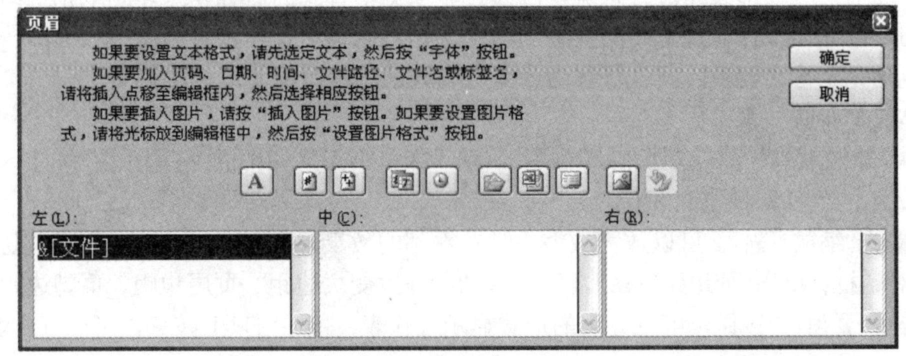

图4-42 “页眉”对话框

的按钮，单击“文件”按钮，可在光标所在位置插入 Excel 文件名；单击“日期”按钮和“时间”按钮可在光标所在位置插入日期和时间；单击“图片”按钮可在光标所在位置插入图片；单击“字体”按钮，可对页眉和页脚的字体进行编辑；单击“页码”按钮，可在光标所在位置插入页码；单击“总页码”按钮，可在光标所在位置插入总页数。

4. 设置工作表

单击“工作表”选项卡，如图 4-43 所示。

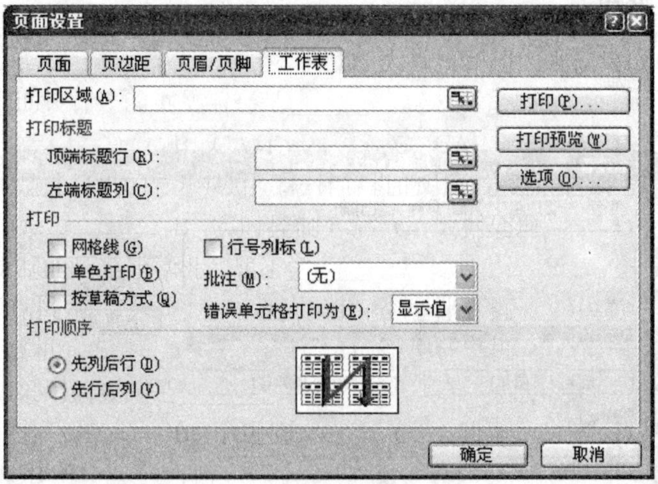

页面设置

页面 | 页边距 | 页眉/页脚 | 工作表

打印区域(A)：

打印标题

顶端标题行(R)：

左端标题列(C)：

打印

网格线(G)　行号列标(L)

单色打印(B)　批注(M)：(无)

按草稿方式(Q)　错误单元格打印为(E)：显示值

打印顺序

先列后行(D)

先行后列(V)

打印(P)...　打印预览(W)　选项(O)...

确定　取消

图 4-43 “工作表”选项卡

如果要设置打印区域，可利用“打印区域”右侧的切换按钮选定打印区域；如果打印的内容较长，需打印在两张纸上，而又要求在第二页上具有与第一页相同的行标题和列标题，则可利用“打印标题”框中的“行标题”、列标题右侧的按钮选定标题行和标题列区域；还可以指定“打印顺序”以及是否需要打印“网格线”。

4.6.2 打印预览

打印之前，一般都会先进行预览，因为打印预览中看到的内容和打印到纸张上结果是一模一样的，因此如果打印预览中的效果不满意，则可以利用打印预览视图中相应的按钮进行修改，直到完全符合要求，再执行打印命令打印到纸张上，避免纸张的浪费。

具体操作步骤如下：

① 单击“文件”菜单，选择“打印预览”命令，或单击工具栏中的“打印预览”按钮，打开如图 4-44 所示的 “打印预览” 窗口。

② 单击“缩放”按钮，可以放大或缩小预览看到的效果；单击按“设置”按钮，可以打开“页面设置”对话框；单击“页边距”按钮，可以拖动鼠标改变页边距、页眉边距、页脚边距和列宽等；单击“分页预览”按钮，可以分页的形式显示工作表；单击“打印”按钮，可以打开“打印内容”对话框；单击“关闭“按钮，则结束打印预览状态，返回正常显示。

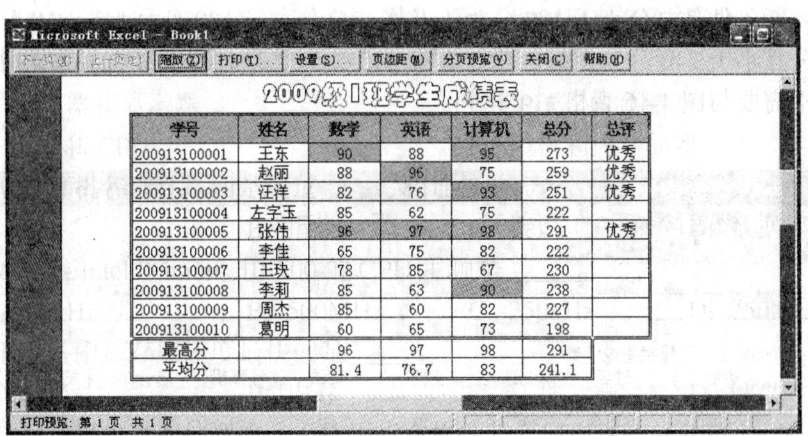

学号	姓名	数学	英语	计算机	总分	总评
200913100001	王东	90	88	95	273	优秀
200913100002	赵丽	88	96	75	259	优秀
200913100003	汪洋	82	76	93	251	优秀
200913100004	左宇玉	85	62	75	222	
200913100005	张伟	96	97	98	291	优秀
200913100006	李佳	65	75	82	222	
200913100007	王玦	78	85	67	230	
200913100008	李莉	85	63	90	238	
200913100009	周杰	85	60	82	227	
200913100010	葛明	60	65	73	198	
最高分		96	97	98	291	
平均分		81.4	76.7	83	241.1	

图 4-44 “打印预览”窗口

4.6.3 打印

如果预览的效果符合用户的要求，就可以单击“打印预览”窗口中的“打印”按钮，或者单击“文件”菜单，选择“打印”命令，打开“打印内容”对话框，如图 4-45 所示。

图 4-45 “打印内容”对话框

在“打印机名称”中选择打印机；在“打印范围”中，如果选择“全部”，则打印整张工作表；如果选择“页”码范围，则打印指定的页码；在“份数”中选择打印的份数。在“打印内容”中，可以设置打印选定区域或打印选定工作表、整个工作簿。注意，如果工作表中有选中或定义好的打印区域，则当选择打印“整个工作簿”或“选定工作表”时，只打印已选定的区域。

上机实验

【实验 1】创建学生成绩表。

实验要求：

在 Excel 中创建如图 4-46 所示学生成绩表，成绩表格包括学号、姓名、性别、数学、英

语、计算机、总分、平均分和总评字段，其中总分、平均分和总评字段通过公式或函数计算。总评字段的判断条件是总分小于 180 分为不及格，总分大于 180 分且小于 210 分为及格，总分大于 210 分且小于 240 分为良好，总分大于 240 分为优秀。给表格输入数据时，数据值可自行确定，不需要与图 4-46 表格完全相同。

	A	B	C	D	E	F	G	H	I	J
1		2009级土木工程学生成绩表								
2		学号	姓名	性别	数学	英语	计算机	总分	平均分	总评
3		20090001	刘明	女	56	78	89	223	74	良好
4		20090002	赵慧佳	男	60	80	70	210	70	良好
5		20090003	王珏	女	56	46	60	162	54	不及格
6		20090004	周惠	女	60	89	50	199	66	及格
7		20090005	张卫东	女	90	85	89	264	88	优秀
8		20090006	李佳茗	男	90	80	70	240	80	优秀
9		20090007	何平	男	55	65	65	185	62	及格
10		20090008	王倩	女	70	90	80	240	80	优秀
11		20090009	陈峒	男	67	67	65	199	66	及格
12		200900010	张缪	男	80	60	75	215	72	良好
13										

图 4-46　实验—学生成绩表

【实验 2】 学生成绩表格式化。

实验要求：

（1）将表格标题居中，文字设置为宋体，20 号，粗体。学号、姓名等字段名设置为宋体，12 号，粗体，蓝色。表格中的其他文字设置为宋体，12 号。

（2）将表格标题所在单元格底纹设置为灰色或黄色。

（3）设置表格边框：学号、姓名字段等所在单元格的外边框设置为粗线条；其他单元格边框为黑色细线。设置格式后的效果可参照图 4-47。

2009级土木工程学生成绩表								
学号	**姓名**	**性别**	**数学**	**英语**	**计算机**	**总分**	**平均分**	**总评**
20090001	刘明	女	56	78	89	223	74	良好
20090002	赵慧佳	男	60	80	70	210	70	良好
20090003	王珏	女	56	46	60	162	54	不及格
20090004	周惠	女	60	89	50	199	66	及格
20090005	张卫东	女	90	85	89	264	88	优秀
20090006	李佳茗	男	90	80	70	240	80	优秀
20090007	何平	男	55	65	65	185	62	及格
20090008	王倩	女	70	90	80	240	80	优秀
20090009	陈峒	男	67	67	65	199	66	及格
200900010	张缪	男	80	60	75	215	72	良好

图 4-47　实验——学生成绩表格式化

【实验3】创建柱形图图表。

实验要求：

以【实验1】中创建的“学生成绩表”的姓名及各科成绩字段创建如图4-48所示的柱形嵌入式图表。

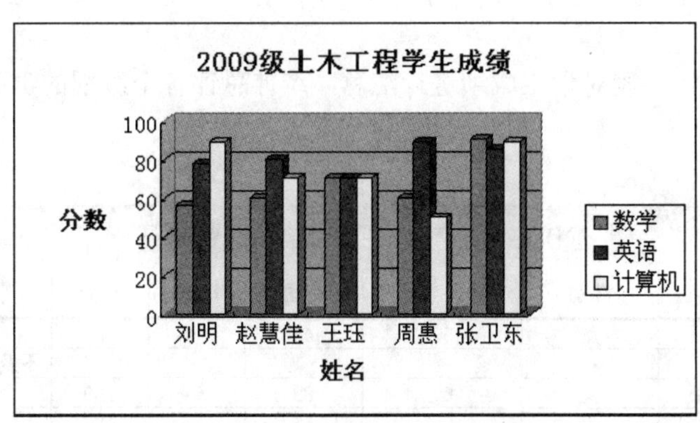

图4-48 实验——三维柱形图表

【实验4】创建三维饼图图表。

实验要求：

以表4-3中的数据为例，创建如图4-49所示三维饼图工作表图表。

表4-3 饼图数据示例

2005届信息安全专业毕业学生调查表

	出国	考研	工作	不详	总数
人数	10	12	18	1	41

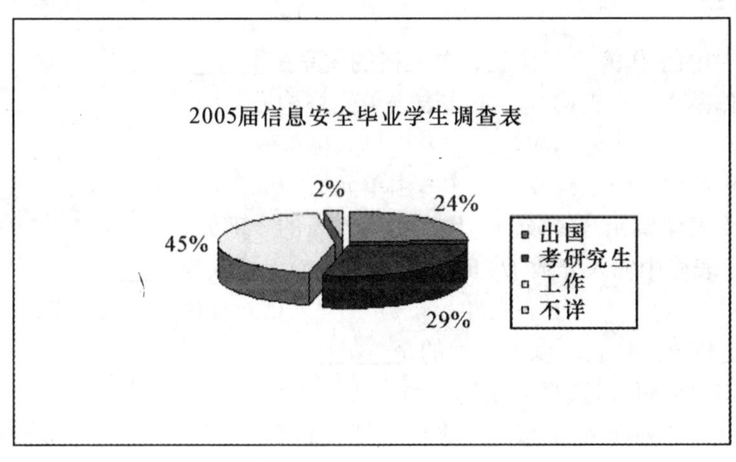

图4-49 实验——三维饼图图表

【实验5】工作表数据的管理。

实验要求：

（1）将【实验1】中创建的学生成绩表按照总分从高到低排序。

（2）对学生成绩表中的数据进行筛选，分别筛选出计算机成绩大于等于90分的学生，大于等于60分并小于90分的学生，小于等于60分的学生及三门课程成绩均大于90分的学生。

（3）按照"总评"字段对学生成绩进行汇总，统计总评各个级别的学生人数，如图4-50所示。

2009级土木工程学生成绩表								
学号	姓名	性别	数学	英语	计算机	总分	平均分	总评
20090003	王珏	女	56	46	60	162	54	不及格
							不及格 计数	1
20090004	周惠	女	60	89	50	199	66	及格
20090007	何平	男	55	65	65	185	62	及格
20090009	陈峒	男	67	67	65	199	66	及格
							及格 计数	3
20090001	刘明	女	56	78	89	223	74	良好
20090002	赵慧佳	男	60	80	70	210	70	良好
200900010	张缪	男	80	60	75	215	72	良好
							良好 计数	3
20090005	张卫东	女	90	85	89	264	88	优秀
20090006	李佳茗	男	90	80	70	240	80	优秀
20090008	王倩	女	70	90	80	240	80	优秀
							优秀 计数	3
							总计数	10

图4-50　实验一"总评"字段分类汇总

习　题

一、单项选择题

1. Excel中的工作簿、工作表、单元格的关系是______。
   A. 工作簿由工作表构成，工作表由单元格构成
   B. 工作表由工作簿构成，工作表由单元格构成
   C. 工作簿由工作表构成，工作簿由单元格构成
   D. 工作表由单元格构成，工作簿是工作表的一部分
2. 在电子表格中输入分数1/4时，其正确地输入格式为______。
   A. 01/4　　B. 0 1/4　　C. 1/4 0　　D. 1/4
3. 要选定整个工作表，以下错误的是______。
   A. 单击"编辑"，选择"全选"命令
   B. 用鼠标从列标A上按下一直向右拖曳到IV
   C. 按Ctrl + A键
   D. 单击全选按钮

4. 在 Excel 中，公式必须以“______”符号开始。

A. ‘　　B. 0

C. 括弧　　D. =

5. 通常在单元格内出现“####”符号时，表明______。

A. 显示的是字符串“####”　　B. 数值溢出

C. 列宽不够，无法显示数值数据　　D. 计算错误

6. 在 Excel 的公式中，无可用的数值或缺少函数参数，返回的错误值为______。

A. #####!　　B. #NAME?　　C. #DIV/0!　　D. #N/A

7. 在 Excel 中，如果只想粘贴选定单元格的数据值，而不想粘贴单元格格式和公式，则在复制单元格后，需在目标位置执行______命令。

A. 选择性粘贴　　B. 粘贴

C. Ctrl + V　　D. Ctrl + C

8. 某个单元格内容为“=$B$2”，此处的“$B$2”属于______引用。

A. 绝对　　B. 相对行绝对的混合

C. 相对　　D. 行相对列绝对的混合

9. 在 Excel 中，产生图表的数据发生变化后，图表______。

A. 会发生相应的变化　　B. 会发生变化，但与数据无关

C. 不会发生变化　　D. 必须进行编辑后才会发生变化

10. 下列关于一个字段的分类汇总的说法中，正确的是______。

A. 分类汇总是指按某一字段中相同的记录，将其他某些字段的数据汇总起来

B. 分类汇总前，一般应按分类字段对清单排序，使相同主关键字值的记录集中在一起

C. 分类汇总的分类字段不能作为汇总项参与汇总

D. 除了选择 Excel 提供的汇总方式外，用户还可以直接自定义汇总方式

二、填空题

1. Excel 默认的工作簿文件的扩展名是__________。

2. 在 Excel 中，为区别“数字”和“数字字符串”，在输入的“数字字符串”前应加上__________符号加以区别“数字”。

3. 在 Excel 中，单元格的引用有__________和__________。

4. 在 Excel 中，设 A1~A4 单元格的数值为 82、71、53、60，A5 单元格的公式：=IF(average(A$1：A$4)>=60，“及格”，“不及格”)，则 A5 显示的值为________。若将 A5 单元格全部内容复制到 B5 单元格，则 B5 单元格的公式为______________________________。

5. 在 Excel 中，最适合反映单个数据在所有数据构成的总和中所占比例的一种图表类型是__________。

三、判断题

1. 要输入当天日期，可按 Ctrl + 冒号键；如果要输入当时的时间，应按 Ctrl + Shift + 冒号键三个键。　　(　　)

2. 利用格式刷复制的仅仅是单元格的格式，不包括内容。　　(　　)

3. 在Excel中，选择“清除”单元格是把表中的单元格和里面的内容一起都删除了。 ( )

4. 在Excel中，图表一旦建立，其标题的字体、字形是不可以改变的。 ( )

5. 在Excel中，若只需打印工作表的部分数据，应先把它们复制到一张单独的工作表中。 ( )

第 5 章　Powerpoint 2003

Powerpoint 2003 是 Microsoft Office 套装软件中的重要组件之一，可以方便、快捷地将用户的设计成果或设想制作成图文并茂、绚丽多彩、具有专业水准和强烈感染力的演示文稿、彩色幻灯片及投影胶片，并动态地展现出来，在学术交流、电子教学、产品演示和技术推广等领域应用广泛。本章的主要内容包括制作简单的演示文稿，修饰幻灯片的外观，设置幻灯片的放映效果，以及演示文稿的发布等。

5.1　Powerpoint 2003 窗口及其组成

Powerpoint 2003 的窗口由标题栏、菜单栏、工具栏、状态栏、任务窗格、大纲/幻灯片浏览窗格、幻灯片编辑窗格、备注窗格、视图切换按钮和滚动条等组成，如图 5-1 所示。

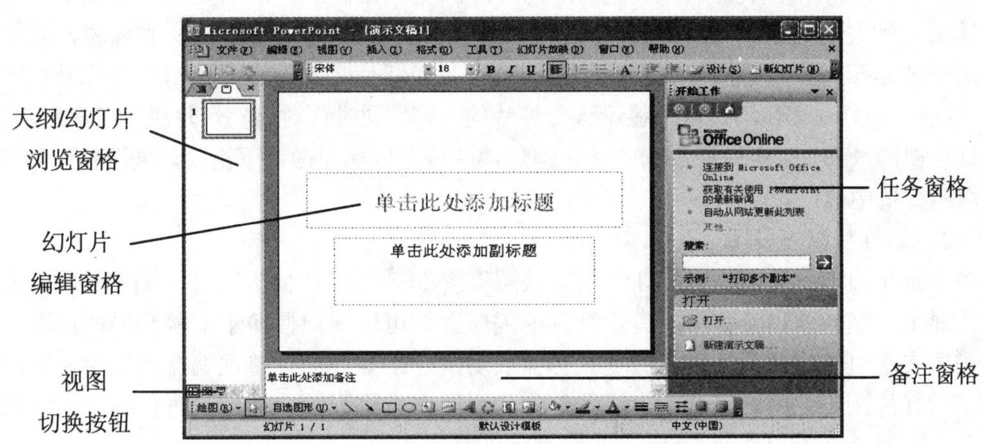

图 5-1　Powerpoint 2003 窗口界面

1. 大纲/幻灯片浏览窗格

大纲/幻灯片浏览窗格位于窗口左侧，用于显示幻灯片文本内容的大纲和幻灯片缩略图，并可实现对整张幻灯片的插入、复制、删除和移动操作。

2. 幻灯片编辑窗格

幻灯片编辑窗格位于窗口中间区域，用于编辑、显示当前幻灯片的所有内容，主要执行对幻灯片中对象的编辑、复制、插入和删除等操作。

3. 备注窗格

备注窗格位于窗口下方，用来添加与幻灯片内容相关的注释、说明信息，供演讲者在准备演示文稿时进行参考。

4. 演示文稿视图与视图切换按钮

演示文稿一般多由多张幻灯片组成，用户在设计及使用演示文稿的不同阶段，对于演示文稿的展现方式及工作环境的要求是不同的。为此，Powerpoint 2003 提供了四种不同的视图，让用户能够高效、方便地编辑和修改演示文稿。

这四种视图分别是：普通视图、幻灯片浏览视图、幻灯片放映视图和备注页视图，而其中的普通视图又包含了大纲视图和幻灯片视图。单击水平滚动条左侧的“视图切换”按钮 ，可以在不同的视图间实现快速切换，也可以通过“视图”菜单中的相应命令实现视图切换。

（1）普通视图

普通视图是 PowerPoint 2003 的默认视图，它将幻灯片视图、大纲视图集成在一个视图中，可以处理文本、声音、动画等所有对象及其效果设置，满足普通用户大部分的编辑需要，因此是编辑演示文稿时最常用的视图方式。

① 普通视图的幻灯片视图。演示文稿在幻灯片视图下，将在窗口左侧的“大纲/幻灯片浏览”窗格中以幻灯片缩略图的方式显示整个演示文稿的内容。单击某幻灯片缩略图，将在“幻灯片编辑”窗格中显示该幻灯片内容，同时可以对该幻灯片中所有对象进行编辑，如对幻灯片中各对象的格式以及整体布局形式的调整等。在幻灯片缩略图上按下鼠标左键，并上下拖动，还可以改变该幻灯片在整个演示文稿中的位置。

② 普通视图的大纲视图。在“大纲/幻灯片浏览”窗格中单击“大纲”选项卡，可将演示文稿切换到大纲视图。大纲视图以大纲的形式来显示幻灯片的标题和文本内容，其特点是可以清晰地显示幻灯片中文档的层次结构。单击某幻灯片文本内容或该幻灯片标号后的图标 ，将在“幻灯片编辑”窗格中显示该幻灯片的内容，同时可对该幻灯片进行各种编辑工作。和幻灯片视图一样，也可以通过选中某张幻灯片并按下鼠标左键上下拖动，来调整该幻灯片在整个演示文稿中的位置。

（2）幻灯片浏览视图

单击水平滚动条左侧的“幻灯片浏览试图”按钮 可以切换到幻灯片浏览视图。这种视图方式显示了当前演示文稿中所有幻灯片的缩略图，可以在把握演示文稿全局的情况下，按用户需要实现对幻灯片的整理和浏览。当需要对所有幻灯片进行整理编排或次序调整时，建议使用幻灯片浏览视图，该调整方法与幻灯片视图和大纲视图一样，同时鼠标可以实现上、下、左、右四个方向的移动。

注意：在幻灯片浏览视图中不能对幻灯片的具体内容进行编辑。

（3）幻灯片放映视图

单击水平滚动条左侧的“幻灯片放映试图”按钮 可以切换到幻灯片放映视图。在这个视图下，整个演示文稿将以全屏幕的方式显示出来，和真实地放映幻灯片时效果一样。Powerpoint 2003 提供了非常丰富的动态效果，合理地在演示文稿中应用不同的动态效果，能够在放映时极大地增强演示文稿的表现力和感染力。

（4）备注页视图

备注页视图显示当前幻灯片及其备注内容，为演讲者提供所需的提示参考信息和相关注解。在此视图中不能对幻灯片内容进行编辑，只能显示和编辑备注内容。备注内容中的普通文本可以在普通视图中进行输入和编辑，而图形或表格等对象的添加则必须在备注页视图中进行。

备注内容在放映演示文稿时不会自动显示，但其中的文本内容可以在放映时选择出现，以帮助演讲者进行排练。具体操作方法是：当放映到需要显示备注内容的幻灯片时，右击鼠标，单击快捷菜单中的“屏幕”菜单，在打开的级联菜单中选择“演讲者备注”命令。

备注页视图并不常用，因此没有出现在屏幕左下部视图切换按钮组中，只能通过单击“视图”菜单，选择“备注页”命令进入。

5.2 制作简单的演示文稿

5.2.1 创建演示文稿

Powerpoint 2003 提供多种方式创建演示文稿，下面分别介绍不同方式的具体操作步骤。

1. 使用“内容提示向导”创建演示文稿

Powerpoint 2003 提供了一些常用的、内容和形式相对固定的演示文稿示例，如商务计划、项目总结、市场计划和统计分析报告等。用户只需要输入一些简单的信息，就可以在向导的帮助下快速创建出可以立即播放、基本满足用户需求的演示文稿。

使用“内容提示向导”创建演示文稿的操作步骤如下：

① 单击“文件”菜单，选择的“新建”命令，打开“新建演示文稿”任务窗格。

② 在任务窗格中单击“根据内容提示向导”选项，打开“内容提示向导”对话框，如图 5-2 所示。

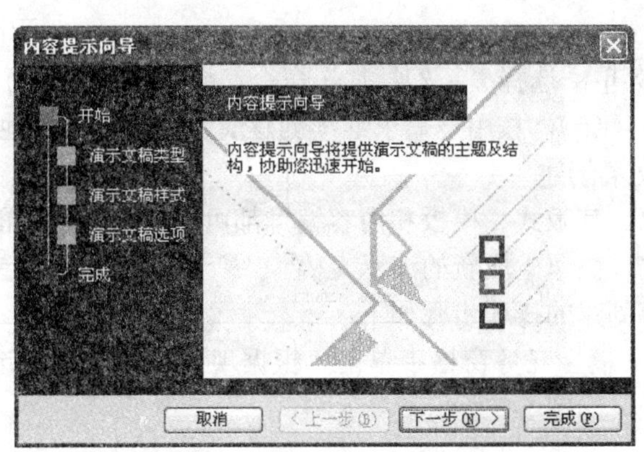

图 5-2 “内容提示向导”对话框

③ 单击“下一步”按钮，然后根据向导提示逐步完成所需设置，生成所选样本的演示文稿。

④ 最后在生成的演示文稿中去掉样本内容，替代输入满足用户需求的相关内容。

2. 使用空演示文稿

如果用户希望创建一个具有自我风格、极富个性的演示文稿，可以先创建一个不含任何样本模式及内容建议的空白幻灯片，从头开始制作演示文稿。

创建空演示文稿的操作步骤如下：

① 启动 Powerpoint 后，Powerpoint 将自动打开一个新的空演示文稿并暂时命名为“演示文稿 1”；也可以在“新建演示文稿”任务窗格中单击“空演示文稿”选项，或者单击“文

件”菜单，选择“新建”命令，新建一个空演示文稿，同时任务窗格中的任务切换为“幻灯片样式”。

② 在“应用幻灯片版式”列表框所提供的“文字版式”、“内容版式”、“文字和内容版式”以及“其他版式”的版式缩略图中单击选择所需要的版式。

③ 依照所选版式，在幻灯片编辑窗格输入所需文字内容或添加其他对象。

④ 单击“插入”菜单，选择“新幻灯片”命令，添加下一张幻灯片。

⑤ 重复步骤（2）~（4），按用户需求继续创建演示文稿中的其他幻灯片。

3. 使用“设计模板”

设计模板是只有基本幻灯片设计方案而无具体文字内容的空演示文稿，一般包括对象搭配、色彩配置、文本格式和动画方案等。通过使用“设计模板”，用户可以实现对演示文稿整体风格的控制，保持演示文稿中各幻灯片风格的统一。

使用“设计模板”的操作步骤如下：

① 在“新建演示文稿”任务窗格中单击“根据设计模板”选项，新建一个空演示文稿，同时任务窗格中的任务切换为“幻灯片设计”。

② 在“应用设计模板”列表框所提供的“在此演示文稿中使用”、“最近使用过的”，以及“可供使用”的模板缩略图中单击选择所需要的模板。

③ 依照所选模板，在幻灯片编辑窗格输入所需文字内容或添加其他对象。

④ 若需要修改该幻灯片版式，则可单击“格式”菜单，选择“幻灯片版式”命令，或者执行右键快捷菜单中的“幻灯片版式”命令，在打开的“幻灯片版式”任务窗格中进行选择。

⑤ 单击“插入”菜单，选择“新幻灯片”命令，添加下一张幻灯片。

⑥ 重复步骤（2）~（5），按用户需求继续创建演示文稿中的其他幻灯片。

4. 根据现有演示文稿创建

当已有的演示文稿，其版式、模板和内容编排都可以被所需创建的演示文稿所借鉴时，可以通过现有演示文稿，快速生成新的演示文稿。

根据现有演示文稿创建的操作步骤如下：

① 在“新建演示文稿”任务窗格中单击“根据现有演示文稿”选项，打开“根据现有演示文稿新建”对话框，如图 5-3 所示。

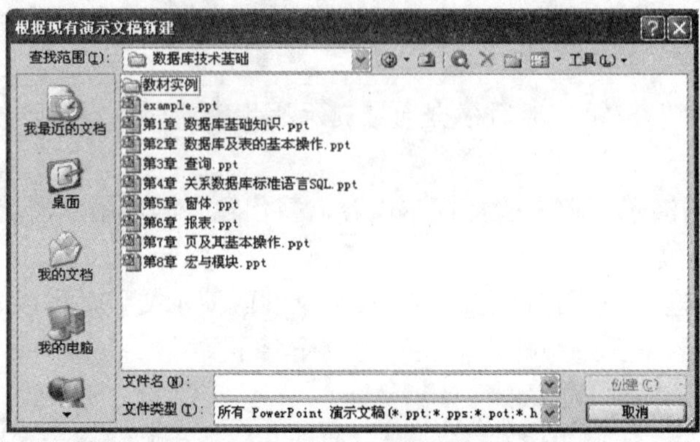

图 5-3 “根据现有演示文稿新建”对话框

② 在“查找范围”下拉列表中找到要借鉴的演示文稿并选中。

③ 单击“创建”按钮，生成并打开一个未命名的和原演示文稿完全相同的演示文稿。按用户需求修改有关幻灯片的内容，最后命名、存盘。

5.2.2 编辑演示文稿

针对演示文稿进行细致、合理的编辑操作，能帮助演示文稿很好地体现用户的想法和意图。演示文稿的编辑工作主要包括对所有幻灯片的整体布局控制和对单张幻灯片中不同对象的设计、编辑等。下面具体介绍如何控制幻灯片的整体布局，以及对不同幻灯片对象的操作说明。

1. 选择幻灯片

在普通视图和幻灯片浏览视图中均可实现对幻灯片的选择操作。

（1）普通视图中的选择操作

方法一：在普通视图的大纲视图下，单击某幻灯片标号后的图标或该幻灯片中的文字信息将选中该幻灯片，被选中的幻灯片标号后的图标变成深蓝色。

方法二：在普通视图的幻灯片视图下，单击某幻灯片缩略图将选中该幻灯片，被选中的幻灯片缩略图周围出现蓝色边框。

（2）幻灯片浏览视图中的选择操作

其方法与幻灯片视图中的操作一样。

无论在哪种视图下，结合 Shift 键可以实现多张连续幻灯片的选择，结合 Ctrl 键可以实现多张不连续的幻灯片的选择。

2. 移动幻灯片

在普通视图和幻灯片浏览视图中都可以实现对幻灯片的移动操作。操作方法为：选中要移动的一张或多张幻灯片，按下鼠标左键，直接拖动到所需位置。

3. 复制幻灯片

当需要制作一张和已有幻灯片完全相同的幻灯片，并插入到该幻灯片后面时，可以进行以下操作：

① 选中要复制的幻灯片。

② 单击“插入”菜单，选择“幻灯片副本”命令。

也可以通过“剪切”、“复制”、和“粘贴”命令，实现幻灯片的移动和复制。

4. 插入幻灯片

在普通视图和幻灯片浏览视图中可以实现幻灯片的插入操作。

方法一：选中某张幻灯片，单击“插入”菜单，选择“新幻灯片”命令，将在该幻灯片后面插入一张空白的幻灯片。

方法二：如果需要在两张连续的幻灯片中间插入一张幻灯片，点击两张连续幻灯片中间的空白位置，将出现一个闪烁着的大光标（幻灯片视图中是一条闪烁的横线，而幻灯片浏览视图中是一条闪烁的竖线，大纲视图下不支持这种插入操作）。然后单击“插入”菜单，选择“新幻灯片”命令，将在两张连续幻灯片中间插入一张空白的幻灯片。

另外，在普通视图的幻灯片视图下，选中某张幻灯片，直接按 Enter 键即可在该幻灯片后面插入一张空白的幻灯片。

5. 删除幻灯片

以下两种方法均可以实现对幻灯片的删除操作。

① 选中要删除的幻灯片（一张或多张），按 Delete 键或 Backspace 键。

② 选中要删除的幻灯片（一张或多张），单击“编辑”菜单，选择“删除幻灯片”命令。

6. 幻灯片中对象的操作

单张幻灯片的编辑是制作演示文稿的主要工作，每张幻灯片都可以包括文字、图片、艺术字、表格、图表、组织结构图和多媒体等诸多对象。对这些对象的合理布局和精心设计，将成为决定整个演示文稿风格和质量的关键。下面介绍如何添加和操作幻灯片中的各种对象。

（1）占位符

在制作新的幻灯片前，一般要先为该幻灯片确定一个版式。一旦版式确定，幻灯片中就会出现一些默认对象，以虚线方框的形式呈现，这些虚线方框就是占位符，表示在该虚线方框处有需要插入内容的对象存在，如幻灯片标题、文本或表格等。

占位符主要分为两类：

一类是文字占位符，包括标题文本和普通项目文本。单击文字占位符就可以直接输入文字内容。

另一类是内容占位符，包括表格、图表、剪贴画、图片、组织结构图和媒体剪辑等对象都使用这样的占位符。根据用户需要，单击其中的不同按钮即可直接插入相应对象。

（2）文本框

除文字占位符外，用户还可以通过文本框来添加文本内容。

在幻灯片中插入文本框的操作步骤如下：

① 选中要插入文本框的幻灯片，单击“插入”菜单，选择“文本框”，在打开的级联菜单中选择“水平”或“垂直”命令，或者单击“绘图”工具栏中“文本框”或“竖排文本框”按钮。

② 在幻灯片中需要的位置单击，即可插入一个新的文本框，同时光标处于开始位置等待输入文本内容。

对于选中的文本框，还可以进行以下操作：

- 拖动边框可将其移动到其他位置。
- 单击“格式”菜单，选择“文本框”命令，打开“设置文本框格式”对话框，可对文本框的大小、边框及填充等属性进行设置。
- 对文本框中的文本可以进行格式设置、项目符号和编号的添加、设置对齐与缩进、选择、复制、剪切、粘贴、删除、查找和替换等操作。

（3）表格

在幻灯片中合理地应用表格，可以条理清晰地呈现格式化数据，帮助用户实现对比效果。

在幻灯片中插入表格的操作步骤如下：

① 选中要插入表格的幻灯片，单击“插入”菜单，选择“表格”命令，打开“插入表格”对话框。

② “插入表格”对话框由“列数”和“行数”微调框组成，直接在微调框中输入数字或通过微调按钮确定所需的行列数，单击“确定”按钮，即可插入一个表格，同时光标处于第一行第一列交叉的单元格中等待输入。

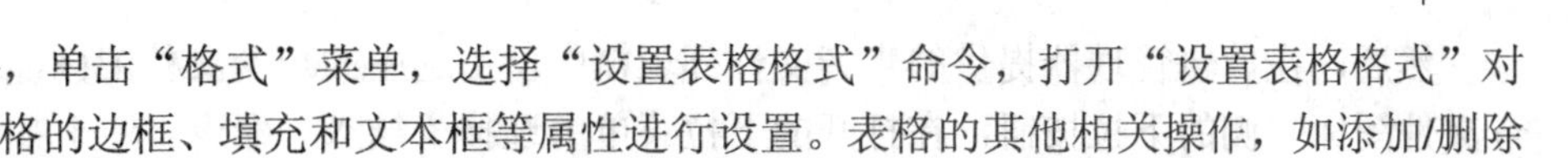

选中表格，单击“格式”菜单，选择“设置表格格式”命令，打开“设置表格格式”对话框，可对表格的边框、填充和文本框等属性进行设置。表格的其他相关操作，如添加/删除行或列、合并/拆分单元格等都可以通过“表格和边框”工具栏实现。

（4）图表

Powerpoint 2003 允许用户以链接或嵌入的方式将 Excel 2003 的图表导入到幻灯片中，具体操作步骤为：

选中需要导入 Excel 图表的幻灯片，单击 “插入”菜单，选择“对象”命令，打开“插入对象”对话框，在“对象类型”下拉列表中选择“Microsoft Excel 图表”选项，单击“确定”按钮。

也可以在 Powerpoint 2003 中直接制作简单的图表，操作步骤如下：

① 选中要插入图表的幻灯片，单击“插入”菜单，选择“图表”命令，将图表插入到幻灯片中。

② 右击图表，单击快捷菜单中的“图表对象”菜单，选择“编辑”命令，可以在图表下方的“数据表”对话框中选中要修改的单元格，在其中输入新的文本和数据。

③ 右击图表，单击快捷菜单中的“图表对象”菜单，选择“打开”命令，可以根据需要进行相关设置。

（5）图片和艺术字

在 Powerpoint 2003 中，用户可以插入剪辑管理器中的剪贴画，也可以插入自己选择的图片文件。而艺术字这种特殊的文本效果，可以在演示文稿中方便地营造出艺术效果，极大地渲染出演示文稿的艺术特质。

对于利用幻灯片版式创建出的带有图片或艺术字占位符的幻灯片，直接按画面提示单击“插入图片”或“插入剪贴画”按钮，即可开始插入操作；也可以利用“插入”菜单进行的图片和艺术字的插入操作。

（6）组织结构图

Powerpoint 2003 提供两种方法插入组织结构图。

方法一：对于利用幻灯片版式创建带有组织结构图占位符的幻灯片，直接按画面提示“单击图标添加内容”或“双击添加图示或组织结构图”，即可打开“图示库”对话框。

方法二：在已有的幻灯片中直接插入组织结构图。选中要添加组织结构图的幻灯片，单击“插入”菜单，选择“图片”，在打开的级联菜单中选择“组织结构图”命令，即可打开“图示库”对话框。

无论采用哪种方法，打开了“图示库”对话框后，选择所需要的图示类型，单击“确定”按钮，即可在幻灯片上生成组织结构图，通过“组织结构图”工具栏编辑出符合用户需求的组织结构图。

（7）多媒体对象

虽然演讲者会在放映演示文稿的同时进行讲解，但添加合适的声音或视频内容将使演示文稿变得更加有声有色。Powerpoint 2003 提供了在幻灯片中添加多媒体对象的功能，包括声音对象和视频对象。

① 插入剪辑管理器中的声音。要插入剪辑管理器中的声音，其操作步骤如下：

首先，选中要插入声音对象的幻灯片，单击“插入”菜单，选择“影片和声音”，在打开的级联菜单中选择“剪辑管理器中的声音”命令，打开“剪贴画”任务窗格。

然后，在剪辑管理器提供的声音文件列表框中单击选中的声音文件图标，或者单击该声音文件图标右侧的下拉按钮，在打开的下拉菜单中选择“插入”命令。

此时，在幻灯片中会插入一个小喇叭样式的声音图标，用户可以像处理其他对象一样调整其在幻灯片中的位置。同时系统打开提示对话框，要求选择该声音文件的播放方式：单击“自动”按钮，则该幻灯片放映时自动播放该声音文件；单击“在单击时”按钮，则该幻灯片放映过程中，只有在单击声音图标后才播放该声音文件。

若要删除该声音对象，选中声音图标后直接按 Delete 键即可。

② 插入声音文件。插入声音文件的操作步骤如下：

首先，选中要插入声音对象的幻灯片，单击“插入”菜单，选择“影片和声音”，在打开的级联菜单中选择“文件中的声音”命令，打开“插入声音”对话框。

然后，在“插入声音”对话框中选择所需要的声音文件，设置完成后单击“确定”按钮。在打开的选择播放方式提示对话框中确定所需要的播放方式。

③ 插入 CD 音乐。插入 CD 音乐的操作步骤如下：

首先，将带有所需音乐的 CD 放入光驱中，选中需要插入声音对象的幻灯片，单击“插入”菜单，选择“影片和声音”，在打开的级联菜单中选择“播放 CD 乐曲”命令，打开“插入 CD 乐曲”对话框，如图 5-4 所示。

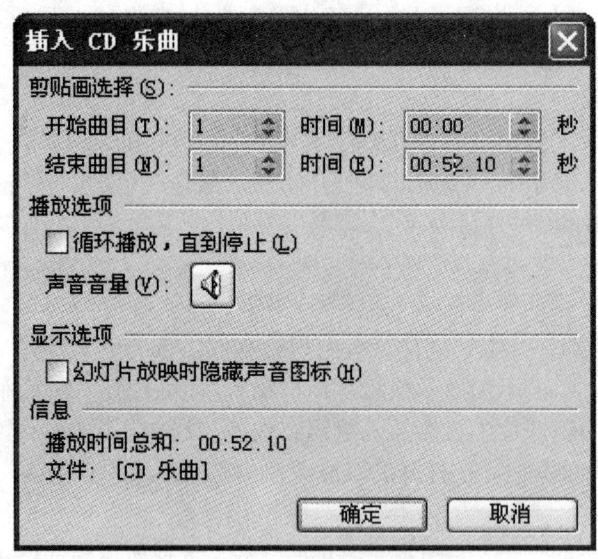

图 5-4 “插入 CD 乐曲”对话框

然后，在“插入 CD 乐曲”对话框中进行各种设置，单击“确定”按钮。在打开的选择播放方式提示对话框中确定所需要的播放方式，幻灯片中将出现一个 CD 乐曲样式的图标。

提示：对于插入的剪辑管理器声音文件或自选声音文件，右键单击该声音图标，在打开的快捷菜单中单击“编辑声音对象”，将打开“声音选项”对话框，用户可根据实际需要进行相关设置。

④ 录制旁白。如果演示文稿播放时演讲者不在现场、或者需要自动播放演示文稿时，

可以使用录制旁白的功能来实现幻灯片的同步解说。

录制旁白的操作步骤如下：

首先，选中要录制旁白的幻灯片，单击“幻灯片放映”菜单，选择“录制旁白”命令，打开“录制旁白”对话框。

然后，单击“设置话筒级别”按钮，打开“话筒检查”对话框，根据需要将话筒录制的音量设置为合适的状态；单击“更改质量”按钮将打开“声音选定”对话框，根据需要选择录音质量。“链接旁白”复选框选中，表示声音文件将作为链接对象而非嵌入对象插入到幻灯片中。设置完成后，单击“确定”按钮。

若选中的幻灯片不是第一张幻灯片，系统将打开“录制旁白”提示对话框，让用户选择是从当前幻灯片开始还是从第一张幻灯片开始播放幻灯片。用户选定后，系统开始全屏幕播放幻灯片，此时演讲者可以通过麦克风进行解说，录制完成后鼠标单击进入下一张幻灯片的录制。

注意：即使此时的演示文稿已经有排练计时或幻灯片切换时间的设置，也必须用鼠标单击的方式人工切换幻灯片。

演示文稿播放结束后，系统打开提示对话框，说明旁白已经保存到每张幻灯片中，询问是否需要保存排练时间。如果从第一张开始为每张幻灯片都录制了旁白，则单击“是”按钮，保存新的排练时间；如果只是为其中某些幻灯片录制了旁白，则单击“否”按钮。

在幻灯片视图中，录制了旁白的幻灯片右下角会出现一个声音图标 。单击该声音图标后按 Delete 键将删除该幻灯片的旁白；单击菜单“幻灯片放映”的“设置放映方式”命令，在打开的“设置放映方式”对话框中选中“放映时不加旁白”复选框，将关闭整个演示文稿的旁白播放。

⑤ 插入视频对象。Powerpoint 2003 可以为幻灯片添加多种格式的视频文件，包括.avi、.mov、.qt、.mpg 以及.mpeg，其文件来源可以是剪辑管理器中的视频文件，也可以是自选的视频文件。

插入剪辑管理器中视频文件的操作步骤如下：

首先，选中要插入视频对象的幻灯片，单击“插入”菜单，选择“影片和声音”，在打开的级联菜单中选择“剪辑管理器中的影片”命令，打开“剪贴画”任务窗格。

然后，在剪辑管理器提供的视频文件列表框中单击选中的视频文件图标、或单击该视频文件图标右侧的下拉按钮，在打开的下拉菜单中选择“插入”命令。

插入自选视频文件的操作步骤如下：

首先，选中要插入视频对象的幻灯片，单击“插入”菜单，选择“影片和声音”，在打开的级联菜单中选择“文件中的影片”命令，打开“插入影片”对话框。

然后，在“插入影片”对话框中选择所需要的视频文件，设置完成后单击“确定”按钮。在打开的选择播放方式提示对话框中确定所需要的播放方式。

添加了视频文件的幻灯片中出现一个显示该视频文件片头图像的图标，该图标大小尺寸即是该视频文件播放时的窗口大小尺寸，用户可以修改该尺寸，也可以像操作其他对象一样修改其位置。

对于插入的自选视频文件，右键单击该视频图标，从快捷菜单中选择“编辑影片对象”命令，打开“影片选项”对话框，用户可根据实际需要进行相关设置。

5.3 修饰幻灯片的外观

演示文稿中的内容通常都围绕着一个明确的主题展开，因此为了体现演示文稿内容的完整性和一致性，需要统一演示文稿的外观；另一方面，在演示文稿中使用不同的修饰还可以达到强化主题的效果。下面介绍如何通过修饰幻灯片的外观，来创建出色彩多样、样式美观、切合主题、极具表现力和说服力的演示文稿。

5.3.1 应用设计模板

模板是由 Powerpoint 2003 提供的已经设计好的版面格式。模板直接影响幻灯片的外观，通过对模板的设计或修改，可以在最短的时间内实现对演示文稿风格的改变。

应用设计模板的操作步骤如下：

① 选中要更换模板的幻灯片。

② 单击“格式”菜单，选择“幻灯片设计”命令，或者执行右键快捷菜单的“幻灯片设计”命令，打开“幻灯片设计”任务窗格。

③ 在“应用设计模板”下拉列表中单击选中的模板，该模板将应用于所有的幻灯片；或者单击该模板右侧的下拉按钮，则可以在下拉菜单中选择“应用于所有幻灯片”或“应用于选定幻灯片”命令，以实现不同的应用要求。

5.3.2 应用幻灯片版式

版式指幻灯片对象在幻灯片中的排列方式，是幻灯片的版面布局，由各对象的占位符组成。新建幻灯片将采用默认版式，用户可以根据需要将不同的版式应用到不同的幻灯片中。

应用幻灯片版式的操作步骤如下：

① 选中要应用版式的幻灯片。

② 单击“格式”菜单，选择“幻灯片版式”命令，或者执行右键快捷菜单的“幻灯片版式”命令，打开“幻灯片版式”任务窗格。

③ 根据需要在“应用幻灯片版式”下拉列表中，单击选择一种版式应用到当前幻灯片中。

5.3.3 应用配色方案

Powerpoint 2003 提供了极具专业性的、丰富的配色方案，能够帮助用户迅速设置幻灯片背景、正文文本、图表、标题和超级链接等的颜色。

应用配色方案的操作步骤如下：

① 选中要应用配色方案的幻灯片。

② 单击“格式”菜单，选择“幻灯片设计”命令，或者执行右键快捷菜单的“幻灯片设计”命令，打开“幻灯片设计”任务窗格。

③ 单击“配色方案”选项，“幻灯片设计”任务窗格中显示“应用配色方案”下拉列表。

④ 选择系统提供的配色方案，该配色方案将应用于使用了同一模板的所有幻灯片；或者单击配色方案右侧的下拉按钮，则可以在下拉菜单中选择“应用于所有幻灯片”或“应用

于选定幻灯片”命令以实现不同的应用要求。要修改某种配色方案，可单击任务窗格下方的“编辑配色方案”选项，在打开的“编辑配色方案”对话框中进行所需设置。设置结束后，单击“预览”按钮，可以看到应用后的幻灯片效果。

5.3.4 应用母版

母版给用户提供的是一种自定义工具。通过母版，用户可以根据自己的需要，定义出满足自身要求的模板和版式，这样当插入一张新的幻灯片时，其标题和文本内容将自动套用母版格式。在母版上进行的文本内容的格式、字体、字号、颜色以及项目符号和编号的设置等，都将自动应用于所有的幻灯片中，若希望某张幻灯片有特殊设置，则需要在该幻灯片中单独修改。

Powerpoint 2003 提供以下四种不同类型的母版。

1. 幻灯片母版

幻灯片母版是最常用的母版，用于为非标题幻灯片设置外观，其中保存有包括标题、文本、页脚文本等的字体设置。幻灯片母版中的设置将影响所有应用了该母版的幻灯片，因此它可以控制除标题幻灯片以外的绝大多数幻灯片。

设置幻灯片母版的操作步骤如下：

① 新建或打开演示文稿。

② 单击“视图”菜单，选择“母版”，在打开的级联菜单中选择“幻灯片母版”命令，进入幻灯片母版设置窗口，打开“幻灯片母版视图”工具栏，如图 5-5 所示。

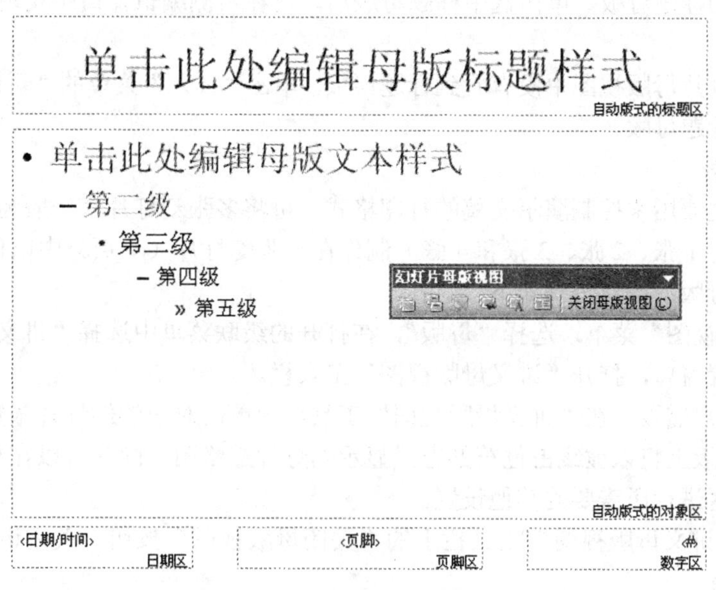

图 5-5 幻灯片母版设置窗口及幻灯片母版视图工具栏

③ 在幻灯片母版设置窗口的“自动版式的标题区”和“自动版式的对象区”中可以对幻灯片标题和分项段落内的文本进行字体、字号、颜色、段落格式（如项目符号等）和位置的设置，还可以根据需要在“日期区”设置日期的文本格式和位置，在“页脚区”设置相关

标记（如企业 Logo 等），在“数字区”设置幻灯片编号的格式和位置。除此以外，在幻灯片视图下编辑普通幻灯片的所有操作，都可以在幻灯片母版的编辑中使用，如插入图形对象、为幻灯片母版选择设计模板、设置背景颜色以及调整配色方案等。

④ 单击“幻灯片母版视图”工具栏上的“关闭母版视图”按钮关闭幻灯片母版视图，完成幻灯片母版设置。

如果演示文稿中的部分幻灯片需要使用另一种风格的设置，可以通过设置多重母版来实现。具体操作步骤为：

① 打开演示文稿，进入幻灯片母版视图。

② 单击“插入”菜单，选择“新幻灯片母版”命令，新建一个幻灯片母版。

③ 按用户需要编辑新的幻灯片母版。

④ 返回幻灯片视图，单击“格式”菜单，选择“幻灯片设计”命令，打开“幻灯片设计”任务窗格，在“应用设计模板”列表框的“在此演示文稿中使用”列表中可以看到新建母版的模板缩略图。

⑤ 单击该缩略图右边的下拉按钮，在出现的下拉菜单中单击“应用于选定幻灯片”命令，新建的幻灯片母版设置将应用于所选幻灯片。

2. 标题母版

标题母版专用于为标题幻灯片设置外观，也包括占位符大小、位置、背景设置等。默认情况下，标题母版会继承幻灯片母版中的某些样式（如字体、字号等），用户也可以根据需要重新设置。

要设置标题母版，必须先打开幻灯片母版视图。此时左侧大纲窗格中的内容分别是幻灯片母版和对应的标题母版。单击选中标题母版后，可在右侧编辑窗口中实现对标题母版的编辑。

如果在幻灯片母版视图中没有看到标题母版，单击“插入”菜单的“新标题母版”命令，即可插入一张标题母版。

3. 讲义母版

讲义母版主要用来控制演示文稿的打印格式，可将多张幻灯片（一般为 6 张或 9 张，系统也允许设置为 1 张、2 张、3 张和 4 张）制作在一张幻灯片（一页）中以便打印。

设置讲义母版的操作步骤如下：

① 单击“视图”菜单，选择“母版”，在打开的级联菜单中选择“讲义母版”命令，进入讲义母版设置窗口，打开“讲义母版视图”工具栏。

② 根据用户需要，在“讲义母版视图”工具栏中单击对应的幻灯片张数按钮。

③ 讲义母版上将以虚线占位符的方式显示幻灯片缩略图，同时可以在页眉区、页脚区、日期区和数字区进行所需要的其他设置。

④ 单击“讲义母版视图”工具栏上的“关闭母版视图”按钮，关闭讲义母版视图，完成讲义母版设置。

4. 备注母版

备注母版主要包括缩小的幻灯片画面和一个备注文本区，用于设置备注的格式，统一备注部分的外观。

设置备注母版的操作步骤如下：

① 单击“视图”菜单，选择“母版”，在打开的级联菜单中选择“备注母版”命令，进

入备注母版设置窗口，打开“备注母版视图”工具栏。

② 和幻灯片母版操作一样，可以对“备注文本区”中的各级文本进行字体、字号、颜色、段落格式等的设置。

③ 根据用户需要，在页眉区、页脚区、日期区和数字区进行其他设置。

④ 单击“备注母版视图”工具栏上的“关闭母版视图”按钮，关闭备注母版视图，完成备注母版设置。

5.4 设置幻灯片的放映效果

为了增加演示文稿放映时的活力，用户可以给幻灯片添加各种动画效果，以加强其视觉效果。Powerpoint 2003 提供了预定义动画方案、用户自定义动画以及幻灯片切换方式等多角度的动画效果设置功能，能够为幻灯片中的对象设置各种不同的动画效果以及为幻灯片间设置丰富多彩的切换方式，使得用户能够创建出具有较强表现力和感染力、更加生动逼真的演示文稿。

5.4.1 设置幻灯片的切换效果

幻灯片的切换效果是通过对幻灯片设置切换方式之后呈现出来的。切换方式指的是放映幻灯片时幻灯片进入和退出屏幕的方式。用户根据需要，可以为一组幻灯片设置同一种切换方式，也可以单独为每一张幻灯片设置不同的切换方式，还可以采用“随机”设置，由系统在放映时随机选择一种切换方式。

设置幻灯片切换方式的操作步骤如下：

① 打开演示文稿，在幻灯片视图中选中要设置切换方式的幻灯片。

② 单击“幻灯片放映”菜单，选择“幻灯片切换”命令，或者执行右键快捷菜单中的“幻灯片切换”命令，打开“幻灯片切换”任务窗格。

③ 从“应用于所选幻灯片”下拉列表框中选择所需要的切换类型，左边幻灯片编辑窗格中将动态呈现所设置的切换效果。

④ 在“修改切换效果”选项部分，可以设置切换速度，以及切换时是否伴随声音效果。

⑤ 在“换片方式”选项部分，可以选择设置由鼠标单击、人工控制换片或使用预先设定的时间自动换片。

⑥ 若单击“应用于所有幻灯片”按钮，则将该切换方式应用到全部幻灯片的切换中。否则，该切换方式仅对当前幻灯片有效。

5.4.2 设置幻灯片的动画效果

动画效果是将幻灯片中的主要对象按某种规律、以动画的方式逐个显示。Powerpoint 2003 提供了两种设置动画效果的方式：预定义动画方案和自定义动画。

1. 使用预定义动画方案

Powerpoint 2003 为用户准备了多种预定义动画方案，通过使用这些动画方案，可以很方便地设置幻灯片中各对象的动画效果。

使用预定义动画方案设置动画的操作步骤如下：

① 选中需要设置动画效果的幻灯片，单击“幻灯片放映”菜单，选择“动画方案”命令，打开“幻灯片设计”任务窗格。

② 从“应用于所选幻灯片”下拉列表中单击一种动画方案，即完成了对当前所选幻灯片中对象的动画设置。

③ 若要将当前动画方案应用于全部幻灯片，单击“应用于所有幻灯片”按钮；若要删除已设置的动画方案，则单击“应用于所选幻灯片”下拉列表中的“无动画”即可。

使用预定义动画方案进行的所有动画设置，都将显示在“自定义动画”任务窗格中，并可以进行相应的添加、修改和删除。

2. 设置自定义动画效果

使用预定义动画方案可以简化动画设计，快速制作出幻灯片的动画效果。但是如果需要制作具有个性化的动画效果，以及需要对新添加的对象设置动画效果，则必须通过自定义动画来实现。Powerpoint 2003 为自定义动画提供了“进入”、“退出”、“强调”以及“动作路径”等四种不同的动画效果设置。

设置自定义动画效果的操作步骤如下：

① 在幻灯片中选中需要设置动画效果的对象，单击“幻灯片放映”菜单，选择“自定义动画”命令，或者执行右键快捷菜单中的“自定义动画”命令，打开“自定义动画”任务窗格。

② 单击“添加效果”按钮，根据需要选择“进入”、“退出”、“强调”以及“动作路径”，并在相应的级联菜单中选择需要的动画效果。

对于设置了动画效果的幻灯片，将在“自定义动画”任务窗格中按设置顺序从上到下显示动画设置，同时在幻灯片编辑窗格中，设置了动画的对象左边会出现数字标号以表示动画的显示顺序。可以继续添加新的动画设置、删除不需要的动画设置或调整动画显示顺序。

要将某个声音文件作为背景音乐，其操作方法如下：

① 在演示文稿的第一张幻灯片上插入声音文件。

② 右击“声音”图标，设置自定义动画效果，并将声音文件的动画显示顺序排在第一位。

③ 接着右击该声音文件动画对象，从快捷菜单中选择“效果选项”命令，打开“播放声音”对话框。

④ 在“停止播放”选项中选择第三个选项，然后在方框内填入需要停止声音的幻灯片的序号（比如最后一张），单击“确定”按钮。

5.4.3 交互式演示文稿

通过使用动作按钮和超链接，用户可以创建出交互式演示文稿，从而实现在放映时从幻灯片中某一位置跳转至其他位置、打开文件或执行应用程序等操作。

1. 动作按钮

动作按钮是 Powerpoint 2003 提供的一组现成的按钮，单击按钮或鼠标移过按钮时能够完成包括“下一项”、“前一项”、“开始”、“结束”、“播放声音”和“播放影片”等动作。通过在幻灯片中添加动作按钮，可以实现在放映过程中激活另一个程序、播放声音或影片，以及跳转到其他幻灯片、文件和 Web 页的功能。

在幻灯片中添加动作按钮的操作步骤如下：

① 选中要添加动作按钮的幻灯片。

② 单击“幻灯片放映”菜单，选择“动作按钮”，在打开的级联菜单中选择所需的按钮，鼠标指针变为十字形状，在幻灯片中需要添加动作按钮的位置单击（插入一个默认大小的动作按钮）或按下鼠标左键并向右下方拉动（插入一个自定义大小的动作按钮），打开“动作设置”对话框。

③ 选择“单击鼠标”选项卡或“鼠标移动”选项卡，确定执行动作的方式（两个选项卡下的设置内容一样）。

④ 选中“超链接到”选项，在下方的下拉列表中选择跳转的目标位置，单击“确定”按钮，完成动作设置。

在幻灯片放映视图下，当鼠标移至动作按钮时，鼠标指针将变成手形。当执行动作方式设置为“鼠标移动”时，立即跳转到所设置的跳转位置；当执行动作方式设置为“单击鼠标”时，单击即可跳转到所设置的跳转位置。

2. 超链接

在幻灯片放映时，单击某个对象（文本、图像、形状或艺术字等）就能实现从当前幻灯片自动链接到其他幻灯片、其他应用程序、其他演示文稿或网页等操作，这就是Powerpoint 2003提供的超链接功能。

在幻灯片中添加超链接的操作步骤如下：

① 选中幻灯片中要添加超链接的对象。

② 单击“插入”菜单，选择“超链接”命令，或者执行右键菜单中的“超链接”命令，打开“插入超链接”对话框，设置目标位置，单击“确认”按钮。

添加了超链接的文本将配以下画线，同时文字颜色被更改为所选定的配色方案中所定义的颜色，而其他对象则和未添加时没有外观上的区别。

在幻灯片放映视图下，当鼠标指针移至这些对象时将会转变成手形，此时单击将激活超链接，跳转到超链接所设置的相应位置。

在幻灯片中删除超链接的操作步骤如下：

① 选中幻灯片中要设置有超链接的对象。

② 单击“插入”菜单，选择“超链接”命令，打开“插入超链接”对话框，单击“删除超链接”按钮，或者执行右键快捷菜单中的“删除超链接”命令。

5.5 演示文稿的发布

5.5.1 幻灯片放映

制作演示文稿的最终目的是希望通过完美的、顺利的播放，来表达和传播制作者的观点。虽然在制作过程中已经为此进行了很多设置，但是在播放时还可以通过进一步的设置来强化播放效果。

1. 设置放映方式

单击“幻灯片放映”菜单，选择“设置放映方式”命令，或者按Shift键，同时单击“幻灯片放映”按钮，均可打开“设置放映方式”对话框。

下面介绍“设置放映方式”对话框中的重要选项。

①“放映类型”选项组：定义幻灯片的放映方式。

- “演讲者放映（全屏幕）”：以全屏幕的方式显示幻灯片内容，演讲者可以通过鼠标单击、快捷菜单或者按 PageDown/PageUp 键来实现不同幻灯片之间的切换。在放映时还可以通过快捷菜单将光标转变成绘图笔、荧光笔、圆珠笔等方式在幻灯片上进行标注和书写。
- “观众自行浏览（窗口）”：以窗口的形式显示幻灯片的内容，浏览者只能通过滚动条或“浏览”菜单来选择所需要观看的幻灯片。
- “在展台浏览（全屏幕）”：以全屏幕方式显示幻灯片内容，这时演示文稿的内容将按照预先设置好的放映时间自动运行（在放映前，通过“排练计时”命令定义好每张幻灯片的放映时间），在放映过程中，浏览者无法干预幻灯片的播放进程（按 ESC 键可以终止放映）。

②“放映幻灯片”选项组：定义幻灯片的放映范围。

- 全部：依次连续放映演示文稿中的所有幻灯片。
- 从起始幻灯片编号到终止幻灯片编号：依次连续放映从起始幻灯片到终止幻灯片的幻灯片内容。
- 自定义放映：根据演讲者需要，逻辑地组织演示文稿中的部分幻灯片以特定顺序放映。

③“换片方式”选项组：定义放映时更换幻灯片的方式。

- 手动：用鼠标单击、快捷菜单或者 PageDown/PageUp 键来实现不同幻灯片更换。
- 如果存在排练时间，则使用这种设置：当使用“排练计时”命令定义了每张幻灯片的放映时间时，本设置将按排练时间自动更换幻灯片，此时任何人工干预都无效（按 Esc 键可以终止放映）。

2. 设置放映时间

播放演示文稿时，既可以通过人工方式切换每张幻灯片，也可以通过设置放映时间来实现幻灯片的自动切换。设置放映时间有两种方式：一是人工为每张幻灯片设置一个时间；二是通过“排练计时”命令，在排练的过程中自动记录放映时间。已经设置好的放映时间还可以根据需要进行修改。

用人工方式设置幻灯片放映时间的操作步骤如下：

① 打开演示文稿，单击“幻灯片放映”菜单，选择“幻灯片切换”命令，或者执行右键快捷菜单中的“幻灯片切换”命令，打开“幻灯片切换”任务窗格。

② 在“换片方式”选项中选中“每隔”复选框，并在其后的文本框中直接输入或通过上下箭头的点击来确定放映时间（以秒为单位）。

③ 单击“应用于所有幻灯片”按钮，该设置将作用到每一张幻灯片上；否则该设置仅对当前幻灯片有效。

通过“排练计时”命令自动设置幻灯片放映时间的操作步骤如下：

① 打开演示文稿，单击“幻灯片放映”菜单，选择“排练计时”命令，进入排练方式。在此方式下，幻灯片开始全屏幕放映，左上角同时显示排练计时系统。该计时系统将分别显示当前幻灯片放映时间及到目前为止本次排练所用总放映时间，供排练者自行掌握、合理分配。排练过程中，单击计时系统的按钮，将开始下一张幻灯片的放映；单击按钮，将重新计时；单击按钮，将暂停计时；暂停后重新开始，仍是单击按钮。

② 用鼠标单击的方式或单击 按钮的方式切换每张幻灯片，直至放映结束。放映结束后，系统将打开提示对话框以询问是否保存本次排练时间。若选择“是”，则保存本次排练时间，并在以后的放映中按本次排练的时间放映；否则，本次排练时间不被保存。

无论采用以上哪种方式进行放映时间的设置，都可以在幻灯片浏览视图中看到每张幻灯片左下方显示的该幻灯片的放映时间。

3. 调整放映时间

即使通过排练确定了幻灯片的放映时间，也有可能需要根据具体情况而做出相应的调整。如果希望修改已确定的放映时间，可以通过调整放映时间来实现。调整放映时间的操作步骤如下：

① 选中需要修改放映时间的幻灯片，单击“幻灯片放映”菜单，选择“幻灯片切换”命令，或者执行右键快捷菜单中的“幻灯片切换”命令，打开“幻灯片切换”任务窗格。

② 在“换片方式”选项中“每隔”复选框后的文本框中确定新的放映时间。

③ 切换到幻灯片浏览视图，可以看到该幻灯片左下角显示的修改后的时间。

重复以上步骤可分别修改不同幻灯片的放映时间。

注意：修改完后不要单击“应用于所有幻灯片”按钮，否则该放映时间将作用于所有幻灯片。

5.5.2 演示文稿打包和安装

制作好的演示文稿可能需要在不同的地点以及不同的机器上进行播放。如果直接播放演示文稿的话，要求播放的机器上必须安装有 PowerPoint 2003 应用程序，同时，演示文稿中用到的所有链接文件、不同字体库等相关文件都必须保存完整、路径正确，才能顺利播放。为了解决这个问题，PowerPoint 2003 提供了演示文稿的“打包”功能，“打包”后的演示文稿可以在任何一台计算机上正常播放，而不要求该计算机上必须事先安装好 PowerPoint 2003 应用程序、链接文件以及相关字库。

1. 打包演示文稿

打包功能可以将播放演示文稿所需要的相关文件和应用程序连同演示文稿打包在一起。打包演示文稿的操作步骤如下：

① 打开演示文稿，单击“文件”菜单，选择“打包成 CD”命令，打开“打包成 CD”对话框。

② 在“将 CD 命名为”文本框中输入自行定义的名称。

③ 单击“添加文件”按钮，可以将多个演示文稿同时打包成一个文件；单击“复制到文件夹”按钮，可以在打开的“复制到文件夹”对话框中根据制定路径，将演示文稿复制到文件夹中；单击“复制到 CD”按钮，将打开“正在将文件复制到 CD”对话框，并打开刻录机托盘，在用户放入一张能够正常刻录的光盘后，开始文件的打包和复制过程；单击“选项”按钮，可以在打开的“选项”对话框中选择包含的文件，以及设置“打开”和“修改”演示文稿的密码。

④ 单击“关闭”按钮，结束打包操作。

2. 安装、放映已打包的演示文稿

打包操作将生成一个用户自定义名称的打包文件夹。系统默认情况下，该文件夹包含有演示文稿原文件、链接文件、相关字库及 PowerPoint 2003 播放器。

打包好的演示文稿并不需要特殊的安装方法和安装过程，直接将打包好的文件夹拷贝到其他计算机上并打开，就可以开始播放演示文稿。

- 在安装有 PowerPoint 2003 应用程序的计算机上，直接打开演示文稿进行所需要的编辑和播放；
- 在没有安装 PowerPoint 2003 应用程序的计算机上，双击打包文件夹中名为“pptview.exe”的文件，将直接播放打包进来的演示文稿。如果该打包文件夹中包含有多个演示文稿，系统将打开一个列出了所有打包进来的演示文稿的对话框，用户根据需要选择、播放。

5.5.3 演示文稿的 Web 发布

为了适应网络化社会的需求，PowerPoint 2003 在网络功能上进行了强化。用户可以把制作好的演示文稿保存为 Web 网页，通过电子邮件将其发送给观众，也可以将其上传到获得许可的因特网 Web 服务器上，让其他用户通过因特网来浏览演示文稿。

1. 将演示文稿保存为网页

PowerPoint 2003 可以将演示文稿直接保存为 HTML 文件，同时原有的多媒体元素如声音、动画等也都被保存下来。具体操作步骤如下：

① 打开演示文稿，单击“文件”菜单，选择“另存为网页”命令，打开“另存为”对话框。

② 选择网页文件保存位置并自定义网页文件名，在“保存类型”下拉列表中选择“网页”；单击“更改标题”按钮，将打开“设置页标题”对话框。在这里设置的标题，将作为网页标题出现在网页浏览器的标题栏中，单击“确定”按钮保存更改的标题，并返回“另存为”对话框。

③ 单击“保存”按钮即可将演示文稿保存为网页。

将演示文稿保存为网页后，将在保存该文件的文件夹中出现一个.htm 文件以及一个和网页文件同名的文件夹。双击该网页文件将可以在默认浏览器中直接浏览演示文稿；而对应文件夹中则包含有与演示文稿相关的所有支持文件（如图像文件、声音文件、级联样式表文件等）。

2. 将演示文稿发布为网页

PowerPoint 2003 还支持用“发布为网页”的方式将演示文稿直接转换成网页并发布到 Web 上。具体操作步骤如下：

① 打开演示文稿，单击“文件”菜单，选择“另存为网页”命令，打开“另存为”对话框。

② 单击“发布”按钮，打开“发布为网页”对话框。

③ 在“发布内容”选项中确定需要发布的具体内容，可以选择“整个演示文稿”或通过设置“幻灯片编号”来选择部分幻灯片，还可以通过“显示演讲者备注”复选框确定是否需要在页面中显示备注信息。

④ 单击“Web 选项”按钮，打开“Web 选项”对话框。该对话框由“常规”、“浏览器”、“文件”、“图片”、“编码”和“字体”等六个选项卡组成。

- “常规”选项卡：用户可以根据幻灯片的总体背景颜色来选择其他颜色，也可以通过“浏览时显示幻灯片动画”复选框来决定是否需要在转换后的网页中显示演示文

稿中原有的幻灯片切换和动画效果。

- "浏览器"选项卡：用户可以在"查看此网页时使用"下拉列表中确定一个默认的浏览器，并在下面的"选项"区域根据需要进行相关选择。
- "文件"选项卡：选中"组织文件夹中的支持文件"复选框，则将演示文稿的所有相关图片及链接网页放在与"另存为"对话框所设置的文件名同名的文件夹中；若没有选中该选项，则所有与网页相关的文件都将与网页文件放在同一个文件夹中；选中"保存时更新链接"复选框将在保存文件自动更新各种支持文件的链接位置；若在制作演示文稿过程中使用到了 FrontPage 或 Dreamweaver 等高级网页制作软件，则不需选中"默认编辑器"下的"检查 Office 是否是用 Office 创建的网页的默认编辑器"复选框。
- "图片"选项卡：根据实际情况确定网页分辨率。为尽可能多地适应不同的运行环境，一般建议使用"800×600"的设置。
- "编码"选项卡：一般在"将此文档另存为"下拉列表中默认选择"简体中文（GB2312）"。
- "字体"选项卡：对于使用简体中文版的 WINDOWS 系统，采用"默认字体"的"简体中文"字符集即可。

⑤ 在 "浏览器支持"选项中确定支持该演示文稿的浏览器类型。

⑥ 单击"更改"按钮，将打开"设置页标题"对话框。在这里设置的标题，将作为网页标题出现在网页浏览器的标题栏中，单击"确定"按钮保存更改的标题。

⑦ 若将下方的"在浏览器中打开已发布的网页"复选框选中，则在发布后系统将自动使用浏览器打开网页。

⑧ 单击"浏览"按钮，将打开"发布为"对话框，在其中选择网页文件保存位置并自定义网页文件名，"保存类型"下拉列表中选择"网页"，单击"确定"按钮返回。

⑨ 所有设置完毕，单击"发布"按钮发布网页。系统将自动启动浏览器，并在其中打开演示文稿网页。

上机实验

【实验 1】自拟主题，创建一个不少于 10 页的演示文稿。

实验要求：

（1）确定一种设计模板。

（2）演示文稿中各幻灯片根据内容选择不同的版式。

（3）演示文稿中除包含文本框以外，还必须包括表格、图片、组织结构图、声音、视频对象，各对象安排合理，内容切合主题。

【实验 2】对【实验 1】中所制作的演示文稿进行外观修饰。

实验要求：

（1）为幻灯片转换模板。

（2）根据幻灯片内容，设计两种不同的母版样式并应用到幻灯片中。

（3）修改原模板所定义的幻灯片配色方案并应用到幻灯片中。

（4）分别为标题幻灯片和其他幻灯片添加标志图片。

【实验3】在【实验1】所制作演示文稿中配置动画方案、设置幻灯片切换方式。

实验要求：

（1）根据演示文稿内容，至少实现两个幻灯片对象的超链接设置。

（2）根据演示文稿内容，分别为幻灯片对象设置“进入”、“强调”和“退出”效果。

（3）在整个幻灯片放映过程中，至少实现六种不同的切换方式设置。

【实验4】在【实验1】制作的演示文稿中设置放映方式、创建相应的Web文稿。

实验要求：

（1）为每张幻灯片设置合理的放映时间（不允许所有幻灯片使用相同的放映时间）。

（2）将演示文稿打包成不需要PowerPoint 2003应用软件即可直接播放的形式。

（3）将演示文稿保存为网页格式。

习　题

一、单项选择题

1. 下列不是PowerPoint 2003视图的是______。

A. 页面视图　B. 幻灯片视图　C. 大纲视图　D. 普通视图

2. 不能改变幻灯片放映次序的方法是______。

A. 自定义放映　B. 使用动作按钮

C. 插入超级链接　D. 使用菜单“工具”中的“选项”命令

3. 可以为一个对象设置______种动画效果。

A. 一种　B. 不多于两种　C. 多种　D. 以上都不对

4. 在幻灯片放映过程中，按______键可以终止幻灯片的放映。

A. Ctrl + C　B. Esc　C. End　D. Alt + F4

5. 演示文稿中的每张幻灯片都是基于某种______创建的，它预先定义了幻灯片中各种占位符的布局情况。

A. 模板　B. 母版　C. 版式　D. 视图

6. 下列视图中，可以编辑幻灯片内容的是______。

A. 幻灯片浏览视图　B. 普通视图

C. 备注页视图　D. 幻灯片放映视图

7. 在进行“自定义动画”设置时，下列说法正确的是______。

A. 只能用鼠标来控制，不能设置时间控制

B. 只能设置时间控制，不能用鼠标来控制

C. 既能用鼠标控制，也能设置时间控制

D. 用鼠标和设置时间都无法控制

8. PowerPoint 2003中，文本占位符包括______。

A. 标题　B. 副标题　C. 普通文本　D. 以上都是

9. 下面有关幻灯片操作的正确描述是______。

A. 在大纲视图下不能插入图表对象

B. 在幻灯片浏览视图中，单击鼠标左键可以选择幻灯片中插入的对象

C. 利用“编辑”命令中的“查找”命令，可以搜索幻灯片中的图片对象

D. 利用“编辑”命令中的“查找”命令，不能搜索幻灯片中的文本对象

10. 在演示文稿中使用模板的正确说法是______。

A. 可以使用多种　　B. 只能使用一种

C. 不能更改模板颜色　　D. 选定后不能改

二、填空题

1. 用 PowerPoint 2003 所创建的演示文稿，其扩展名一般为__________。

2. 复制带超链接的对象时，__________也被一起复制。

3. “自定义动画”选项在__________下拉菜单中。

4. 经过__________后的演示稿，可以在任何一台 Windows 操作系统的机器中正常放映。

5. 如果需要某标志图片以相同的位置出现在每张幻灯片上，只需将其放在幻灯片的__________上，则该标志图片将自动出现在演示文稿的每张幻灯片上。

三、判断题

1. 演示文稿只有在安装了 PowerPoint 2003 的计算机上才可以放映出来。 (　)

2. 只有在幻灯片浏览视图下才能对幻灯片进行排序。 (　)

3. 配色方案必须应用于全部幻灯片，不能只应用于某一张幻灯片。 (　)

4. 对设置了排练时间的幻灯片，也可以手动控制其放映。 (　)

5. 超级链接的对象只能是某网页的网址。 (　)

第 6 章 计算机网络与 Internet 基础

计算机网络是计算机技术和通信技术二者高度发展和密切结合而形成的，它经历了一个从简单到复杂、从低级到高级的演变过程。近十几年来，计算机网络得到了异常迅猛的发展。本章主要介绍计算机网络与 Internet 的基础知识，内容包括计算机网络的基本概念、局域网、Internet 的基本概念、Internet 接入方法以及 Internet 的常用服务等。

6.1 计算机网络

6.1.1 计算机网络的形成与发展

20 世纪 50 年代，为了解决远程数据收集、远程计算和处理，发展了远程联机的系统，即一个远程终端利用专用线路和主机连接起来作为主机的一个用户。这种系统被称为面向终端的计算机网络，其特点是所有用户通过终端共用同一台主机，终端不具备独立的计算能力。严格地说，这种系统并不是真正的计算机网络，实际上更像一台多终端主机，只不过与通信技术结合实现了远程终端与主机的连接。远程联机系统为计算机网络的发展奠定了基础，可视为计算机网络的雏形。

随着计算机应用范围的扩大，新的需求不断出现，例如一个计算机系统中的用户希望能使用另一个计算机系统的资源，或者希望和另一个计算机系统统一起来共同完成某项任务，这就出现了“计算机—计算机”的网络。这种网络系统起源于 1969 年美国国防部高级研究计划局（Anvanced Research Project Agency，ARPA）创建的 ARPAnet。随着 ARPAnet 的建立与发展，计算机网络的优越性得到了证实，许多国家相继建立了规模较大的公用计算机分组交换网，例如美国的 TELNET、TYMNET，加拿大的 DATAPAC，法国的 TRANSPAC 等。这时的计算机网络以远程通信为主，属于现在所说的广域网。

1975年，美国XEROX公司的PALOALTO研究中心推出了世界上第一个总线型网络——“以太网（Ethernet）”，使计算机网络技术出现了一个新的分支：计算机局域网络。此后，各种局域网技术相继出现，同时由于微型计算机技术的发展，微机局域网络迅速用于各类中小型信息系统、办公自动化系统和生产过程自动化控制系统。

到 20 世纪 70 年代中期，计算机网络大多是由研究机构、大学或计算机公司自行开发研制的，没有统一的体系结构和标准，各个厂家生产的计算机和网络产品无论在技术上还是在结构上都有很大差别，从而造成不同厂家生产的计算机网络产品很难实现互连。

1977 年，国际标准化组织（international standards organization，ISO）在研究分析已有的网络结构经验的基础上，开始研究“开放系统互连”问题，并于 1983 年公布了“开放系统互连参考模型（open system interconnection reference model）”的正式文件，通常称为 ISO/OSI 参考模型。OSI 模型对计算机网络理论与技术的发展起到了很好的指导作用，但却未能成为网络产品的真正标准。

在ISO研究OSI的同一时期，美国国防部高级计划局为了实现异种网络之间的互联与互通，大力资助网间网技术的研究开发，于1977—1979年间推出了TCP/IP网络协议，并于1983年1月完成了ARPAnet上所有机器向TCP/IP协议的转换工作，TCP/IP成为事实上的工具标准。

1985年，美国国家科学基金会（national scientific foundation，NSF）开始涉足TCP/IP的研究与开发，并于1986年资助建立了远程主干网NSFnet，该网络连接了全美主要的科研机构，并与ARPAnet相连。此外，美国宇航局与能源部的NSINET、ESNET相继建成，欧洲、日本等也积极发展本地网络，于是在此基础上互连形成了Internet。Internet的发展进一步推动了网络技术，各种局域网之间的互连、局域网与广域网之间的互连技术也得到了巨大发展。

20世纪90年代以后，Internet应用迅速普及，对世界经济、文化、科学研究、教育和人类社会生活发挥越来越重要的作用，使人类社会进入信息化时代。在Internet飞速发展与广泛应用的推动下，高速网络技术不断涌现，如光纤分布式数据接口FDDI、异步传输模式ATM、快速以太网、交换式以太网等。

6.1.2　计算机网络的定义

计算机网络是计算机技术和通信技术相结合的产物。一方面，通信网络为计算机之间的数据传递和交换提供了必要的手段；另一方面，计算机技术的发展渗透到通信技术中，又提高了通信网络的各种性能。

根据计算机网络的发展现状，通常将计算机网络定义为：具有独立功能的多个计算机系统或其他设备，用一定通信设备和通信线路互相连接起来，能够实现信息传递和资源共享的系统。“具有独立功能”排除了网络系统中主从关系的可能性，一台主控机和多台从属机的系统不能称为网络。同样，一台带有远程打印机和终端的大型机也不是网络。“用一定通信设备和介质互相连接起来”指出计算机之间必须是以某种方式互连的，两台计算机之间通过磁盘拷贝来传递信息不能算是网络系统。在物理互联的基础上，计算机之间还必须能够进行信息传递和实现资源共享，这可以认为是逻辑意义上的互连。此外，网络系统中不仅包括计算机，还可以包括具有独立网络功能的其他设备，如网络打印机、网络存储器等。

6.1.3　计算机网络的组成

计算机网络是一个非常复杂的系统，包括硬件和软件两大部分。网络硬件提供的是数据处理、数据传输和建立通信通道的物理基础，而网络软件是真正控制数据通信的；软件的各种网络功能依赖于硬件去完成，二者缺一不可。计算机网络的组成主要包括以下四个部分。

1. 计算机设备

计算机设备包括具有独立功能的计算机系统和具有独立网络功能的共享设备（或称为网络化外设）。计算机系统可以是多终端主机、高性能计算机，也可以是一台普通的台式微型计算机或笔记本电脑。具有独立网络功能的共享设备是指为网络用户共享的、自身具备网络接口、可以直接联网而不依赖于人和计算机的打印机和大容量存储器。一台连接在计算机上的普通激光打印机设置为共享，不能算是网络化外设。

在一个网络系统中，计算机系统是最基本的组成元素，是必须的，而网络化外设是根据实际需要可选的。系统中计算机设备的数量可以成千上万，也可以只有两台微型计算机。

2. 通信设备和通信线路

计算机网络的硬件部分除了计算机设备，还要有用于连接这些计算机设备的通信线路和通信设备，及数据通信系统。通信线路指的是传输介质及其介质连接部件。传输介质分为有线和无线两大类：有线介质如双绞线、光纤、同轴电缆等，无线介质如无线电波、微波等。通信设备指网络连接设备、网络互连设备，包括网卡、中继器、集线器、交换机、网桥、路由器和调制解调器等。人们使用通信线路和通信设备将计算机互联起来，在计算机之间建立一条物理通道，以便传输数据。

3. 网络协议

用通信线路和通信设备连接起来的计算机之间要实现通信，还必须遵循共同的约定和通信规则，这些约定和通信规则就是网络协议（Protocol）。这就像人们之间交谈，只有用对方能够理解的语言才能交流，所有语言就是人与人之间交谈的共同约定，语言的语法就是双方要遵守的规则。总之，网络协议就是计算机之间通信需要遵守的、具有特定语义的一组规则。

网络协议的实现是由软件、硬件或二者共同完成的，我们将实现协议的软件和硬件称为协议实体。

4. 网络软件

网络软件是在网络环境下使用、运行或者控制和管理网络的计算机软件。根据软件的功能，计算机网络软件可分为网络系统软件和网络应用软件两大类。网络系统软件是控制和管理网络运行、提供网络通信、分配和管理共享资源的网络软件，包括网络操作系统、网络协议软件、通信控制软件和管理软件等。网络应用软件是指为某一个应用目的而开发的网络软件（如远程教学软件、电子图书馆软件、Internet 信息服务软件）。网络软件为用户提供访问网络的手段、网络服务、资源共享和信息的传递。

6.1.4 计算机网络的分类

从不同的角度出发，计算机网络的分类也不同，以下介绍几种常见的网络分类。

1. 按网络的覆盖范围分类

（1）局域网（local area network，LAN）

能在有限的地理区域内提供连接，通常覆盖一栋办公楼或相邻的几座大楼内，由单位或部门所有。例如学校的计算机实验室、家庭网络。

（2）城域网（metropolitan area network，MAN）

覆盖范围约在几公里到几十公里的高速公共网络。例如有线电视网络。

（3）广域网（wide area network，WAN）

覆盖一个大面积的地理范围，可能是一个地区或国家，甚至全球。例如全国性的银行网络。因特网是全球最大的广域网，但它不是独立的网络，而是由很多个同类或不同类的物理网络互联构成的。

2. 按网络的拓扑结构分类

网络拓扑结构（物理拓扑结构）是指网络系统中的结点（包括计算机和通信设备）和通信线路构成的几何形状。在计算机网络中，拓扑结构主要有以下几种：总线型、环型、星型、树型和网状型，如图 6-1 所示。

（1）总线型

网络中各结点连接在一条公用的通信电缆上，整个线路只提供一条信道，任何时刻只允许一个结点占用线路。信道上传送的任何信号都可以被所有结点收到。在这种网络中，必须有一种控制机制来解决信道争用和多个结点同时发送数据所造成的冲突。

总线型网络结构简单、灵活、设备投入量少、成本低。但由于结点通信都共用一条总线，所以故障诊断较为困难，某一点出现问题会影响整个网段。

（2）环型

环型网络将各个结点依次连接起来，并把首尾相连构成一个环形结构。与总线型结构的不同在于，总线型通信线路本身不是一个完整的环形。根据环中提供单工通信还是全双工通信可分成单环和双环两种结构。通信时发送端发出的信号要按照一个确定的方向，经过各个中间结点的转发才能到达接收端。

由于环型网络按设定方向单向传送，系统中无信道选择问题，系统中电缆长度较短，适用于高速传送信息。但由于环路是封闭的，不便于扩充，响应时延长，信息传输效率较低。

（3）星型

星型网络中所有的结点都与一个特殊的结点连接，这个特殊结点称做中心结点。任何通信都必须由发送端发送到中心结点，然后由中心结点转发到接收端。

星型拓扑结构的网络连接方便、建网容易，便于管理，容易检测和隔离故障,数据传送速度快，可扩充性好，因此目前大多数局域网都采用星型拓扑结构来构建。不过星型网络对中心结点的依赖性大，中心结点的故障可能导致整个网络的瘫痪。

（4）树型

树型网络实际上是总线型与星型网络的混合体，由一个主干链路将多个星型网络连接成一个总线型结构。

在树型拓扑结构的网络中扩充新结点容易，故障隔离也较方便。但树型网络对根结点的依赖性大，如果根结点出故障将影响全网正常工作。

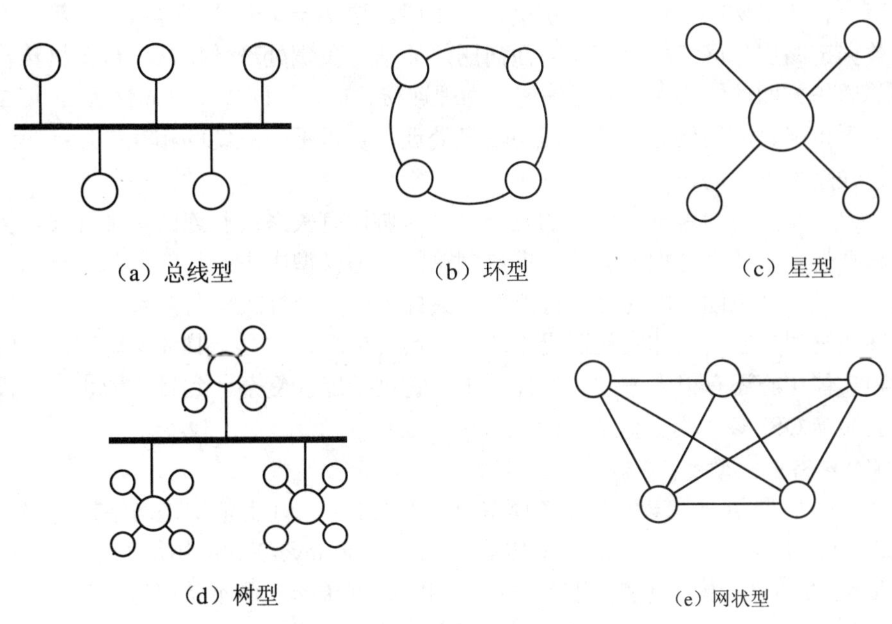

图6-1 计算机网络的拓扑结构

（5）网状型

在网状型拓扑结构中，结点之间的连接是任意的，没有规律。网状型网络上的两个结点间可能存在多条链路，可以选择其中任意一条来传输数据。这些冗余的路径使得这种结构的网络具有高可靠性。但是，由于结构复杂，网状型网络必须采用路由选择算法与流量控制方法来实现正确的传输。这种结构一般用在广域网或大型局域网中。

6.1.5 计算机网络的体系结构

计算机通信是一个非常复杂的过程，一次完整的通信实际上需要用到一组协议，通常称为协议族。

为了简化这些协议的设计，一般采用结构化的设计方法，将网络按照功能分成一系列的层次，每一层完成一个特定的功能。分层的好处在于每一层都向它的上一层提供一定的服务，并把这种服务的实现细节对上层进行屏蔽。高层就不必再去考虑低层的问题，而只需专注于本层的问题。分层的另一个目的是保证层与层之间的独立性。由于只定义了本层向高层所提供的服务，对于本层如何提供这种服务则不作任何规定，因此每一层在如何完成自己的功能上具有一定的独立性。

通常将网络中的各层和协议的集合，称为网络体系结构（Network Architecture）。网络体系结构的描述必须包含足够的信息，使得开发人员可以为每一层编写程序或设计硬件。协议实现的细节和接口的描述都不是体系结构的内容，因此，体系结构是抽象的，只供人们参考，而实现则是具体的，由正在运行的计算机软件和硬件来完成。

目前，主要有两种网络体系结构参考模型：ISO/OSI 参考模型和 TCP/IP 参考模型。

1. ISO/OSI 参考模型

ISO/OSI 参考模型是国际标准化组织（ISO）提出的开放系统互连参考模型（open systems interconnection reference model），它从功能上划分为 7 层，从底层开始分别为物理层、数据链路层、网络层、传输层、会话层、表示层、应用层。这 7 层由三个部分组成，第一部分包括物理层、数据链路层、网络层这三层，面向网络通信，负责处理数据从一台主机传输到另一台主机有关通信方面的工作（如信号编码、物理连接、地址、同步及可靠性等）；第二部分包括会话层、表示层、应用层这三层，面向信息处理，负责不同系统的相互操作；第三部分指传输层，起联系上下层的作用。

制定开放系统互连参考模型的目的之一，是为协调有关系统互连的标准开发，提供一个共同基础和框架，因此允许把已有的标准放到总的参考模型中去；目的之二，是为以后扩充和修改标准提供一个范围，同时为保持所有有关标准的兼容性提供公共参考。

OSI 参考模型是脱离具体实施而提出的一种参考模型，它对于具体实施有一定的指导意义，但是和具体实施还有很大差别。另外，由于它过于庞大复杂，到目前为止，还没有任何一个组织能够把 OSI 参考模型付诸实现。

2. TCP/TP 参考模型

和 OSI 参考模型不同，TCP/IP 参考模型只有四层。从下往上依次是网络接口层（network interface layer）、网际层（internet layer）、传输层（transport layer）和应用层（application layer），如图 6-2 所示。TCP/IP 模型更侧重于互联设备间的数据传送，而不是严格的功能层次划分。目前应用最广泛的 Internet 就是基于 TCP/IP 模型构建的。

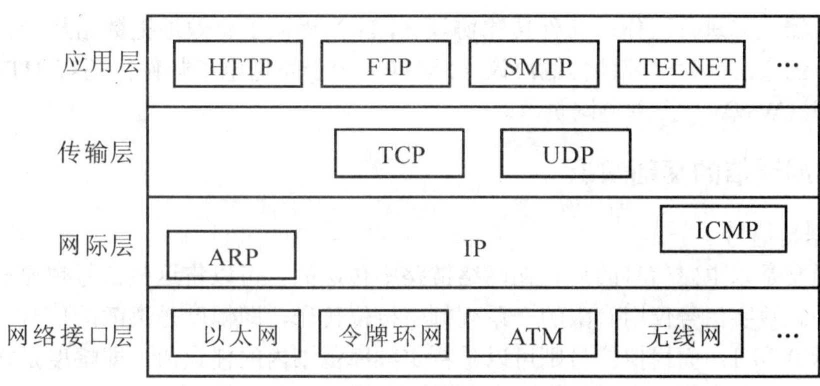

图 6-2 TCP/IP 参考模型

（1）网络接口层

这是 TCP/IP 参考模型的最低层，负责将数据包送到电缆上，是实际的网络硬件接口。网络接口层协议定义了主机如何连接到实际的物理网络，管理者特定的物理介质。在 TCP/IP 模型中可以使用任何网络接口，如以太网、令牌环网、FDDI、ATM 等。

（2）网际层

网际层主要处理从一台主机到另一台主机的通信，负责将分组发往任何网络，并使分组独立地传向目标（可能经由不同的路径）。这些分组到达的次序和发送的次序可能不同，因此，高层协议必须对分组排序。

网际层定义了 IP（internet protocol）协议。它接收从传输层来的报文，然后填上 IP 分组头信息，再将其封装成 IP 分组，并根据路由算法确定分组的传输路径。因此，分组路由和避免拥塞是 IP 协议的主要功能。

（3）传输层

在 TCP/IP 参考模型中，传输层的主要功能是提供从一个应用程序到另一个应用程序的通信，即端到端的会话。现在的操作系统都支持多用户和多任务操作，一台主机上可能运行多个应用程序（并发进程），所谓的端到端会话，就是指从源进程发送数据到目的进程。传输层定义了两个端到端的协议：TCP 和 UDP。

传输控制协议（TCP，transmission control protocol）是一个面向连接的无差错传输字节流的协议。在源端把输入的字节流分成报文段并传给网际层。在目的端则把收到的报文再组装成输出流传给应用层。TCP 还要进行流量控制，以避免出现由于快速发送方向低速接收方发送过多报文，而使接收方无法处理的问题。

用户数据报协议（UDP，user datagram protocol）是一个不可靠的、无连接的协议。它没有报文排序和流量控制功能。所以必须由应用程序自己来完成这些功能。在传输数据之前不需要先建立连接，在目的端收到报文后，也不需要应答。它被广泛应用于只有一次的，客户—服务器模式的请求—应答查询，以及快速传递比准确传递更重要的应用程序，如传输数字化语音或图像等。

（4）应用层

TCP/IP 模型的应用层相当于 OSI 模型的会话层、表示层和应用层，它包含所有的高层协议。这些高层协议使用传输层协议接收或发送数据，既可以选择单个的数据传输方式，也可以选择连续的数据流传输方式。例如，远程登录协议（TELNET）允许一台机器上的用户登录到远程机器上并进行工作；文件传输协议（FTP）提供了有效地把数据从一台机器送到另一台机器上的方法；简单邮件传输协议（SMTP）用于发送电子邮件；还有 HTTP 协议，用于在万维网（WWW）上浏览网页等。

6.1.6 数据通信的基础知识

1. 数据与信号

数据通常是以电磁信号的形式在网络链路中传送的。可以将这些信号想象成在电缆或空气中的波动。数字信号仅用有限的一系列频率按位传送，即幅度是离散的信号，一般用两个电位来表示 0 和 1；而模拟信号则可以是特定频率范围内的任意值，即幅度是连续的信号，例如电话语音信号。图 6-3 是数字信号和模拟信号的波形示意图。

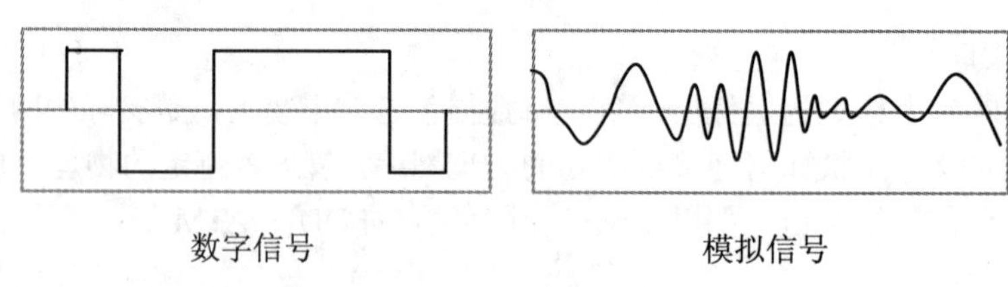

图 6-3 数字信号与模拟信号波形示意图

数字信号与模拟信号可以实现相互转换。将模拟信号转换为数字信号的过程称为模数转换（A/D 转换），将数字信号转换成模拟信号的过程称为数模转换（D/A 转换）。

2. 信道及其带宽

信道是传输数据的通道。也分为传输数字信号的数字信道，和传输模拟信号的模拟信道。

信道的带宽是指信道允许通过信号的频率范围。信道的带宽与信道的数据传输率有直接的关系，因此，常用“带宽”来表示通信信道的传输能力。例如可以承载 100 多个有线电视频道的同轴电缆比家用电话线的带宽就宽得多。数字信道带宽的单位是“比特每秒”，或“bps”（bit per second）。模拟信道带宽的单位用赫兹（Hz）。

3. 单工、半双工和全双工通信

在数据通信系统中，按照信息传送的方向与时间的关系把通信方式分为：单工通信、半双工通信和全双工通信。

（1）单工通信

只有一个方向的通信，而没有反方向的通信。例如语音广播系统。

（2）半双工通信

通信的双方都可以发送和接收数据，但不能在同一个时间发送数据，即在任何时候只能是一方发送，另一方接收。例如使用对讲机通话。

（3）全双工通信

任何时候通信的双方可以同时发送和接收数据。例如使用电话通话。这时需要在通信双方之间有两条独立的信道。

6.1.7 计算机网络的传输介质

传输介质是数据传输中连接各个数据终端设备的物理媒体，常用的传输介质有双绞线、同轴电缆、光缆等有线介质和红外线、无线电波等无线介质。

1. 有线传输介质

常用的网络有线传输介质主要有双绞线、同轴电缆和光纤，如图6-4所示。

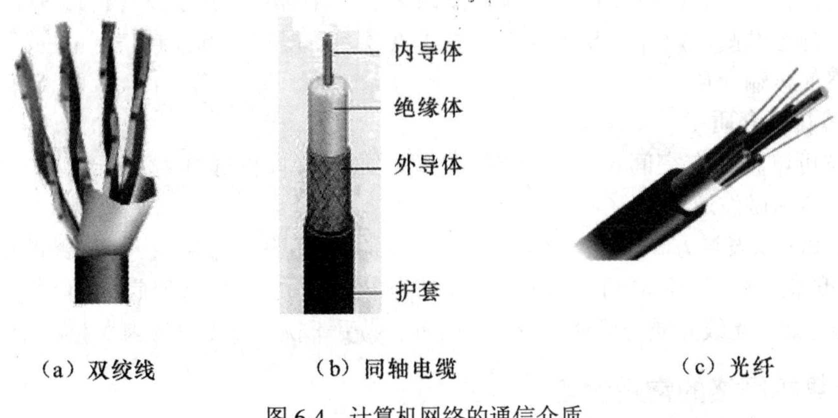

（a）双绞线　（b）同轴电缆　（c）光纤

图6-4　计算机网络的通信介质

（1）双绞线

双绞线由两根相互绝缘的导线组成，两根导线排列成匀称的螺旋状。它既可以用于传输模拟信号，也可以用于传输数字信号。

双绞线容易受到外部高频电磁波的干扰，而线路本身也会产生一定的噪声，如果用做数据通信网络的传输介质，每隔一定距离就要使用一台中继器或放大器。因此通常只用做建筑物内的局部网络通信介质。双绞线分为非屏蔽双绞线（UTP）和屏蔽双绞线（STP）两大类，屏蔽双绞线内有一层金属隔离膜，在数据传输时可减少电磁干扰，所以稳定性较高。而非屏蔽双绞线内没有这层金属膜，所以它的稳定性较差，但它的优点是价格便宜。

计算机网络常用的双绞线有三类、五类和超五类三种，其中三类线主要用于10Mbps的传输速率环境；五类线在100m的距离内可以支持100Mbps的快速以太网、155Mbps的ATM等；超五类线则可用于1000Mbps的千兆以太网。双绞线常用作星型局域网的传输介质。

（2）同轴电缆

同轴电缆的横截面是一组同心圆，最外围是绝缘保护层，紧贴着的是一圈导体编织层，均匀地排列成网状，再往里是绝缘材料，用来分隔编织外导体与内导体。内导体可以用单股实心线，或者用多股绞合线。

目前广泛使用的同轴电缆有50欧姆和75欧姆两种，前者用于传输数字信号，最高数据串可达10Mbps；后者多用于传输模拟信号，当前使用最广泛的是用做传送音频和视频信号的有线电视电缆。

同轴电缆的最大传输距离随电缆型号和传输信号的不同而不同，一般都在几百米至几十公里的范围内。如50欧姆的细电缆每段的最大长度为185米，粗电缆每段最大长度为500米。在实际组网过程中，往往采用中继器以延伸网络的传输距离。另外，由于同轴电缆易受低频干扰，在使用时多将信号调制在高频载波上。同轴电缆常用作总线型局域网的传输介质。

（3）光纤

光纤是一种新型的高速传输介质，它是利用光信号来传输数据的。由于计算机是使用电信号，所以在光纤上传输时必须先把电信号转换成光信号，接收方又需把光信号转换为电信号后提供给计算机，因此在光纤网络中还需要配备光电信号转换器。用光纤组网虽然成本较高，但是其传输速度快，可以传输声音、图像等多媒体信号。并且还有传输安全、抗干扰、误码率低、稳定性高、户外不易遭受雷击等优点，因而得到了越来越广泛的应用。光纤常用做主干网络的传输介质。

2. 无线传输介质

电磁波可以直接在空间传输，目前用做数据通信手段的较成熟的无线技术有红外线通信、激光通信和微波通信。

前两者都要求发送方和接收方之间有一条可视通路，因此通常只用于近距离的传输，如在几座建筑之间的信号传送，后者可以用人造卫星作为中继站进行远距离通信，通信容量大，可靠性高。但另一方面，无线介质传输存在着易被窃听、易受干扰、易受气候因素影响等缺陷。

6.1.8 计算机网络的常用设备

计算机网络可由各种各样的设备构成，它们分别完成不同的功能，实现网络的互连，保障网络各项功能的实现。这里首先将可利用的电信系统提供的通信网设备排除开，一个用户单位或一个城市、一个行业等要组建计算机网络（局域网或广域网），最常选用的网络设备如下：

1. 网卡（Network Adapter）

网卡也称为网络适配器，它是计算机与物理传输介质之间的接口设备。每块网卡都有一个全世界唯一的编号来标示它，即网卡地址（也称 MAC 地址，它是由厂家设定的，一般是不可改动的）。计算机主要是以中断方式来实现与网卡的通信（部分采用 DMA 方式）。因而在计算机系统中配置网络时，必须准确地指定该块网卡使用的中断号（IRQ）和输入输出（I/O）地址范围。

2. 中继器（Repeater）

中继器是用来延长物理传输介质或使网络信号放大与变换，以扩展局域网的跨度的网络设备。其操作遵循物理层协议。双绞线到光纤的转换器也属于中继器设备。

3. 集线器（HUB）

集线器也属于物理层的网络设备，在局域网应用比较广泛，一般作为中心结点连接多台计算机构成星型结构。按其功能强弱常分为以下几种：

（1）低档集线器（非智能集线器）

仅将分散的、用于连接网络设备的线路集中在一起，不具备容错和管理功能。

（2）中档集线器（低档智能集线器）

具有简单的管理功能和一定的容错能力。

（3）高档集线器（智能集线器）

用于企业级的网络中。这种集线器一般支持多协议，可堆叠，具有强的网络管理功能和容错能力。

4. 网桥（Bridge）

网桥是一种网段连接与网络隔离的网络设备，属于第二层的网络设备。网桥用于连接同构型 LAN，使用 MAC 地址来判别网络设备或计算机属于哪一个网段。

网桥的作用可概括如下：

① 扩展工作站平均占有频带（具有地址识别能力，用于网络分段）。

② 扩展 LAN 地理范围（两个网段的连接）。

③ 提高网络性能及可靠性。

5. 交换机（Switch）

交换机是 1993 年以来开发的一系列的新型网络设备，它将传统网络的“共享”媒体技术发展成为交换式的“独享”媒体技术，大大地提高了网络的带宽。目前的交换机主要有以太网交换机、ATM 交换机、IP 交换机三类。

交换机一般处于各网段的汇集点，作用是在任意两条网段之间提供虚拟连接，就像这两个网段之间是直接连接在一起一样，其功能类似于立交桥。它处于多路的汇集点，在两两的道路之间建立一条专用的通道。它一改以往的信道“共享”为“独占”，从而从整体上大大地提高了网络的传送速率，并且在一定程度上避免了网络的崩溃。

6. 路由器（Router）

路由器是一种网络间的互连设备，支持第三层的网络协议，具有支持不同物理网络的互连功能，能实现 LAN 之间、LAN 与 WAN 之间的互连。路由器的主要功能如下：

（1）最佳路由选择功能

当一个报文分组到达时，能将此分组以最佳的路由向前转发出去。

（2）支持多协议的路由选择功能

能识别多种网络协议，可连接异构型 LAN。这种支持多种形式 LAN 的互连，使得大中型网络的组建更加方便。

（3）流控、分组和重组功能

流控指路由器能控制发送方和接收方的数据流量，使两者的速率更好地匹配；分组和重组则适应在数据单元大小不同的网络之间的信息传输。

（4）网络管理功能

路由器往往是多个网络的汇集点，因此可利用路由器监视和控制网络的数据流量、网络设备的工作情况等。同时，也经常在它上面采取一些安全措施，以防止外界对内部网络的入侵。

7. 调制解调器（Modem）

调制解调器是一种辅助网络设备，用来在模拟信号和数字信号之间进行转换，一般在使用普通电话线来进行远距离信号传输时用。如一个网络，需要利用电话线路进入电信部门的 X.25 分组交换网或 DDN 数字数据网，再连入其他网络时，必须加入调制解调器。

6.2　局域网

6.2.1　局域网技术概述

局域网技术产生于 20 世纪 70 年代，微型计算机的发明和迅速流行、计算机应用的普及与提高、计算机网络应用的不断深入与扩大，以及人们对信息交流、资源共享和高带宽的迫切需求都直接推动着局域网技术的发展。20 世纪 90 年代以后，快速局域网交换技术是局域网技术的发展，它使局域网的应用进入一个崭新的阶段，而 20 世纪末的千兆位以太网和 21 世纪初的万兆位以太网的出现进一步推动了局域网技术的应用范围，使其从小型局域网扩展到大型园区网，甚至城域网和广域网。

迄今为止，出现过的主要局域网技术有：以太网（ethernet）、令牌环网（token-ring）、光纤分布式数据接口（FDDI）和异步传输模式（ATM）等。目前，以太网在局域网市场淘汰了其他的局域网技术。近年来，无线局域网技术发展迅速，应用也越来越广泛。因此，现在应用于局域网的技术就是两种技术：以太网和无线局域网。

6.2.2 以太网

现在流行的以太网技术都遵循美国电气与电子工程师协会 IEEE（institute of electrical and electronic engineers）制定的 802.3 系列标准，表 6-1 列举了主要的以太网标准。

传统的以太网是一种总线型的网络，即连接在网络上的计算机共享同一个公共信道。在同一时刻，只能有一台计算机使用信道发送数据，如果有两个以上的计算机发送数据则会发生冲突，导致数据错误。为了解决信道争用的问题，以太网使用了一种带有冲突检测的载波侦听多路访问（carrier sense multiple access collision detect, CSMA/CD）协议。当某一台计算机要发送数据时，首先要侦听信道上有没有其他计算机正在发送数据，如果没有，则立即抢占信道发送数据；如果侦听到信道正忙，则需要等待一段时间，直至信道空闲时再发送数据。为了解决两台计算机同时侦听到信道空闲而发送数据产生冲突的问题，计算机在发送数据的同时进行冲突检测，一旦发现冲突则立即停止发送，并等待冲突平息以后，再执行 CSMA/CD 协议，直至将数据成功的发送出去。

表 6-1　**主要的以太网标准**

以太网标准	IEEE 编号	使用的通信介质	速度（Mbps）
10BASE5	IEEE 802.3	粗同轴电缆	10
10BASE2	IEEE 802.3a	细同轴电缆	10
10BASE-T	IEEE 802.3i	双绞线	10
快速以太网	IEEE 802.3u	双绞线、光纤	100
千兆以太网	IEEE 802.3z	双绞线、光纤	1000
万兆以太网	IEEE 802.3ae	光纤	10000

最初的以太网标准能够通过同轴电缆总线型拓扑结构以 10Mbps 的速度传输数据。现在，以太网包括一系列标准，它们可以通过按总线型或星型拓扑结构分布的电缆提供多种数据传输速度。在表 6-1 列举的以太网标准中，快速以太网是现今最流行的中小局域网组网方式，在家庭或小型企业网络中较为常见。千兆以太网正随着设备价格的下降变得越来越流行。

6.2.3 无线局域网

无线局域网（Wireless LAN，WLAN）使得用户摆脱了传输线缆的束缚，不仅省去了布线的麻烦，而且可以实现移动办公。

无线局域网主要使用三种传输技术：无线电信号、微波和红外线。

① 多数无线网络可以通过射频信号传输数据。射频信号（通常叫做无线电波）是由带有天线的无线电收发器发送和接收的。计算机、外设和网络设备都能装上无线电收发器，从

而能发送和接收无线网络上的数据。

② 微波是通过无线网络进行数据传输的另一种选择。像无线电波那样，微波也是电磁信号，但它们的表现不同。微波可以精确地指向一个方向，并且与无线电波相比有更大的传输容量。但微波不能穿透金属物体。因此，在发射机和接收器之间没有障碍时，微薄的传输效果是最好的。

③ 现在多数人已经习惯在看电视时用发射红外线光束的遥控器来换频道。红外线其实也能传输数据信号，但只能在较短距离内进行传输，并且从发射机到接收器的路线上不能有障碍。

蓝牙是一种小范围的无线网络技术，用来在电子设备之间建立连接。蓝牙网络会在两个或多个蓝牙设备进入网络覆盖范围后自动形成。蓝牙的传输速率峰值是 1Mbps（1.2 版）或 3Mbps（2.0 版+增强数据传输速率），覆盖范围为 1~91m。

Wi-Fi 是指一组在 IEEE 802.11 标准中定义的无线局域网技术，这些标准与以太网兼容。Wi-Fi 网络可以像无线电波一样传输数据。当人们提到无线网络时通常指的是 Wi-Fi。Wi-Fi 包括很多标准，其中一些标准是交叉兼容的，也就是说，在同一个无线网络中可以使用不同的标准。表 6-2 列出了几种常见的 Wi-Fi 标准。

表 6-2　常见的 Wi-Fi 标准

IEEE 编号	工作频率（Hz）	速度（Mbps）	兼容性
IEEE 802.11b	2.4	11	原始标准
IEEE 802.11a	5	54	与 802.11b、g 和 n 都不兼容
IEEE 802.11g	2.4/5	54	与 802.11b 兼容
IEEE 802.11n	2.4/5	200	与 802.11b 和 g 兼容

需要说明的是，因为无线信号很容易衰减，在典型的办公室环境中，Wi-Fi 的覆盖范围为 8~25m。厚水泥墙、钢梁和其他的环境障碍物都能阻挡信号的传输。Wi-Fi 信号还会因为同频率的电子设备（无绳电话）产生干扰而中断。此外，虽然 IEEE 802.11n 可以达到 200Mbps 的速度，但是在实际应用中，它的速度也不可能比得上快速以太网（100Mbps）。

6.2.4　局域网组网之硬件架构

从本节开始，将以组建 Windows 局域网为例，介绍基本的局域网组网技术和典型应用。

1. 局域网工作模式

构建 Windows 局域网，首先要确定网络的工作模式。通常有两种网络工作模式：对等模式和客户机/服务器模式。

在对等网络中，不需要使用专门的服务器，各站点间保持松散的平等关系，每个站点既是网络服务的提供者，又是网络服务的获取者。对等网具有组网容易、成本低廉、易于维护等特点，适合组建计算机数量较少、分布较集中、计算机性能要求不高的工作环境。对等模式在 Windows 中称为工作组（Workgroup）模式。

客户机/服务器网络是一种基于服务器的网络，服务器担任中央控制站的角色，负责存储和提供共享的文件、数据库或应用程序等资源，其他用户的计算机则称为客户机，客户机通过网络向服务器申请资源共享服务。与对等网络相比，客户机/服务器网络提供了更好的运行性能，提高了系统的可靠性，但实现起来比对等网络要复杂，代价较高。客户机/服务器模式在 Windows 中称为域（domain）模式。

小型局域网主要应用于共享数据、打印机等硬、软件资源，并使为数不多的用户能够相互通信，对等模式就可以很好地满足这些需求，因此以下只介绍对等模式局域网的组建。

2. 硬件架构

（1）双机互连

如果只有两台机器希望互相通信并共享彼此的资源而组建网络，最常见的硬件架构只需两台机器配置相同速度的网卡，然后将一根网线（双绞线）两端的 RJ-45 插头分别接入两台机器的网卡即可。唯一需要注意的是，此时的网线要选用交叉线，即网线两端的 RJ45 插头应分别选用 T568A 和 T568B 标准。

（2）多机互连

如果有三台及以上的计算机需要接入网络，除了每台机器上配置网卡外，还需要添加额外的网络设备：集线器或交换机。因为交换机是“独占”工作方式，比集线器的“共享”工作方式性能更好，因此在局域网里通常选用交换机作为连接计算机的网络设备。采用交换机构建的是星型以太网，这种结构的网络易于扩充，而且如果一台机器出现故障，其他机器之间仍然可以互相通信。

用交换机来组建小型星型局域网的硬件架构也很简单，每台机器安装好网卡后，分别通过一根直连网线的一端接入网卡，另一端接入交换机的一个端口，这里直连网线是指网线的两端遵循相同的标准，通常都为 T568B。接通交换机的电源，如果网卡和交换机相应端口的指示灯都指示为正常工作，则表示已成功构建多机互连的局域网络，如图 6-5 所示。

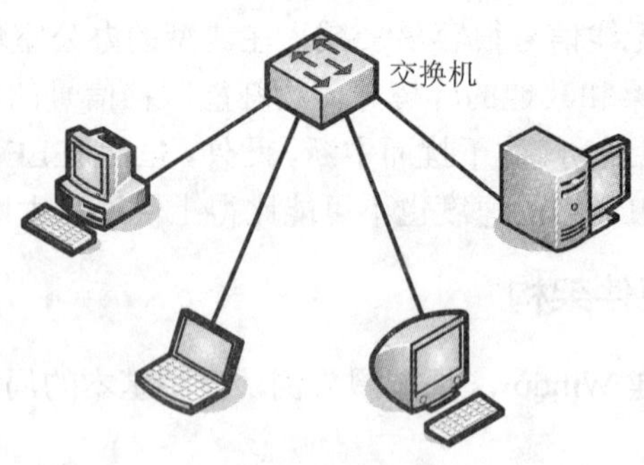

图 6-5　有线星型局域网物理架构

（3）无线互连

上述无论是双机互连还是多机互连，都是通过有线介质进行连接的。实际中，也可以通过无线介质来构建局域网。利用无线介质构建局域网，当网络内的机器较少时，只要每台机器配置无线网卡，在一定的距离内就可以进行相互通信，这种模式称为 Ad hoc 模式。

如果无线网络上需连接的机器较多，或是想将无线网络和有线网络连接起来，则需要通过无线访问点 AP（access point）来架构无线局域网，如图 6-6 所示。

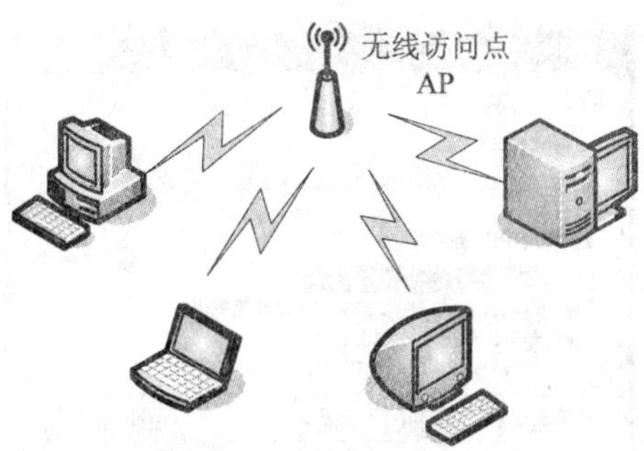

图 6-6　无线局域网物理架构

在无线访问点 AP 覆盖范围内的无线工作站可以通过它进行相互通信。在无线网络中，无线访问点 AP 相当于有线网络的集线器，它能够把各个无线客户端通过无线网卡连接起来。同时无线访问点 AP 还能够通过网络设备与有线网络相连，从而扩大网络范围和规模，如图 6-7 所示。

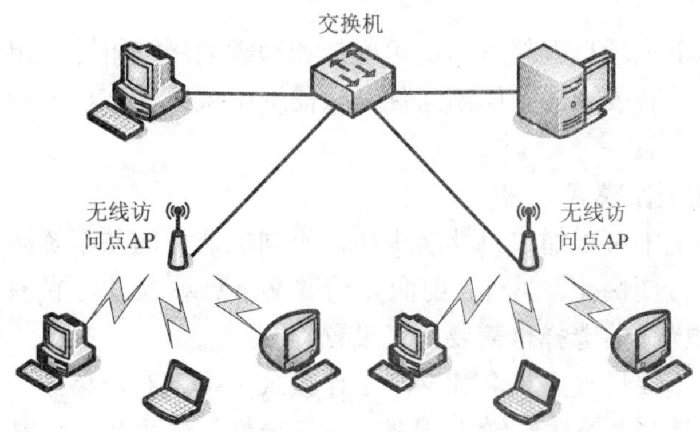

图 6-7　更大范围的无线局域网

6.2.5　局域网组网之软件设置

利用网络设备和相关硬件架构好局域网后，还需要进行相应的软件设置，才能实现多台机器应用程序间的通信和资源共享。

1. 安装协议及相关服务

如果想与其他 Windows 主机进行资源互访，通常需要机器上安装有“Microsoft 网络客户端”、“Microsoft 网络的文件和打印机共享”以及“Internet 协议（TCP/IP）”组件。

“Microsoft 网络客户端”允许本机访问 Microsoft 网络上的其他资源；“Microsoft 网络的文件和打印机共享”可以让其他计算机通过 Microsoft 网络访问本机上的资源；“Internet 协议（TCP/IP）”则是 Windows 默认的广域网协议，它能够提供跨越多种互联网络的通信。

Windows XP 操作系统默认条件下，以上三个组件均已安装，如果被意外删除，可通过以下方法添加。右击桌面上“网上邻居”图标，在出现的快捷菜单中选择“属性”，打开“网络连接”窗口。在“网络连接”窗口中选择网卡所在“本地连接”，右击“本地连接”图标，选择“属性”，打开如图 6-8 所示的“本地连接属性”窗口。

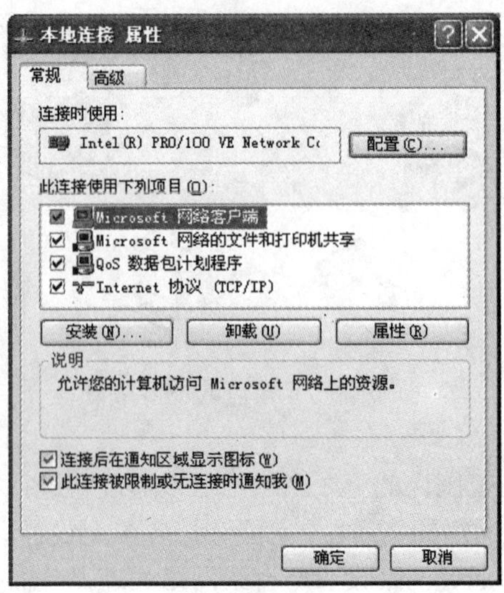

图 6-8　“本地连接属性”对话框

在“此连接使用下列项目”栏下列出可安装和卸载的网络组件，组件前复选框被选中的表示该项已安装。要安装或卸载某网络组件，只需选中该组件，点击列表下方的“安装”或“卸载”按钮即可。

2. 设置主机名和工作模式

Windows 操作系统中可以通过机器名来访问不同机器上的共享资源，设置合适的主机名，可以使网络共享更加方便快捷。另外，前面介绍过 Windows 提供了两种网络工作模式：工作组和域模式，这两种模式的选择也需要人工设置。

在 Windows XP 下要设置主机名和网络工作模式，可以右击桌面上“我的电脑”图标，在出现的快捷菜单中选择“属性”，在打开的“系统属性”对话框中选中“计算机名”选项卡，就可以看到系统原来的主机名以及工作模式。要更改主机名或工作模式，可点击“更改”按钮，打开如图 6-9 所示“计算机名称更改”对话框。

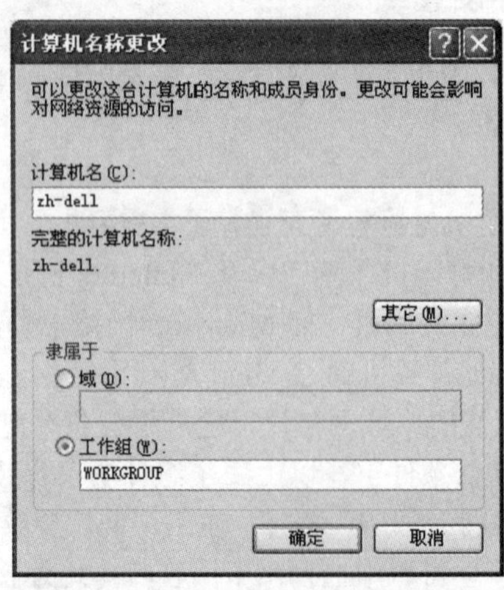

图 6-9　“计算机名称更改”对话框

在“计算机名”栏里填入更改后的机器名，如“mypc-1”，在“隶属于”栏里选择“域”工作模式或“工作组”模式，并填上相应的名称，如“GROUP1”，点击“确定”按钮，即可完成主机名和工作模式的设置。注意在同一个工作组里不能有两台计算机名完全相同的主机。

3. 设置 IP 地址

如果要通过 TCP/IP 协议进行主机之间的通信，则需要为每台主机配置合适的 IP 地址。IP 地址同计算机名一样，在同一个局域网里也不能重复。在同一个局域网里配置的 IP 地址还要求其网络地址相同，可通过子网掩码屏蔽主机地址的区别来实现，相关内容可参照 6.2.2 节有关子网掩码知识。

在 Windows XP 中配置 IP 地址，可按照前面介绍的方法打开图 6-8 所示“本地连接属性”对话框，在列表框中选中“Internet 协议（TCP/IP）”，双击或点击“属性”按钮，即可打开如图 6-10 所示“Internet 协议（TCP/IP）属性”对话框。

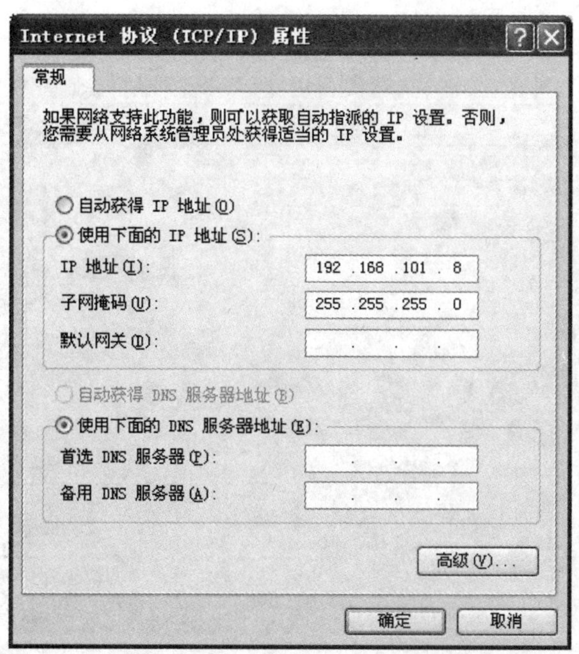

图 6-10 “Internet 协议（TCP/IP）属性”对话框

在图 6-10 所示对话框中选中“使用下面的 IP 地址”单选框，在下面的“IP 地址”栏中输入 IP 地址，如“192.168.101.8”，在“子网掩码”栏中输入子网掩码，如“255.255.255.0”。根据子网掩码的定义，可知该局域网中的其他主机 IP 均应设置为“192.168.101.X”模式，其中 X 代表 1~254 之间任意不重复的整数，而子网掩码则都设置为“255.255.255.0”，这样就可以使该局域网中的主机具有不同的 IP 地址和相同的网络地址。

如果局域网里有 DHCP 服务器，可以为其他机器提供动态分配 IP 地址的服务，则其他机器都只需在图 6-10 中选中“自动获得 IP 地址”即可，这样就省去为每台机器手工配置静态 IP 地址的麻烦。

6.2.6 局域网组网之网络测试

在架构好局域网的硬件设施，并对相关软件进行设置后，可以通过 Windows 操作系统提供的一些网络测试命令来检测网络连接的正确性。

1. ipconfig 命令

ipconfig 用来显示所有当前的 TCP/IP 网络配置值、刷新动态主机配置协议（DHCP）和域名系统 （DNS）的设置。使用不带参数的 ipconfig 可以显示所有网络适配器的 IP 地址、子网掩码、默认网关。ipconfig /all 则显示所有网络适配器完整的 TCP/IP 配置信息。

在 Windows XP 的 cmd 命令窗口中输入 ipconfig /all 就可以看到如图 6-11 所示信息。在局域网连接中，只需注意以下信息是否正确即可。

Host Name：主机名；

Physical Address：网卡的物理地址；

IP Address：IP 地址；

Subnet Mask：子网掩码。

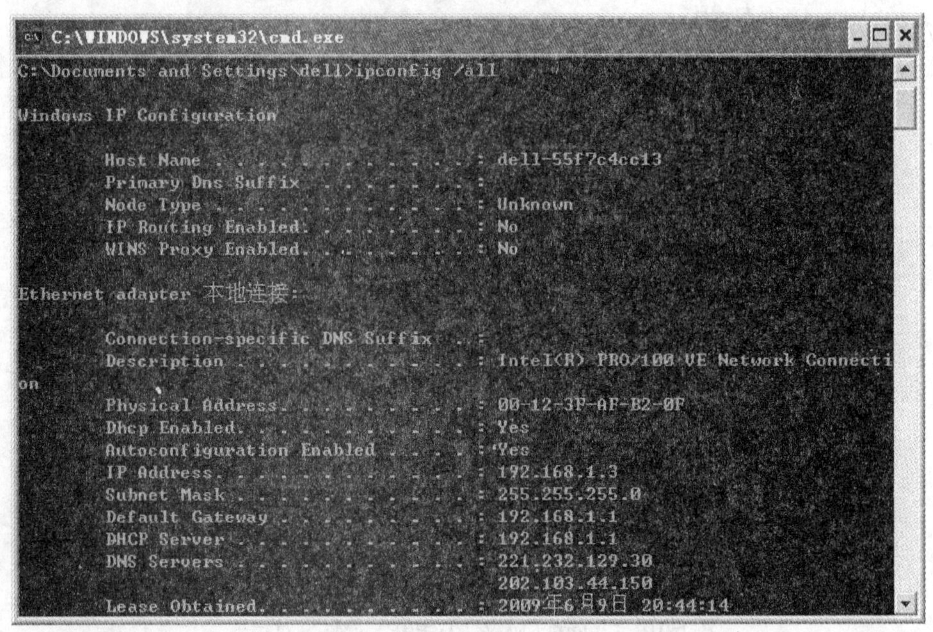

图 6-11 TCP/IP 网络配置信息

如果局域网里的机器配置的是静态 IP，上述与 IP 相关的信息可以从图 6-10 中的“Internet 协议（TCP/IP）属性”对话框中查看到，但是如果是通过“自动获得 IP 地址”而配置的动态 IP，则需要使用 ipconfig 命令才可看到本机当前分配到的 IP 地址。

2. ping 命令

ping是最常用的检测网络连通性的命令，用于确定本地主机是否能与另一台主机交换（发送与接收）数据，根据返回的信息，用户可以推断TCP/IP参数是否设置正确以及运行是否正常。

ping 命令的基本格式为：ping 目标名，其中目标名可以是 Windows 主机名、IP 地址或域名地址。如果 ping 命令收到目标主机的应答，如图 6-12 中“ping 192.168.1.2”命令结果，则表示本机与目的主机已连通，可以进行数据交换；如果 ping 命令的显示结果为“Request timed out”，则表示目的主机不可达。不过，因为 ping 命令采用的是 ICMP 报文进行测试，如果对方装有防火墙，过滤掉 ICMP 报文，则 ping 命令无法收到正确的应答信息，而造成不可达的假象。

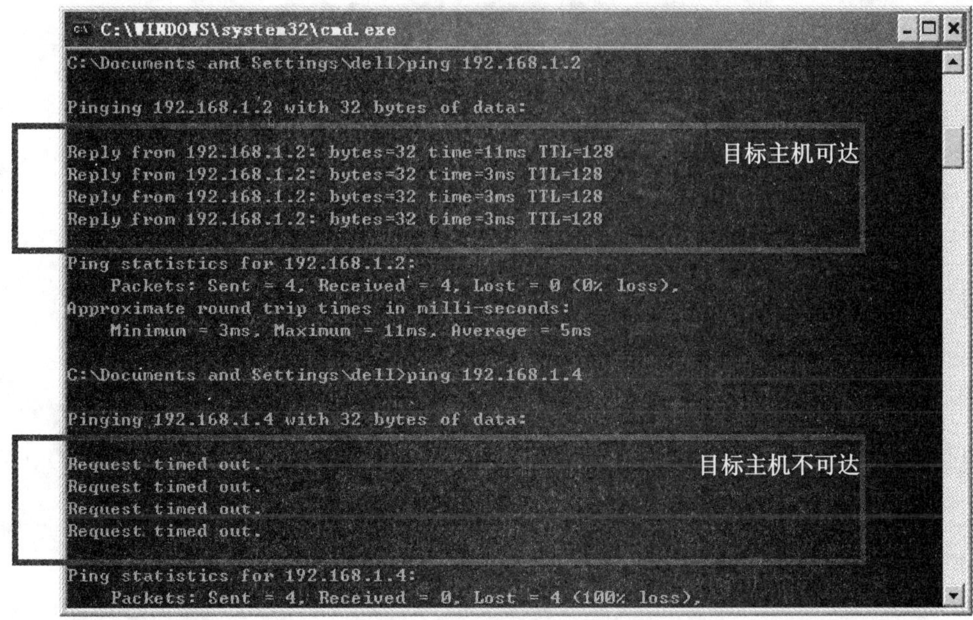

图 6-12　ping 命令运行结果

在局域网里，通常按以下顺序使用 ping 命令来测试网络的连通性。

（1）ping 127.0.0.1 环回地址

这个 ping 命令被送到本地计算机的 IP 软件，如果 ping 不通，就表示 TCP/IP 协议的安装或运行存在某些最基本的问题。

（2）ping 本地 IP 地址

ping 本地 IP 地址可以检测本地网卡及本地 IP 地址配置的正确性，用户计算机始终都应该对该 ping 命令作出应答。如果 ping 不通，则表示本地配置或安装存在问题。出现此问题时，局域网用户可先断开网络电缆，然后重新发送该命令。如果网线断开后本命令正确，则表示局域网内另一台计算机可能配置了相同的 IP 地址。

（3）ping 局域网内其他 IP 地址

该 ping 命令从用户计算机发出，经过网卡及网络电缆到达其他计算机，再返回。收到应答，表明本地网络 IP 地址和子网掩码配置正确，目标主机可达。

6.2.7　局域网的典型应用

一旦局域网中的主机可以正常通信，就可以设置网络共享，来实现整个局域网内部的资源共享。在局域网中可以实现软、硬件资源共享，常见功能是共享文件和打印机。

1. 设置共享

要让网络中的计算机彼此共享资源，首先需要网络上的机器将资源共享出来，供其他计算机使用。

（1）设置共享文件夹

在 Windows XP“我的电脑”或“资源管理器”中，找到要共享文件夹的位置，右击该文件夹图标，在出现的快捷菜单中选择“共享和安全”，打开如图 6-13 所示对话框。

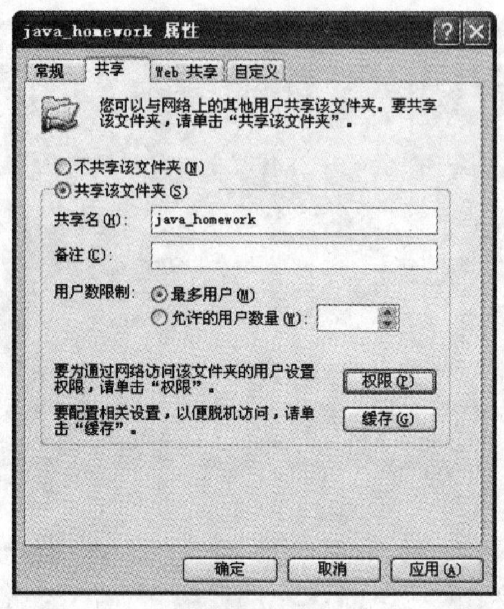

图 6-13　设置文件夹共享

在图 6-13 对话框中选中“共享该文件夹”单选框，并在“共享名”栏中填入共享名，共享名可以与共享文件夹名不同，其他用户在网络上看到该共享资源的是共享名。还可在“用户数限制”栏中设置允许同时访问该共享资源的机器数。

另外，默认情况下网络中的其他主机可以使用本机的任意账户对共享文件夹进行读取和更改。如果希望只有部分有权限的账户可以访问该资源，并且只能读取该共享资源，则点击“权限”按钮，打开如图 6-14 所示的对话框。

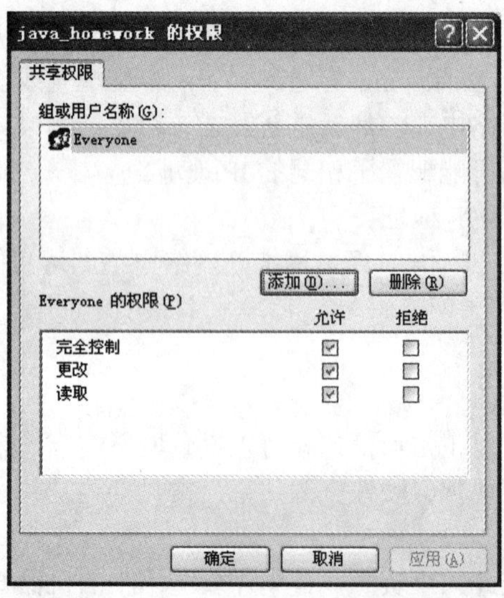

图 6-14　设置共享文件夹权限

在对话框的“组或用户名称”栏里，通过下方的“添加”和“删除”按钮，将希望访问该资源的用户或组加入其中。对于每一个用户或组，都可以通过下方的“完全控制”、“更改”和“读取”权限复选框进行选择。要赋予某用户或组相应权限，只需选中其后的“允许”复选框，反之选中“拒绝”复选框。

（2）设置共享打印机

在局域网中通过共享打印机，可以使得多个用户共同使用一台打印机资源。共享打印机的过程与共享文件夹类似。

在安装有本地打印机的机器的 Windows XP 操作系统上，选择“开始”|“打印机和传真”，找到要共享的打印机图标，右击该图标，在出现的快捷菜单中选择“共享”，在打开的对话框中选中“共享这台打印机”，并在“共享名”栏中填入相应的共享名称，即可将该打印机共享给网络中的其他用户使用。

2. 使用共享

只要局域网内有主机将资源共享出来，其他主机就可以通过该资源所赋予的账户连接到此主机，使用共享资源。

（1）使用共享文件

明确共享文件所存放的位置后，可以先在 Windows XP 的“网上邻居”中找到该资源所在的主机，双击该主机图标进行连接，根据其中的共享名找到共享文件夹；或者通过单击开始菜单中“运行…”打开的“运行”对话框中（也可以在“我的电脑”或 IE 的地址栏中）输入“\\主机名\共享名”，也可以获得相同的结果。如果提供共享资源的用户没有开放“Guest”账户，则连接时还需输入用户名和密码。

一旦进入共享文件夹，就可以像使用本地资源一样，对共享资源进行打开、复制、修改、删除等操作，当然前提是共享资源提供者对上述操作赋予了“允许”权限。

（2）使用共享打印机

使用共享打印机前，需要先安装远程打印机。选择“开始”|“打印机和传真”，在打开的“打印机和传真”窗口中点击“添加打印机”，系统将出现添加打印机向导。在向导中首先选择打印机为“网络打印机”，或“连接到另一台计算机的打印机”，在接下来如图 6-15 所示

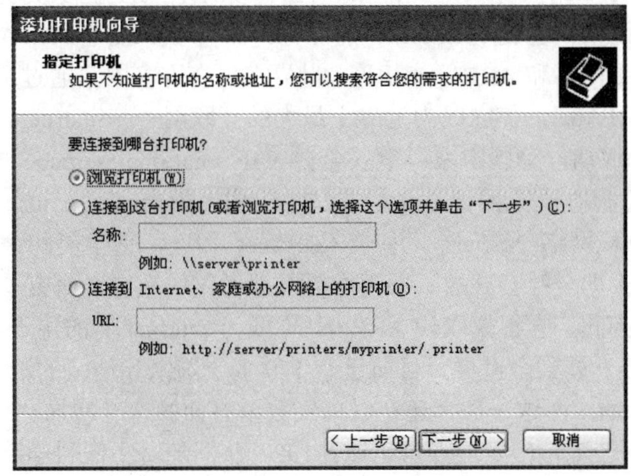

图 6-15　指定网络打印机位置

的“指定打印机”对话框中，通过该网络打印机的名称或URL，确定其位置，如果不知道网络打印机的上述信息，可以选择“浏览打印机”，系统会自动在局域网内搜索共享的打印机供用户选择。

选好要使用的共享打印机后，只需再选择是否将其设置为默认，打印机即可完成网络打印机的安装。

安装好网络打印机后，就可以像使用本地打印机一样使用该共享打印机。只要在需要实行打印的应用程序中（如Word、IE等），将共享打印机设为当前打印机就可以了。如果刚才安装时将共享打印机设置为了默认打印机，则不需额外选择，该打印机就是各应用程序的当前打印机。

3. 取消共享

如果想取消已共享的网络资源，可以直接右击共享资源，按照设置共享时的相同方法打开共享设置对话框，选中“不共享该文件夹”或“不共享这台打印机”即可。

6.3 Internet

6.3.1 Internet的发展

Internet是一个全球性开放网络，也称为国际互联网或因特网。它将位于世界各地成千上万的计算机相互连接在一起，形成一个可以相互通信的计算机网络系统，网络上的所有用户既可共享网上丰富的信息资源，也可把自己的资源发送到网上。利用Internet可以搜索、获取或阅读存储在全球计算机中的数百万文档资料；同世界各国不同种族、不同肤色、不同语言的人们畅谈家事、国事、天下事；下载最新应用软件、游戏软件；发布产品信息，进行市场调查，实现网上购物，Internet正把世界不断缩小，使用户足不出户，便可行空万里。

Internet产生于20世纪70年代后期，是美国和前苏联冷战的结果。当时，美国国防部高级计划研究署（DARPA）为了防止前苏联的核武器攻击唯一的军事指挥中枢，造成军事指挥瘫痪，导致不堪设想的后果，于1969年研究并建立了世界上最早的计算机网络之一——ARPAnet（advanced research project agency network）。ARPANET初步实现了各自独立计算机之间数据相互传输和通信，它就是Internet的前身。80年代，随着ARPAnet规模不断扩大，不仅在美国国内有很多网络和ARPAnet相连，世界上也有许多国家通过远程通信，将本地的计算机和网络接入ARPAnet，使它成为世界上最大的互联网——Internet。

由于ARPAnet的成功，美国国家科学基金会NSF（national science foundation）于1986年建立了基于传输控制协议／网际协议，即TCP／IP（transfer control protocol / internet protocol）协议的计算机网络NSFnet，并与ARPAnet相连，使全美的主要科研机构都连入NSFnet，它使Internet向全社会开放，不再像以前那样仅供教育、研究单位、政府职员及政府项目承包商使用，因此，它很快取代ARPANET成为Internet新的主干。

现在Internet已经发展到全世界，目前已有170多个国家和地区的近10万以上的网络、近8亿用户连入Internet，而这一数字还在以每天数以万计的速度增加。

Internet进入我国较晚，但发展异常迅速。1987年，随着中国科学院高能物理研究所通过日本同行连入Internet，国际互联网才悄悄步入中国。但当时仅仅是极少数人使用了极其简

单的功能，如E-mail，而且中国也没有申请自己的域名，直到1994年5月，中国国家计算机和网络设施委员会NSFC（national computing and networking facility of China）代表我国正式加入Internet，建立了中国域名DNS（domain name sever），Internet才在我国开始了不可阻挡的迅猛发展。

目前，我国已经建成了几个全国范围的网络，用户可以选择加入其中之一而连入Internet。影响较大的网络有：

（1）中国公众计算机网络（CHINANET）

（2）中国教育与科研网（CERNET）

（3）中国科技网（CSTNET）

（4）金桥网（CHINAGBN）

6.3.2 IP地址

Internet将全世界的计算机连成一个整体，当然这些计算机并不是直接与Internet相接，而是通过本地局域网接入。Internet将现有的局域网根据一定的标准连接起来，各个局域网之间可以进行信息交流，从而把整个世界联系在一起。

网络数据传输是根据协议进行的，不同的局域网可能有不同的协议，但要使它们在Internet上进行通信，就必须遵从统一的协议，这就是TCP/IP协议。该协议中要求网上的每台计算机拥有自己唯一的标志，这个标志就称为IP地址。

1. IPv4

目前Internet上使用的IP地址是第4版本，称为IPv4，它由32位（bit）二进制组成，每8位为一组分为四组，每一组用0~255间的十进制表示，组与组之间以圆点分隔，如：202.103.0.68。IP地址标明了网络上某一计算机的位置，类似城市住房的门牌号码，所以在同一个遵守TCP/IP协议网络中，不应出现两个相同的IP地址，否则将导致混乱，因此IP地址不是随意分配的，在需要IP地址时，用户必须向网络中心NIC提出申请。

IP地址根据网络的不同规模，划分成A、B、C、D、E五类地址，我们以最常用的A、B、C三类地址为例，来看看这些地址是如何构成的。

（1）A类地址

A类地址中第一个8位组最高位始终为0，其余7位表示网络地址，共可表示128个网络，但有效网络数为126个，因为其中全0表示本地网络，全1保留作为诊断用。其余3个8位组代表连入网络的主机地址，每个网络最多可连入16 777 214台主机。A类地址一般分配给具有大量主机的网络使用。

（2）B类地址

B类地址第一个8位组前两位始终为10，剩下的6位和第二个8位组，共14位二进制表示网络地址，其余位数共16位表示主机地址。因此B类有效网络数为16 382，每个网络有效主机数为65 534，这类地址一般分配给中等规模主机数的网络。

（3）C类地址

C类地址第一个8位组前三位始终为110，剩下的5位和第二、三个8位组，共21位二进制表示网络地址，第四个8位组共8位表示不同的主机地址。因此C类有效网络数为2 097 150，每个网络有效主机数为254。C类地址一般分配给小型的局域网使用。

A、B、C类IP地址结构如图6-16所示。

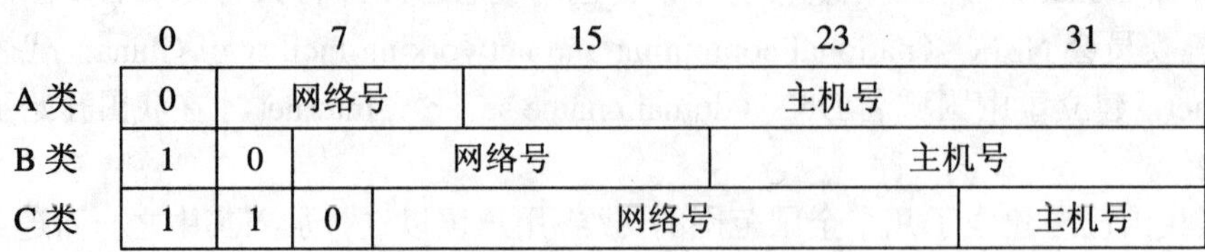

图 6-16 A、B、C 类 IP 地址结构

（4）D、E 类地址

IP 地址中还有 D 类和 E 类地址，D 类是组播（multicast）地址，E 类是试验（experimental）地址。这两类地址没有前三类地址常用，因此不作过多介绍。

（5）子网掩码

另外还有一个概念与 IP 地址密切相关，那就是子网掩码。子网掩码也是一个 32 位的数，它用来区分网络地址和主机地址。例如，如果用户获得了一个 210.109.4.1 的 IP 地址，而其子网掩码是 255.255.255.0，那么表示 IP 地址中的 210.109.4 是网络地址，而 1 是网络上主机的地址。

2. IPv6

前面已经介绍现有的 Internet 是建立在 IPv4 协议基础上的。IPv6 是下一版本的互联网协议，它的提出最初是因为随着互联网的迅速发展，IPv4 定义的有限地址空间将被耗尽，地址空间的不足必将影响互联网的进一步发展。IPv4 采用 32 位地址长度，只有大约 43 亿个地址，估计在 2005—2010 年间将被分配完毕，而 IPv6 采用 128 位地址长度，几乎可以不受限制地提供地址。按保守方法估算 IPv6 实际可分配的地址，整个地球每平方米面积上可分配 1000 多个地址。

在 IPv6 的设计过程中除了一劳永逸地解决地址短缺问题以外，还考虑了在 IPv4 中解决不好的其他问题。IPv6 的主要优势体现在以下几方面：扩大地址空间，提高网络的整体吞吐量，改善服务质量（QoS），安全性有更好的保证，支持即插即用和移动性，更好实现多播功能。

6.3.3 域名地址

IP 地址由 32 位数字来表示主机的地址，但是如果分布在网络上的成千上万计算机都用像 202.103.0.68 这样的数字来识别，显得既生硬又难以记忆。TCP/IP 协议还提供了另一种方便易记的地址方式：域名地址，即用一组英文简写来代替难记的数字。如清华大学 WWW 服务器的 IP 地址为 211.151.91.165，相对应的域名地址为：www.tsinghua.edu.cn，其中包含了清华大学的英文名称。Internet 通过域名服务器 DNS（domain name server），将域名地址解析成 IP 地址，而用户只需记住这些域名地址就可以了。

每个域名地址包含几个层次，每部分称为域，并用圆点隔开，除在美国注册的域名和一些特殊机构以外，其他国家和地区均使用如下规则：

第一层表示国家或地区代码，如：cn 对应中国，hk 对应中国香港地区，fr 对应法国等；

第二层表示组织机构，如：com 对应商业组织，edu 对应教育机构，gov 对应政府部门等；

下层域名一般由其上层域名的管理者分配和定义，例如微软公司向.com管理机构申请了域名“microsoft.com”，该域名的下层域名地址管理由微软公司自己负责。例如微软公司可在DNS服务器中为WWW服务创建域名www.microsoft.com，为FTP服务创建域名ftp.microsoft.com，等等。

域名由申请域名的组织机构选择，然后再向Internet网络信息中心（Internet NIC）登记注册。当然现在有很多Internet网络信息中心的代理机构，也可受理域名申请。因为域名地址也是唯一的，所以尽早注册域名，可以保证域名更有意义。

6.4　接入Internet

6.4.1　拨号接入

拨号接入是个人用户接入Internet最早使用的方式之一，也是目前为止我国个人用户接入Internet使用最广泛的方式之一。拨号接入Internet是利用电话网建立本地计算机和ISP（Internet服务供应商）之间的连接。这种情况一般出现在不能直接接入Internet某个子网的情况，例如在家中使用电脑访问Internet。拨号接入主要分为电话拨号、ISDN和ADSL三种方式

1. 电话拨号接入

电话拨号接入方式在Internet早期非常流行，因为这种接入方式非常简单，只要具备一条能拨通ISP特服电话（如169,263等）的电话线、一台计算机、一台外置调制解调器（modem）或Modem卡，并且在ISP处办理了必要的申请手续后，就可以上网了，如图6-17所示。

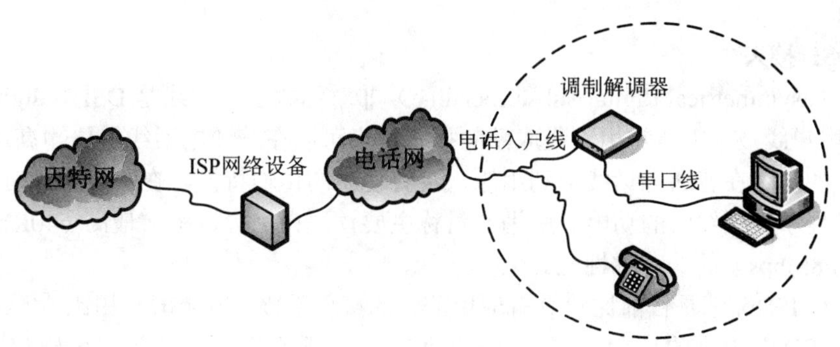

图6-17　电话拨号接入

电话拨号方式致命的缺点在于它的接入速度很慢，由于线路的限制，它的最高接入速度只能达到56Kbps。另外，当电话线路被用来上网时，就不能使用电话进行通话，用户常常感觉很不方便。因此，现在已经很少有人再选用这种方式接入Internet，在此也不作过多介绍。

2. ISDN接入

ISDN综合业务数字网（integrated service digital network）是一种能够同时提供多种服务的综合性的公用电信网络。

ISDN 由公用电话网发展起来，为解决电话网速度慢、提供服务单一的缺点，其基础结构是为提供综合的语音、数据、视频、图像及其他应用和服务而设计的。与普通电话网相比，ISDN 在交换机用户接口板和用户终端一侧都有相应的改进，而对网络的用户线来说，两者是完全兼容的，无须修改，从而使普通电话升级接入 ISDN 网所要付出的代价较低。ISDN 所提供的拨号上网的速度可高达 128Kbps，能快速下载一些需要通过宽带传输的文件和 Web 网页，使 Internet 的互动性能得到更好的发挥。另外，ISDN 可以同时提供上网和电话通话的功能，解决了电话拨号所带来的不便。

使用标准 ISDN 终端的用户需要电话线、网络终端（如 NT1）、各类业务的专用终端（如数字话机）三种设备。使用非标准 ISDN 终端的用户需要电话线、终端适配器（TA）或 ISDN 适配卡、网络终端、通用终端（如普通话机）四种设备。一般的家庭用户使用的都是非标准 ISDN 终端，即在原有的设备上再添加网络终端和适配器或 ISDN 适配卡就可以实现上网功能，如图 6-18 所示。

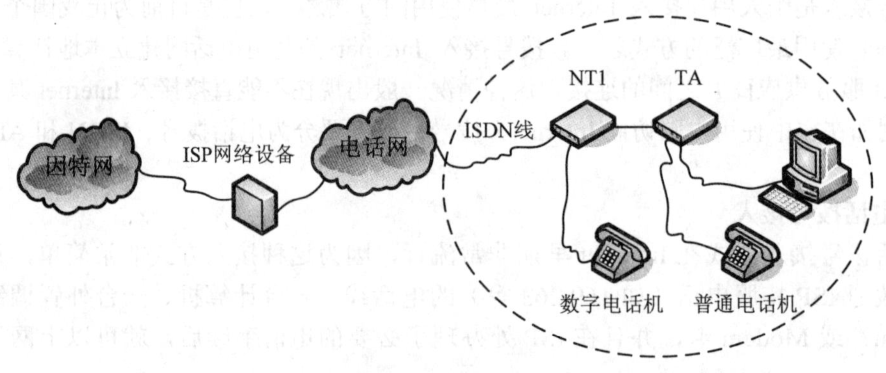

图 6-18　ISDN 接入

3. ADSL 接入

ADSL（asymmetrical digital subscriber line）非对称数字用户线是 DSL（digital subscribe line）数字用户线技术中最常用、最成熟的技术。它可以在普通电话线上传输高速数字信号，通过采用新的技术在普通电话线上利用原来没有使用的传输特性，在不影响原有语音信号的基础上，扩展了电话线路的功能。所谓非对称主要体现在上行速率（最高 640Kbps）和下行速率（最高 8Mbps）的非对称性上。

ADSL 与 ISDN 都是目前比较具有应用前景的接入手段。与 ISDN 相比， ADSL 的速率要高得多。ISDN 提供的是 2B＋D 的数据通道，其速率最高可达到 2×64Kbps+16Kbps=144Kbps，接入网络是窄带的 ISDN 交换网络。而 ADSL 的下行速率可达 8Mbps，它的话音部分占用的是传统的 PSTN 网，而数据部分则接入宽带 ATM 平台。由于上网与打电话是分离的，所以用户上网时不占用电话信号，只需交纳网费而不需付电话费。

通过 ADSL 接入 Internet，只需在原有的计算机上加载一个以太网卡以及一个 ADSL 调制解调器即可。具体操作是：将网卡安装并设置好，然后用双绞线连接网卡和 ADSL 调制解调器的 RJ-45 端口，ADSL 调制解调器的 RJ-11 端口（即电话线插口）连接电话线。为了不影响用户拨打电话，在电话线上应该接一个分频器，如图 6-19 所示。

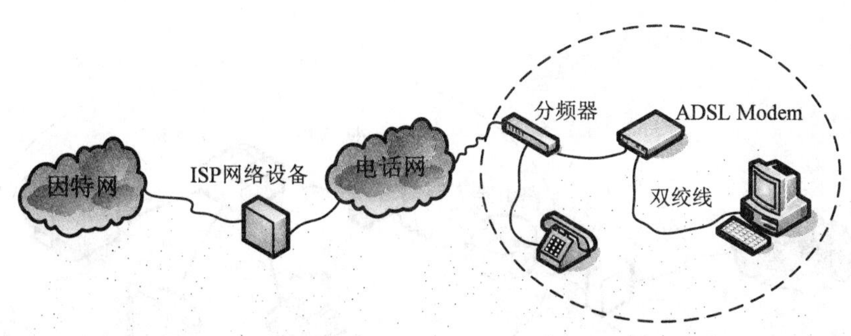

图 6-19 ADSL 接入

在配置好 ADSL 硬件连接后，还需要进行一些软件设置。如果所用的 ADSL 调制解调器具有自动拨号功能，则接通 ADSL 调制解调器电源后会进行自动拨号，一旦拨号成功，就可以直接上网。如果 ADSL 不具备自动拨号功能，则还需要安装 PPPoE（point-to-point protocol over ethernet，以太网上的点对点协议）虚拟拨号软件，如 EnterNet、RasPPPoE 等。

另外，如果有多台机器要共享一个 ADSL 连接上网，可先将多台机器通过集线器或交换机连接成一个局域网，再通过将 ADSL 调制解调器设置为路由模式或在局域网内设置代理服务器的方法实现多机共享上网的功能。

6.4.2 局域网接入

如果用户所在的单位或者社区已经架构了局域网并与 Internet 相连接，则用户可以通过该局域网接入 Internet。例如高校校园网的用户可以通过接入校园内部局域网，而达到上网的目的。

使用局域网接入 Internet，由于全部利用数字线路传输，不再受传统电话网带宽的限制，因此可以达到十兆甚至上百兆的桌面接入速度，比拨号接入速度要快得多，高速度正在成为使用局域网接入的最大优势。

但是局域网不像电话那样普及到人们生活的各个角落，局域网接入 Internet 受到用户所在单位或社区规划的制约。如果用户所在的地方没有架构局域网，或者架构的局域网没有和 Internet 相连而仅仅是一个内部网络，那么用户就无法采用这种方式接入 Internet。

采用局域网接入 Internet 非常简单，在硬件配置上只需要一台计算机，一块以太网卡和一根双绞线接上局域网，然后通过 ISP 的网络设备就可以连接到 Internet。局域网接入方式如图 6-20 所示。

在软件方面，只需要配置好 TCP/IP 协议的相关设置即可。在 6.2.4 节已介绍过局域网中 IP 地址和子网掩码的配置方法，除此之外，还需要在如图 6-10 所示对话框中，设置默认网关、DNS 域名服务器的 IP 地址。默认网关是指如果要与用户计算机通信的计算机不在本地局域网内，则数据会被送至默认网关 IP 所在的网络设备（通常是路由器或三层交换机），由网关负责数据的转发。DNS 域名服务器则为用户提供使用域名访问 Internet 的服务，否则只能通过 IP 地址来访问 Internet。这些 IP 地址信息通常都可以从局域网管理员处获得。

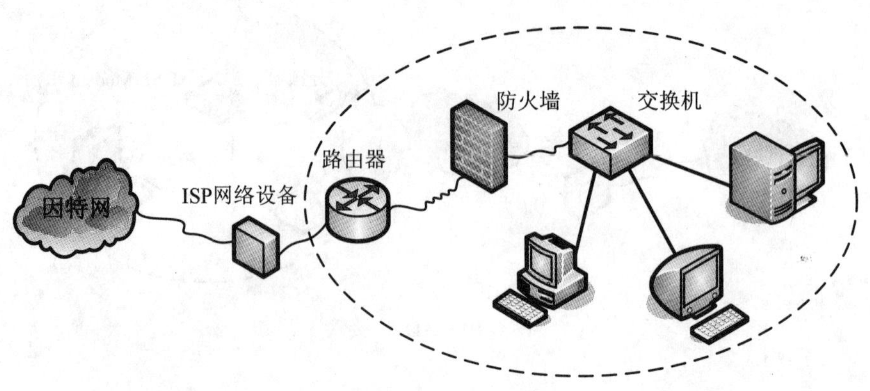

图 6-20 局域网接入

如果局域网内配置了 DHCP 服务器，则可省去上述配置的麻烦，只需在图 6-10 所示对话框中选中“自动获得 IP 地址”即可。

设置好硬软件后，如果还不能上网，可以通过 ping 命令来进行测试。首先 ping 网关 IP，如果网关 ping 不通，则肯定无法向外网发送和接收数据（前提是网关未屏蔽 ICMP 报文）。如果网关是连通的，则可任意 ping 一个外网的域名地址，如：ping www.baidu.com，如果不能 ping 通，就改 ping 该域名所对应的 IP 地址，如：ping 119.75.213.61；可以 ping 通，则表示 DNS 域名服务器有问题，此时可以通过在 IE 地址栏中输入 IP 地址上网，但不能通过域名上网。

6.4.3 无线接入

通过无线接入 Internet 可以省去铺设有线网络的麻烦，而且用户可以随时随地上网，不再受到有线的束缚，特别适合出差在外使用，因此受到商务人员的青睐。

目前个人无线接入方案主要有两大类。一类是使用无线局域网的方式，用户端使用计算机和无线网卡，服务器端则使用 AP 提供连接信号。这种方式速度快，一般在机场、车站等公共场所安装有无线信号发射装置的地方可以上网，但每个 AP 只能覆盖数十米的空旷空间，如图 6-21 所示。

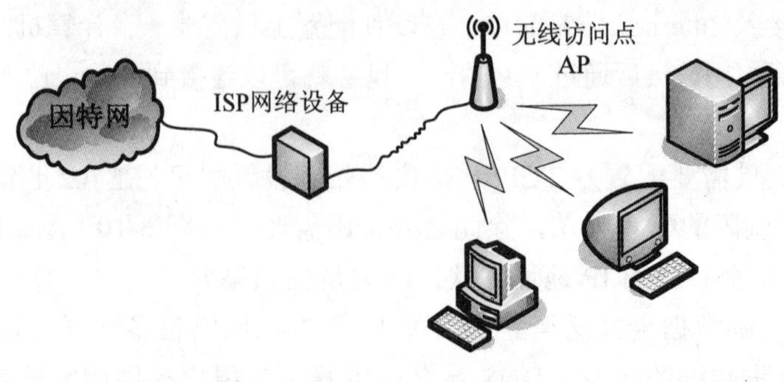

图 6-21 WLAN 接入

第二类方案就是直接使用手机卡，通过移动通信来上网。这种上网方式，用户端需使用无线 MODEM。服务器端则是由中国移动（GPRS）或中国电信（CDMA）等服务商提供接入服务，如图 6-22 所示。这种方法的优点是没有地点限制，只要有手机信号并开通数字服务的地区都可以使用。

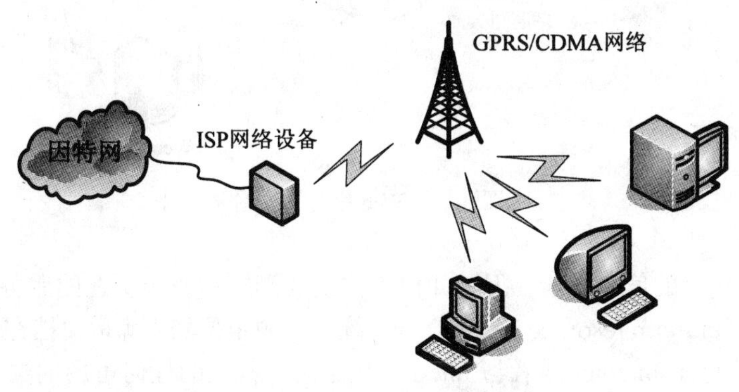

图 6-22　GPRS/CDMA 接入

6.5　万维网和信息搜索

6.5.1　万维网简介

万维网，即 WWW（world wide web），是发展最迅速的服务，也成为 Internet 用户最喜爱的信息查询工具。遍布世界各地的 Web 服务器，使 Internet 用户可以有效地交流各种信息，如新闻、科技、艺术、教育、金融、医疗、生活和娱乐，等等，几乎无所不包，这也是 Internet 迅速流行的原因之一。

WWW 上的信息通过以超文本（hypertext）为基础的页面来组织，在超文本中使用超链接（hyperlink）技术，可以从一个信息主题跳转到另一个信息主题。所谓超文本实际上是一种描述信息的方法，在超文本中，所选用的词在任何时候都能够被扩展，以提供有关词的其他信息，包括更进一步的文本、相关的声音、图像及动画等。

编写超文本文件需要采用超文本标记语言 HTML（hypertext markup language），HTML 对文件显示的具体格式进行了规定和描述。例如：它规定了文件的标题，副标题，段落等如何显示，如何把超链接引入超文本，以及如何在超文本文件上嵌入图像、声音和动画等。有兴趣的读者参照这类资料，就能自己编写出生动活泼的超文本文件。

WWW 是以 Client/Server（客户端/服务器）方式工作的。上述这些供用户浏览的超文本文件被放置在 Web 服务器上，用户通过 Web 客户端即 Web 浏览器发出页面请求，Web 服务器收到该请求后，经过一定处理后返回相应的页面至用户浏览器，用户就可以在浏览器上看到自己所请求的内容，如图 6-23 所示。整个传输过程中双方按照超文本传输协议 HTTP（hypertext transfer protocol）进行交互。

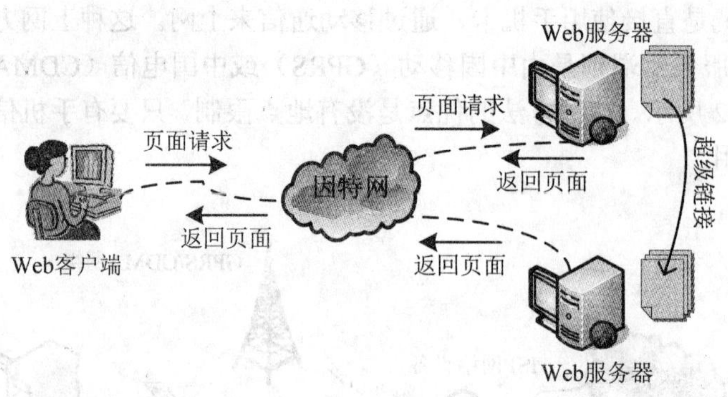

图 6-23　Web 服务示意图

不过，WWW 上的信息成千上万，如何定位到要浏览的资源所在的服务器，是首先要解决的问题。URL（uniform resource locator）即“统一资源定位器”就是文档在 WWW 上的“地址”，它可以用于标示 Internet 或者与 Internet 相连的主机上的任何可用的数据对象。URL 格式如下：

协议类型://<主机名>:<端口>/<路径>/文件名

其中协议类型可以是 http（超文本传输协议）、ftp（文件传输协议）、telnet（远程登录协议）、news（电子新闻组）、gopher（信息查找服务）、WAIS（数据库检索服务）等。

例如介绍武汉大学学校概况的 URL 为：http://www.whu.edu.cn/xxgk/default.html，其中“http”表示与 Web 服务器通信采用 http 协议，武汉大学 Web 服务器的域名为“www.whu.edu.cn”，“xxgk/”表示所访问的文件存在于 Web 服务器上的路径，“default.html”则指出介绍学校概况的超文本文件名。

URL 格式中主机名冒号后面的数字是端口编号，因为一台计算机常常会同时作为 Web、FTP 等服务器，端口编号用来告诉 Web 服务器所在的主机要将请求提交给哪个服务。默认情况下 http 服务的端口为 80，不需要在 URL 中输入，如果 Web 服务器采用的不是这一默认端口，就需要在 URL 中写明服务所用的端口。

对 WWW 有了初步了解后，就可以利用 Web 浏览器开始 WWW 之旅，Web 浏览器种类较多，在此只介绍最常用的由微软公司出品的 Internet Explorer。

6.5.2　Internet Explorer

1. Internet Explorer 简介

浏览器是用户使用 WWW 服务的客户端程序，而 Internet Explorer（IE）是目前使用最为广泛的浏览器。它以其友好的界面，强大的功能吸引了很多使用者，同时由于其制造商微软在所销售的 Windows 操作系统中捆绑了此浏览器，也使该浏览器的使用更加广泛。

2. Internet Explorer 的基本操作

（1）启动 IE 浏览器

在桌面上双击 Internet Explorer 图标，或单击开始菜单下的“Internet Explorer”，即可启动浏览器。

（2）输入 URL，访问网页

在浏览器窗口上方的地址栏里输入预访问网页的 URL，如 http://www.whu.edu.cn,然后按

一下键盘上的 Enter 键。

如果 URL 正确，并且网络畅通，则该主页就会显示在浏览器窗口中，如图 6-24 所示。此外，每个网页上都会有一些加了超链接的文本，当鼠标指向这些文字时，鼠标状态将会变为小手形状。通过超链接，用户可以从当前网页直接访问其他页面。

图 6-24　Internet Explorer 的使用

（3）将 Web 页添加到收藏夹

在上网浏览的过程中，会看到很多对自己非常有用的站点、或非常喜欢的页面。但要记住这些站点或页面的 URL 以便下次访问，却是一件非常困难的事。利用 IE 的收藏夹就可以解决这个问题。操作如下：

① 当浏览器中显示的是对自己非常有用的站点页面时，单击 Internet Explorer “收藏”菜单下的“添加到收藏夹”，打开“添加到收藏夹”对话框。

② 在“添加到收藏夹”对话框中可以修改页面的名称，然后单击“确定”按钮，当前页面的 URL 就会保存在收藏夹中。

如果需要再次访问该 Web 页面时，单击 “收藏”菜单下该 Web 页名称即可打开相应 Web 页。

当保存在收藏夹中 Web 页 URL 较多时，可以利用收藏菜单下的“整理收藏夹”建立子目录，来分类保存不同的 URL。

（4）文档管理

① 查看页面源码。单击“查看”菜单，在下拉菜单中选择“源文件”，即可看到该 Web 页的 HTML 源代码。

② 保存 Web 页面文件。单击“文件” 菜单，在下拉菜单中选择“另存为”，可以将该 HTML 文件保存在用户的计算机上。

③ 保存页面中的图片。将鼠标指向要保存的图片，单击鼠标右键，在弹出的快捷菜单中选择“图片另存为”，即可将该页面中的图片文件保存在本地计算机上。

④ 打印 Web 页面。单击“文件” 菜单，在下拉菜单中选择“打印”，可在打印机上将该页面打印出来。

⑤ 指定显示页面的语言编码。如果浏览器中显示的页面有乱码，则很可能是编码方式不对。解决方法：单击“查看”菜单下“编码”选项，选择合适的编码方式。

（5）设置浏览器主页

每次启动浏览器 IE 时，浏览器会自动下载并显示出一个页面，这个页面称为浏览器的主页。在刚安装的浏览器里是以浏览器生产商—微软的主页作为浏览器的默认主页，用户可根据实际情况设置浏览器主页。

单击主菜单“工具”下的“Internet”选项。在“Internet”选项对话框“常规”标签中可看到浏览器“主页”选项。在主页下方的地址栏中输入需设置主页的 URL。设置完毕后，单击“确定”按钮退出，下次启动浏览器时自动显示用户新设置的浏览器主页。

（6）工具栏上常用按钮作用

由于浏览器会将刚浏览过的页面保存到本地机器的硬盘上，所以使用“后退”、“前进”查看浏览过的页面要比重新下载该页快得多。

“后退”——用于返回到前一显示页面。

“前进”——用于转到下一显示页面。

“停止”——停止加载当前页面。

“主页”——单击浏览器工具栏中的“主页”图标，可立即连接到浏览器主页。

（7）更改历史记录

“历史记录”中包含了用户近期访问 Web 页的地址。如果按下浏览器地址栏的下拉按钮，屏幕上会显示若干地址，这些都是 IE 中保存的历史记录，通过它可以快速地链接到这些页面。修改“工具”——“Internet 选项”中“网页在历史记录中保存的天数”可以设置历史记录保存的时间，默认值为 20 天。如果不想让别人知道自己访问过哪些页面，还可以点击“清除历史记录”按钮将所有访问过的地址删除。

3. Internet Explorer 中设置代理服务

代理服务器（Proxy Server）是介于内部网和外网之间的一台主机设备，它负责转发合法的网络信息，并对转发进行控制和登记。

目前使用的因特网是一个典型的客户机 / 服务器结构，当用户的本地机（客户机）与因特网连接时，通过本地机的客户程序，如浏览器或者软件下载工具，发出请求，远端的服务器在接到请求之后响应请求并提供相应的服务。

代理服务器处在客户机和远程服务器之间，对于远程服务器而言，代理服务器是客户机，它向服务器提出各种服务申请；对于客户机而言，代理服务器则是服务器，它接受客户机提出的申请并提供相应的服务。也就是说，设置代理服务后，客户机访问因特网时所发出的请求不再直接发送到远程服务器，而是先发送给代理服务器，由代理服务器再向远程服务器发送请求信息。远程服务器接收到代理服务器的请求信息后，返回应答信息。代理服务器接收远程服务器提供的应答信息，并保存在自己的硬盘上，然后将数据返回给客户机。

设置代理服务可以提高网络访问速度。由于用户请求的应答信息会保存在代理服务器的硬盘中，因此下次再请求相同 Web 站点的文件时，数据将直接从代理服务器的硬盘中读取，

所以代理服务器起到了缓存的作用，可以提高网络访问速度；此外，设置代理服务后，目的网站看到的IP是代理服务器的IP地址，而用户的真实IP地址被隐藏起来，这对客户机的安全性有一定的保护，而且可以节省合法IP地址资源。

Internet Explorer中设置代理服务的方法：

① 获取代理服务器的IP地址和端口号。

② 单击IE“工具”菜单，打开“Internet选项”对话框，单击“连接”标签，如图6-25所示。

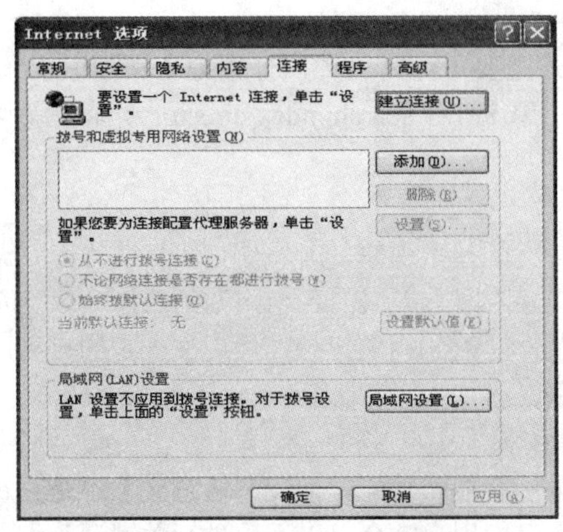

图6-25 “Internet选项”对话框

- 对于拨号上网用户，单击“拨号和虚拟专用网络设置”中的“拨号连接”，然后单击右侧的“设置”按钮，打开“拨号连接设置”对话框。在“拨号连接设置”对话框中，选择“仅对此连接使用代理服务器（这些设置不会应用到其他连接）”并填写代理服务器IP地址及端口号，单击“确定”，完成设置。
- 对于局域网用户，单击下方的“局域网设置”按钮，打开“局域网设置”对话框。在“局域网设置”对话框中，选择“为LAN使用代理服务器”，填写代理服务器的IP地址和端口号，然后单击“确定”，完成设置，如图6-26所示。

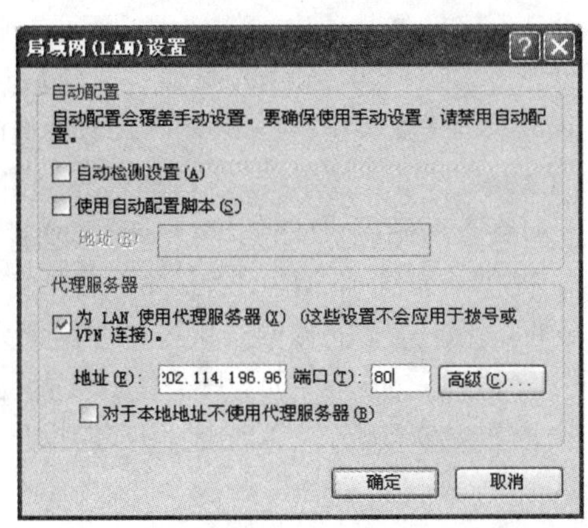

图6-26 “局域网（LAN）设置”对话框

6.5.3 搜索引擎

上面介绍的查看网页信息方法，都是先给定一个具体的 URL，然后再通过该 URL 页面的超链接到达其他页面。如果用户一开始就不知道自己要找的资源位于何处，无法给出一个既定的 URL，这时需要借助搜索引擎来找到所需信息。

搜索引擎就是一种用于帮助 Internet 用户查询信息的搜索工具，它以一定的策略在 Internet 中搜集、发现信息，对信息进行理解、提取、组织和处理，并为用户提供检索服务，从而起到信息导航的目的。

1. 搜索引擎分类

搜索引擎按其工作方式主要可分为三种，分别是全文搜索引擎 FTSE（full text search engine）、目录索引类搜索引擎 SI/D（search index/directory）和元搜索引擎 MSE（meta search engine）。

（1）全文搜索引擎

全文搜索引擎是名副其实的搜索引擎，国外具有代表性的有 Google，国内著名的有百度（Baidu）。它们都是通过从互联网上提取的各个网站的信息（以网页文字为主）而建立的数据库中，检索与用户查询条件匹配的相关记录，然后按一定的排列顺序将结果返回给用户，因此它们是真正的搜索引擎。

（2）目录索引类搜索引擎

目录索引类搜索引擎虽然有搜索功能，但在严格意义上不是真正的搜索引擎，仅仅是按目录分类的网站链接列表而已。用户完全可以不用进行关键词查询，仅靠分类目录也可找到需要的信息。目录索引中最具代表性的有大名鼎鼎的雅虎（Yahoo）。

（3）元搜索引擎

元搜索引擎在接受用户查询请求时，同时在其他多个引擎上进行搜索，并将结果返回给用户。著名的元搜索引擎有 InfoSpace、Dogpile、Vivisimo 等，中文元搜索引擎中较具代表性的有搜星搜索引擎。

2. 常用搜索引擎

（1）Google（谷歌）（www.google.com）

Google 是当今世界范围内最受欢迎的搜索引擎，它凭借其精确的查准率，极快的响应速度广受用户好评，同时又因为其坚持不走商业化道路，保持开放的企业文化而深受人们的拥戴。实际上 Google 所代表的已不仅仅是某项先进的技术，而是一种新兴的文化。Google 由 Larry Page 和 Sergey Brin 设计，于 1998 年 9 月发布测试版，一年后正式开始商业运营。Google 由于对搜索引擎技术的创新而获奖无数，如美国《时代》杂志评选的“1999 年度十大网络技术”之一、《个人电脑》杂志授予的“最佳技术奖”、The Net 授予的“最佳搜索引擎奖”等。Google 现为全球 80 多家门户和终点网站提供支持，客户遍及 20 多个国家。Google 所擅长的是易用性和高相关性。Google 提供一系列革命性的新技术，包括完善的文本对应技术和先进的 PageRank 排序技术，后者可以保证重要的搜索结果排列在结果列表的前面。

用 Google 进行搜索，首先要进入 Google 主页，只需在 IE 地址栏中输入 www.google.com 即可登录 Google 网站。第一次进入 Google，它会根据用户的操作系统，确定语言界面，如图 6-27 所示。

图 6-27　Google 搜索引擎首页

在打开的 Google 首页 LOGO 上面，排列了七大功能模块：网页、图片、视频、地图、资讯、音乐和财经，默认是网页搜索。在搜索框内输入关键字“Google 大全”，选中“搜索简体中文网页”选项，然后单击下面的“Google 搜索”按钮（或者直接回车），就可以看到搜索结果，如图 6-28 所示。

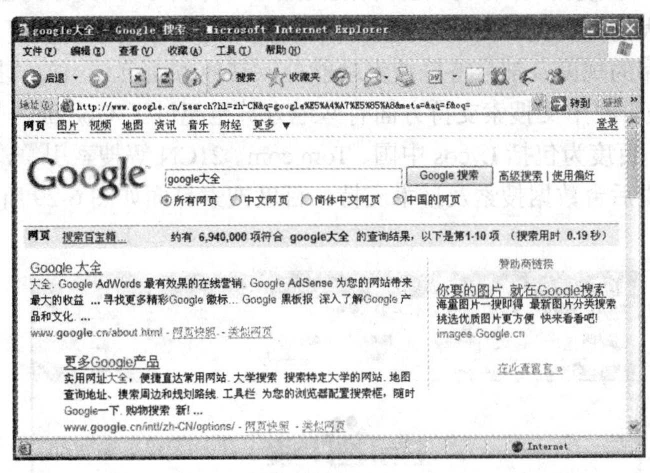

图 6-28　Google 搜索结果

要使搜索更精确关键在于如何定义关键词的技巧，Google 中可以通过一些特殊的符号来缩小搜索范围。

- **搜索结果要求包含两个及两个以上关键字**

一般搜索引擎需要在多个关键字之间加上引号进行定界，而 Google 只需要在多个关键字中加入空格就可以表示逻辑“与”操作。例如：要查找成龙主演了哪些电影，可通过关键词“成龙 电影”来查询（在搜索框内不需加引号）。

- **搜索结果要求不包含某些特定信息**

Google 用减号“－”表示逻辑“非”操作。“A－B”表示搜索包含 A 但没有 B 的网页，注意在减号之前必须留一空格。例如：“成龙 电影－神话”表示要搜索成龙除神话以外主演的其他电影。

- **搜索结果至少包含多个关键字中的任意一个**

Google 用大写的“OR”表示逻辑“或”操作。“A OR B”，表示要搜索的网页中，要么包含 A，要么包含 B，或者同时包含 A 和 B。例如：“成龙 OR 李小龙 电影”表示要查找成龙或李小龙主演的电影。

- **通配符**

Google 可以用“*”来替代一个完整的、唯一的字词。例如，“润*霜”，表示搜索第一个字为“润”，第三个字为“霜”的三字短语，中间的“*”可以为任何单个字符。

- **关键字的字母大小写**

Google 对英文字符大小写不敏感，“China”和“china”搜索的结果是一样的。

- **搜索整个短语或者句子**

Google 的搜索关键词可以是单词（中间没有空格），也可以是短语（中间有空格）。但是用短语做关键词，必须加英文引号，否则空格会被当作“与”操作符。

上述这些功能大部分都可以在 Google 的“高级搜索”中使用，“高级搜索”为用户提供了更友好的界面来缩小搜索范围。

（2）百度（www.baidu.com）

百度于 1999 年底成立于美国硅谷，创建者是在美国硅谷有多年成功经验的李彦宏先生及徐勇先生。2000 年百度公司回国发展。百度的名字，来源于“众里寻她千百度”的灵感。百度目前是国内最大的商业化中文全文搜索引擎，占国内 80%的市场份额。其功能完备，搜索精度高，除数据库的规模及部分特殊搜索功能外，其他方面可与当前的搜索引擎业界领军人物 Google 相媲美，在中文搜索支持方面有些地方甚至超过了 Google，是目前国内技术水平最高的搜索引擎。百度为包括 Lycos 中国、Tom.com、21CN 等搜索引擎，以及中央电视台、外经贸部等机构提供后台数据搜索及技术支持。百度搜索界面如图 6-29 所示。

图 6-29 百度搜索引擎首页

6.6 电子邮件

6.6.1 电子邮件简介

电子邮件 E-mail（electronic mail），是通过电子形式进行信息交换的通信方式，它是Internet提供的最早、也是最广泛的服务之一。身处在世界不同国家、地区的人们，通过电子邮件服务，可以在最短的时间，花最少的钱取得联系，相互收发信件、传递信息。

1. 工作原理

电子邮件系统是现代通信技术和计算机技术相结合的产物。在这个系统中有一个核心——邮件服务器（mail server）。邮件服务器一般由两部分组成：SMTP服务器和POP3服务器。SMTP（simple mail transfer protocol）即简单邮件传输协议，负责寄信；POP3（post office protocol）即邮局协议，负责收信。它们都由性能高、速度快、容量大的计算机担当，该系统内的所有邮件的收发，都必须经过这两个服务器。

需要提供 E-mail 服务的用户，首先必须在邮件服务器上申请一个专用信箱（由 ISP 分配）。当用户向外发送邮件时，实际上是先发到自己的 SMTP 服务器的信箱里存储起来，再由SMTP服务器转发给对方的POP3服务器，收信人只需打开自己的POP3服务器的信箱，就可以收到来自远方的信件，如图6-30所示。

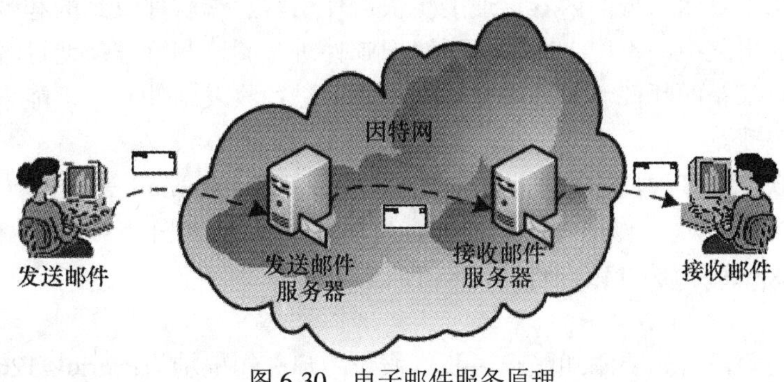

图6-30 电子邮件服务原理

上述这种通信方式，称为“存储转发式”，是一种异步通信方式，属于无连接的服务，它并不要求收、发邮件者同时都在网上。电子邮件服务器大都24小时不关机，用户可以随时随地收发邮件，十分方便。

电子邮件除了可以传送文本信件外，还可传送其他格式文件、图形、声音等多种信息。

2. E-mail 地址

就像去邮局发信，需要填写发信人、收信人地址一样，在 Internet 上发送电子邮件，也需要有E-mail地址，用来标示用户在邮件服务器上信箱的位置。一个完整的Internet邮件域名地址格式为：

用户名@主机名.域名

其中，用户名标示了一个邮件系统中的某个人，@（发at音）表示“在”的意思，主机名和域名则标示了该用户所属的机构或计算机网络，三者相结合，就得到标示网络上某个人的唯一地址。如：sun@public.wh.hb.cn ，就是一个完整的E-mail地址。

申请E-mail地址的方法很简单。对于那些只为特定对象服务的邮件系统，如学校、企业、政府等部门的邮件系统，首先需要有申请邮箱的资格，然后向这些部门的邮件系统管理部门提出申请，通过审核后，用户可以获得邮箱的地址和开启邮箱的初始密码。如果没有这样特定部门的邮件系统可用，则可以登录提供邮件服务的网站来申请自己的邮箱。目前有很多网站都提供免费或付费的邮件服务，如hotmail、雅虎、网易、新浪、搜狐、Tom等。只需在这些网站的邮件服务网页，按照系统提示输入相关信息，如申请的用户名、密码、个人基本信息等，就可以获得自己的邮箱。

6.6.2 用Outlook Express收发电子邮件

用户申请到自己的E-mail地址，同时又知道收件人的E-mail地址，就可以进行电子邮件的收发。收发电子邮件的一种途径是登录邮件服务提供者设立的 Web 邮件服务页面（如：www.126.com），按照其界面给出的提示进行邮件的收发。因为这种服务中所有的邮件都保存在服务器上，所以必须上网才能看到以前的邮件；而如果用户有多个邮箱地址，则需要登录每个邮箱的服务页面，才能收到所有邮箱的邮件。另外，因为每个邮件服务提供者给出的使用界面都不一样，用户必须适应不同的邮件收发界面。鉴于以上原因，用户通常采用电子邮件客户端软件来进行电子邮件的收发。

电子邮件客户端软件通常能比Web邮件系统提供更为全面的功能。使用客户端软件收发邮件，登录时不用下载网站页面内容，速度更快；使用客户端软件收到的和曾经发送过的邮件都保存在自己的电脑中，不用上网就可以对旧邮件进行阅读和管理；通过客户端软件可以快速收取用户所有邮箱的邮件。另外在使用不同邮箱进行收发邮件时，都能采用同一种收发界面，十分方便快捷。

邮件客户端软件有多种，如Outlook Express、Foxmail、DreamMail等。由于Outlook Express是微软捆绑在其Windows操作系统中的邮件客户端软件，无需另外下载，因此得到广泛应用，在此以Outlook Express为例介绍邮件客户端的使用方法。

1. 添加账户

在收发邮件之前，首先要添加账户。我们假设用户邮箱地址为：eric@126.com。

① 启动Outlook Express 后，选择“工具”菜单中的“账户”命令，在打开的“Internet账户”对话框中选择“邮件”标签，单击右侧的“添加”按钮，在弹出的菜单中选择“邮件”命令。

② 在弹出的“Internet 连接向导”对话框中，根据向导提示，输入显示名（对方收到邮件后显示在“发件人”字段中的信息），如“Eric”，点击“下一步”，再输入电子邮件地址，如“eric@126.com”，点击“下一步。”

③ 接下来需要输入邮箱的发送邮件服务器和接收邮件服务器地址，这些地址通常可以从邮件提供者的Web邮件服务界面中获得。首先选择发送邮件服务器的类型（如POP3），然后分别填入发送邮件服务器和接收邮件服务器的地址，126 免费邮的地址分别为：pop3.126.com和smtp.126.com，点击“下一步”。

④ 输入账号，此账号为登录该邮箱时用的账号，仅输入@前面的部分，如“eric”，如果希望以后通过Outlook Express使用该账号时不用输入密码，就在此对话框中输入邮箱的密码，否则去掉“记住密码”前的勾，单击“下一步”。

⑤ 单击“完成”按钮保存该账户的设置。

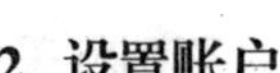

2. 设置账户

除了上述添加账户时所做的设置外，还需要进行额外的设置。选择“工具”菜单中的“账户”命令，在打开的“Internet 账户”对话框中选择“邮件”标签，双击刚才添加的账户，弹出此账户的属性对话框，如图 6-31 所示。

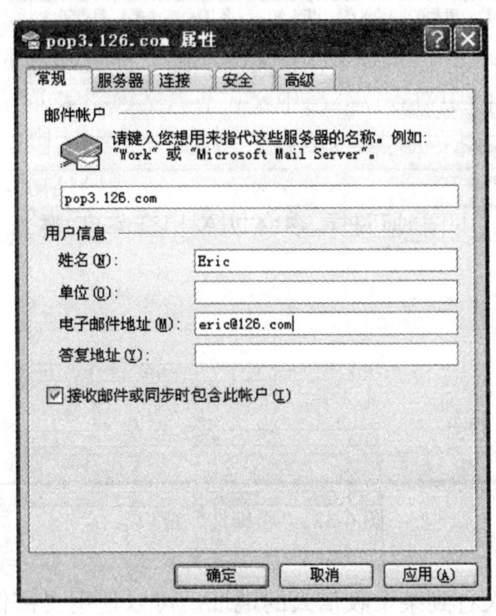

图 6-31 账户属性对话框

（1）设置账户名称

在图 6-31 所示的“常规”选项卡中的“邮件账户”栏中输入账户名称以标识该账户，如“我的 126 邮箱”。

（2）设置 SMTP 服务器身份验证

大部分发送邮件服务器要求发送邮件时进行身份验证，此时要在 Outlook Express 中设置 SMTP 服务器身份验证，才能用该账户发送邮件。单击图 6-31 所示的“服务器”选项卡，在“发送邮件服务器”处，选中“我的服务器要求身份验证”选项，并点击右边“设置”标签，选中“使用与接收邮件服务器相同的设置”即可。

（3）设置在邮件服务器上保留副本

Outlook Express 默认情况下，在将邮件服务器的邮件收到本地硬盘后，会自动删除邮件服务器上相应的邮件，这样可以避免邮件服务器上的邮件大小超过限度，但是缺点在于无法在别处查阅已收到的邮件。单击图 6-31 所示的“高级”选项卡，选中“在服务器上保留邮件副本”即可。

3. 发送邮件

（1）发送文本信件

① 写新邮件。在 Outlook Express 主窗口中单击工具栏的“创建邮件”按钮，出现“新邮件”窗口，如图 6-32 所示。如果想选择信纸类型，可在“创建邮件”按钮旁边的下拉菜单中选择。

如果建立了多个账户，可以先在“发件人”栏中选择要用哪个邮箱发信，否则将采用默认的邮箱进行发送；然后在“收件人”或“抄送”栏中，键入收件人的电子邮件地址，当收件人有多个时，用英文逗号或分号进行分隔。

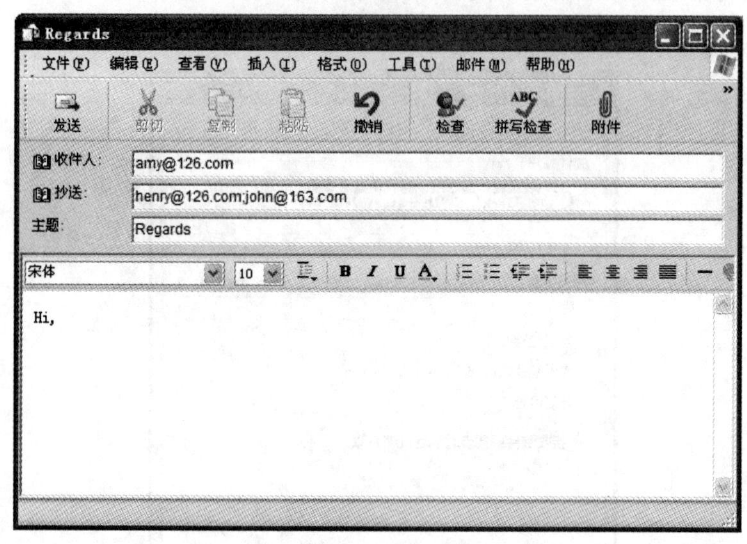

图 6-32 “新邮件”窗口

如果不希望其他收件人看到某个收信人的地址，可以使用“密件抄送”功能。选择“查看”菜单的“所有邮件标题”命令，在“抄送”栏下就会出现“密件抄送”栏，在该栏中输入的收件人邮箱地址对其他收件人是不可见的。

接下来在“主题”栏中填入信件的主要内容，一般用简短的几个字表示，以便收信人能快速了解信件的大致内容。

然后在邮件正文区输入邮件的文本内容，写好后的文字还可以通过正文区上方的“格式”工具栏进行字体、字号、颜色等的设置。

最后单击工具栏上的“发送”按钮，就可以将邮件发至收件人。发送前的这些操作可以在脱机状态完成，信件写完后也可先保存起来，当需要发送时再连接上网发送。

正常发送出去的邮件会保存在“已发送邮件”文件夹中，而暂缓发送或发送失败的邮件会被保存到“发件箱”中。

可先给自己发一封简单的邮件，以测试 Outlook Express 是否已设置好。

② 回复邮件。如果用户在阅读信件时，想回复信件，可直接点击工具栏上的“答复”按钮，系统将自动帮用户填好收件人地址和主题，并在正文区显示来信内容，在旧信件的每一行开头，都用“|”标示，以便与用户的回信区别开来。写好后，用上述相同的方法发送出去即可。

（2）发送附件

有时，要传送的信息不只是一些单纯的文本，比如要将某个应用软件、游戏或者声音、图像文件同时传递给对方，这时就要在邮件里插入附件一起发送。

按照发送文件邮件的方法写好邮件后，在菜单栏里选择“插入”项中的“文件附件”选项或直接点击工具栏中的回形针形“附件”按钮，出现选择文件对话框，选择要传送的文件

或直接键入文件名，然后点击“附件”按钮即可，可以用相同的方法附加多个附件。

（3）设置邮件优先级和加密邮件

发送新邮件或回复邮件时，用户可以为邮件指定优先级，以使收件人决定是立即阅读（高优先级）还是有空时再看（低优先级）。高优先级的邮件带有一个感叹号标志❗，而低优先级邮件用一个向下的箭头↓表示。

要设置邮件优先级，只需在“新邮件”窗口中，单击工具栏上的“优先级”按钮，然后选择需要的优先级，或者单击“邮件”菜单，指向“设置优先级”，然后选择一种要设置的优先级即可。

另外，加密电子邮件可以防止其他人在邮件传递过程中偷阅邮件。要加密邮件，可选择“工具”菜单中的“加密”命令，或直接单击工具栏上的“加密”按钮。

（4）接收邮件

① 收取信件。接收邮件很简单，只需点击“发送/接收”按钮，系统就会到所有账户的接收邮件服务器上查找新邮件，如果只想接收某个账户的邮件，也可通过“发送/接收”按钮旁边的下拉菜单中进行选择。一旦检查到接收邮件服务器上有新的邮件，这些邮件将被自动放入“收件箱”文件夹中，双击该邮件，就可看到信件的全文和发件人信息。

也可在“工具”菜单“选项”栏的“常规”选项卡中设置每隔一定时间检查服务器上是否有新邮件，这样只要Outlook Express处于运行状态，有新邮件发到信箱时，系统能自动进行检测，并读取到收件箱中。

② 收取附件。如果随同信件一起发来的还有附属文件，要将文件从邮件中分离出来以便使用，只需双击该邮件，选择菜单栏“文件”选项中的“保存附件”，然后选择存放该文件的文件夹和文件名即可。

或者直接用鼠标右键单击该文件图标，出现菜单时，选择“另存为…”，也可达到同样的效果。

（5）其他功能

除以上介绍的简单收发邮件功能外，Outlook Express还有一些其他十分方便的功能。

① 使用通信簿。通常用户有一些相对固定的收信人，如果每次发信都要输入E-mail地址，显然很麻烦，这时可以借助通信簿来简化输入过程。

点击工具栏中的“地址”按钮，在打开的“通信簿”对话框的工具栏上选择“新建联系人”按钮，在“属性”对话框的“姓名”选项卡中填入有关收信人的名字、E-mail地址等信息，还可在其他选项卡里填入更详细的资料，确定后即将该收信人加入通信簿中。

当用户编写新邮件时，只需单击“收件人”按钮，系统就会列表显示用户存放在通信簿里联系人的信息，要把邮件发给某人，将该人的信息移到相应的位置（“收件人”、“抄送”或“密件抄送”），确定后即可在相应位置出现该人的邮箱地址。

② 发信给一组人。如果想把一封信发给多个人，可以在通信簿里建立新组。点击工具栏中的“地址”按钮，在打开的“通信簿”对话框的工具栏上选择“新建组”按钮，输入组名，再选择成员，将要发送的所有对象的名称、地址加入该组，确定后即完成新组的建立。

在发信时，同样点击“收件人”按钮，选择刚刚建立的新组名，这样系统就会自动将同一封信寄给该组的所有人，十分方便快捷。

除Outlook Express以外，Foxmail也是一款非常优秀的邮件客户端软件，因其是国产软件，更加受到国内用户的青睐，但由于篇幅原因，在此不一一介绍，感兴趣的读者可参见http://www.foxmail.com.cn。

6.7 文件传输

6.7.1 文件传输简介

文件传输是指通过网络将文件从一台计算机传送到另一台计算机。不管两台计算机间相距多远，也不管它们运行什么操作系统，采用什么技术与网络相连，文件都能在网络上两个站点之间进行可靠的传输。在 Internet 技术快速发展的今天，文件传输已从传统的单一服务形式变得更加多样化，除传统的 FTP 服务之外，P2P 技术为文件的传输和共享注入了新的活力。

FTP（file transfer protocol）是文件传输协议的简称，其主要作用把本地计算机上的一个或多个文件传送到远程计算机，或从远程计算机上获取一个或多个文件。

与大多数 Internet 服务一样，FTP 也是采用客户/服务器模式的系统。用户可以通过一个支持 FTP 协议的客户端程序，连接到远程主机上的 FTP 服务器端程序。用户通过客户端程序向服务器程序发出命令，服务器程序执行用户所发出的命令，并将执行的结果返回到客户机。比如说，用户发出一条命令，要求服务器向用户传送某一个文件的一份拷贝，服务器会响应这条命令，将指定文件送至用户的机器上。客户机程序代表用户接收到这个文件，并将其存放在用户指定的目录中。

使用 FTP 服务时，用户经常遇到两个概念："下载"（Download）和"上传"（Upload）。"下载"文件是指从远程主机拷贝文件到本地计算机；"上传"文件是指将文件从本地计算机中拷贝至远程主机上的某一文件夹中。如图 6-33 所示。

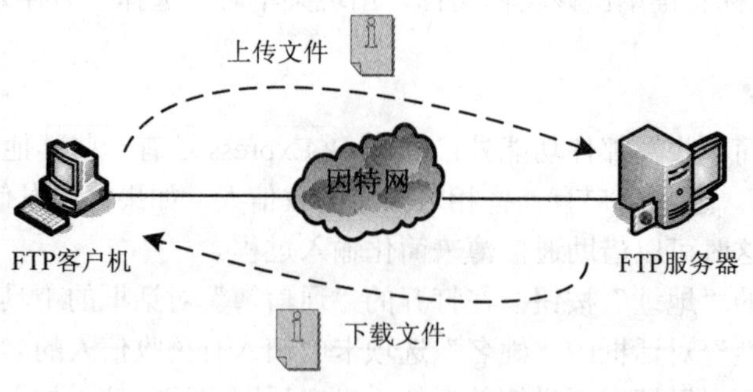

图 6-33　文件下载和上传

访问 FTP 服务器时首先必须通过身份验证，在远程主机上获得相应的权限以后，方可上传或下载文件。在 FTP 服务器上一般有两种用户：普通用户和匿名用户。普通用户是指注册的合法用户，必须先经过服务器管理员的审查，然后由管理员分配账号和权限；匿名用户是 FTP 系统管理员建立的一个特殊用户名：anonymous，任意用户均可用该用户名进行登录。当一个匿名 FTP 用户登录到 FTP 服务器时，用户可以用 E-mail 地址作为密码。

当 FTP 客户端程序和 FTP 服务器程序建立连接后，首先自动尝试匿名登录。如果匿名登录成功，服务器会将匿名用户主目录下的文件清单传给客户端，然后用户可以从这个目录中下载文件。如果匿名登录失败，一些客户端程序会弹出如图 6-34 所示对话框要求用户输入用

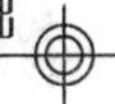

户名和密码，试图进行普通用户方式的登录。

登录身份
服务器不允许匿名登录，或者不接受该电子邮件地址。
FTP 服务器:
cs.whu.edu.cn
用户名(U):
密码(P):
登录后，可以将这个服务器添加到您的收藏夹，以便轻易返回。
FTP 将数据发送到服务器之前不加密或编码密码或数据。要保护密码和数据，请用 Web 文件夹(WebDAV)。
Learn more about using Web Folders.
匿名登录(A)
保存密码(S)
登录(L)
取消

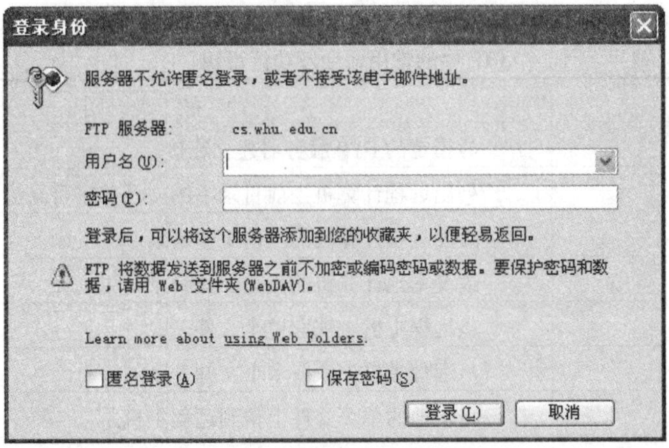

图 6-34　登录身份认证对话框

6.7.2　FTP 客户端软件的使用

用户在使用 FTP 服务时，需要在本地计算机上运行 FTP 客户端软件，通过客户端软件连接 FTP 服务器并执行相应的操作。FTP 客户端软件可以分为两种类型：一种是命令行方式的 FTP 客户端工具，另一种是基于图形界面的 FTP 客户端工具，其中后者的使用方法比较简便，并且功能也更强大。

1. 命令行方式的 FTP 工具

Windows 系列的主流操作系统，包括 Windows 2000、Windows XP、Windows 2003 都内置了命令行方式的 FTP 工具。用户可以在“运行”对话框中或在 cmd 窗口命令提示符下输入“FTP [服务器地址]”后回车，打开 FTP 客户端程序。如图 6-35 所示。

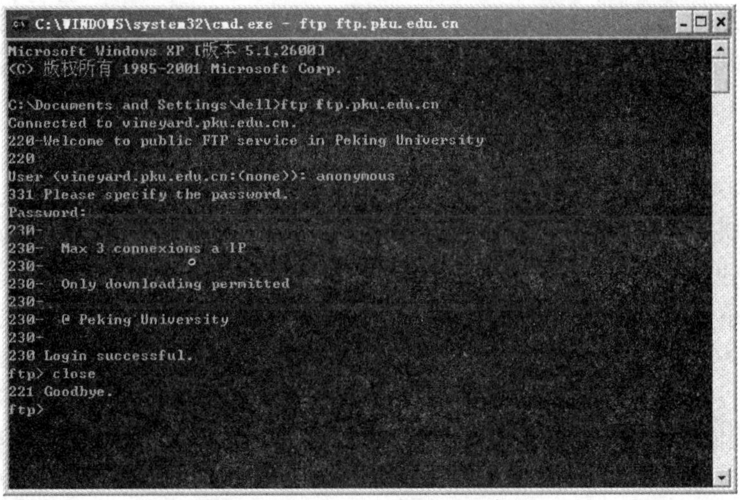

C:\WINDOWS\system32\cmd.exe - ftp ftp.pku.edu.cn
Microsoft Windows XP [版本 5.1.2600]
(C) 版权所有 1985-2001 Microsoft Corp.
C:\Documents and Settings\dell>ftp ftp.pku.edu.cn
Connected to vineyard.pku.edu.cn.
220-Welcome to public FTP service in Peking University
220
User (vineyard.pku.edu.cn:(none)): anonymous
331 Please specify the password.
Password:
230-
230-   Max 3 connexions a IP
230-
230-   Only downloading permitted
230-
230-   @ Peking University
230-
230 Login successful.
ftp> close
221 Goodbye.
ftp>

图 6-35　命令行方式的 FTP 工具

当出现“ftp>”提示符后，就可输入相关的FTP命令。表6-3列出了一些常用的FTP命令及其功能说明。

表6-3　　FTP中的常用命令及功能说明

命 令 名	功 能 说 明
open	与指定的FTP服务器建立连接。
dir	列出远程计算机当前目录下的文件和子目录清单。
cd	改变远程计算机的当前工作目录。
lcd	改变本地计算机的当前工作目录。
get	从远程主机上获取单个文件。
mget	从远程主机上获取多个文件。
put	将本地的单个文件上传到远程主机。
mput	将本地的多个文件上传到远程主机。
ascii	设置传输模式为ASCII码方式，用来传输文本文件。
binary	设置传输模式为二进制方式，用来传输程序文件、压缩文件、图形文件和音频视频文件等。
close	断开与远程计算机的连接。
quit（bye）	关闭当前打开的连接，并退出FTP程序。
help（?）	显示可用的FTP命令

2. 图形界面的FTP工具

相对于FTP的命令行方式，基于图形界面的FTP工具使用起来更加方便和直观。我们可以直接利用IE浏览器访问FTP站点，换句话说，IE浏览器也可作为FTP图形客户端使用。例如可以在IE的地址栏中输入ftp://ftp.tsinghua.edu.cn以匿名方式访问清华大学的FTP服务器。注意：这里URL中的协议类型是FTP。

在IE中连接上FTP服务器之后，可以通过“复制 + 粘贴”或拖动的方式实现文件的下载和上传。如果要以非匿名的方式访问FTP服务器，则在URL地址栏里输入以下格式的信息：

ftp://用户名:密码@FTP服务器地址

如：ftp://eric:123456@ftp.cc.ac.cn

但这种访问方式不太安全，用户名和密码都是明文显示在地址栏中，容易被他人看见。我们可以在IE的“文件”菜单中选择“登录”命令，打开如图6-34所示“登录身份”对话框，在其中输入用户名和密码，然后单击“登录”按钮连接FTP服务器。

在实际的文件传输应用中，往往会由于各种原因，造成文件传送的中断。使用IE浏览器下载文件虽然简单易用，但不支持断点续传，遇到这种情况只能从头开始再传一次。所以我们推荐大家使用第三方的FTP客户端软件，如CuteFTP、AbsoluteFTP、WS_FTP Pro、LeapFTP、FlashFXP，等等，它们基本上都支持断点续传功能，这样就可以接着上次的断点进行传输，避免传送重复的数据，节省下载或上传的时间。限于篇幅，下面只介绍使用较广泛的CuteFTP的用法。

（1）CuteFTP 界面

CuteFTP 的最新版本可到其网站 www.cuteftp.com 下载，也可在各大软件网站下载。这里以 CuteFTP7.1 作为例子来介绍其使用方法。直接运行下载后的安装文件，按照向导提示就可以完成 CuteFTP 的安装。打开“开始”菜单，在“所有程序”中找到“CuteFTP Professional”，然后单击“CuteFTP 7.1 Professional”命令，启动 CuteFTP，出现一个 FTP 连接向导,此时可点击取消，系统打开 CuteFTP 主程序，其主界面如图 6-36 所示。

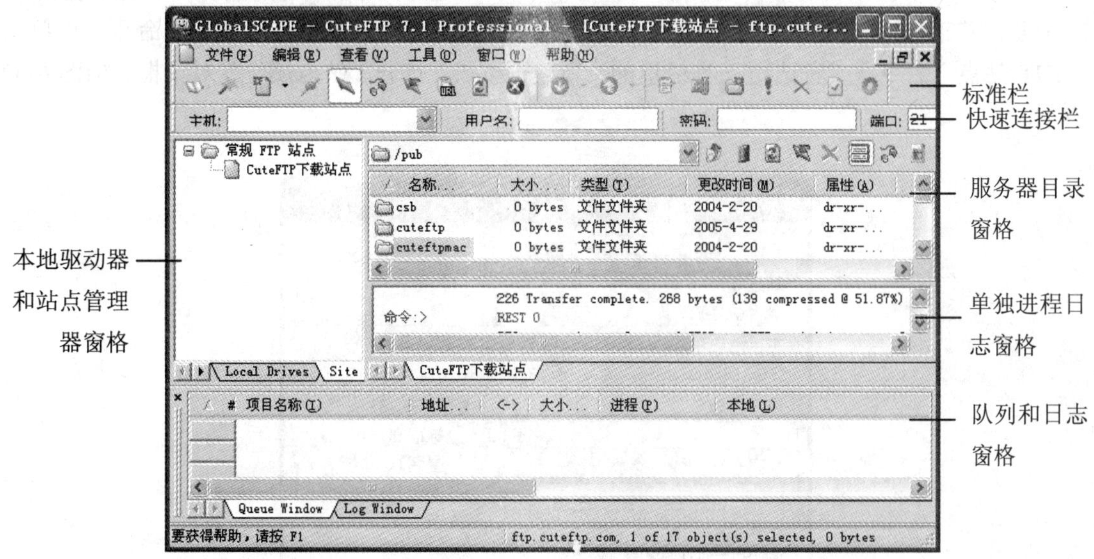

图 6-36　CuteFTP 主界面

以下对 CuteFTP 主界面的主要组成部分作简要介绍。

- 标准栏：排列着常用工具按钮，单击这些按钮可以快速完成相应命令。
- 快速连接栏：在该栏中输入主机地址、用户名、密码、端口号就可以快速连接到某一 FTP 站点。
- 本地驱动器和站点管理器窗格：该窗格包括两个标签，分别是本地驱动器（Local Drives）和站点管理器（Site Manager），单击标签可实现快速切换。其中本地驱动器窗格中默认时显示的是整个磁盘目录，而站点管理器则保存各个 FTP 服务器的相关信息。
- 服务器目录窗格：用于显示 FTP 服务器上的目录信息，在列表中可以看到文件名称、大小、类型、最后更改日期等信息。窗格上面是用来操作目录或文件的工具栏按钮（后退，刷新，重连等）。
- 单独进程日志窗格：显示当前服务器（通过下方的选项卡来切换当前服务器）目录窗格所显示的 FTP 服务器上的各种日志信息，如连接、登录、切换目录、文件传输等。
- 队列和日志窗格：该窗格包括两个标签，分别是队列窗口（queue window）和（log window）。可以将准备上传的目录或文件放到队列窗口中依次上传，此外配合任务计划的使用还能达到自动上传的目的。日志窗口与上面介绍的“单独进程日志”

窗格功能类似，只是可以在该窗格中选择不同的进程查看多个日志，更加方便快捷。

除此之外，CuteFTP 主界面上还有菜单栏和状态栏，因和其他 Windows 应用程序功能类似，在此不一一介绍。

（2）建立 FTP 站点

无论是要上传还是下载文件都需要先建立 FTP 站点标志，即建立相应 FTP 服务器的相关信息。在“本地驱动器和站点管理器”窗格中单击“Site Manager”标签切换到站点管理器，右击要在其下建立 FTP 站点标识的文件夹，在弹出的快捷菜单中单击“新建”命令，再单击“FTP 站点”命令，或者选用工具栏里的“新建”按钮，打开“站点属性”对话框，如图 6-37 所示。

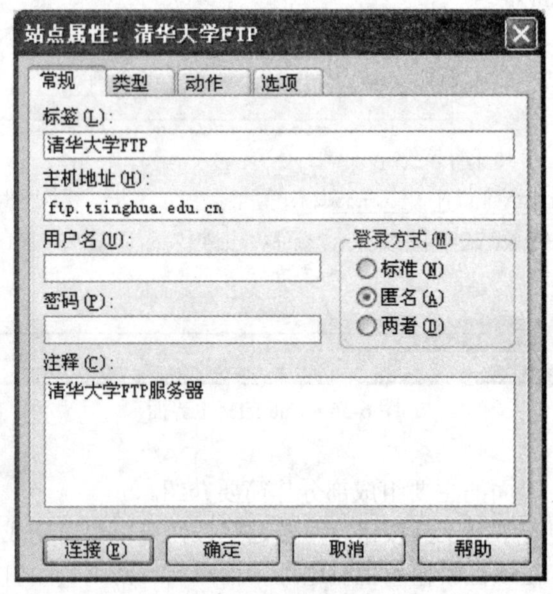

图 6-37 “站点属性”对话框

在“站点属性”对话框的“常规”标签里填入以下内容：

- 标签：可以输入一个方便记忆和分辨的名字，只是起到一个标示作用，如“清华大学 FTP”。
- 主机地址：FTP 服务器的主机地址，可以是域名形式或 IP 地址，如“ftp.tsinghua.edu.cn”。
- 用户名，密码：输入给定的登录验证信息，如果使用的是匿名服务，则单击右边“登录方式”的“匿名”单选按钮。
- 注释：同样是标示内容，可不填。

除此之外，如果所建立的 FTP 站点，其服务器使用了不同的协议或端口，可在“类型”选项卡中设置；“动作”选项卡中可以设置客户端连接该 FTP 站点时，默认切换到远程服务器的哪个文件夹以及本地驱动器的哪个文件夹，这样当连接上该 FTP 服务器时，就会自动切换到远程服务器的指定文件夹，同时本地驱动器也切换到指定文件夹，为文件的上传和下载做准备。

（3）上传和下载文件

建立好要连接的FTP服务器站点标志后，就可以进行上传或下载文件了。首先建立与目标服务器的连接，此时只需在站点管理器列表中双击该站点名称，系统就会利用建立站点时的信息进行连接。

成功登录以后，如果要下载远程服务器的文件或文件夹，则先在“服务器目录”窗格中找到它们的位置，选中后右击鼠标，在出现的快捷菜单中选择“下载”命令，则所选内容会下载到默认的本地文件夹中。如果不想将文件保存在默认本地文件夹，则可以在使用“下载”命令前，先在“本地驱动器”窗格中切换好要存放的位置再进行下载。

上传文件的操作与下载刚好相反，如果要将文件上传到非远程默认文件夹里，则先在“服务器目录”窗格中选好要上传到服务器上的位置，然后在“本地驱动器”窗格中选中要上传的文件或文件夹，右击鼠标，在出现的快捷菜单中选择“上传”命令即可。

上面的上传和下载文件的操作在选好源文件和目标位置后，也可通过标准栏上的“下载”和“上传”按钮完成。

CuteFTP还为不了解FTP原理的用户设计了更简单的上传和下载文件的方法。无论是上传还是下载，都可以在选好源文件（或文件夹）后，右击鼠标，在出现的快捷菜单中选择“复制”命令，然后再用“粘贴”命令将其复制到目标位置，就好像所有的操作都在本地实现一样。

如果在右击鼠标后选择“下载高级”或“上传高级”命令，还可以选择不同的下载/上传方式，如多线程、手工、过滤以及任务计划等方式。

6.7.3　P2P方式的文件传输

P2P是Peer-to-Peer的缩写，Peer在英语里是对等者的意思，因此P2P也可被称为对等网络或者对等联网。与对等联网方式相对的主要是指Client/Server（客户端/服务器）结构的联网方式，例如上面介绍的FTP服务器和FTP客户端就是Client/Server构架。在Client/Server模式中，各种各样的资源如文字、图片、音乐、电影都存储在中心服务器上，用户可以把自己的计算机作为客户端连接到服务器上检索、下载、上传数据或请求运算。不难看出这种模式中，服务器性能的好坏直接关系到整个系统的性能，当大量用户请求服务器提供服务时，服务器就可能成为系统的瓶颈，大大降低系统的性能。

P2P改变了这种模式，其本质思想是整个网络结构中的传输内容不再被保存在中心服务器中，每一结点（Peer）都同时具有下载、上传和信息追踪这三方面的功能，每一个结点的权利和义务都是大体对等的。目前最常用的P2P软件是第三代P2P技术的代表，它的特点是强调了多点对多点的传输，充分利用了用户在下载时空闲的上传带宽，在下载的同时也能进行上传。换句话说，同一时间的下载者越多，上传者也越多。这种多点对多点的传输方式，大大提高了传输效率和对带宽的利用率，因此特别适合用来下载字节数很大的文件。第三代P2P技术中还恢复了服务器的参与，这是因为多点对多点的传输需要通过服务器进行调度。

P2P文件传输中有一些特殊的术语，现介绍如下：

- BT下载：BT原是BitTorrent的简称，中文全称为比特流，又称变态下载，既是一个多点下载的P2P软件，也是一种传输协议。广义的BT下载即是指采用基于BitTorrent协议进行文件传输的软件来进行文件下载。

- BT 服务器：也称 Tracker 服务器，它能够追踪到底有多少人同时在下载或上传同一个文件。客户端连上 Tracker 服务器，就会获得一个正在下载和上传的用户的信息列表（通常包括 IP 地址、端口、客户端 ID 等信息），根据这些信息，BT 客户端会自动连上别的用户进行下载和上传。普通下载用户并不需要安装或运行 Tracker 服务器程序。
- BT 客户端：泛指运行在用户自己电脑上的支持 BitTorrent 协议的程序。
- torrent 文件：扩展名为.torrent 的文件，包含了一些 BT 下载所必需的信息，如对应的发布文件的描述信息、该使用哪个 Tracker、文件的校验信息等。BT 客户端通过处理 BT 文件来找到下载源和进行相关的下载操作。torrent 文件通常很小，大约几十 K 字节。
- 种子：种子就是提供 P2P 下载文件的用户，而这个文件有多少种子就是有多少个用户在下载/上传，通常种子越多，下载越快。

要进行 BT 下载，需要安装 BT 客户端软件，目前流行的 BT 客户端软件有多款，如 BitComet、BitSpirit、贪婪 ABC、BitTorrent 等。限于篇幅在此不作进一步的介绍，读者可以选择其中一种学习其用法。

上机实验

【实验 1】网络测试。

实验要求：

（1）在实验机房的局域网内检查单台计算机是否联网，并查看其 TCP/IP 参数；

（2）用 ping 命令检查两台计算机之间的网络连通性，并分析结果。

【实验 2】网络共享。

实验要求：在实验机房的局域网内通过设置网络共享，实现两台计算机之间的文件传递。

习　题

一、单项选择题

1. 以下关于局域网的描述中不正确的是______。

A. 覆盖的地理区域比较小　　B. 误码率低

C. 拓扑结构复杂　　D. 传输率高

2. UDP 是一个______协议。

A. 可靠的、面向连接的协议

B. 不可靠的、面向连接的协议

C. 可靠的、无连接的协议

D. 不可靠的、无连接的协议

3. 移动网络通信必须使用的通信介质是______。

A. 双绞线　　B. 光纤　　C. 同轴电缆　　D. 微波

4. 网状结构网络的特点中，没有下列中的哪一种______。

A. 可靠性高　　B. 结构复杂
C. 路径选择简单　　D. 不易管理

5. 一个拥有5台计算机的公司，现要求用最小的代价将这些计算机联网，实现资源共享，最能满足要求的网络类型是______。

A. 主机/终端　　B. 对等方式
C. 客户/服务器方式　　D. Internet

6. 在双绞线组网的方式中，______是以太网的中心连接设备。

A. 中继器　　B. 收发器　　C. 交换机　　D. 网卡

7. 现有IP地址：120.113.41.55，那么它一定属于下列哪类地址______。

A. A　　B. B　　C. C　　D. D

8. 224.0.0.5代表的是下列哪类地址______。

A. 主机地址　　B. 网络地址　　C. 组播地址　　D. 广播地址

9. 当一台主机从一个网络移到另一个网络时，以下说法正确的是______。

A. 必须改变它的IP地址和MAC地址
B. 必须改变它的IP地址，但不须改动MAC地址
C. 必须改变它的MAC地址，但不须改动IP地址
D. MAC地址、IP地址都不须改动

10. 无论是专线接入还是拨号接入，都要选择接入Internet的______。

A. JSP　　B. ASP　　C. ISP　　D. DSP

11. ISDN拨号入网，使用的设备为1台计算机、ISDN网络终端、______和1根电话线。

A. ISDN网络适配器　　B. ISDN调制解调器
C. ISDN交换机　　D. ISDN集线器

12. 如果要验证网卡工作是否正常，可以测试______ 。

A. 本地计算机的IP地址　　B. 网络DNS的IP地址
C. 网关的IP地址　　D. 一个已知域名

13. 在因特网电子邮件系统中，电子邮件应用程序______。

A. 发送邮件和接收邮件通常都使用SMTP协议
B. 发送邮件通常使用SMTP协议，而接收邮件通常使用POP协议
C. 发送邮件通常使用POP协议，而接收邮件通常使用SMTP协议
D. 发送邮件和接收邮件通常都使用POP协议

14. 在Outlook Express中，如果需要往多个邮箱发送同一邮件，可以在“收件人”框或“抄送”框中同时填入多个收件人的电子邮件地址，下列______可作为地址间的间隔符。

A. .（句号）　　B. ;（分号）
C. :（冒号）　　D. /（正斜杠）

15. 下列传输介质中，采用RJ-45接头作为连通器件的是______。

A. 光纤　　B. 粗同轴电缆
C. 细同轴电缆　　D. 双绞线

二、填空题

1. 计算机网络技术是计算机技术和__________技术相结合的产物。

2. 以太网是一种______网的网络技术。

3. 计算机网络作为一个信息处理系统，其构成的基本模式有两种：对等模式和__________模式。

4. 路由器必须具备两个最基本的功能，即__________和数据转发。

5. __________是国家投资建设，教育部负责管理，清华大学等高校承担建设和管理运行的全国学术性计算机互联网络。它主要面向教育和科研单位，是全国最大的公益性互联网络。

6. FTP 客户软件可以分为两种类型：一种是命令行方式，另一种是__________（如 CuteFTP、WS_FTP Pro），其中后者操作更为简单。

7. 搜索引擎按其工作方式可以分为__________、__________和__________。

8. FTP 传输文件有两种模式，即 ASCII 码和__________模式，前者用来传输文本文件，后者用来传输执行文件、压缩文件、图形文件等各类文件。

9. Internet 上的文件服务器分为专用 FTP 服务器和__________FTP 服务器，大部分免费软件和共享软件都是通过后者向用户提供的。

10. 按照网络覆盖的地理范围的大小，可以把计算机网络分为__________、__________和__________三种类型。

11. 网络层处于 OSI 参考模型中的第__________层。

12. TCP/IP 参考模型由网络接口层、__________、__________和应用层组成。

13. __________是一种对等文件共享协议，它能使用一个计算机群来交换最终可以整合成完整文件的数据块。

14. 网络协议是__________，网络体系结构是__________。

15. 模拟信号与数字信号可以实现相互转换。将模拟信号转换为数字信号的过程称为__________，反之，将数字信号转换为模拟信号的过程称为__________。

三、判断题

1. 两台计算机通过有线或者无线的通信线路连接起来就组成了一个计算机网络。 (　　)

2. 网络应用软件是可以对局域网范围内的资源进行统一调度和管理的软件。 (　　)

3. 网络的层次结构是指把网络的工作过程按照某种顺序划分成多个层次分明的局部功能模块，并规定每一层次所必须完成的功能以及层间的结合方式。 (　　)

4. OSI 参考模型是最早提出计算机网络体系结构概念的。 (　　)

5. TCP/IP 是一种异构网络互连的通信协议。 (　　)

6. 在一个办公室内组建的网络是局域网，在一幢大楼内将各个办公室内的计算机连接起来组成的网络是广域网。 (　　)

7. 双绞线的优点是误码率低，不受电磁干扰。 (　　)

8. 10Base5、10Base2 和 10Base-T 网络所使用的物理传输介质不一样，但它们的物理拓扑结构都是总线型。 (　　)

9. 应将电话入户线连接到 Modem 的 Phone 口上。 (　　)

10. WWW 是独立于 Internet 的另一个网络。 (　　)

第7章　软件技术基础

本章主要介绍计算机软件技术的基本理论，内容包括数据结构与算法、程序设计基础、软件工程基础和数据库设计基础等。

7.1　数据结构与算法

7.1.1　算法

1. 算法的基本概念

所谓算法是指对解题方案的准确而完整的描述。对于一个问题，如果可以通过一个计算机程序，在有限的存储空间内运行有限长的时间而得到正确的结果，则称这个问题的算法是可解的。但算法不等于程序，也不等于计算方法。

（1）算法的基本特征

算法有四个基本特征：

① 可行性。算法总是在某个特定的计算工具上执行，因此算法在执行过程中往往要受到计算工具的限制，使执行结果产生偏差。算法和计算公式是有差别的，在设计一个算法时，必须考虑它的可行性，否则将得不到满意的结果。

② 确定性。算法中的每一个步骤必须有明确的定义，不能产生歧义。

③ 有穷性。算法必须能在有限的时间（合理时间）内做完，即能在执行有限个步骤后终止。

④ 拥有足够的情报。一个算法是否有效，还取决于为算法所提供的情报是否足够。当算法拥有的情报不够时，算法可能无效。

（2）算法的基本要素

算法有两个基本要素：一是对数据的运算和操作，二是算法的控制结构。

① 算法中对数据的运算和操作。算法实际上是按解题要求，从环境能进行的所有操作中选择合适的操作所组成的一组指令序列。因此，计算机算法就是计算机能处理的操作所组成的指令序列。在一般计算机系统中，基本的运算和操作有以下四类：

- 算术运算：加、减、乘、除等运算。
- 逻辑运算：与、或、非等运算。
- 关系运算：等于、不等于、大于、小于等运算。
- 数据传输：赋值、输入、输出等操作。

② 算法的控制结构。算法的控制结构给出了算法的基本框架，它不仅决定了算法中各操作的执行顺序，而且也直接反映了算法的设计是否符合结构化原则。描述算法的工具有传

统的流程图、N-S 图和算法描述语言等。算法一般都可以用顺序、选择（也称分支）、重复（也称循环）等三种基本控制结构组合而成。

（3）算法设计的基本方法

算法设计的基本方法有列举法、归纳法、递推法、递归法、减半递推技术和回溯法等。

2. 算法的复杂度

算法的复杂度主要包括时间复杂度和空间复杂度。时间复杂度是指执行算法所需要的计算工作量。空间复杂度是指执行算法所需要的内存空间。

7.1.2 数据结构的基本概念

1. 什么是数据结构

（1）数据

数据（Data）是对客观事物的符号表示，是指能输入到计算机中并能被计算机程序处理的符号的总称。如整数、实数、字符、文字、声音、图形及图像等都是数据。

（2）数据元素

数据元素简称元素，是数据的基本单位，每一个需要处理的对象都可以抽象成数据元素。

（3）数据对象

数据对象是具有相同特征的数据元素的集合，是数据的一个子集。

（4）数据结构

数据结构（Data Structure）是指相互有关联的数据元素的集合，即数据元素的组织形式。所谓结构，就是指数据元素之间的前后件关系。数据结构包括数据的逻辑结构和数据存储结构。

① 数据的逻辑结构。数据的逻辑结构是指反映数据元素之间逻辑关系的数据结构。数据的逻辑结构有两个要素：一是数据元素的集合，记为 D；二是 D 上的关系，记为 R。即一个数据结构可以表示成：

$$B = (D, R)$$

② 数据的存储结构。数据的逻辑结构在计算机存储空间中的存放形式称为数据的存储结构（也称数据的物理结构）。在进行数据处理时，被处理的各数据元素总是被存放在计算机的存储空间中，而且各数据元素在计算机存储空间中的位置关系与它们的逻辑关系可能不同。

2. 数据结构的图形表示

数据结构除了可用二元关系表示外，还可以用直观的图形表示。在数据结构的图形表示中，对于数据集合 D 中的每一个数据元素用中间标有元素值的方框表示，一般称为数据结点，简称为结点；为了进一步表示各数据元素之间的前后件关系，对于关系 R 中的每一个二元组，用一条有向线段从前件结点指向后件结点。如图 7-1 所示。在数据结构中，没有前件的结点称为根结点；没有后件的结点称为终端结点（也称为叶子结点）。

图 7-1 数据结构的图形表示

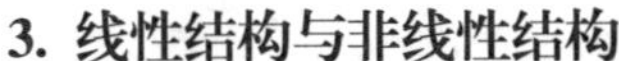

3. 线性结构与非线性结构

根据数据结构中各数据元素之间前后件关系的复杂程度，一般将数据结构分为两大类型：线性结构与非线性结构。

如果一个非空的数据结构满足下列两个条件：第一，有且只有一个根结点；第二，每一个结点最多有一个前件，也最多有一个后件，则称该数据结构为线性结构。

特别需要说明的是，在一个线性结构中插入或删除任何一个结点后还应该是线性结构。

如果一个数据结构不是线性结构，则称为非线性结构。对非线性结构的存储与处理比线性结构要复杂得多。线性结构与非线性结构都可以是空的数据结构。一个空的数据结构究竟是属于线性结构还是属于非线性结构，需要根据具体情况来确定。

7.1.3 线性表及其顺序存储结构

1. 线性表的基本概念

线性表（Linear List）是最简单、最常用的一种数据结构。

线性表是（n≥0）个元素 a_1，a_2，…，a_n 组成的一个有限序列，表中的每一个数据元素除了第一个以外的每一个元素，有且只有一个前件；除最后一个元素外，有且只有一个后件。即线性表要么是一个空表，或者可以表示为：

$$(a_1, a_2, \cdots, a_n)$$

其中 a_i (i=1,2,…,n)是属于数据对象的元素，也称其为线性表中的一个结点。

显然，线性表是一个线性结构。数据元素在线性表中的位置只取决于它们自己的序号，即数据元素之间的相对位置是线性的。

非空线性表有如下一些结构特征：

① 有且只有一个根结点 a_1，它无前件。

② 有且只有一个终端结点 a_n，它无后件。

③ 除根结点与终端结点外，其他所有结点有且只有一个前件，也有且只有一个后件。

线性表中结点的个数 n 称为线性表的长度。当 n = 0 时，称为空表。

2. 线性表的顺序存储结构

在计算机中存放线性表，一种最简单的方法是顺序存储。线性表的顺序存储结构具有以下两个基本特点：

① 线性表中所有元素所占的存储空间是连续的。

② 线性表中各数据元素在存储空间中是按逻辑顺序依次存放的。

元素 a_i 的存储地址计算方法为：$Adr(a_i)=Adr(a_1)+k\times(a_{i-1})$，其中 $Adr(a_1)$为第一个元素的地址，k 代表每个元素所占的字节数。

当用一维数组存放线性表时，该数组的长度通常要定义的比线性表的实际长度大一些。

在线性表的顺序存储结构下，可以对线性表进行如下运算：

- 线性表插入：在线性表的指定位置处加入一个新的元素；
- 线性表删除：删除线性表中指定位置处的数据元素；
- 线性表查找：在线性表中查找某个（或某些）特定的元素；

- 线性表排序：对线性表中的元素进行排序；
- 线性表分解：按要求将一个线性表分解成多个线性表；
- 线性表合并：按要求将多个线性表合并成一个线性表；
- 线性表复制：复制一个线性表；
- 线性表逆转：逆转一个线性表。

7.1.4　栈和队列

1. 栈及其基本运算

（1）栈的定义

栈（Stack）是限定在一端进行插入与删除的特殊线性表。在栈中，允许插入与删除的一端称为栈顶，而不允许插入与删除的另一端称为栈底，当表中没有元素时称为空栈。栈顶元素总是最后被插入的元素，也是最早被删除的元素；栈底元素是最早被插入的元素，也是最晚被删除的元素。即栈的修改原则是先进后出（first in last out，FILO）或后进先出（last in first out，LIFO）。

（2）栈的顺序存储及运算

与线性表一样，一般用一维数组 S（1∶m）作为栈的顺序存储空间。其中 m 为栈的最大容量，通常用指针 top 来指示栈顶的位置，用指针 bottom 来指示栈底的位置，栈底指针指向栈空间的低地址一端（即数组的起始地址这一端）。

栈的基本运算有：入栈、出栈与读栈顶元素等。

2. 队列及其基本运算

（1）队列的定义

队列（queue）是指允许在一端进行插入，而在另一端进行删除的特殊线性表。允许插入的一端称为队尾，用尾指针（rear）指示；允许删除的一端称为队头，队头指针（front）指示队头元素的前一个位置。队列又称为“先进先出”（first in first out，FIFO）或“后进后出”（last in last out，LILO）的线性表，它体现了“先来先服务”的原则。在队列中，队尾指针与队头指针共同反映了队列中元素动态变化的情况。

往队列的队尾插入一个元素称为入队运算，从队列的队头删除一个元素称为出队运算。

（2）循环队列及其运算

在实际应用中，队列的顺序存储结构一般采用循环队列的形式。所谓循环队列，就是将队列存储空间的最后一个位置绕到第一个位置，形成逻辑上的环状空间，供队列循环使用，在循环队列结构中，当存储空间的最后一个位置已被使用而在要进行入队运算时，只要存储空间的第一个位置空间，便可将元素加入到第一个位置，即将存储空间的第一个位置为队尾。循环队列的初始状态为空。

循环队列主要有两种基本运算：入队和出队。

循环队列的队空和队满条件如下：

- 队列空的条件为：标志 s = 0；
- 队列满的条件为：标志 s = 1 且 front = rear。

7.1.5　线性链表

1. 线性链表的基本概念

线性表的顺序存储结构具有简单、运算方便等优点，特别是对于小线性表或者长度固定的线性表，采用顺序存储结构的优越性更加突出。但是，线性表的顺序存储结构在某些情况下就显得不太方便，运算效率也不太高，主要表现为：

- 在一般情况下，要在顺序存储的线性表中插入一个新元素或者删除一个元素时，为了保证插入或删除后的线性表仍然为顺序结构，需要移动大量的数据元素。因此，对于大的线性表，特别是元素的插入或删除很频繁的情况下，采用顺序存储结构不太方便，插入与删除运算的效率都很低。
- 当为一个线性表分配顺序存储空间后，如果出现线性表的存储空间已满，但还需要插入新的元素时，就会发生“上溢”错误。在这种情况下，如果在原线性表的存储空间后找不到与之连续的可用空间，则会导致运算的失败或者中断。显然，这种情况的出现对运算很不利。也就是说，在顺序存储结构下，线性表的存储空间不便于扩充。
- 线性表的顺序存储结构不便于对存储空间进行动态分配。

由于线性表的顺序存储结构存在的以上缺点，因此对于大的线性表，特别是元素变动频繁的大线性表不宜采用顺序存储结构，应采用链式存储结构。

链式存储结构中，要求每个结点由两部分组成：一部分用于存放数据元素值，称为数据域；另一部分用于存放指针，称为指针域。如图 7-2 所示。其中，指针用于指向该结点的前一个或后一结点（即前件或后件）。

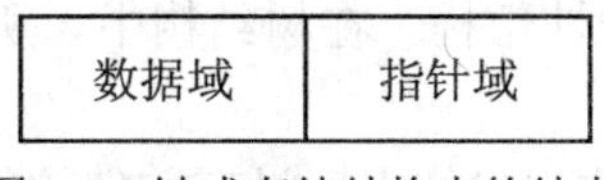

图7-2　链式存储结构中的结点

链式存储结构中，各结点的存储空间可以不连续。结点的存储顺序与数据元素之间的逻辑关系可以不一致，而数据元素之间的逻辑关系是由指针域来确定的。链式存储方式既可用于表示线性结构，也可用于表示非线性结构。

（1）线性链表

线性表的链式存储结构称为线性链表。在线性链表中，通常用一个专门的头指针 HEAD 指向线性链表中的第一个结点。线性表中最后一个元素没有后件，因此线性链表中最后一个结点的指针为空（用 NULL 或 0 表示），表示链表终止。

双向链表中，每个结点有两个指针域，一个称为左指针（llink），指向其前件结点；另一个称为右指针（rlink），指向其后件结点。

（2）带链的栈

栈也可以采用链式存储结构。在实际应用中，带链的栈可以用来收集计算机存储空间中所有空闲的存储结点，这种带链的栈称为可利用栈。

（3）带链的队列

队列也可以采用链式存储结构。

2. 线性链表的基本运算

有关线性链表的基本运算有：

- 线性链表插入：在线性链表的指定结点处加入一个新结点。
- 线性链表删除：删除线性链表中的指定结点。
- 线性链表查找：在线性链表中查找某个（或某些）特定的结点。
- 线性链表排序：对线性链表中的结点进行排序。
- 线性链表分解：按要求将一个线性链表分解成多个线性链表。
- 线性链表合并：按要求将多个线性链表合并成一个线性链表。
- 线性链表复制：复制一个线性链表。
- 线性链表逆转：逆转一个线性链表。

3. 循环链表

循环链表有如下两个特点：

① 循环链表中增加了一个表头结点，其数据域可根据需要来设置，指针域指向线性表的第一个元素的结点，循环链表的头指针指向表头结点。

② 循环链表中最后一个结点的指针域不为空，而是指向表头结点，即循环链表中所有结点的指针构成了一个环状链。

另外，由于在循环链表中设置了一个表头结点，因此在任何情况下，循环链表中至少有一个结点存在，从而使空表与非空表的运算统一。

7.1.6 树和二叉树

1. 树的基本概念

树（tree）是一种简单的非线性结构。在树结构中，所有数据元素之间的关系具有明显的层次性。

每一个结点只有一个前件，称为父结点；没有前件的结点只有一个，称为树的根结点，简称为树根。

每一个结点可以有多个后件，它们都称为该结点的子结点；没有后件的结点称为叶子结点。一个结点所拥有的后件个数称为结点的度。所有结点的最大度称为树的度。

树是一种层次结构。根结点在第一层，同一层上所有结点的所有子结点都在下一层。树的最大层次称为树的深度。

以某结点的一个子结点为根构成的树称为该结点的一棵子树，叶子结点没有子树。

树在计算机中通常用多重链表表示。多重链表中的每个结点描述了树中对应结点的信息，而每个结点中的链域（即指针域）个数将随树中该结点的度而定。由于树中每个结点的度一般是不同的，因此多重链表中各结点的链域个数也就不同，这将导致对树进行处理的算法很复杂。如果用定长的结点来表示树中的每个结点，即取树的度作为每个结点的链域个数，这就可以大幅简化对树的各种处理算法。但在这种情况下，会造成存储空间的浪费，因为有可能在很多结点中存在空链域。

2. 二叉树及其性质

（1）什么是二叉树

二叉树具有以下两个特点：

① 非空二叉树只有一个根结点。

② 每个结点最多有两棵子树，且分别称为该结点的左子树与右子树。

由以上特点可以看出，二叉树是由n(n≥0)个结点组成的有限集合。二叉树或者是空集，或者由一个根结点和两棵互不相交的子树（左子树和右子树）构成，并且左子树和右子树都是二叉树。但是，二叉树不是树的特殊情况。

（2）二叉树的基本性质

二叉树有以下几个性质：

① 在二叉树的第k层上，最多有2^{k-1}(k≥1)个结点。

② 深度为m的二叉树最多有2^m-1个结点。

③ 在任意一棵二叉树中，度为0的结点（即叶子结点）总是比度为2的结点多一个。

④ 具有n个结点的二叉树，其深度至少为$[\log_2 n]+1$，其中$[\log_2 n]$表示对$\log_2 n$向下取整。

（3）满二叉树

除了最后一层外，每一层上的所有结点都有两个子结点的二叉树为满二叉树。即深度为k的满二叉树，其第k层上有2^{k-1}个结点，且深度为m的满二叉树共有2^m-1个结点。

（4）完全二叉树

除最后一层外，每层的结点数都达到最大值的二叉树称为完全二叉树。满二叉树是完全二叉树，但完全二叉树不一定是满二叉树。

完全二叉树还具有以下两个性质：

① 具有n个结点的完全二叉树深度为$[\log_2 n]+1$；

② 如果对一棵有n个结点的完全二叉树的结点按层编号，则对于编号为k(1≤k≤n)的结点有以下结论：

- 如果k = 1，则结点k没有父结点，是二叉树的根；如果k>1，则该结点的父结点编号为INT（k/2）。
- 如果2k≤n，则结点k的左子结点编号为2k；否则该结点没有左子结点（显然也没有右子结点）。
- 如果2 k +1≤n，则结点k的右子结点编号化为2k+1；否则该结点没有右子结点。

3. 二叉树的存储结构

在计算机中，二叉树通常采用链式存储结构。

4. 二叉树的遍历

二叉树的遍历是指不重复地访问二叉树中的所有结点。由于二叉树是一种非线性结构，因此对二叉树的遍历要比遍历线性表复杂得多。在遍历二叉树的过程中，一般先遍历左子树，再遍历右子树。在先左后右的原则下，根据访问根结点的次序，二叉树的遍历可以分为三种，即前序遍历、中序遍历和后序遍历。

（1）前序遍历（DLR）

前序遍历首先访问根结点，然后遍历左子树，最后遍历右子树；并且遍历左、右子树时，仍然先访问根结点，然后遍历左子数，最后遍历右子树。

若二叉树为空，则结束返回，否则：

① 访问根结点；

② 前序遍历左子树；

③ 前序遍历右子树。

（2）中序遍历（LDR）

中序遍历是首先遍历左子树，然后访问根结点，最后遍历右子树；并且，在遍历左、右子树时，仍然先遍历左子树，然后访问根结点，最后遍历右子树。

若二叉树为空，则结束返回，否则：

① 中序遍历左子树；

② 访问根结点；

③ 中序遍历右子树。

（3）后序遍历（LRD）

后序遍历是首先遍历左子树，然后遍历右子树，最后访问根结点；并且，在遍历左、右子树时，仍然先遍历左子树，然后遍历右子树，最后访问根结点。

若二叉树为空，则结束返回，否则：

① 后序遍历左子树。

② 后序遍历右子树。

③ 访问根结点。

7.1.7 查找技术

1. 顺序查找

顺序查找又称顺序检索。一般是指在线性表中查找指定元素，其基本方法如下：

从线性表的第一个元素开始，依次将线性表中的元素与被查元素进行比较，若相等，则表示找到（即查找成功）；若线性表中所有的元素都与被查元素不相等，则表示线性表中没有要找的元素（即查找失败）。

顺序查找中，如果线性表中的第一个元素就是被查元素，则只需做一次比较就查找成功，查找效率最高；如果被查元素是线性表中的最后一个元素，或者根本不在线性表中，则需要与线性表中所有的元素进行比较，这是顺序查找的最坏情况。在平均情况下，利用顺序查找法在线性表中查找一个元素，大约要与线性表中一半的元素进行比较。

由此可以看出，对于大的线性表来说，顺序查找的效率很低。尽管顺序查找的效率不高，但在下列两种情况下只能采用顺序查找：

① 如果线性表是无序的，则不管是顺序存储结构还是链式存储结构，都只能顺序查找。

② 即使是有序线性表，如果采用链式存储结构，也只能用顺序查找。

2. 二分法查找

二分法查找只适用于顺序存储的有序表。有序表是指线性表中的元素按值非递减排列，即从小到大，但允许相邻元素值相等。

设有序线性表的长度为 n，被查元素为 x，则二分法查找的方法如下：

① 将 x 与线性表的中间项进行比较。

② 若中间项的值等于 x，则说明查到，查找结束。

③ 若 x 小于中间项的值，则在线性表的前半部分（即中间项以前的部分）以相同的方法进行查找。

④ 若 x 大于中间项的值，则在线性表的后半部分（即中间项以后的部分）以相同的方法进行查找。

此过程一直进行到大查找成功或子表长度为 0（说明线性表中没有这个元素）为止。

显然，当有序线性表为顺序存储时才能采用二分法查找，二分法查找的效率要比顺序查找高得多。可以证明，对于长度为 n 的有序线性表，在最坏情况下，二分查找只需要比较 $\log_2 n$ 次，而顺序查找则需要比较 n 次。

7.1.8　排序技术

1. 交换类排序法

交换排序是指借助数据元素之间的互相交换进行排序。

（1）冒泡排序法

冒泡排序法是一种最简单的交换类排序法，它是通过相邻数据元素的交换逐步将线性表变成有序。冒泡排序法的基本过程如下：

首先，从表头开始往后扫描线性表，在扫描过程中逐次比较相邻两个元素的大小。若相邻两个元素中，前面的元素大于后面的元素，则将它们互换，称为消去了一个逆序。

然后，从后到前扫描剩下的线性表，同样在扫描过程中逐次比较相邻两个元素的大小。若相邻两个元素中，前面的元素大于后面的元素，则将它们互换，这样就又消去了一个逆序。

对剩下的线性表重复上述过程，直到剩下的线性表变空为止，此时的线性表已经变为有序。

假设线性表的长度为 n，则在最坏情况下，冒泡排序要经过 n/2 遍从前往后的扫描和 n/2 遍从后往前的扫描，需要的比较次数为 n（n−1）/2。但此工作量不是必需的，一般情况下要小于这个工作量。

（2）快速排序法

快速排序法比冒泡排序法的速度快。快速排序法的关键是对线性表进行分割，对各分割出的子表再进行分割。

与其他排序方法相比，快速排序法所要求的内存容量最大。

2. 插入类排序法

插入排序是指将无序序列中的各元素依次插入到已经有序的线性表中，从而完成排序。

（1）简单插入排序法

简单插入排序法是把 n 个待排序的元素看成为一个有序表和一个无序表，开始时有序表中只包含一个元素，无序表中包含有 n-1 个元素，排序过程中每次从无序表中取出第一个元素，把它的排序码依次与有序表元素的排序码进行比较，将其插入到有序表中的适当位置，使之成为新的有序表。

在简单插入排序法中，每一次比较后最多移掉一个逆序，因此这种排序方法的效率与冒泡排序法相同。在最坏情况下，简单插入排序需要 n（n−1）/2 次比较。

（2）希尔排序法

希尔排序法对简单插入排序法做了较大的改进。希尔排序法的基本思想是将整个无序序列分割成若干小的子序列分别进行插入排序。

希尔排序的效率与所选取的增量序列有关。在最坏情况下，希尔排序所需要的比较次数为 O（$n^{1.5}$）。

3. 选择类排序法

（1）简单选择排序法

简单选择排序法的基本思想如下：

扫描整个线性表，从中选出最小的元素，将其交换到表的最前面（这是它应有的位置），然后，对剩下的子表采用同样的方法，直到子表空为止。

对于长度为 n 的序列，选择排序需要扫描 n-1 遍，每一遍扫描均从剩下的子表中选出最小的元素，然后将该元素与子表中的第一个元素进行交换。

简单选择排序法在最坏情况下需要比较 n（n-1）/2 次。

（2）堆排序法

根据堆的定义，可以得到堆排序法如下：

① 首先将一个无序序列建成堆。

② 然后将堆顶元素（序列中的最大项）与堆中的最坏一个元素进行交换（最大项应该在序列的最后）。不考虑已经换到最坏的那个元素，只考虑前 n-1 个元素构成的子序列。显然该子序列已经不是堆，但左、右子树仍为堆，可以将该子序列调整为堆。反复做第②步，直到剩下的子序列空为止。

堆排序的方法并不适合规模较小的线性表，但对于较大规模的线性表来说却很有效。在最坏情况下，堆排序法需要比较的次数为 O（$n\log_2 n$）。

与其他排序算法相比，堆排序法的复杂度最大。

7.2 程序设计基础

7.2.1 程序设计的方法和风格

程序设计是一门技术，需要相应的理论、技术、方法和工具来支持。就程序设计方法和技术的发展而言，主要经过了结构化程序设计和面向对象的程序设计两个阶段。

除了好的程序设计方法和技术之外，程序设计风格也很重要。因为程序设计风格会深刻影响软件的质量和可维护性，良好的程序设计风格可以使程序结构清晰合理，使程序代码便于维护。

程序设计风格是指编写程序时所表现出的特点、习惯和逻辑思路。程序是由人来编写的，为了测试和维护程序，往往还要阅读和跟踪程序，因此程序设计的风格总体而言应该强调简单和清晰，必须可以理解。著名的“清晰第一，效率第二”的论点已成为当今主导的程序设计风格。要形成良好的程序设计风格，主要应注重和考虑以下一些因素。

1. 源程序文档化

（1）符号的命名

符号的命名应具有一定的实际含义，以便于对程序的功能进行理解。一般有组织的程序设计团队都有自己关于命名的一套规范，通常会参照著名的“匈牙利表示法”或采用其变形子集。

（2）程序注释

正确的注释能够帮助读者理解程序。注释一般分为序言性注释和功能性注释。序言性注释通常位于每个程序的开头部分，它给出程序的整体说明，主要描述内容包括程序标题、程序功能说明、主要算法、接口说明、程序位置、开发简历、程序设计者、复审者、复审日期和修改日期等。功能性注释一般嵌在源程序体之中，主要描述其后的语句或程序的功能。清晰明朗的注释会为程序的调试和修改以及后续开发带来极大的便利。

（3）视觉组织

为使程序的结构一目了然，可以在程序中利用空格、空行、缩进等技巧使程序层次清晰。

2. 数据说明的方法

在编写程序时，需要注意数据说明的风格，以便使程序中的数据说明更易于理解和维护。

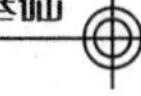

（1）数据说明的次序规范化

鉴于对程序理解、阅读和维护的需要，数据说明次序固定，可以使数据的属性容易查找，也有利于测试、排错和维护。

（2）说明语句中变量安排有序化

当一个说明语句说明多个变量时，变量按照字母顺序排序较好。

（3）使用注释来说明复杂数据的结构

3. 语句的结构

程序应该简单易懂，语句构造应该简单直接，不应该为提高效率而把语句复杂化。

① 在一行内只写一条语句。

② 编写程序时应优先考虑清晰性。

③ 除非对效率有特殊要求，编写程序时要做到清晰第一、效率第二。

④ 首先要保证程序的正确，然后才要求提高速度。

⑤ 避免使用临时变量而使程序的可读性下降。

⑥ 避免不必要的转移。

⑦ 尽可能使用库函数。

⑧ 避免采用复杂的条件语句。

⑨ 尽量减少使用“否定”条件的条件语句。

⑩ 数据结构要有利于程序的简化。

⑪ 要模块化，使模块功能尽可能单一化。

⑫ 利用信息隐蔽，确保每一个模块的独立性。

⑬ 从数据出发去构造程序。

⑭ 不要修补不好的程序，要重新编写。

4. 输入和输出

输入和输出信息是用户直接关心的，输入/输出方式和格式应尽可能方便用户的使用，因为系统能否被用户接收，往往取决于输入/输出的风格。无论是批处理的输入/输出方式，还是交互式的输入/输出方式，在设计和编程时都应该考虑以下原则：

① 对所有的输入数据都要检验数据的合法性。

② 检查输入项的各种重要组合的合理性。

③ 输入格式要简单，以使输入的步骤和操作尽可能简单。

④ 输入数据时，应允许使用自由格式。

⑤ 应允许缺省值。

⑥ 输入一批数据时，最好使用输入结束标志。

⑦ 在以交互式输入/输出方式进行输入时，要在屏幕上使用提示符明确提示输入的要求，同时在数据输入过程中和输入结束时，应在屏幕上给出状态信息。

⑧ 当对程序设计语言的输入格式有严格要求时，应保持输入格式与输入语言的一致性；给所有的输出加注释，并设计输出报表格式。

7.2.2　结构化程序设计

1. 结构化程序设计的原则

结构化程序设计的主要原则可以概括为自顶向下、逐步求精、模块化和限制使用 goto 语句等。

（1）自顶向下

设计程序时，应先考虑总体，后考虑细节；先考虑全局目标，后考虑局部目标。不要一开始就过多追求众多的细节，应先从最上层总体目标开始设计，逐步使问题具体化。

（2）逐步求精

对复杂问题，应设计一些子目标进行过渡，逐步细化。

（3）模块化

一个复杂的模块，肯定是由若干稍简单的问题构成。模块化的含义是把程序要解决的总目标分解为小目标，再进一步分解为具体的小目标，把每个小目标称为一个模块。

（4）限制使用 goto 语句

2. 结构化程序的基本结构与特点

结构化程序有三种基本结构，即顺序、选择和重复。

（1）顺序结构

顺序结构是最基本、最常见的结构。顺序结构按照程序中语句行的自然顺序逐条地执行。

（2）选择结构

选择结构（又称为分支结构）包括简单选择结构和多分支选择结构。选择结构根据设置的条件，判断应该选择哪一条分支来执行相应的语句序列。

（3）重复结构

重复结构（又称为循环结构）根据给定的条件，判断是否需要重复执行某一相同的或类似的程序段。利用重复结构可以简化大量的程序行。在程序设计语言中，重复结构对应两类循环语句，对先判断后执行循环体的称为当型循环结构，对先执行循环体后判断的称为直到型循环结构。

结构化程序的特点，一是程序结构良好、易读、易理解和易维护；二是可以提高编程效率，降低软件开发的成本。

3. 结构化程序设计原则和方法的应用

在结构化程序设计的具体实施中，要注意把握以下要素：

① 使用程序设计语言中的顺序、选择和重复等有限的控制结构表示程序的控制逻辑。

② 选用的控制结构只允许有一个入口和一个出口。

③ 程序语句组成容易识别的块，每块只有一个入口和一个出口。

④ 复杂结构应该用嵌套的基本控制结构进行组合嵌套来实现。

⑤ 语言中所没有的控制结构，应该采用前后一致的方法来模拟。

⑥ 严格控制 goto 语句会使功能模糊。

7.2.3 面向对象的程序设计

1. 关于面向对象方法

目前，面向对象的程序设计方法已经发展为主流的程序设计方法。面向对象方法的本质是主张从客观世界固有的事物出发来构造系统，提倡用人类在现实生活中常用的思维方法来认识、理解和描述客观事物，强调最终建立的系统能有效地映射为问题域，即系统中的对象以及对象之间的关系能够如实地反映问题域中固有的事物及其关系。

面向对象方法之所以日益受到人们的重视和应用，源于面向对象方法具有以下优点：

① 与人类习惯的思维方法一致。

② 稳定性好。

③ 可重用性好。

④ 易于开发大型软件产品。

⑤ 可维护性好。

2. 面向对象方法的基本概念

（1）对象（Object）

对象是面向对象方法中最基本的概念。对象可以用来表示客观世界，即应用领域中有意义的、与所要解决的问题有关的任何事物都可以作为对象。它可以是具体的物理实体的抽象，也可以是人为定义的概念，或者是任何有明确边界和意义的东西。总之，对象是对问题域中某个实体的抽象，设立某个对象则反映软件系统保存有关它的信息并具有与它进行交互的能力。

客观世界中的实体通常都既具有静态的属性，又有动态的行为，因此面向对象方法中的对象是由描述该对象属性的数据以及可以对这些数据施加的所有操作封装在一起构成的统一体。对象可以做的操作表示它的动态行为，也称为方法或服务。

属性即对象所包含的信息，它在设计对象时确定，一般只能通过执行对象的操作来改变。需要注意的是，属性值应该指纯粹的数据值，而不能指对象。操作描述了对象执行的功能，若通过消息传递，还可以为其他对象使用。

对象具有以下一些特点：

① 标志唯一性。对象是可区分的，并且由对象的内在本质来区分，而不是通过描述来区分。

② 分类性。可以将具有相同属性和操作的对象抽象成类。

③ 多态性。同一操作可以是不同对象的行为。

④ 封装性。从外面看只能看到对象的外部特性，即只需知道数据的取值范围和可以对该数据施加的操作，根本无须知道数据的具体结构以及实现操作的算法。对象的内部，即处理能力的实行和内部状态对外是不可见的，从外面不能直接使用对象的处理能力，也不能直接修改其内部状态，对象的内部状态只能由其自身改变。

⑤ 模块独立性好。对象是由数据及可以对这些数据施加的操作所组成的统一体，而且对象是以数据为中心的，操作围绕对其数据所需做的处理来设置，没有无关的操作。从模块的独立性考虑，对象内部各种元素彼此结合得很紧密，内聚性较强。

（2）类（class）和实例（instance）

类是具有共同属性、共同方法的对象的集合。类是对象的抽象，它描述了属于该对象类型的所有对象的性质，而一个对象则是其对应类的实例。

需要注意的是，当使用“对象”这个术语时，既可以指一个具体的对象，也可以泛指一般的对象，但是当使用“实例”这个术语时，必然是指一个具体的对象。

由类的定义可知，它同对象一样，包括一组数据属性和在数据上的一组合法的操作（方法或服务）。

（3）消息（message）

面向对象的世界是通过对象与对象间彼此的相互合作来推动的，对象间的这种相互合作需要一个机制协助进行，这样的机制称为“消息”。消息是一个实例与另一个实例之间传递的信息，它请求对象执行某一处理或回答某一要求，统一了数据流和控制流。消息的使用类似于函数调用，消息中指定了某一个实例、一个操作名和一个参数表（可空）。接收消息的实例执行消息中指定的操作，并将形式参数与参数表中相应的值结合起来。

消息中只包含传递者的要求，它告诉接收者需要做哪些处理，但并不指示接收者应该怎样完成这些处理。消息完全由接收者解释，接收者独立决定采用什么方式完成所需的处理，发送者对接收者不起任何控制作用。一个对象能够接收不同形式、不同内容的多个消息；相同形式的消息可以送往不同的对象，不同的对象对于形式相同的消息可以有不同的解释，能够做出不同的反应。一个对象可以同时向多个对象传递信息，两个对象也可以同时向某个对象传递消息。

通常，一个消息由下述三部分组成：

① 接收消息的对象的名称。

② 消息标志符（也称为消息名）。

③ 零个或多个参数。

（4）继承（inheritance）

继承是面向对象的方法的一个主要特征，是使用已有的类定义作为基础建立新类的技术。已有的类可当做基类来引用，新类相应的可当做派生类来引用。

广义地说，继承是指直接获得已有的特质和特征，而不必重复定义它们。

面向对象方法的许多强有力的功能和突出的优点，都来源于把类组成一个层次结构的系统：一个类的上层可以有父类，下层可以有子类。这种层次结构系统的一个重要性质是继承性，一个类直接继承其父类的描述或特性，子类自动地共享基类中定义的数据和方法。

继承具有传递性。如果类 c 继承类 b，类 b 继承类 a，则类 c 继承类 a。因此，一个类实际上继承了它上层的全部基类的特性。也就是说，属于某类的对象除了具有该类所定义的特性外，还具有该类上层全部基类定义的特性。

继承分为单继承与多重继承。单继承是指一个类只允许有一个父类，即类等级为树形结构。多重继承是指一个类允许有多个父类。多重继承的类可以组合多个父类的性质构成所需要的性质，因此功能更强，使用更方便。但是，使用多重继承时要注意避免二义性。

继承性的优点是，相似的对象可以共享程序代码和数据结构，从而大幅减少了程序中的冗余信息，提高了软件的可重用性，便于软件的修改和维护。另外，继承性使得用户在开发新的应用系统时不必完全从零开始，可以继承原有的相似系统的功能或者从类库中选取需要的类，再派生出新的类以实现所需要的功能。

（5）多态性（polymorphism）

对象根据所接收的消息而做出动作，同样的消息被不同的对象接收时可导致完全不同的行动，称为多态性。在面向对象方法中，多态性是指子类对象可以像父类对象那样使用，同样的消息既可以发送给父类对象，也可以发送给子类对象。

多态性机制不仅增加了面向对象软件系统的灵活性，进一步减少了信息冗余，而且显著地提高了软件的可重用性和可扩充性。当扩充系统功能增加新的实体类型时，只需派生出与新实体类相应的新的子类，完全无须修改原有的程序代码，甚至不需要重新编译原有的程序。利用多态性，用户能够发送一般形式的消息，而将所有的实现细节都留给接收消

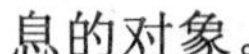

息的对象。

7.3 软件工程基础

7.3.1 软件工程的基本概念

1. 软件的定义和特点

计算机软件是为运行、管理和维护计算机而编制的各种程序、数据和文档的总称。软件的特点包括：

① 软件是一种逻辑实体。

② 软件的生产与硬件不同，它没有明显的制作过程。

③ 软件在运行、使用期间不存在磨损、老化问题。

④ 软件的开发、运行对计算机系统具有依赖性，受计算机系统的限制，这导致了软件移植的问题。

⑤ 软件复杂性高，成本昂贵。

⑥ 软件开发涉及诸多的社会因素。

软件按功能分为应用软件和系统软件。

2. 软件工程的概念

软件工程概念的出现源自于软件危机，软件危机主要表现在成本、质量和生产率等问题上。根本原因在于随着软件规模的扩大，软件的复杂性也大幅增加，从而进一步导致软件维护困难、成本增加。

软件工程就是试图用工程、科学和数学的原理与方法研制、维护计算机软件的有关技术及管理方法。也就是强调在软件开发过程中需要应用工程化原则。

软件工程包括三个要素即方法、工具和过程。方法是完成软件工程项目的技术手段；工具支持软件的开发、管理、文档生成；过程支持软件开发的各个环节的控制和管理。

3. 软件生命周期

软件产品从提出、实现、使用、维护到退役的过程称为软件的生命周期。软件生命周期包括可行性研究与需求分析、设计、实现、测试、交付使用以及维护等活动，如图 7-3 所示。这些活动可以重复，执行时也可以迭代。另外，还可以将软件生命周期分为定义、软件开发及软件维护等三个阶段，如图 7-3 所示。

软件生命周期的主要活动阶段如下：

（1）可行性研究与计划制订

确定待开发软件系统的开发目标和总的要求，给出它的功能、性能、可靠性以及接口等方面的可能方案，制订完成开发任务的实施计划。

（2）需求分析

对开发软件提出的需求进行分析并给出详细定义，编写软件规格说明书及初步的用户手册，提交评审。

常见的需求分析方法有结构化分析方法和面向对象的分析方法。

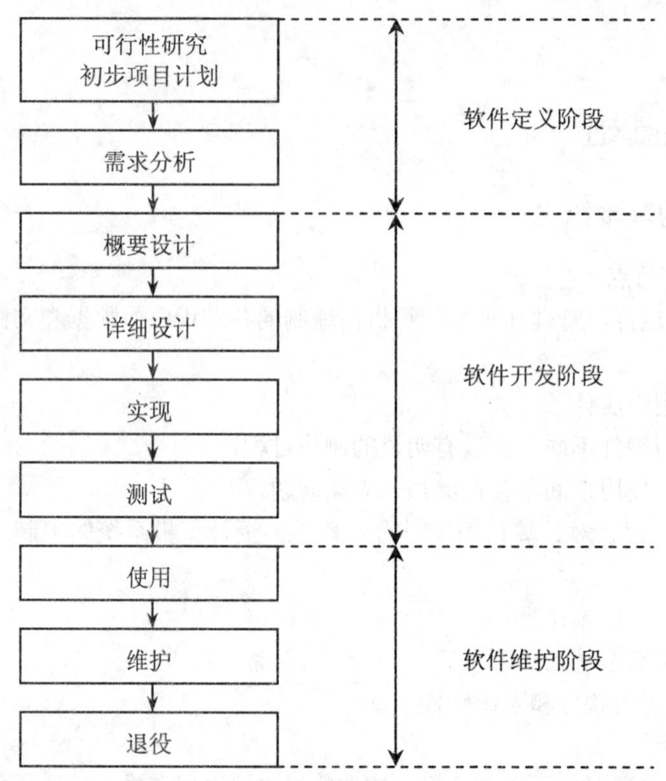

图 7-3　软件生命周期

（3）软件设计

系统设计人员和程序设计人员应该在反复理解软件需求的基础上，给出软件的结构、模块的划分，功能的分配以及处理流程，在系统比较复杂的情况下，设计阶段可分解成概要设计阶段和详细设计阶段，编写概要设计说明书、详细设计说明书和测试计划初稿，提交评审。

（4）软件实现

把软件设计转换成计算机可以接收的程序代码，即完成源程序的编码；编写用户手册、操作手册等面向用户的文档，编写单元测试计划。

（5）软件测试

在设计测试用例的基础上，检验软件的各个组成部分，编写测试分析报告。

（6）运行和维护

将已交付的软件投入运行，并在运行使用中不断地维护，根据新提出的需求进行必要而且可能的扩充和删改。

4. 软件工程的目标与原则

（1）软件工程的目标

软件工程的目标是：在给定成本、进度的前提下，开发出具有有效性、可靠性、可理解性、可维护性、可重用性、可适应性、可移植性、可追踪性和可互操作性且满足用户需求的产品。

软件工程需要达到的基本目标应是：付出较低的开发成本，达到要求的软件功能，取得较好的软件性能，开发的软件易于移植，需要较低的维护费用，能按时完成开发，及时交付使用。

基于软件工程的目标，软件工程的理论和技术性研究的内容主要包括：软件开发技术和软件工程管理。

① 软件开发技术。软件开发技术包括软件开发方法学、开发过程、开发工具和软件工程环境，其主体内容是软件开发方法学。软件开发方法学是根据不同的软件类型，按不同的观点和原则，对软件开发中应遵循的策略、原则、步骤和必须产生的文档资料作出规定，从而使软件的开发能够进入规范化和工程化的阶段，以克服早期手工方法生产中的随意性和非规范性做法。

② 软件工程管理。软件工程管理包括软件管理学、软件工程经济学、软件心理学等内容。

软件工程管理是软件按工程化生产时的重要环节，它要求按照预先制定的计划、进度和预算执行，以实现预期的经济效益和社会效益。统计数据表明，多数软件开发项目的失败，并不是由于软件开发技术方面的原因，而是由于不适当的管理造成的。软件管理学包括人员组织、进度安排、质量保证、配置管理和项目计划等。

软件工程经济学是研究软件开发中成本的估算、成本效益分析的方法和技术，它是用经济学的基本原理来研究软件工程开发中的经济效益问题。

软件心理学是软件工程领域具有挑战性的一个全新的研究视角，它是从个体心理、人类行为、组织行为和企业文化等角度来研究软件管理和软件工程的。

（2）软件工程的原则

为了达到上述软件工程目标，在软件开发过程中，必须遵循软件工程的基本原则。这些原则适用于所有的软件项目，包括抽象、信息隐蔽、模块化、局部化、确定性、一致性、完备性和可验证性。

① 抽象。抽取事物最基本的特性和行为，忽略非本质细节，采用分层次抽象、自顶向下、逐层细化的办法控制软件开发过程的复杂性。

② 信息隐蔽。采用封装技术，将程序模块的实现细节隐蔽起来，使模块接口尽量简单。

③ 模块化。模块是程序中相对独立的成分，一个独立的编程单位应有良好的接口定义。模块的大小要适中，模块过大会使模块内部的复杂性增加，不利于对模块的理解和修改，也不利于模块的调试和重用；模块过小会导致整个系统表示过于复杂，不利于控制系统的复杂性。

模块独立性使用耦合性和内聚性两个定性的度量标准，耦合与内聚是相互关联的。在程序结构中各模块的内聚性越强，则耦合性越弱。优秀软件应高内聚，低耦合。

④ 局部化。要求在一个物理模块内集中逻辑上相互关联的计算资源，保证模块间具有松散的耦合关系，模块内部有较强的内聚性，这有助于控制解的复杂性。

⑤ 确定性。软件开发过程中所有概念的表达应是确定、无歧义且规范的，这有助于人与人的交互不会产生误解和遗漏，以保证整个开发工作的协调一致。

⑥ 一致性。包括程序、数据和文档的整个软件系统的各模块应使用已知的概念、符号

和术语；程序内外部接口应保持一致，系统规格说明与系统行为应保持一致。

⑦ 完备性。软件系统不丢失任何重要成分，完全实现系统所需的功能。

⑧ 可验证性。开发大型软件系统需要对系统自顶向下、逐层分解，系统分解应遵循容易检查、测评、评审的原则，以确保系统的正确性。

7.3.2 结构化分析方法

1. 关于结构化分析方法

结构化分析方法是结构化程序设计理论在软件需求分析阶段的运用。结构化分析方法的实质是着眼于数据流、自顶向下、逐层分解、建立系统的流程，以数据流图和数据字典为主要工具，建立系统的逻辑模型。

结构化分析的步骤如下：

① 通过对用户的调查，以软件的需求为线索，获得当前系统的具体模型。

② 去掉具体模型中非本质的因素，抽象出当前系统的逻辑模型。

③ 根据计算机的特点，分析当前系统与目标系统的差别，建立目标系统的逻辑模型。

④ 完善目标系统并补充细节，写出系统软件的需求规格说明。

⑤ 评审直到确认完全符合用户对软件的需求。

2. 关于结构化分析的常用工具

（1）数据流图

数据流图（data flow diagram，DFD）是描述数据处理过程的工具，是需求理解的逻辑模型的图形表示，它直接支持系统的功能建模。

（2）数据字典

数据字典（data dictionary，DD）是结构化分析方法的核心。数据字典是对所有与系统相关的数据元素的一个有组织的列表，具有精确、严格的定义，使得用户和系统分析员对于输入、输出、存储成分和中间计算结果有共同的理解。

（3）判定树

使用判定树进行描述时，应先从问题定义的文字描述中分清哪些是判定的条件，哪些是判定的结论，根据描述材料中的连接词找出判定条件之间的从属关系、并列关系和选择关系，根据它们构造判定树。

（4）判定表

判定表与判定树相似，当数据流图中的加工要依赖于多个逻辑条件的取值时，即完成该加工的一组动作，是由某一组条件取值的组合而引发的，使用判定表描述比较合适。

3. 软件需求规格说明书

软件需求规格说明书（software requirement specification，SRS）是需求分析阶段的最后成果，是软件开发中的重要文档之一。

（1）软件需求规格说明书的作用

① 便于用户、开发人员进行理解和交流。

② 反映出用户问题的结构，可以作为软件开发工作的基础和依据。

③ 作为确认测试和验收的依据。

（2）软件需求规格说明书的内容

软件需求规格说明书是作为需求分析的一部分而制定的可交付文档。该说明书把在软件计划中确定的软件范围展开，制定出完整的信息描述、详细的功能说明、恰当的检验标准以及有关的其他数据。

（3）软件需求规格说明书的特点

软件需求规格说明书是确保软件质量的有力措施，衡量其质量好坏的标准、标准的优先级及标准的内涵如下：

- 正确性（最重要）。
- 无歧义性。
- 完整性。
- 可验证性。
- 一致性。
- 可理解性。
- 可修改性。
- 可追踪性。

软件需求规格说明书是一份在软件生命周期中至关重要的文件，它在开发早期就为尚未诞生的软件系统建立了一个可见的逻辑模型，可以保证开发工作的顺利进行，因此应及时地建立并保证它的质量。

7.3.3　结构化设计方法

1. 软件设计的基本概念

软件设计是软件工程的重要阶段，是一个把软件需求转换为软件表示的过程。软件设计的基本目标是用比较抽象概括的方式确定目标系统如何完成预定的任务。

从技术观点来看，软件设计包括软件结构设计、数据设计、接口设计和过程设计。

- 结构设计：定义软件系统各主要部件之间的关系。
- 数据设计：将分析时创建的模型转化为数据结构的定义。
- 接口设计：描述软件内部、软件和协作系统之间以及软件与人之间如何通信。
- 过程设计：把系统结构部件转换成软件的过程描述。

从工程管理角度来看，软件设计分两步完成：概要设计和详细设计。

软件设计是一个迭代的过程，其一般过程是：先进行高层次的结构设计，后进行低层次的过程设计，穿插进行数据设计和接口设计。

2. 结构化设计方法

与结构化需求方法相对应的是结构化设计方法。结构化设计方法主要包括概要设计和详细设计。

（1）概要设计

① 概要设计的任务。概要设计的基本任务有：

- 设计软件系统结构。
- 数据结构及数据库设计。
- 编写概要设计文档。

- 概要设计文档评审。

常用的软件结构设计工具是结构图。结构图的形式有基本形式、顺序形式、重复形式和选择形式。结构图有四种模块类型，即传入模块、传出模块、变换模块和协调模块。

② 面向数据流的设计方法。面向数据流的设计方法定义了一些不同的映射方法，利用这些映射方法可以把数据流图变换成结构图表示的软件结构。

典型的数据流类型有两种：变换型和事务型。变换型系统结构图由输入、中心变换和输出三部分组成；事务型数据流的特点是接受一项事务，根据事务处理的特点和性质，选择分派一个适当的处理单元，然后给出结果。

（2）详细设计

详细设计的任务是为软件结构图中的每一个模块确定实现算法和局部数据结构，用某种选定的表达工具表示算法和数据结构的细节。

常见的过程设计工具有：

- 图形工具：程序流程图、N-S 图、PAD（问题分析图）和 HIPO（层次输入—处理—输出图）等。
- 表格工具：判定表。
- 语言工具：PDL（伪码）。

7.3.4 软件测试

软件测试是保证软件质量的重要手段，它贯穿于整个软件生命周期。软件测试能尽可能多地发现软件中的错误。

1. 软件测试的方法与技术

从是否需要执行被测软件的角度，可以分为静态测试和动态测试两种方法。

（1）静态测试

静态测试包括代码检查、静态结构分析、代码质量度量。静态测试不实际运行软件，主要通过人工进行。

（2）动态测试

动态测试是通过计算机的测试，是为了发现错误而执行程序的过程。或者说，是根据软件开发各阶段的规格说明和程序的内部结构而精心设计一批测试用例（即输入数据及其与其预期的输出结果），并利用这些测试用例去运行程序，以发现程序错误的过程。动态测试包括白盒测试方法和黑盒测试方法。

① 白盒测试。在程序内部进行，主要用于完成软件内部操作的验证。主要方法有逻辑覆盖和基本路径测试等。

② 黑盒测试。主要诊断功能不对或遗漏、界面错误、数据结构或外部数据库访问错误、性能错误、初始化和终止条件错等。主要方法有等价类划分法、边界值分析法、错误推测法和因果图等。

2. 软件测试的实施

软件测试过程一般按四个步骤进行，即单元测试、集成测试、验收测试（确认测试）和系统测试等。

7.3.5　程序的调试

程序调试的任务是诊断和改正程序中的错误，主要在开发阶段进行。

1. 程序调试的基本步骤

① 错误定位。

② 修改设计和代码，以排除错误。

③ 进行回归测试，防止引进新的错误。

2. 软件调试方法

类似于软件测试，软件调试可分为静态调试和动态调试。

静态调试主要是指通过人的思维来分析源程序代码和排错，是主要的调试手段。软件测试中静态测试方法同样适用于静态调试。

而动态调试是辅助静态调试的。主要调试方法有：

① 强行排错法。

② 回溯法。

③ 原因排除法。

7.4　数据库设计基础

7.4.1　数据库系统的基本概念

1. 数据

数据（Data）是对客观事物的符号表示。软件中的数据具有型和值两种属性。数据的型给出数据表示的类型，例如整型、实型和字符型；而数据的值给出符合给定型的值，例如整型值 2009、实型值 3.1415、字符值‘A’等。

2. 数据库

数据库（data base，DB）是数据的集合，它具有统一的结构形式并存放于统一的存储介质内，是多种应用数据的集成，可被多个应用程序所共享。

数据库存放数据是按数据所提供的数据模式存放的，数据模式能构造复杂的数据结构以建立数据间内在联系与复杂的关系，构成数据的全局结构模式。

数据库中的数据具有“集成”和“共享”等特点，即数据库集中了各种应用数据，进行统一的构造与存储，并且可被不同的应用程序所使用。

3. 数据库管理系统

数据库管理系统（database management system，DBMS）是一种系统软件，负责数据库中的数据组织、数据操纵、数据维护、控制和保护以及数据服务等。数据库中有海量级的数据，并且其结构复杂，因此需要提供管理工具。数据库管理系统是数据库系统的核心，主要有以下几个方面的具体功能：

（1）数据模式的定义

数据库管理系统负责为数据库构建数据模式，即为数据库构建其数据框架。

（2）数据库存取的物理构建

数据库管理系统负责为数据模式的物理存取及构建提供有效的存取方法和手段。

（3）数据操纵

数据库管理系统一般提供查询、插入、修改以及删除数据等功能，为用户使用数据库中的数据提供方便。此外，还具有简单算术运算及统计的能力，而且还可以与某些过程性语言相结合，使自身具有强大的过程性操作能力。

（4）数据的完整性，安全性定义与检查

数据库中的数据具有内在语义上的关联与一致性，它们构成数据的完整性。数据的完整性是保证数据库中数据正确的必要条件，因此必须经常检查以维护数据的正确。

数据库中的数据具有共享性，所以可能引起数据的非法使用，因此必须要对数据正确使用做出必要的规定，并在使用时进行检查校验，这就是数据的安全性。

数据完整性与安全性的维护是数据库管理系统的基本功能。

（5）数据库的并发控制与故障恢复

数据库是一个集成、共享的数据集合体，能为多个应用程序服务，所以就存在着多个应用程序对数据库进行并发操作。对于并发操作，如果不进行控制和管理，应用程序间就会相互干扰，从而对数据库中的数据造成破坏，因此，数据库管理系统必须对多个程序的并发操作作出必要的控制以保证数据不受破坏，即数据库的并发控制。

数据库中的数据一旦遭受破坏，数据库管理系统必须有能力及时进行恢复，即数据库的故障恢复。

（6）数据的服务

数据库管理系统提供对数据库中数据的多种服务功能，例如数据复制、转存、重组、性能监测和分析等。

为完成上述功能，数据库管理系统要提供相应的数据语言（Data Language），分别是：

- 数据定义语言（data defination language，DDL）：负责数据的模式定义和数据的物理存取构建。
- 数据操纵语言（data manipulation language，DML）：负责数据的操纵，包括查询、插入、修改和删除等操作。
- 数据控制语言（data control language，DCL）：负责数据完整性、安全性的定义与检查以及并发控制、故障恢复等功能，包括系统初始程序、文件读/写、存取路径管理程序、缓冲区管理程序、安全性控制程序、完整性检查程序、并发控制程序、事务管理程序、运行日志管理程序和数据库恢复程序等。

数据语言有两种不同的使用方式：

- 交互式命令语言：这种语言比较简单，可在终端上即时操作。
- 宿主型语言：一般可嵌入到某些宿主语言中，例如 C、C++、Pascal 和 COBOL 等高级语言中。

目前流行的 DBMS 均为关系数据库系统，如 Oracle、PowerBuilder、DB2、SQL Server 和 Visual FoxPro 等。

4. 数据库管理员

由于数据库的共享性，因此对数据库的规划、设计、维护和监视等需要有专人管理，称他们为数据库管理员（database administrator，DBA）。其主要工作如下：

（1）数据库设计

DBA 的主要任务之一是进行数据库设计，具体地说是进行数据模式设计。

（2）数据库维护

DBA 必须对数据库中的数据安全性、完整性、并发控制、系统恢复和数据定期转存等进行实施与维护工作。

（3）改善系统性能，提高系统效率

DBA 必须随时监视数据库的运行状态，不断调整内部结构，使系统保持最佳状态和最高效率。当效率下降时，DBA 需采取适当的措施，进行数据库的重组、重构和数据负载平衡等。

5. 数据库系统

数据库系统（database system，DBS）由如下几部分组成：数据库（数据）、数据库管理系统（软件）、数据库管理员（人员）、系统平台之一——硬件平台（硬件）、系统平台之二——软件平台（软件）。这五个部分构成了一个以数据库为核心的完整的运行实体，称为数据库系统。

在数据库系统中，硬件平台包括：

- 计算机：它是系统中硬件的基础平台。
- 网络：目前大部分数据库系统以网络为主，其结构为客户/服务器（C/S）方式和浏览器/服务器（B/S）等。

在数据库系统中，软件平台包括：

- 操作系统：它是系统的基础软件平台。
- 数据库系统开发工具：为开发数据库应用程序所提供的工具，包括过程性程序设计语言，例如 C、C++、Pascal 等，可视化开发工具 VB、PB、Delphi 等，还包括与 HTML 及 XML 等以及一些专用的开发工具。
- 接口软件：在网络环境下，数据库系统中数据库与应用程序、数据库与网络间存在着多种接口，它们需要用接口进行连接，否则数据库系统整体就无法正常运作，接口软件包括 ODBC、JDBC、OLEDB、CORBA、DCOM 等。

6. 数据库应用系统

利用数据库系统进行应用开发可构成一个数据库应用系统（database application system，DBAS）。具体包括数据库、数据库管理系统、数据库管理员、硬件平台、软件平台、应用软件以及应用界面的软件系统。

7. 数据库系统的发展

数据库系统的发展至今已经历了三个阶段：人工管理阶段、文件系统阶段和数据库系统阶段。

（1）人工管理阶段

20 世纪 50 年代中期以前是人工管理阶段，主要应用于科学计算，硬件无磁盘，直接存取，软件没有操作系统。

（2）文件系统阶段

20 世纪 50 年代至 60 年代中期，进入文件系统阶段，对数据管理能力有限，缺乏完整性和统一性。

（3）数据库系统阶段

20 世纪 60 年代之后，数据管理进入数据库系统阶段。随着计算机应用领域的发展，数据库系统的功能和应用范围不断扩大，目前已成为计算机系统的主要支撑软件。

8. 数据库系统的基本特点

数据库系统的基本特点如下：

① 数据的集成性

② 数据的高共享性和低冗余性

③ 数据独立性

数据独立性是数据与程序间的互不依赖性，即数据库中的数据独立于应用程序而不依赖于应用程序。数据的逻辑结构、存储结构与存取方式的改变不会影响应用程序。

数据独立性分为物理独立性与逻辑独立性。

① 物理独立性：物理独立性是数据的物理结构（包括存储结构、存取方式等）的改变，例如存储设备更换、物理存储更换和存取方式改变等都不影响数据库的逻辑结构，从而不致引起应用程序的变化；

② 逻辑独立性：数据库总体逻辑结构的改变，例如修改数据模式、增加新的数据类型和改变数据间的联系等，不需要相应修改应用程序，这些都是数据的逻辑独立性。

（4）数据的统一管理与控制

数据库系统不仅为数据提供高度集成的环境，同时还为数据提供统一管理的手段，主要包含以下三方面内容：

- 数据的完整性检查：检查数据库中数据的正确性以保证数据的正确。
- 数据的安全性保护：检查数据库访问者以防止非法访问。
- 并发控制：控制多个应用的并发访问所产生的相互干扰以保证其正确性。

9. 数据库系统的内部结构体系

数据库系统内部具有三级模式及二级映射，三级模式分别是概念模式、内模式和外模式；二级映射分别是概念模式到内模式的映射和外模式到概念模式的映射。这种三级模式与二级映射构成数据库系统内部的抽象结构体系，如图 7-4 所示。

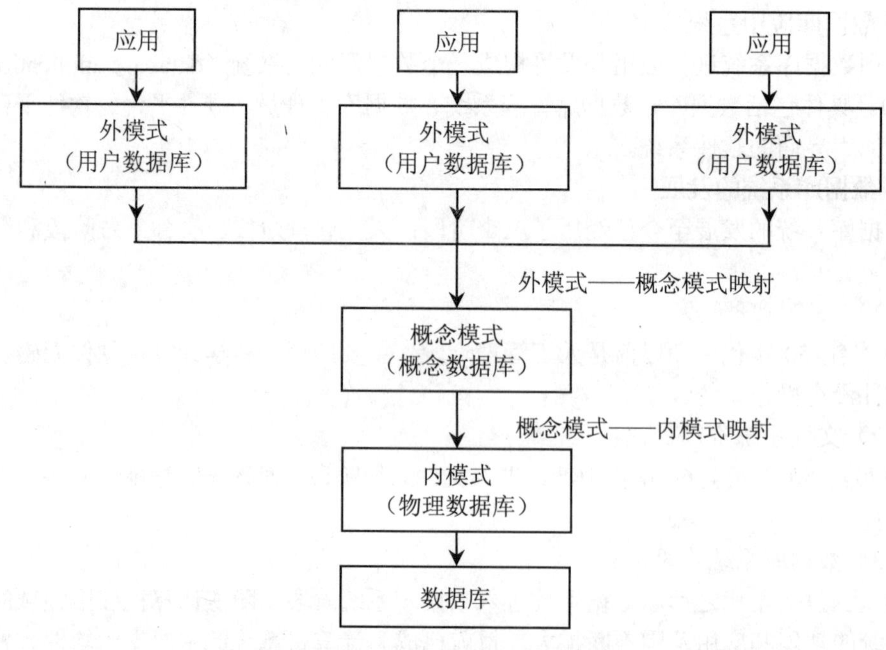

图 7-4　三级模式、两种映射关系图

（1）数据库系统的三级模式

① 概念模式。概念模式（conceptual schema）是数据库系统中全局数据逻辑结构的描述，是全体用户（应用）的公共数据视图。这是一种抽象的描述，不涉及具体的硬件环境与平台，也与具体的软件环境无关。

概念模式主要描述数据的概念记录类型以及它们之间的关系，还包括一些数据间的语义约束，对它的描述可用 DBMS 中的 DDL 语言定义。

② 外模式。外模式（external schema）又称子模式（subschema）或用户模式（user's schema）。它是用户的数据视图，即用户所见到的数据模式，由概念模式推导而出。概念模式给出系统全局的数据描述，外模式则给出每个拥护的局部数据描述。一个概念模式可以有若干个外模式，每个用户只关心与他们相关的模式，这样不仅可以屏蔽大量的无关信息，而且有利于数据保护。在一般的 DBMS 中都提供有相关的外模式描述语言（外模式 DDL）。

③ 内模式。内模式（internal schema）又称物理模式（physical schema），它给出数据库物理存储结构与物理存取方法，例如数据存储的文件结构、索引、集簇及 Hash 等存取方式与存取路径。内模式的物理性主要体现在操作系统级和文件级上，还未深入到设备级上（如磁盘及磁盘操作）。内模式对一般用户是透明的，它的设计直接影响数据库的性能。DBMS 一般提供相关的内模式描述语言（内模式 DDL）。

数据模式给出了数据库的数据框架结构，数据是数据库中的真正实体，必须按框架所描述的结构进行组织。以概念模式为框架所组成的数据库叫概念数据库（conceptual database）；以外模式为框架所组成的数据库叫用户数据库（user's database）；以内模式为框架所组成的数据库叫物理数据库（physical database）。只有物理数据库真正存在于计算机外存，其他两种数据库才通过两种映射由物理数据库映射而成。

模式的三个级别层次反映了模式的三个不同环境以及它们的不同要求，内模式处于最底层，反映了数据在计算机物理结构中的实际存储形式；概念模式处于中层，反映了设计者的数据全局逻辑要求；而外模式处于最外层，反映了用户对数据的要求。

（2）数据库系统的两级映射

数据库系统的三级模式是对数据的三个级别进行抽象，把数据的具体物理实现留给物理模式，使用户与全局设计者不必关心数据库的具体实现与物理背景；同时，它通过两级映射还能建立模式间的联系与转换，使概念模式与外模式虽然不具备物理存在，但是也能通过映射而获得其实体。此外，两级映射也保证了数据库系统中数据的独立性，即数据的物理组织改变与逻辑概念级改变相互独立，只需要调整映射方式而不必改变用户模式。

① 概念模式到内模式的映射。该映射给出了概念模式中数据的全局逻辑结构到数据的物理存储结构间的对应关系，一般由 DBMS 实现。

② 外模式到概念模式的映射。概念模式是一个全局模式而外模式是用户的局部模式。一个概念模式中可以定义多个外模式，而每个模式是概念模式的一个基本视图。外模式到概念模式的映射除了外模式与概念模式的对应关系外，这种映射一般也是由 DBMS 实现的。

7.4.2 数据模型

1. 数据模型的基本概念

数据库中的数据模型可以将复杂的现实世界的要求反映到计算机数据库中的物理世界，这种反映是一个逐步转化的过程，它分为两个阶段：由现实世界开始，经历信息世界最终到达计算机世界，从而完成整个转化。

- 现实世界（real world）：用户为了某种需要，将现实世界中的部分需求用数据库实现，这样所见到的就是客观世界中划定边界的一部分环境，称为现实世界。
- 信息世界（information world）：通过抽象对现实世界进行数据库级上的刻画所构成的逻辑模型叫信息世界，信息世界与具体的数据库模型有关。
- 计算机世界（computer world）：在信息世界基础上致力于其在计算机物理结构上的描述，从而形成的物理模型叫计算机世界。现实世界的要求只有在计算机世界中才得到真正的物理实现，而这种实现是通过信息世界逐步转化得到的。

数据是现实世界符号的抽象，而数据模型（data model）则是数据特征的抽象，它从抽象层次上描述了系统的静态特征、动态特征和约束条件，为数据库系统的信息表示与操作提供了一个抽象的框架。数据模型所描述的内容有三个部分，分别是数据结构、数据操作与数据约束。

- 数据结构：主要描述数据的类型、内容、性质以及数据间的联系等，数据结构是数据模型的基础，数据操作与约束均建立在数据结构上。
- 数据操作：主要描述在相应数据结构上的操作类型与操作方式。
- 数据约束：主要描述数据结构内数据间的语法、语义联系、它们之间的制约与依存关系以及数据动态变化的规则，以保证数据的正确、有效与相容。

数据模型按不同的应用层次分为三种类型，分别是概念数据模型（conceptual data model）、逻辑数据模型（logic data model）和物理数据模型（physical data model）。

- 概念数据模型：简称概念模型，是一种面向客观世界、面向用户的模型，与具体的数据库管理系统和计算机平台无关。概念模型着重于客观世界复杂事物的结构描述以及它们之间内在联系的刻画，是整个数据模型的基础。主要有 E-R 模型、扩充的 E-R 模型、面向对象模型及谓词模型等。
- 逻辑数据模型：简称逻辑模型，是一种面向数据库的模型，着重于在数据库系统一级的实现（概念模型只有转换成逻辑数据模型后才能在数据库中得以表示），主要有层次模型、网状模型、关系模型和面向对象模型等。
- 物理数据模型：简称物理模型，是一种面向计算机物理表示的模型，它给出数据模型在计算机物理结构中的表示。

2. E-R 模型

概念模型是面向现实世界的，其出发点是有效和自然地描述和刻画现实世界，它给出数据的概念化结构。长期以来，被广泛使用的概念模型是 E-R 模型（entity-relationship model，实体联系模型），由 Peter Chen 于 1976 年首先提出。该模型将现实世界的要求转化成实体、联系和属性等三个基本概念，以及它们间的两种基本连接关系，并且可以用 E-R 图非常直观地表示出来。

（1）E-R 模型的三个基本概念

① 实体。现实世界中的事物可以抽象成为实体，实体是概念世界中的基本单位，它们是客观存在的且又能够相互区别的事物。凡是有共性的实体都可以组成一个集合，称为实体集（entity set）。

② 属性。现实世界中的事物均有一些特性，这些特性可以用属性来表示。属性刻画了实体的特征，一个实体往往可以有若干个属性。每个属性可以有值，一个属性的取值范围称为该属性的值域（value domain）或值集（value set）。

③ 联系。现实世界中事物间的关系称为联系。在概念世界中联系反映实体集的一定关系。实体集间的联系有多种，就实体集的个数而言有：

- 两个实体集之间的联系。
- 多个实体集之间的联系。
- 一个实体集内部的联系。

实体集间联系的个数可以是单个也可以是多个。两个实体集间的联系实际上是实体集间的函数关系，这种函数关系有下面几种：

- 一对一（one to one）的联系：简记为 1∶1，这种函数关系是常见的函数关系之一。
- 一对多（one to many）或多对一（many to one）联系：简记为 1∶M（1∶m）或 M∶1（m∶1）。
- 多对多（many to many）联系：简记为 M∶N 或 m∶n，这是一种比较复杂的函数关系。

（2）E-R 模型三个基本概念之间的连接关系

实体、属性和联系三者结合起来才能表示现实世界。

① 实体集（联系）与属性间的连接关系。实体是概念世界的基本单位，属性附属于实体，它本身不构成独立的单位。一个实体可以有若干属性，实体与其特有属性构成实体的一个完整描述，因此实体与属性间有一定的连接关系。

属性有属性域，每个实体可取属性域内的值。一个实体的所有属性取值组成了一个值集，叫做元组（Tuple）。在概念世界中，可以用元组表示实体，也可用它区别不同的实体。

实体有型与值之别，一个实体的所有属性构成了这个实体的型，而实体中属性值的集合（即元组）则构成了这个实体的值。

相同型的实体构成了实体集。

联系也可以附有属性，联系和它的所有属性构成了联系的一个完整描述，因此联系与属性间有连接关系。

② 实体（集）与联系。实体集间只有通过联系才能建立连接关系，一般而言，实体集间无法建立直接关系，它只能通过联系才能建立起连接关系。

（3）E-R 图

E-R 图由矩形、椭圆形、菱形以及无向线段构成。

实体集用矩形表示，在矩形内写上该实体集的名字；属性用椭圆形表示，在椭圆形内写上该属性的名字；联系用菱形表示，在菱形内写上联系的名字。

实体集（联系）与属性间的连接关系用两个图形间的无向线段表示；实体集与联系间的连接关系也用这两个图形间的无向线段表示。

3. 层次模型

层次模型（hieraracical model）是最早发展起来的数据库模型，其基本结构为树形结构，它们自顶向下、层次分明。

4. 网状模型

网状模型（network model）的出现略晚于层次模型。从图论观点看，网状模型是一个不加任何条件限制的无向图。网状模型在结构上较层次模型好，不像层次模型那样要满足严格的条件。

5. 关系模型

（1）关系模型数据结构

关系模型采用二维表表示，简称表。二维表由表框架（frame）及表的元组（tuple）组成。表框架由 n 个命名的属性（attribute）组成，n 称为属性元数。每个属性有一个取值范围，称为值域（domain）。表框架也就是类型的概念。

在表框架中按行可以存放数据，每行数据称为元组，实际上，一个元组是由 n 个元组分量所组成，每个元组分量是表框架中每个属性的投影值得。一个表框架可以存放 m 个元组，m 称为表的基数（cardinality）。

一个 n 元表框架内 m 个元组构成了一个完整的二维表。满足以下七个性质的二维表称为关系（relation）。

- 元组个数有限性：二维表中元组个数是有限的。
- 元组的唯一性：二维表中元组均不相同。
- 元组的次序无关性：二维表中元组的次序可以任意交换。
- 元组分量的原子性：二维表中元组的分量是不可分割的基本数据项。
- 属性名唯一性：二维表中属性名各不相同。
- 属性的次序无关性：二维表中属性与次序无关，可以任意交换。
- 分量值域的统一性：二维表属性的分量具有与该属性相同的值域。

以二维表为基本结构所建立的模型称为关系模型。关系模型中一个重要概念是键（key）或码。键有标示元组、建立元组间联系等重要作用。在二维表中凡能唯一标示元组的最小属性集称为该表的键或码。

二维表中可能有若干个键，称为该表的候选键（candidata key）或候选码。从二维表的所有候选键中选取一个作为用户使用的键称为主键（primary key）或主码，一般主键也简称为键或码。

如果表 A 中的某属性集是某表 B 的键，则称该属性集为 A 的外键（primary key）或外码。

表中一定有键，因为如果表中所有属性的子集均不是键，则表中属性的全集必为键（称为全键），所以也一定有主键。

在关系元组的分量中允许出现空值（null value）以表示信息的空缺。空值用于表示未知的值或不可能出现的值，一般用 NULL 表示。一般关系数据库系统都支持空值，但是有两个限制，即关系的主键中不允许出现空值，因为如果主键为空值则失去了其元组标示的作用；需要定义有关空值的运算。

关系框架与关系元组构成了一个关系。一个语义相关的关系集合构成一个关系数据库（relational database）。关系的框架称为关系模式，而语义相关的关系模式集合构成了关系数据库模式（relational database schema）。

关系模式支持子模式，关系子模式是关系数据库模式中用户所见到的那部分数据模式描述。关系子模式也是二维表结构，关系子模式对应的用户数据库称为视图（view）。

（2）关系操纵

关系模型的数据操纵即是建立在关系上的数据操作，一般有查询、插入、修改和删除等操作。

（3）关系中的数据约束

关系模型允许定义三类数据约束，分别是实体完整性约束、参照完整性约束和用户定义的完整性约束。

① 实体完整性约束（entity integrity constraint）。要求关系的主键中属性值不能为空值，这是数据库完整性的最基本要求。

② 参照完整性约束（reference integrity constraint）。这是关系之间相关联的基本约束，不允许关系引用不存在的元组，即在关系中的外键要么是所关联关系中实际存在的元组，要么为空值。

③ 用户定义的完整性约束（user defined integrity constraint）。这是针对具体数据环境与应用环境由用户具体设置的约束，它反映了具体应用中数据语义要求。

实体完整性约束和参照完整性约束由关系数据库系统自动支持，而用户定义的完整性约束是用户利用关系数据库系统提供的完整性约束语言写出约束条件，运行时由系统自动检查。

（4）关系代数

关系数据库系统的特点之一是它建立在数据理论的基础之上，如关系代数。

关系模型的基本运算有插入、删除、修改和查询（如投影运算、选择运算、笛卡儿积运算）等。关系代数中的扩充运算有交、除、连接和自然连接等。

7.4.3　数据库设计与管理

1. 数据库设计方法与步骤

数据库应用系统的一个核心问题就是设计一个能满足用户需求、性能良好的数据库，这就是数据库设计（database design）。

数据库设计的基本任务是根据用户对象的信息需求、处理需求和数据库的支持环境（包括硬件、操作系统与 DBMS）设计出数据模式。所谓信息需求主要是指用户对象的数据及其结构，它反映了数据库的静态要求；所谓处理需求则表示用户对象的行为和动作，它反映了数据库的动态要求。数据库设计中有一定的制约条件，它们是系统设计平台，包括系统软件、工具软件以及设备、网络等硬件等。因此，数据库设计就是在一定平台制约下，根据信息需求与处理需求设计出性能良好的数据模式。

数据库设计有两种方法，一种是以信息需求为主，兼顾处理需求，称为面向数据的方法（data oriented approach）；另一种是以处理需求为主，兼顾信息需求，称为面向过程的方法（process-oriented approach）。早期的数据库应用系统中，一般处理多于数据，因此以面向过程的方法使用较多。而近年来，大型的数据库应用系统中，数据结构复杂、数据量庞大，相应处理流程趋于简单，因此用面向数据的方法较多。由于数据在系统中稳定性高，已成为系统的核心，因此面向数据的设计方法已成为主流方法。

数据库应用系统的开发一般遵循生命周期（life eycle）法，即将整个数据库应用系统的开发分解成目标独立的若干阶段，分别是需求分析阶段、概念设计阶段、逻辑设计阶段、物理设计阶段、编码阶段、测试阶段、运行阶段和进一步修改阶段等。前四个阶段与数据库设计相关，如图 7-5 所示。

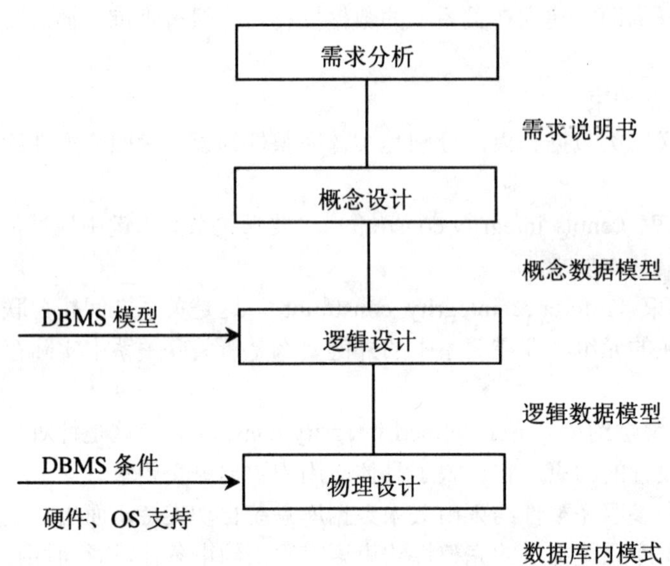

图 7-5　数据库设计的四个阶段

2. 数据库设计的需求分析

需求分析是数据库设计的第一阶段，这一阶段收集到的基础数据和一组数据流图（DFD）是下一步设计概念结构的基础。

需求分析经常采用的方法有结构化分析方法和面向对象的方法。

结构化分析（structured analysis，SA）方法用自顶向下，逐层分解的方式分析系统，用数据流图表达数据和处理过程的关系；用数据字典对系统中的数据做详尽描述。

对数据库设计来讲，数据字典是进行详细的数据收集和数据分析所获得的主要结果。数据字典是各类数据描述的集合，通常包括五个部分：

- 数据项：数据的最小单位。
- 数据结构：是若干数据项有意义的集合。
- 数据流：可以是数据项，也可以是数据结构，表示某一处理过程的输入或输出。
- 数据存储：处理过程中存取的数据，经常是手工凭证、手工文档或计算机文件。
- 处理过程。

3. 数据库概念设计

数据库概念设计的目的是分析数据间的内在语义关联，并在此基础上建立一个数据的抽象模型。

4. 数据库的逻辑设计

数据逻辑设计的主要工作是将 E-R 图转化成指定 RDBMS 中的关系模式。

5. 数据库的物理设计

数据库物理设计的主要目标是对数据库内部物理结构进行调整并选择合理的存储工具，以提高数据库访问速度及有效利用存储空间。在现代关系数据库中已大量屏蔽了内部物理结构，因此留给用户参与物理设计的余地并不多。

习　　题

说明：本章习题均为《全国计算机等级考试二级公共基础知识》的历年真题。

一、单项选择题

1. 下列叙述中正确的是______。（2009年3月）
   A. 栈是“先进先出”的线性表
   B. 队列是“先进后出”的线性表
   C. 循环队列是非线性结构
   D. 有序线性表既可以采用顺序存储结构，也可以采用链式存储结构
2. 某二叉树有5个度为2的结点，则该二叉树的叶子结点数是______。（2009年3月）
   A. 10　　B. 8　　C. 6　　D. 4
3. 下列排序方法中，最坏情况下比较次数最少的是______。（2009年3月）
   A. 冒泡排序　　B. 简单选择排序
   C. 直接插入排序　　D. 堆排序
4. 下列叙述中错误的是______。（2009年3月）
   A. 软件测试的目的是发现错误并改正错误
   B. 对被调试的程序进行“错误定位”是程序调试的必要步骤
   C. 程序调试通常也称为“Debug”
   D. 软件测试应严格执行测试计划，排序测试的随意性
5. 耦合性和内聚性是对模块独立性度量的两个标准。下列叙述正确的是______。（2009年3月）
   A. 提高耦合性降低内聚性有利于提高模块的独立性
   B. 降低耦合性提高内聚性有利于提高模块的独立性
   C. 耦合性是指一个模块内部各个元素间彼此结合的紧密程度
   D. 内聚性是指模块间互相连接的紧密程度
6. 数据库应用系统的核心问题是______。（2009年3月）
   A. 数据库设计　　B. 数据库系统设计
   C. 数据库维护　　D. 数据库管理员培训
7. 有两个关系R、S如下：

R

A	B	C
a	3	2
b	0	1
c	2	1

S

A	B
a	3
b	0
c	2

由关系R通过运算得到关系S，则所使用的运算为______。（2009年3月）
   A. 选择　　B. 投影　　C. 插入　　D. 连接
8. 将E-R图转换为关系模式时，实体和联系都可以表示为______。（2009年3月）

A. 属性　　B. 键　　C. 关系　　D. 域

9. 一个栈的初始状态为空，先将元素 1、2、3、4、5、A、B、C、D、E 依次入栈，然后再依次出栈，则元素出栈的顺序是______。（2008 年 9 月）

A. 12345ABCDE　　B. EDCBA54321

C. ABCDE12345　　D. 54321EDCBA

10. 下列叙述中正确的是______。（2008 年 9 月）

A. 循环队列有队头和队尾两个指针，因此，循环队列是非线性结构

B. 在循环队列中，只需要队头指针就能反映队列中元素的动态变化情况

C. 在循环队列中，只需要队尾指针就能反映队列中元素的动态变化情况

D. 循环队列中元素的个数是由队头指针和队尾指针共同决定

11. 长度为 n 的有序线性表中进行二分查找，最坏情况下要比较的次数是______。（2008 年 9 月）

A. $O(n)$　　B. $O(n^2)$　　C. $O(\log_2 n)$　　D. $O(n\log_2 n)$

12. 在软件开发中，需求分析阶段可以使用的工具是______。（2008 年 9 月）

A. N-S 图　　B. DFD 图　　C. PAD 图　　D. 程序流程图

13. 在面向对象方法中，不属于“对象”基本特点的是______。（2008 年 9 月）

A. 一致性　　B. 分类性　　C. 多态性　　D. 标识唯一性

14. 一间宿舍可住多个学生，则实体宿舍和学生之间的联系是______。（2008 年 9 月）

A. 一对一　　B. 一对多　　C. 多对一　　D. 多对多

15. 在数据管理技术发展的三个阶段中，数据共享最好的是______。（2008 年 9 月）

A. 人工管理阶段　　B. 文件系统阶段

C. 数据库系统阶段　　D. 三个阶段相同

16. 程序流程图中带有箭头的线段表示的是______。（2008 年 4 月）

A. 图元关系　　B. 数据流　　C. 控制流　　D. 调用关系

17. 结构化程序设计的基本原则不包括______。（2008 年 4 月）

A. 多态性　　B. 自顶向下　　C. 模块化　　D. 逐步求精

18. 软件设计中模块划分应遵循的准则是______。（2008 年 4 月）

A. 低内聚低耦合　　B. 高内聚低耦合

C. 低内聚高耦合　　D. 高内聚高耦合

19. 在软件开发中，需求分析阶段产生的主要文档是______。（2008 年 4 月）

A. 可行性分析报告　　B. 软件需求规格说明书

C. 敢要设计说明书　　D. 集成测试计划

20. 算法的有穷性是指______。（2008 年 4 月）

A. 算法程序的运行时间是有限的　　B. 算法程序所处理的数据量是有限的

C. 算法程序的长度是有限的　　D. 算法只能被有限的用户使用

21. 对长度为 n 的线性表排序，在最坏的情况下，比较次数不是 $n(n-1)/2$ 的排序算法是______。（2008 年 4 月）

A. 快速排序　　B. 冒泡排序

C. 直接插入排序　　D. 堆排序

22. 下列关于栈的叙述正确的是______。（2008 年 4 月）

A. 栈按“先进先出”组织数据　　B. 栈按“先进后出”组织数据

C. 只能在栈底插入数据　　D. 不能删除数据

23. 在数据库设计中，将E-R图转换成关系数据模型的过程属于______。(2008年4月)

A. 需求分析阶段　　B. 概念设计阶段

C. 逻辑设计阶段　　D. 物理设计阶段

24. 有三个关系R、S和T，如下：

R

B	C	D
a	0	k1
b	1	n1

S

B	C	D
f	3	h2
a	0	k1
n	2	x1

T

B	C	D
a	0	k1

由关系R和S通过运算得到关系T，则所使用的运算为______。(2008年4月)

A. 自然连接　　B.并　　C. 笛卡儿积　　D. 交

25. 设有表示学生宣科的三张表，学生S（学号、姓名、性别、年龄、身份证号），课程C（课程号、课名），选课SC（学号、课号、成绩），则表SC的关键字（键或码）为______。(2008年4月)

A. 课号、成绩　　B. 学号、成绩

C. 学号、课号　　D. 学号、姓名、成绩

26. 下列叙述中正确的是______。(2007年9月)

A. 程序执行的效率与数据的存储结构密切相关

B. 程序执行的效率只取决于程序的控制结构

C. 程序执行的效率只取决于所处理的数据量

D. 以上3种说法都不对

27. 下列叙述中正确的是______。(2007年9月)

A. 数据的逻辑结构与存储结构必定是一一对应的

B. 由于计算机存储空间是向量式的存储结构，因此数据的存储结构一定是线性结构

C. 程序设计语言中的数组一般是顺序存储结构，因此利用数组只能处理线性结构

D. 以上3种说法都不对

28. 冒泡排序在最坏情况下的比较次数是______。(2007年9月)

A. $n(n+1)/2$　　B. $n\log_2 n$　　C. $n(n-1)/2$　　D. $n/2$

29. 一棵二叉树中共有70个叶子结点与80个度为1的结点，则该二叉树中的总结点数为______。(2007年9月)

A. 219　　B. 221　　C. 229　　D. 231

30. 在面向对象方法中，实现信息隐蔽是依靠______。(2007年9月)

A. 对象的继承　　B. 对象的多态

C. 对象的封装　　D. 对象的分类

31. 下列叙述中，不符合良好程序设计风格要求的是______。(2007年9月)

A. 程序的效率第一、清晰第二　　B. 程序的可读性好

C. 程序中要有必要的注释　　D. 输入数据前要有提示信息

32. 下列说法中正确的是______。(2007 年 9 月)

A. 为了建立一个关系，首先要构造数据的逻辑关系

B. 表示关系的二维表中各元组的每一个分量还可以分成若干数据项

C. 一个关系的属性名表称为关系模式

D. 一个关系可以包含多个二维表

33. 在企业中，职工的“工资级别”与职工个人“工资”的联系是______。(2007 年 9 月)

A. 一对一联系　　B. 一对多联系　　C. 多对多联系　　D. 无联系

34. 假设一个书店用（书号，书名，作者，出版社，出版日期，库存数量……）一组属性来描述图书，可以作为“关键字”的是______。(2007 年 9 月)

A. 书号　　B. 书名　　C. 作者　　D. 出版社

35. 下列叙述中正确的是______。(2007 年 4 月)

A. 算法的效率只与问题的规模有关，而与数据的存储结构无关

B. 算法的时间复杂度是执行算法所需要的计算工作量

C. 数据的逻辑结构与存储结构是一一对应的

D. 算法的时间复杂度与空间复杂度一定相关

36. 下列对队列的叙述正确的是______。(2007 年 4 月)

A. 队列属于非线性表　　B. 队列按“先进后出”的原则组织数据

C. 队列在队尾删除数据　　D. 队列按“先进先出”的原则组织数据

37. 下面选项中不属于面向对象程序设计特征的是______。(2007 年 4 月)

A. 继承性　　B. 多态性　　C. 类比性　　D. 封装性

38. 在 E-R 图中，用来表示实体之间联系的图形是______。(2007 年 4 月)

A. 矩形　　C. 椭圆形　　C. 菱形　　D. 平行四边形

39. 下列叙述中错误的是______。(2007 年 4 月)

A. 在数据库系统中，数据的物理结构必须与逻辑结构一致

B. 数据库技术的根本目标是解决数据的共享问题

C. 数据库设计是指在已有数据库管理系统的基础上建立数据库

D. 数据库系统需要操作系统的支持

40. 对图 7-6 所示的二叉树进行前序遍历的结果为______。(2007 年 4 月)

A. DYBEAFCZX　　B. YDEBFZXCA

C. ABDYECFXZ　　D. ABCDEFXYZ

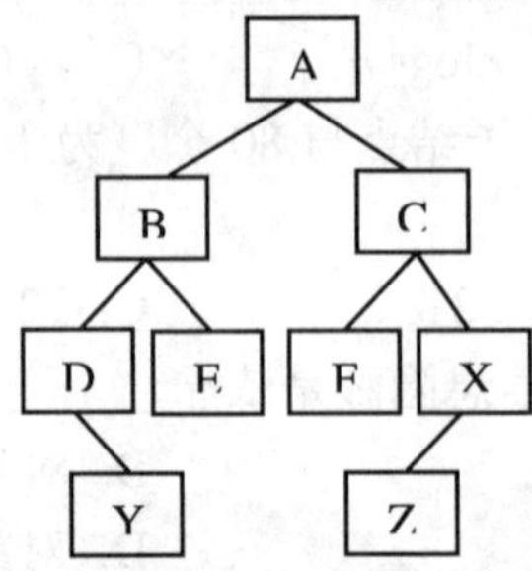

图 7-6　第 40 题图示

二、填空题

1. 软件测试可分为白盒测试和黑盒测试，基本路径测试属于__________测试。(2009年3月)

2. 符合结构化原则的三种基本控制结构是：选择结构、循环结构和__________。(2009年3月)

3. 数据库系统的核心是__________。(2009年3月)

4. 在E-R图中，图形包括矩形框、菱形框、椭圆框。其中表示实体联系的是__________。(2009年3月)

5. 按照软件测试的一般步骤，集成测试应在__________测试之后进行。(2008年9月)

6. 软件工程三要素包括方法、工具和过程，其中__________支持软件开发的各个环节的控制和管理。(2008年9月)

7. 测试用例包括输入值和__________值。(2008年4月)

8. 深度为5的满二叉树有__________个叶子结点。(2008年4月)

9. 设某循环队列的容量为50，头指针front=5(指向队头元素的前一位置)，为指针rear=29(指向队尾元素)，则该循环队列中共__________有个元素。(2008年4月)

10. 在关系数据库中，用来表示实体之间的联系的是__________。(2008年4月)

11. 在数据库管理系统提供的数据定义语言、数据操纵语言和数据控制语言中，__________负责数据的模式定义与数据的物理存取构建。(2008年4月)

12. 线性表的存储结构主要分为顺序存储结构和链式存储结构。队列是一种特殊的线性表，循环队列是队列的__________存储结构。(2007年9月)

13. 软件需求规格说明书应具有完整性、无歧义性、正确性、可验证性、可修改性等特性，其中最重要的是__________。(2007年9月)

14. 在两种基本测试方法中，__________测试的原则之一是保证所测模块中每一个独立路径至少要执行一次。(2007年9月)

15. 在关系运算中要从关系模式中指定若干属性组成新的关系，该关系运算称为__________。(2007年9月)

16. 在E-R图中，矩形表示__________。(2007年9月)

17. 在深度为7的满二叉树中，度为2的结点个数为__________。(2007年4月)

18. 软件测试分为白箱(盒)测试和黑箱(盒)测试，等价类划分法属于__________。(2007年4月)

习题参考答案

第1章

一、单项选择题

1. D　2. A　3. C　4. C　5. C　6. C　7. B　8. D
9. A　10. A　11. D　12. C　13. B　14. C　15. D　16. B
17. A　18. B　19. B　20. C　21. A　22. C　23. A　24. B
25. B　26. D　27. D　28. D　29. C　30. A　31. C　32. A
33. C　34. B　35. C　36. D　37. A　38. D　39. D　40. B

二、填空题

1. 晶体管计算机，集成电路计算机，大规模和超大规模集成电路计算机
2. 高速、精确的运算能力，准确的逻辑判断能力，强大的存储能力，自动控制能力
3. 1543　4. 127　5. 134.2　6. 9
7. 00101011，00101011，00101011　8. 10101011，11010100，11010101
9. 1　10. 32　11. 地址总线　12. 输入设备
13. 磁盘操作系统　14. 汇编程序　15. 采样，量化，编码
16. MIDI　17. 多媒体计算机　18. 24
19. MPEG　20. 传染性

三、判断题

1. T　2. F　3. F　4. F　5. T　6. F　7. T　8. T
9. F　10. T　11. F　12. T　13. F　14. T　15. F　16. T
17. F　18. T　19. F　20. T

第2章

一、单项选择题

1. B　2. B　3. D　4. C　5. C　6. A　7. A　8. C
9. A　10. B　11. A　12. B　13. D　14. A　15. C　16. D
17. D　18. A　19. B　20. D　21. A　22. D　23. A　24. D
25. A　26. A　27. C　28. D　29. C　30. D　31. A　32. A

33. A　34. D　35. D　36. C　37. B　38. A　39. A　40. C

二、填空题

1. 还原　2. a*.wav　3. Internet　4. 网络
5. shift　6. 关闭窗口　7. 移动窗口　8. 任务栏
9. 横向平铺　10. 一项　11. 桌面　12. Exit
13. rtf　14. Alt + PrintScreen　15. 控制面板
16. •　17. 存档　18. 可写
19. 用户账户管理　20. 我的文档

三、判断题

1. F　2. T　3. F　4. T　5. F　6. T　7. T　8. T
9. T　10. T　11. F　12. T　13. F　14. F　15. T　16. T
17. F　18. F　19. F　20. F

第3章

一、单项选择题

1. A　2. B　3. A　4. C　5. A　6. D　7. C　8. A
9. D　10. C　11. C　12. A　13. C　14. C　15. B　16. C
17. B　18. A　19. D　20. D

二、填空题

1. “另存为”　2. “格式刷”　3. “边框和底纹”　4. “表格”
5. 拆分　6. “项目符号和编号”　7. “悬挂缩进”
8. 页边距　9. 大纲级别　10. “格式”

三、判断题

1. F　2. F　3. T　4. T　5. F　6. F　7. T　8. T
9. T　10. F

第4章

一、单项选择题

1. A　2. B　3. A　4. D　5. C　6. D　7. A　8. A　9. A　10. B

二、填空题

1. .xls　2. '　3. 绝对地址和相对地址
4. 及格，=IF(AVERAGE(B$1:B$4)>=60,"及格","不及格")　5. 饼图

三、判断题

1. T　2. T　3. F　4. F　5. F

第5章

一、单项选择题

1. A　2. D　3. C　4. B　5. C　6. B　7. C　8. D　9. A　10. A

二、填空题

1. .ppt　2. 链接地址　3. 幻灯片放映　4. 打包
5. 母版

三、判断题

1. F　2. F　3. F　4. T　5. F

第6章

一、单项选择题

1. C　2. D　3. D　4. C　5. B　6. C　7. A　8. C
9. B　10. C　11. A　12. A　13. B　14. B　15. D

二、填空题

1. 通信技术　2. 局域　3. 客户/服务器　4. 路径选择
5. CERNET　6. 基于图形用户界面
7. 全文搜索引擎　目录索引类搜索引擎　元搜索引擎
8. 二进制　9. 匿名　10. 局域网　广域网　城域网
11. 三　12. 网际层 传输层　13. BitTorrent
14. 计算机之间通信需要遵守的、具有特定语义的一组规则　网络中的各层和协议的集合
15. 模数转换，数模转换

三、判断题

1. T　2. F　3. T　4. F　5. T　6. F　7. F　8. F
9. F　10. F

第7章

一、单项选择题

1. D　2. C　3. D　4. A　5. B　6. A　7. B　8. C
9. B　10. D　11. C　12. B　13. A　14. B　15. C　16. C

17. A 18. B 19. B 20. A 21. D 22. B 23. C 24. D
25. C 26. A 27. D 28. C 29. A 30. C 31. A 32. A
33. B 34. A 35. B 36. D 37. C 38. C 39. A 40. C

二、填空题

1. 白盒
2. 顺序结构
3. 数据库管理系统
4. 菱形框
5. 单元
6. 过程
7. 输出
8. 16
9. 24
10. 关系
11. 数据定义语言
12. 顺序
13. 正确性
14. 白盒
15. 投影
16. 实体
17. 63
18. 黑盒测试

参 考 文 献

[1] 全国计算机等级考试一级 MS Office 教程(2009 年版). 天津：南开大学出版社，2008.

[2] 全国计算机等级考试二级教程——公共基础知识（2008 年版）. 北京：高等教育出版社，2007.

[3] 侯家利，王宁，冯能山，陈勇. 大学计算机基础. 广州：暨南大学出版社，2008.

[4] 王莲芝. 大学计算机应用基础. 北京：中国电力出版社，2007.

[5] 王志伟，张墨缘，李灵佳. 新概念 Word 2003 教程. 北京：科学出版社，2006.

[6] 张坤，郑兆顺和薛新慈等. 计算机应用基础. 北京：电子工业出版社，2008.

[7] 李俊娥. 计算机网络基础. 武汉：武汉大学出版社，2008.

[8] 谢希仁. 计算机网络（第 5 版）. 北京：电子工业出版社，2009.

[9] [美]科莫. 计算机网络与因特网（第 4 版）. 北京：机械工业出版社，2008.

[10] http://www.microsoft.com.